Sammlung geologischer Führer

Sammlung geologischer Führer

Herausgegeben von Peter Rothe

Band 105

Gebr. Borntraeger · Stuttgart · 2011

Die deutsche Ostseeküste

2. völlig neu bearbeitete Auflage

von

Ralf-Otto Niedermeyer, Reinhard Lampe,
Wolfgang Janke, Klaus Schwarzer,
Klaus Duphorn, Heinz Kliewe und
Friedrich Werner

Mit 20 Farbbildern, 97 Abbildungen und 7 Tabellen

Gebr. Borntraeger · Stuttgart · 2011

Die deutsche Ostseeküste
Prof. Dr. Klaus Duphorn, Zeppelinring 42b, 24146 Kiel
Prof. Dr. Wolfgang Janke, Karl-Liebknecht-Ring 23, 17491 Greifswald
Prof. Dr. Heinz Kliewe †[1]
Prof. Dr. Reinhard Lampe, Institut für Geographie und Geologie, Ernst-Moritz-Arndt-Universität Greifswald, Friedrich-Ludwig-Jahn-Str. 16, 17489 Greifswald
Prof. Dr. Ralf-Otto Niedermeyer (Federführung), Landesamt für Umwelt, Naturschutz und Geologie/Geologischer Dienst Mecklenburg-Vorpommern, Goldberger Str. 12, 18273 Güstrow; Institut für Geographie und Geologie, Ernst-Moritz-Arndt-Universität Greifswald, Friedrich-Ludwig-Jahn-Str. 17a, 17489 Greifswald
Dr. Klaus Schwarzer, Institut für Geowissenschaften, Christian-Albrechts-Universität Kiel, Olshausenstr. 40, 24105 Kiel
Dr. Friedrich Werner, Fliederweg 38, 24161 Altenholz

[1] Herr Prof. Dr. Heinz Kliewe (1918–2009) hat nach Erarbeitung seiner Beiträge zu dieser 2. Auflage der „Deutschen Ostseeküste" deren Erscheinen nicht mehr erleben können. Möge sein geowissenschaftliches Werk zur Quartär- und Küstenforschung Norddeutschlands mit der vorliegenden Publikation fortleben.

Titelbild: Die Steilküste der Halbinsel Jasmund (Rügen) besteht aus Sedimenten der Oberkreide und des Quartärs und zeigt ausgeprägte Lagerungsstörungen als Auswirkungen wiederholter Vergletscherungen.
(Foto: R. Reinicke, Stralsund; www.kuestenbilder.de)

2., völlig neu bearbeitete Auflage 2011
1. Auflage 1995

ISBN 978-3-443-15091-4

Information on this title: www.borntraeger-cramer.de/9783443150914

© 2011 Gebr. Borntraeger Verlagsbuchhandlung, Stuttgart, Germany

Das Werk einschließlich aller seiner Teile ist urheberrechtlich geschützt. Jede Verwertung außerhalb der engen Grenzen des Urheberrechtsgesetzes ist ohne Zustimmung des Verlages unzulässig und strafbar. Das gilt besonders für Vervielfältigungen, Übersetzungen, Mikroverfilmungen und die Einspeicherung und Verarbeitung in elektronischen Systemen.

Verlag: Gebr. Borntraeger Verlagsbuchhandlung
        Johannesstr. 3A, 70176 Stuttgart, Germany
        mail@borntraeger-cramer.de
        www.borntraeger-cramer.de

∞ Gedruckt auf alterungsbeständigem Papier nach ISO 9706-1994
Satz und Gesamtherstellung: Satzpunkt Ursula Ewert GmbH, Bayreuth
Printed in Germany by Tutte Druckerei GmbH, Salzweg

Inhalt

Vorbemerkungen ... 1

Vorwort ... 2

Einführung ... 5
1. Einleitung (Niedermeyer, Duphorn u. Kliewe) ... 5

2. Geologische Entwicklung im Präquartär (Niedermeyer u. Duphorn). 12
   2.1. Abriß der tektonischen Entwicklung ... 13
   2.2. Präkambrium ... 19
   2.3. Paläozoikum ... 21
   2.4. Mesozoikum und Tertiär ... 26

3. Geologische Entwicklung im Pleistozän (Janke u. Niedermeyer) ... 32

4. Geologische Entwicklung im Holozän (Lampe, Janke, Kliewe u. Schwarzer) ... 51
   4.1. Ostsee- und Küstenentwicklung in prälittoriner Zeit ... 51
   4.2. Littorinazeitliche Entwicklung ... 55
   4.3. Postlittorinazeitliche Entwicklung ... 61
   4.4. Meeresspiegelkurven ... 62

5. Die heutige Ostsee (Lampe, Niedermeyer, Werner u. Schwarzer) ... 68
   5.1. Geographie, Wasserhaushalt, Hydrographie ... 68
   5.2. Wasserstandsschwankungen, Seegang und Strömungen ... 72
   5.3. Sedimente ... 78
   5.4. Makrozoobenthos ... 87
   5.5. Makrophytobenthos ... 89
   5.6. Umweltverhältnisse ... 90

6. Die Küste der südwestlichen Ostsee (Niedermeyer, Lampe, Kliewe u. Schwarzer) ... 92
   6.1. Küstentypen ... 92
   6.2. Küstenformen und Küstendynamik ... 98

Inhalt

6.3. Küstenschutz 107
6.4. Klima, Böden, Vegetation 109

Farbbilder 113

Exkursionen (E 1–17) 124

Schleswig-Holstein (E 1–7)
E 1: Flensburger Förde (Duphorn u. Schwarzer) 125
E 2: Schlei und Halbinsel Schwansen (Schwarzer u. Duphorn) ... 136
E 3: Eckernförder Bucht (Schwarzer u. Duphorn) 146
E 4: Kieler Förde (Schwarzer, Duphorn u. Werner) 151
E 5: Probstei und Hohwachter Bucht (Schwarzer u. Duphorn) ... 156
E 6: Wagrien und Fehmarn (Schwarzer u. Duphorn) 167
E 7: Lübecker Bucht (Schwarzer u. Duphorn) 182

Mecklenburg-Vorpommern (E 8–17)
E 8: Wismar-Bucht und Umgebung (Niedermeyer u. Lampe) ... 195
E 9: Kühlungsborn – Rostocker Heide (Janke) 206
E 10: Fischland – Darß – Zingst (Janke u. Lampe) 219
E 11–14: Die Inseln Hiddensee und Rügen – ein einführender Überblick
(Niedermeyer, Kliewe u. Janke) 231
E 11: Hiddensee (Niedermeyer u. Lampe) 235
E 12: Jasmund und Wittow (Rügen) (Niedermeyer) 242
E 13: Schaabe, Schmale Heide, Jasmunder Bodden (Kliewe, Janke
u. Lampe) 252
E 14: Südost-Rügen (Kliewe u. Janke) 263
E 15: Südküste des Greifswalder Boddens (Janke) 276
E 16: Usedom (Lampe u. Kliewe) 285
E 17: Südküste des Kleinen Haffs (Janke) 302

Stratigraphische Gliederung 310

Karten/Erläuterungen 311

Literatur 313

Ortsregister 351

Sachregister 359

Vorbemerkungen

Im Unterschied zur 1. Auflage (1995) werden in der vorliegenden 2. Auflage folgende grundsätzliche Änderungen bzw. Abkürzungen im Text verwendet:

NHN: **N**ormal**h**öhe**n**null ist die Bezugsfläche für Höhen über dem Meeresspiegel im Deutschen Haupthöhennetz 1992. Die Fläche stellt ein Quasigeoid dar, ausgehend vom Amsterdamer Pegel (NN), der den mittleren Wasserspiegel der Nordsee beschreibt. Für Norddeutschland beträgt der Unterschied zwischen NN (Normalnull) und NHN (Normalhöhennull) +4 cm.

PSU: **P**ractical **S**alinity **U**nit ist ein Maß der Salinität und bezeichnet (vereinfachend) den Salzgehalt des Wassers. Im einfachsten Fall wird dieser als Massenanteil in g/kg Wasser oder in Prozent bzw. Promille angegeben (1 % entspricht 10 g/kg, 1 ‰ entspricht 1 g/kg). Heute üblich und empfohlen ist die Angabe in der dimensionslosen Einheit PSU, die numerisch mit der Angabe in ‰ übereinstimmt.

Radiometrische Altersangaben: Die englische Abkürzung BP (Before Present ‚vor heute'), bezieht Chronologiesysteme unterschiedlicher Art auf *vor 1950*. Hier bezieht sich BP auf Altersangaben, die mittels Radiokohlenstoffdatierung gewonnen wurden. Radiokohlenstoff-Jahre stimmen mit zunehmendem Alter immer weniger mit den üblichen Kalenderjahren überein. Die Differenz kann durch eine Kalibrierung an einer Baumringchronologie vermieden werden, die Altersangabe in cal BP gibt das Alter in Kalenderjahren an, bezogen auf 1950. Um den im Laufe der Zeit immer größer werdenden Abstand zu 1950 zu schließen, wird neuerdings auf das Jahr 2000 bezogen, die Angabe lautet dann b2k (before 2000). Die Altersangaben für das Weichsel-Glazial in diesem Buch folgen LITT et al. (2007). Sie basieren für das Weichsel-Spätglazial auf Warvenzählungen aus dem Meerfelder Maar (Vulkan-Eifel). Die Altersangaben für das Holozän erfolgen in kalibrierten ^{14}C-Jahren und sind auf das Jahr 2000 unserer Zeit bezogen. In dieser Auflage wird dafür die Angabe J. v. h. (Jahre vor heute) verwendet.

Abweichend von der bisher gebräuchlichen Schreibweise „Litorina" hat sich international inzwischen wieder die ursprüngliche Form Littorina durchgesetzt, die auch der Bezeichnung der namengebenden Art *Littorina littorea* (Große Strandschnecke) entspricht; s. a. REGNELL (1993).

Vorwort zur 2. Auflage

Die Erstauflage (1995) dieses Exkursionsführers wurde so gut aufgenommen, dass eine Zweitauflage erforderlich geworden ist. Sicher darf das große Interesse auch im Zusammenhang mit der verstärkten Aufmerksamkeit gesehen werden, welche den Geowissenschaften in der Öffentlichkeit gegenwärtig zuteil wird. Den Autoren bot sich damit Gelegenheit zur Überarbeitung und Aktualisierung. Der raschen Weiterentwicklung der Geowissenschaften konnte somit auch im Bereich der Erforschung der Ostsee einschließlich ihrer Küsten Rechnung getragen werden. Gegenüber der Erstauflage sind Aspekte der aktuellen Themen Klimawandel und Klimaschutz sowie Geotourismus und Geotopschutz aufgenommen worden, da diese heute auch in der Öffentlichkeit eine große Rolle spielen. In der Einleitung wird deshalb auf einige umweltbezogene und geotouristische Gesichtspunkte besonders eingegangen. Insgesamt hat sich der interdisziplinäre und länderübergreifende Charakter der modernen Küstenforschung deutlich verstärkt. Das spiegelt sich in einer Fülle neuer Publikationen wider, wobei das überarbeitete Literaturverzeichnis auch in der vorliegenden Auflage als bibliographische Übersicht konzipiert ist. Aus Platzgründen wurden jedoch Unveröffentlichtes wie Berichte und Diplomarbeiten sowie Publikationen vor 1950, die im Text zitiert sind, nicht in das Literaturverzeichnis dieser Zweitauflage aufgenommen. Wir bitten dafür um Verständnis und verweisen diesbezüglich auf die Erstauflage (1995).

Auch die Zweitauflage gliedert sich wiederum in einen allgemeinen und einen regionalen Teil. Die einführenden Kapitel in die geologischen, geomorphologischen und meereskundlichen Besonderheiten des deutschen Ostseeküstenraumes folgen unter Beibehaltung der thematischen Schwerpunkte erneut dem Anliegen einer Überblicksdarstellung, die zum Exkursionsteil überleitet bzw. zum vertieften Verständnis der geologischen Geländebeobachtungen führt. Der vorliegende Band „Die deutsche Ostseeküste" profitiert auch davon, dass alle Abbildungen neu gezeichnet und zahlreiche völlig erneuert wurden. In dieser Hinsicht danken wir dem Verlag Gebr. Borntraeger auch für den Abdruck von einigen farbigen Abbildungen.

Wir würden uns freuen, wenn diese Zweitauflage die gleiche positive Aufnahme bei dem breiten Kreis der an der Erd-, Landschafts- und Lebensgeschichte im südlichen Ostseeraum interessierten Leserinnen und Lesern finden würde wie ihr Vorläufer. Auch den Studierenden der Geowissenschaften sowie

Fachkolleginnen und -kollegen möchte dieses Buch ein informativer Begleiter bei Exkursionen entlang der deutschen Ostseeküste sein. Abschließend danken wir zahlreichen Kollegen für fachliche Ergänzungen und kritische Hinweise, insbesondere den Herren Dr. Manfred Krauß (Stralsund), Prof. Dr. Günter Möbus † (Greifswald), Ulrich Müller (Schwerin) und Prof. Dr. Horst Sterr (Kiel). Dank gebührt auch Frau Brigitta Lintzen und Frau Petra Wiese (Greifswald) für die Ausführung der Zeichenarbeiten.

Greifswald/Güstrow/Kiel, im März 2011   Die Autoren

Einführung

1. Einleitung

Die Küste, jener schmale Übergangsraum zwischen Land und Meer, ist erdweit verbreitet und an kein bestimmtes Klima gebunden. Der Küstensaum trennt die Kontinente von den Ozeanen bzw. das Festlandgestein vom Meerwasser. Mit einer Gesamtlänge von weit über 1 Million km bildet diese Kampfzone zwischen dem Festen und dem Flüssigen den geomorphologisch und geologisch bedeutendsten und mobilsten Grenzsaum der Erdoberfläche überhaupt.

Überlagert werden beide Medien, Litho- und Ozeanosphäre, von einem dritten, der Atmosphäre, so dass Gesteins-, Wasser- und Lufthülle in diesem wichtigen Grenzstreifen einander berühren, in sehr enge Wechselwirkungen treten, spezifische Küstenprozesse auslösen und mit ihnen typische Ablagerungen und Formen gestalten. Diese begegnen dem Küstenwanderer in vielfältiger Ausbildung und veranlassen ihn zu eigenen Beobachtungen. Die nachfolgenden Ausführungen sollen mit dazu beitragen, diese interessanten Erscheinungen und Vorgänge an der deutschen Ostseeküste zu erfassen und zu studieren.

Im Binnenland wird die Landschaft von vielen als etwas Unveränderliches, das allenfalls vom Menschen zerstört werden kann, empfunden. An der Küste hingegen können spektakuläre natürliche Veränderungen des Landschaftsbildes nach starken Sturmfluten (an der Gezeitenküste der Nordsee) bzw. Sturmhochwässern (an der nahezu gezeitenfreien Ostsee) von jedermann beobachtet, gemessen und im engsten Sinne des Wortes begriffen werden. Ihre größte Wirksamkeit erzielen die Abtragungs- und Umlagerungsprozesse an exponierten Kliff-Vorsprüngen der Lockergesteinsküste (Kap. 6). Diese aktiven Abbruchstellen sind „Fenster" zur Eiszeit. An ihnen sind Erd-, Lebens-, Klima- und Landschaftsgeschichte aufgeschlossen und auch die Geschiebesammler kommen dort auf ihre Kosten (Kap. 2). An der 556 km langen schleswig-holsteinischen Lockergesteinsküste einschließlich der Schlei (157 km; E 2) und der Insel Fehmarn (71 km; E 6) gibt es 181 Kliffs mit einer Gesamtlänge von 148 km. Davon befinden sich 85 Abschnitte von insgesamt 59 km im aktiven Abbruchzustand (Ziegler & Heyen 2005). Die jährliche mittlere Abbruchrate für die schleswig-holsteinischen Ostseekliffs beträgt 24 cm, wobei der Landverlust im östlichen Teil des „Hohen Ufers" bei Heiligenhafen (E 6) bis 1 m/a erreicht. Nach starken Sturmhochwässern wurden auch schon Rückverlegungen von mehr als 2 m/a gemessen (Stephan et al. 2005; s. a. Kap. 6.3). Die Küste Mecklenburg-Vorpommerns ist insgesamt 1.945 km lang, davon 237 km Flach- und 140 km Steilküste an der offenen Ostsee sowie 1.568 km Bodden- und Haffküste (LMUV 2009). Der mittlere Küstenrückgang beträgt ca. 35 cm/a (Landesstudie MV 2008). Auch die vermeintlich so stabilen Kreidefelsen von Rügen haben heute nicht mehr die gleiche Form, wie sie Caspar David Friedrich (1774–1840), der große Romantiker aus Greifswald, im Jahre 1818 mit stimmungsvoller Liebe zum geologisch-morphologischen Detail gemalt hat. Dennoch zeigte ein minutiöser Vergleich zwischen Natur und Bild, wo der Meister stand: Auf den Wissower Klinken bei Sassnitz (E 12), die zu Beginn des Jahres 2005 durch Abbruch von > 75.000 m^3 Schreibkreide Opfer dieser immerwährenden Küstenprozesse wurden. Eines der Rügener „Wahrzeichen" verschwand damit auf natürliche Weise!

Weitere große Kliffabbrüche auf Rügen in den letzten Jahren unterstreichen das nachhaltig: 19. März 2005 Lohme (100.000 m^3), 19. Januar 2008 Kap Arkona (25.000 m^3), 9. April 2008 Tipper Ort/Jasmund (30.000 m^3). Diese exemplarischen Daten und Ereignisse, die den Küstenbewohnern und Touristen die Veränderlichkeit und Instabilität von Lockergesteinen wie Schreibkreide, Geschiebemergel und Sand eindrucksvoll vor Augen führen, sollen an dieser Stelle den Ausgangspunkt für aktuelle umweltpolitische und geotouristische Überlegungen bzw. Aspekte bilden, die seit dem Erscheinen der Erstauflage 1995 bedeutend verstärkt in der Öffentlichkeit präsent sind.

<u>Klimawandel und Klimaschutz</u>
Seit Beginn der Industrialisierung vor etwa 150 Jahren ist der Gehalt des Treibhausgases Kohlendioxid (CO_2) in der Atmosphäre um gut 30 % gestiegen. Inzwischen übersteigt der durch den Menschen bedingte sogar den natürlichen Temperaturanstieg (Latif 2007, Claussen 2007, GEO 2007). Allerdings sind die das Klima steuernden komplexen Vorgänge auf der Erde aber auch heute noch nicht hinreichend bekannt und erfordern das weitere Studium geologischer Klimazeugen in erdgeschichtlichen Zeitskalen (s. a. Berner & Streif 2004, Klostermann 2009). Nach dem vierten Statusbericht des UN-Klimarats von 2007 (IPCC) ist besonders deutlich geworden, wie wichtig ein besseres Verständnis des Systems Erde ist. So bestehen z. B. große Unsicherheiten beim Einschätzen der Eisschmelze, insbesondere in Grönland, mit entsprechenden Unsicherheiten für die Prognose des zukünftigen Meeresspiegelanstiegs.

Im Januar 2008 tagte der UN-Klimarat in Lübeck. Dort wurde vom Institut für Küstenforschung im GKSS-Forschungszentrum Geesthacht eine von 80 Wissenschaftlern verschiedener Fachrichtungen aus 13 europäischen Ländern erarbeitete Bestandsaufnahme zum Klimawandel im Ostseeraum vorgelegt

(Titel: „Assessment of Climate Change for the Baltic Sea Basin"). Erstmals wurden darin Prognosen zum Klimawandel für den gesamten Ostseeraum konkretisiert. Für die südliche Ostseeküste rechnen die Autoren mit einem Anstieg der Lufttemperatur von 3–5 °C und mit einer Wassererwärmung von 2–4 °C bis zum Ende dieses Jahrhunderts. Es ist aber bei allen diesen Aussagen anzumerken, dass sie infolge des intensiven Fortgangs der weltweiten Klimaforschung für diesen Führer nur ein Momentbild geben können. Dabei sind insbesondere die Polargebiete Schlüsselregionen für die Entwicklung des Weltklimas einschließlich der Schwankungen des Meeresspiegels (Deutsche Kommission f. das Internationale Polarjahr 2007/2008). Der vom britischen Hadley-Zentrum für Klimawandel festgestellte gegenwärtige „Erwärmungs-Stillstand" der erdnahen Atmosphäre weist sich durch einen globalen Temperaturtrend zwischen 1999 und 2008 von nur 0,0 °C aus und zeigt die Komplexität der Klimaprozesse (s. a. Knight et al. 2009). In diesem Zusammenhang sind auch die Auswirkungen der Sonnen-Aktivität zu berücksichtigen, die sich seit einigen Jahrzehnten durch fast völlig verschwundene „Sonnen-Flecken" manifestieren, ein Merkmal, das übrigens auch die „Kleine Eiszeit" in den Jahren 1645–1715 begleitet hatte und als „Maunder-Minimum" (nach E. W. Maunder, engl. Astronom, 1851–1928) bezeichnet wird.

Meeresspiegelanstieg und Küstenschutz
Zu den größten Herausforderungen der deutschen Küstenforschung zählt ein ganzheitliches „Integriertes Küstenzonenmanagement (IKZM)" unter besonderer Berücksichtigung des Klimawandels. Das IKZM wird heute als das einzig wirkungsvolle Instrument angesehen, mit dem tragfähige Entscheidungen für den Schutz sowie für die nachhaltige Nutzung und Entwicklung der deutschen Küstengebiete getroffen werden können (Gee et al. 2000, Daschkeit & Sterr 2003, Hupfer et al. 2003). Die o. g. Unsicherheiten der Stärke des zu erwartenden Meeresspiegelanstiegs, der sich auf Grund geologischer Daten im Verlaufe der zurückliegenden Jahrhunderte/Jahrtausende phasenhaft und in unterschiedlicher Intensität vollzog (Kap. 4), müssen sich natürlich in besonderem Maße beim Küstenschutz auswirken (Kap. 6.3). So rechnet nach einem GKSS-Bericht das Land Schleswig-Holstein bei der Sturmflutvorsorge bis 2100 mit 50 cm Meeresspiegelanstieg, Niedersachsen dagegen nur mit der Hälfte. Die Stadt Hamburg kalkuliert mit der heutigen Rate des Meeresspiegelanstiegs von 3 mm/a, also mit 30 cm (Hillmer 2006). Für Mecklenburg-Vorpommern (Landesstudie MV 2008) wird der klimabedingte mittlere Ostseespiegelanstieg auf gegenwärtig 1.0 bis 1,2 mm/a geschätzt. Dieser wird sich infolge des globalen Meeresspiegelanstiegs beschleunigen und bis 2100 eine Erhöhung des mittleren Wasserspiegels um 20 bis 30 cm zur Folge haben, wobei – analog Schleswig-Holstein – auch in Mecklenburg-Vorpommern 50 cm Meeresspiegelanstieg aus Gründen des Hochwasserschutzes berück-

sichtigt werden. Davon sind sowohl die Außen- als auch die Boddenküste betroffen. Auf Grund der isostatischen Erdkrustenkippung werden die westlicheren Küsten von der Mecklenburger zur Kieler Bucht bis Ende dieses Jahrhunderts und darüber hinaus den Folgen des Meeresspiegelanstiegs stärker ausgesetzt sein, als die östlicher und nördlicher gelegenen (Kap. 4.4). Diese Daten beruhen u. a. auf neuen Auswertungen von Richter et al. (2006) für mehr als 20 Pegelstationen an der Senkungsküste der südwestlichen Ostsee für die letzten 200 Jahre, die einen langfristigen Meeresspiegelanstieg von 0,6 (Rügen) bis 1,4 mm/a (Wismar) anzeigen. Church & White (2006) gehen bis zum Ende des 21. Jahrhunderts von einem Anstieg des Weltmeeresspiegels um 28 bis 34 cm aus; Rahmstorf (2007) bestimmte für den gegenwärtigen globalen Anstieg des Meeresspiegels bereits 3,4 mm/a und rechnet bis 2100 mit dessen Erhöhung um 50–140 cm (s. a. Rahmstorf et al. 2007). Auf den Küstenrückgang, der hiermit im direkten Zusammenhang steht, wurde schon oben Bezug genommen (Kap. 6.2).

Geotourismus, Geo-Archäologie
Das IKZM integriert auch den Ostseeküsten-Tourismus insgesamt. Von dessen Aufschwung (s. u.) kann der Geotourismus profitieren. Dieser Begriff steht für ein komplexes und flexibles Touristiksystem, das die nachhaltige Erschließung, Vermarktung und Vermittlung erdgeschichtlicher Besonderheiten zur Grundlage eines landschaftsbezogenen Regionalmarketings macht und zur allgemeinen Umweltbildung beiträgt (Quade 2003, Schütze & Niedermeyer 2005, Megerle 2006). Dänemark ist in dieser Hinsicht seit langem vorbildlich: Ein „Geo-Center" an der Kreideküste von Møns Klint, etwa 100 m bzw. 500 Treppenstufen über der Ostsee, wurde im Sommer 2007 von Königin Margarethe II eröffnet. Das Personal hilft den Küstenwanderern bei der Bestimmung ihrer Strandfunde.

Gleiche Ziele verfolgt seit 2004 das neue Nationalparkzentrum Vorpommerns am Königsstuhl auf der Insel Rügen (E 12) mit bisher zwei Millionen Besuchern. Geologisch besonders interessant ist die Ausstellung zur Unterwasserwelt des Kreidemeeres vor ca. 60–65 Mio. Jahren. Auch das Pommersche Landesmuseum in Greifswald behandelt die Geologie der Region in einer permanenten Ausstellung. In Stralsund bietet das Deutsche Meeresmuseum mit seinem im Juli 2008 eröffneten Erweiterungsbau „Ozeaneum" auf der Stralsunder Hafeninsel vielfältige naturkundliche Informationen und Exponate über den Ostseeraum, wobei die Geologie angemessen berücksichtigt wird. Weitere Beispiele neuer geo- bzw. umweltwissenschaftlicher Breiteninformation ließen sich für den deutschen Ostseeküstenraum anführen.

Die Archäologie bzw. Ur- und Frühgeschichte verstehen sich heute als Teildisziplinen der quartären Geowissenschaften (Müller-Beck 2006), denn im Quartär liegen Geburts-, Entwicklungs-, Heim- und Wirkungsstätte des modernen Menschen. Dieses Zeitalter zu erforschen, muss deshalb als allgemeine wichtige Kulturaufgabe gesehen werden (Duphorn 1996). Seit Erscheinen der Erstauflage dieses Führers hat es an der deutschen Ostseeküste besonders im Forschungsbereich der Unterwasser-Geoarchäologie eine Vielzahl neuer Erkenntnisse zur Lebensweise ur- und frühgeschichtlicher Gesellschaften gegeben, die sich auf sehr unterschiedliche Weise mit dem Meer, seinen Möglichkeiten und Begrenzungen auseinandersetzen (Lüth 2004, v. Carnap-Bornheim & Radtke 2007; s. a. E 8).

Diese Neuerkenntnisse finden auch in der Öffentlichkeit großen Anklang. So lockten z. B. die Erweiterungen der Angebote in Haithabu und Schloss Gottorf (E 2) im Jahr 2007 etwa 140.000 bzw. 130.000 Touristen an. Auch das Museum für Unterwasser-Archäologie in Sassnitz/Rügen zieht zahlreiche Besucher an. Gerade an der Ostseeküste sollten deshalb Geo- und Archäotourismus Hand in Hand gehen (s. Müller-Beck 2006, Hartz & Kraus 2006).

Die Exkursionen 1–17 führen zu einer Vielzahl von geologischen Aufschlüssen mit typischen Erscheinungen des quartären Vereisungsphänomens, der Küstendynamik sowie der Fluss- und Seenentwicklung, aber auch zu zahlreichen Denkmälern mit geologischem Bezug. Dazu gehören vor allem Großgeschiebe, Findlingsgärten, geologische Lehrpfade, aber auch historische Bauten.

Da die Umsetzung der Naturschutzgesetze in den Händen der Bundesländer liegt, ist die aktuelle Schutzsituation der Findlinge und anderer Geotope unterschiedlich. Heute steht eine Vielzahl der genannten geologischen Objekte unter staatlichem Geotopschutz. Das 1998 in Kraft getretene „Gesetz zum Schutz der Natur und Landschaft im Lande Mecklenburg-Vorpommern" räumte dem Geotopschutz – erstmalig für ein deutsches Bundesland – eine gleichwertige Stellung neben dem Biotopschutz ein.

Das Geologische Landesamt Mecklenburg-Vorpommern hat 1992 mit der Inventur der schützenswerten Geotope begonnen. Bereits 5 Jahre danach waren etwa 500 Objekte auf Erfassungsbögen registriert (Schulz 1997). Laut Landesamt für Umwelt, Naturschutz und Geologie Mecklenburg-Vorpommern (LUNG) gibt es zurzeit 535 erfasste Geotope (s. a. Krienke & Schulz 2004). Die bis über 5.000 Jahre alte Strandwalldünen-Landschaft des Neudarß im Nationalpark Vorpommern (E 10) und die von Caspar David Friedrich im Jahre 1818 gemalte Kreideküste im Nationalpark-Gebiet Jasmund (E 12) gehören zu den 77 bedeutendsten „nationalen Geotopen" Deutschlands (Look et al. 2007). Den wissenschaftlichen Anstoß zur Geotopforschung in Schleswig-Holstein gaben F. Grube & Ross (1982), A. Grube (1992), A. Grube & Wiedenbein (1992) sowie Ross et al. (1993). Amtsdeutsch hießen Geotope damals noch „Geosch Ob" (geowissenschaftliche Objekte). Zurzeit sind im Landesamt für Landwirtschaft, Umwelt und ländliche Räume des Landes Schleswig-Holstein (LLUR) ca. 360 Geotope registriert (Agster et al. 2005).

Gut angenommen werden auch die Findlingsgärten und Großgeschiebe. In Mecklenburg-Vorpommern gibt es mehr als 30 Findlingsgärten, davon 7 an der Ostseeküste. Einer der größten ist der 2003 eröffnete Findlingsgarten Neu-Pudagla bei Ückeritz auf der Insel Usedom (s. a. Dietrich & Hoffmann 2004, E 16). Die Besucherzahlen sind mit rund 20.000 pro Jahr erfreulich hoch. Das LUNG hat eine 32-seitige Broschüre über die geschützten Findlinge der Insel Rügen herausgegeben (Svenson 2004); eine weitere mit dem Titel „Schatzkammern der Natur – Naturkundliche Sammlungen in Mecklenburg-Vorpommern" informiert über die geologischen Sammlungen und Findlingsgärten dieses Bundeslandes (s. Obst et al. 2009). Als Außenstandort wurde der im April 2009 eröffnete Findlingsgarten Raben Steinfeld bei Schwerin in die Bundesgartenschau/BUGA integriert.

Eine Sonderstellung im geowissenschaftlichen Naturschutz nehmen die Geoparks ein. Darunter versteht man eine Verbindung bzw. ein Netzwerk verschiedener Geotope, die der Öffentlichkeit im Zusammenhang mit Wanderwegen und Informationen zugänglich gemacht werden. Geoparks eignen sich grundsätzlich sehr gut für touristische Aktivitäten und als außerschulische Lern-Orte, stellen aber auch höhere logistische, personelle und finanzielle Anforderungen an das langfristige Management. Zurzeit gibt es in Deutschland 11 Nationale Geoparks. Einer davon ist der im Juli 2002 eröffnete Geopark Mecklenburgische Eiszeitlandschaft im Südosten des Landes Mecklenburg-Vorpommern (s. a. Buddenbohm et al. 2003), d. h. in einer vom Bevölkerungsschwund betroffenen Region, in der ein Arbeit schaffender Tourismus einiges bewegen kann. Für die eigene Erkundung empfiehlt sich die neue, vom Geologischen Dienst im LUNG (Güstrow) herausgegebene geotouristische Karte 1:200.000 mit Erläuterungen (GTK 200 2007). Gleiche Ziele verfolgt die deutsch-polnische Geotouristikkarte 1:200.000 der Oderhaff-Region (GTK 200 2004).

Im letzten Jahrzehnt boomte besonders die populärwissenschaftliche Strand- und Geschiebeliteratur. Drei Bücher von R. Reinicke erschienen bereits in 7., 5. bzw. 2. Auflage: Bernstein – Gold des Meeres (2003), Rügen – Strand und Steine (2005) und Steine am Ostseestrand (2007a). Das geschiebekundliche Ostseebuch „Strandsteine" von F. Rudolph erlebte von 2004 bis 2007 sieben Auflagen. In diesen 3 Jahren wurden etwa 30.000 Exemplare verkauft. Auch die „Streifzüge durch die Geologie von Mecklenburg-Vorpommern" von W. Schulz fanden mit drei Auflagen von 1998–2006 eine gute Aufnahme. Der vom selben Autor verfasste „Geologische Führer für den norddeutschen Geschiebesammler" (Schulz 2003), die Zweitauflage des Geschiebebuches von Smed & Ehlers (2002), das geologische Strandbuch von Rudolph (2008) und das Strandfossilienbuch von Rohde (2007) seien den an der Geschiebekunde sowie allgemein naturwissenschaftlich interessierten Küstenwanderern besonders empfohlen. Das Geschiebebuch „Abenteuer Steine" von Dehning & Petersen (2007) soll vor allem Kinder und Jugendliche ansprechen. Um den Geographieunterricht und besonders dessen naturwissenschaftliche Anteile auszubauen, aber auch, um Schulkinder einem naturnahen, sanften Tourismus nahe zu bringen, wurde am 30. September 2004 in Leipzig die Fachsektion „Geodidaktik in der GeoUnion Alfred-Wegener-Stiftung" gegründet. Neben den geotouristischen Monographien bzw. Handbüchern dienen auch den Tourismus interessierende und fördernde populärwissenschaftliche Jahrbücher, z. B. das Rügen-Jahrbuch RUGIA, der Verbreitung geowissenschaftlicher Informationen. Insgesamt belegen diese Informationen einen zunehmenden und unbedingt zu fördernden geotouristischen Aufwind, den es im Rahmen der eingangs genannten konzeptionellen Neuausrichtung der deutschen Tourismusbranche zu steuern und zu verstärken gilt!

Die vorliegende Zweitauflage dieses geologischen Führers möchte die vorstehend umrissenen Aspekte stärker als in der Erstauflage beim Beobachten und Studium der geologischen Küstenverhältnisse in den Fokus rücken. Botschaft soll sein, dass das „geologische Erbe" besser bekannt und geschützt wird, damit die in der erdgeschichtlichen Vergangenheit, der Gegenwart und Zukunft sich permanent ereignenden Umweltveränderungen und deren Konsequenzen am Beispiel eines so vielgestaltigen geologischen Exkursionsgebietes wie der deutschen Ostseeküste wahrgenommen werden und in nachhaltiges Handeln münden. In dieser Hinsicht soll besonders der regionale Teil mit seinen 17 Exkursionen dazu beitragen, die wichtigsten Küstenteilräume mit ihrem geologischen Inventar und die einzelnen Küstentypen mit ihrem Landschaftscharakter exemplarisch von West nach Ost kennenzulernen: Die schleswig-holsteinische Fördenküste, die holsteinisch-westmecklenburgische (Groß-)Buchtenküste, die mecklenburgische Ausgleichsküste und die vorpommersche Bodden-Ausgleichsküste (Kap. 6.1.). Die deutsche Außenküste der Ostsee zwischen Flensburg und Ahlbeck einschließlich der vorgelagerten Inseln hat eine Länge von insgesamt 724 km. Davon entfallen 384 km auf Schleswig-Holstein und 354 km auf Mecklenburg-Vorpommern. Hinzu kommt eine etwa dreimal so lange Binnenküste, die in den letzten 5.000 Jahren durch Sandbänke, Nehrungshaken und Nehrungen vom offenen Meer nahezu abgeschnürt wurde. Allein in Mecklenburg-Vorpommern umfasst sie – wie erwähnt – als Bodden- und Haffküste 1.358 km. Dass bei einer Küstenlänge von insgesamt 2.200 km im Bereich der deutschen Ostsee und einer begrenzten Textlänge auch in dieser Zweitauflage keine Vollständigkeit der Darstellung angestrebt werden kann, bedarf keiner weiteren Erläuterung. Die reichlich zitierte ausgewählte Fachliteratur weist aber dem Leser auch diesmal wieder den Weg zu den unberücksichtigt gebliebenen Details.

2. Geologische Entwicklung im Präquartär

„Kein Mensch weiß, wie's da drinnen aussieht. Keiner hat tief genug gebohrt".

Dieses Zitat aus Jules Verne's (1828–1905) „Eine Reise zum Mittelpunkt der Erde" (1864) gilt für den tiefen Untergrund der deutschen Ostseeküste trotz vieler neuer geologischer Kenntnis- und Interpretationsfortschritte auch noch zu Beginn des 21. Jahrhunderts. Das Gebiet der deutschen Ostseeküste ist mit Ausnahme der bis ca. 120 m hohen Kreidefelsen der Halbinsel Jasmund (Rügen; s. E 12) von den im Durchschnitt 50 m mächtigen Lockergesteinen des Quartärs bedeckt (Kap. 3 u. 4). Die Mächtigkeit der gesamten Gesteinsfolge des Deckgebirges vom Oberperm (Zechstein) bis zum Quartär nimmt von ca. 700 m auf Nordrügen, 1–2 km auf Mittelrügen und den südlichen dänischen Inseln bis auf etwa 10 km im zentralen Bereich des Glückstadt-Grabens zu. Letzterer bildet das Ablagerungszentrum des Norddeutschen Beckens, das überregional dem Mitteleuropäischen Becken zuzuordnen ist (Abb. 2.2; Baldschuhn et al. 2001, Maystrenko et al. 2005, Hoffmann et al. 2008, Reinhold et al. 2008). Bei dieser regionaltektonischen Konstellation blieb auch die 4.931 m tiefe Erdöl-Aufschlußbohrung Fehmarn Z 1 (1975) in den mächtigen Porphyrdecken des Rotliegenden (Unterperm) stecken. Mit 7.105 m Endteufe noch wesentlich tiefer bis in die präkambrische (i. e. neoproterozoische) Lubmin-Sandstein-Formation der Pommern-Gruppe reichte die Bohrung Loissin 1 bei Greifswald (Juni 1970–Jan. 1974). Den „Küsten-Tiefenrekord" mit 7.550,0 m hält allerdings die südlich des Seebades Bansin/Usedom bis in das Givet (Mitteldevon) abgeteufte Erdölbohrung Pudagla 1 (Nov.1986–Dez. 1989; Hoth et al. 1993). Die regionale Verbreitung und Ausbildung der bis in Tiefen von mehr als 10 km abgesenkten präpermischen Gesteine bleibt mit Ausnahme des nördlichen vorpommerschen Gebietes sowie der angrenzenden Ostsee weitgehend unbekannt, obwohl umfangreiche geophysikalische Messergebnisse (u. a. Reflexionsseismik, Magnetotellurik) sowie zahlreiche Tiefbohrungen zu wichtigen Kenntnisgewinnen beitrugen (Hoth et al. 1993, Müller & Porth 1993, Krauss et al. 1994, Mayer et al. 1994, Katzung 2004a, Hoffmann et al. 2005). 35 Tiefbohrungen erreichten in Mecklenburg-Vorpommern Endteufen von ca. 3.000 bis 8.000 m und geben Einblicke in ca. 1,5 Mrd. Jahre Erdgeschichte. Die beim Geologischen Dienst von Mecklenburg-Vorpommern (www.lung.mv-regierung.de) archivierten tiefen Bohrungen dieses Bundeslandes einschließlich der geologischen Dokumentationen repräsentieren angesichts der heutigen sehr hohen Bohrkosten einen mehrstelligen „€-Millionen-Schatz"!

Wegen der global abnehmenden Erdölvorräte, zwischenzeitlich verbunden mit enormen Preissteigerungen, gewinnen diese übertiefen Bohraufschlüsse an der Ostseeküste vor allem im Bereich des Grimmener Walls (Vorpommern) wieder an Bedeutung. In Schleswig-Holstein führt die RWE Dea AG am Ostufer der Kieler Förde und im südlich angrenzenden Gebiet des Landkreises Plön seit Herbst 2008 seismische Messungen durch, um neue Lagerstätten im Doggersandstein (Jura) zu suchen.

„Das Gedächtnis des Meeres" (Seibold 1991) liegt in dessen Sedimenten. Als Folge der Entstehung und nordwärtigen Verdriftung des Paläokontinentes Baltica, eines Abkömmlings des Mega-Kontinentes Gondwana, während des Ordoviziums vor ca. 490 Mio. Jahren beginnt die meeresgeologische „Urgeschichte" des Ostseeraumes mit dem „baltischen Randmeer" im frühen Altpaläozoikum (Kap. 2.2). Seit dieser Zeit bilden die Leitfossilien der baltischen Randmeere die Hauptgrundlage für die stratigraphische Gliederung der Erd- und Lebensgeschichte des südlichen Ostseeraumes. Sie finden sich übertage im Anstehenden der schwedischen Ostseeinseln Gotland und Öland, in Nordestland mit der Insel Saaremaa (Ösel) sowie auch sehr zahlreich in Geschieben. Allerdings kann mit Hilfe der Leitfossilien nur eine relative Altersabfolge ermittelt werden. Die für die Alterseinstufung sehr wichtige absolute Zeitmessung beruht auf der Umwandlung (Zerfallsreihen) der radioaktiven Elemente, die in vielen Gesteinen enthalten sind.

Übersichts-, Einführungs- und zusammenfassende Speziallitteratur (darin zahlreiche weitere Hinweise): Hoth et al. (1993), Krauss et al. (1994), Smed (2002), Faupl (2000), Jacobshagen et al. (2000), Schulz (2003), Katzung (2004a), Henningsen & Katzung (2006) und Walter (2007).

Stratigraphische Gliederung der Erdgeschichte: S. 310

2.1. Abriß der tektonischen Entwicklung

Der südwestliche Ostseeraum incl. seines Küstenbereichs hat eine komplizierte geologisch-strukturelle Entwicklung durchlaufen. Er wird von vielen tektonischen Störungen unterschiedlichen Alters sowie verschiedener Richtung und Größenordnung gequert. Bereits W. Deecke, der Begründer der Geologie an der Universität Greifswald und von Pommern, deutete auf einer Rügen-Karte aus dem Jahre 1907 das Durchpausen von tektonischen Untergrundstrukturen bis zur Erdoberfläche an. Besondere Bedeutung kommt dabei auf Rügen der NW-SE-Richtung (herzynisch) zu, die ebenso wie die NE-SW-Richtung (erzgebirgisch) das großtektonische Strukturmuster des Grundgebirges Mitteleuropas kennzeichnen (Krauss & Möbus 1981, Möbus 1996). Die quartären Erscheinungsformen sind im Bereich der gesamten Ostseeküste durch die präquartären Bruchmuster beeinflusst. Die überregional bedeutendsten sind das Transeuropäische Störungssystem (TES) und die Tornquist-Zone (Abb. 2.1). Das etwa WNW-ESE verlaufende Transeuropäische Störungssystem ist im tieferen Untergrund Dänemarks, Norddeutschlands und Polens durch die

Kollisionssutur von Ostavalonia und Baltica zu kaledonischer Zeit vor 450–430 Mio. Jahren (Oberordovizium bis Untersilur) geprägt, d. h. durch Schließung des Tornquist-Ozeans und Bildung der Tornquist-Sutur (Abb. 2.1). Durch permanente Reaktivierungen dieser krustalen Schwächezone als Folge jüngerer tektonischer Aktivitäten (Krauss & Mayer 2004) ist sie als Transeuropäisches Störungssystem in allen geologisch-strukturellen Stockwerken bis in Oberflächennähe nachweisbar (z. B. Südflanke Ringkøbing-Fyn-Schwelle, Grimmener Wall, Vorpommern-Störungssystem). Die Randstörung des Osteuropäischen Kratons mit ihren beiden Teilstücken der Sorgenfrei-Tornquist-Zone und der Tornquist-Teysseire-Zone erstreckt sich über ca. 2.500 km aus dem Bereich der östlichen Nordsee über Nord-Jütland, Kattegat, Schonen, Bornholm weiter als Pommersch-Kujawischer Wall bis nach SE-Polen und zum Schwarzen Meer.

Diese aus mehreren Teilstücken bestehende Zone ist seit der variszischen Gebirgsbildung sicher nachweisbar und hat ihre vorherrschend NW-SE-Ausrichtung durch die altkimmerischen und laramischen Krustenbewegungen erhalten (Krauss 1994). Die Tornquist-Zone ist zwischen den beiden Ostseeinseln Bornholm und Rügen durch den NE-SW (erzgebirgisch) streichenden Rønne-Graben (Abb. 2.1 u. 2.3) versetzt. Sie hatte wesentlichen Einfluss auf die Entstehung der Küsten sowie deren Verlauf im Bereich der Ost- und Nord-

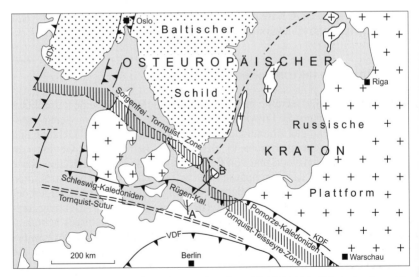

Abb. 2.1: Strukturelle Großgliederung des Grundgebirges im Ostseeraum und in den angrenzenden Gebieten (Katzung 2004 b, verändert; Kal: Kaledoniden, KDF, VDF: Kaledonische, Variszische Deformationsfront, Profil A–B: s. Abb. 2.3).

see. Die für Rügen genannten und variszisch angelegten dominierenden Störungs- und Küstenrichtungen („Küstentangenten" n. Möbus 1996) NW-SE und NE-SW sind insgesamt für Mecklenburg-Vorpommern typisch, während diese in Schleswig-Holstein – erkennbar am Streichen der Störungen (Abb. 2.2) – N-S und NNE-SSW (rheinisch) verlaufen (E 1). Das Oder-Haff wird von NNE-SSW- und NNW-SSE (eggisch) streichenden Störungen begrenzt, die im Bereich des Vorpommern-Störungssystems (VPSS) liegen. Das Vorpommern-Störungssystem entwickelte sich im Mesozoikum von der Obertrias (Unter-/ Mittelkeuper) bis zur unteren Unterkreide als Folge der alt- bis jungkimmerischen Krustenbewegungen (Beutler & Schüler 1978, Mayer et al. 2000, Krauss & Mayer 2004). Später prägten im Zeitraum Oberkreide/Alttertiär die laramischen Bewegungen die Tektonik des südwestlichen Ostseeküstengebietes und führten auch zur Heraushebung des von Krull (2004) als Erosionsstruktur interpretierten Grimmener Walls sowie zur Absenkung der Rügenschwelle. Die Auswirkungen der glazioisostatischen Krustenbewegungen im Quartär, die bis in die Gegenwart anhalten und im Zuge des postglazialen Meeresspiegelanstiegs der Ostsee deren Küsten entscheidend prägten und auch gegenwärtig wie zukünftig mit gestalten werden, hängen also wesentlich mit der skizzierten tektonischen Entwicklung der Region zusammen (Kap. 3 u. 4, s. a. v. Bülow 2011).

Wie in Schleswig-Holstein haben salztektonische Erscheinungen auch in Mecklenburg-Vorpommern Richtung und Verbreitung von Endmoränen bzw. Gletscher-Randlagen beeinflusst (Schirrmeister 1999, Brückner-Röhling et al. 2004; Kap. 2.3). So bilden die in rheinischer Richtung verlaufenden bis 150 km langen und 8 km hohen Salzmauern des sogen. Haselgebirges im Glückstadt-Graben das „unterirdische Rückgrat" des Landes Schleswig-Holstein (Abb. 2.2). Die Salzmauern werden von kleineren Einzelsalzstöcken und von tiefliegenden und schwach aufgebeulten Salzkissen bzw. -antiklinalen flankiert. Zwischen diesen Strukturen liegen die durch seitliche Salzabwanderungen eingemuldeten Randsenken, die auch besonders im SW Mecklenburg-Vorpommerns („Griese Gegend") ausgebildet sind. Dort haben die im Neogen (Jungtertiär) einsetzenden Aufstiegsbewegungen der Zechsteinsalze (Halokinese) aus ca. 4 km Tiefe, z. B die Salzstöcke Lübtheen und Conow, modellhaft zur Entstehung von Randsenken geführt (s. v. Bülow 2000, 2005, v. Bülow & Müller 2004). Auch die salztektonischen Lineationen pausen sich an mehreren Stellen im Küsten- und Gewässerverlauf bis an die Erdoberfläche durch (Krauss & Möbus 1981, Piotrowski 1993, 1994, Sirocko 1998, Schirrmeister 1999, Brückner-Röhling et al. 2004, Kaiser 2005, Walter 2007). Die Erdkrusten- bzw. auch Küsten-gestaltende Kraft dieser halokinetischen Bewegungen zeigt sich sehr eindrucksvoll am Beispiel Helgolands (Fläche: 2,09 km^2), der einzigen deutschen Hochseeinsel, mit den über einem Salzstock bis ca. 60 m über den heutigen Nordsee-Wasserspiegel emporragenden Buntsandstein-Schichten, die in diesem Gebiet sonst nur aus Tiefen von 3.000 m bekannt sind.

Die Messergebnisse der geodätischen Präzisionsnivellements und schwache Erdbeben, die jedoch nur selten auftreten (z. B. am 21. Juli 2001 östlich Rostock), weisen außerdem darauf hin, dass das Gebiet der deutschen Ostseeküste nicht aseismisch ist und mehrere Verwerfungen bis in die Gegenwart aktiv sind. Allerdings verlaufen diese sogen. „neotektonischen" Bewegungen der Erdkruste, die seit Beginn des Oligozäns (Tertiär) vor ca. 34 Mio. Jahren auftreten, im hier beschriebenen Gebiet langfristig nur in Bruchteilen von Millimetern pro Jahr (-0,006 bis 0,004 mm/a, Garetzky et al. 2001, Ludwig 2001, Brückner-Röhling et al. 2004). Im Quartär verstärkten sich die neotektonischen Störungsaktivitäten vielerorts jedoch erheblich (Brückner-Röhling et al. 2005, Kaiser 2005). Im Gebiet Plön zeigen wiederholte Feinnivellements sogar Hebungsbeträge von bis 0,6 mm/a sowie Senkungsbeträge von 0,4 mm/a, was auf eine rezente Aktivität der Störungszone Segeberg/Plön am Ostrand des Glückstadt-Grabens hindeutet (Lehné & Sirocko 2007). Hebungs- und Senkungsbeträge dieser Größenordnung kennzeichnen auch den westlichen Grabenrand bei Flensburg (E 1).

Der Herd des Rostocker Erdbebens 2001 (Lokal-Magnitude 3,4) lag in einer Tiefe von etwa 9 km und befand sich damit ca. 5,5 km unterhalb des Zechstein-Salinars (Grünthal et al. 2007). Die von zahlreichen Personen registrierten und gemeldeten Erschütterungen entsprachen den Stufen III bis IV der Europäischen Makroseismischen Intensitätsskala (EMS). Das bisher jüngste Erdbeben mit Auswirkungen auf Mecklenburg-Vorpommern ereignete sich am 16. Dezember 2008 in Südschweden östlich Malmö und erreichte die Stärke 4,3 (Herdtiefe ca. 10 km).

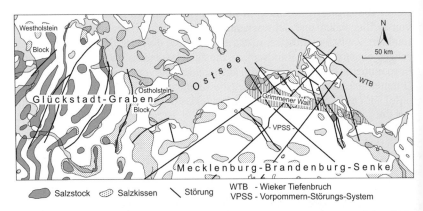

Abb. 2.2: Beziehungen zwischen Küstenverlauf und tektonischen Bruchlinien (Störungen) sowie Salzstrukturen im Bereich der deutschen Ostseeküste (Krauss & Mayer 2004, Walter 2007, Reinhold et al. 2008, ergänzt).

Geologische Entwicklung im Präquartär   17

Am SW-Rand des Osteuropäischen Kratons sinkt die Mohorovičić-Diskontinuität, die Grenze zwischen Erdmantel und Erdkruste, von ca. 30 km im NE auf bis zu 50 km im SW ab (Thybo et al. 1994; Abb. 2.1 u. 2.3). Das Hebungsgebiet des Baltischen Schildes wird auf der Halbinsel Kola aus bis 3,6 Mrd. Jahre alten kristallinen und metamorphen Gesteinen aufgebaut. In den nachfolgenden 3 Mrd. Jahren des Präkambriums vergrößerte sich dieser „ureuropäische" Festlandskern durch mehrfache Anfaltungen, Anschuppungen, Intrusionen, Metamorphosen und Sedimentgesteinsbildungen nach SW zum Kontinent Baltica. Seine Gesteine lagern heute in Tiefen zwischen 10 und 13 km und bilden den Untergrund der südlichen Ostsee. Die Ergebnisse der Tiefengeophysik (u. a. Mayer et al. 1994, Piske et al. 1994) weisen ferner darauf hin, dass es bei diesen Krusten-Akkretionen im Ostseeraum bereits vor 1,8 bis 1,9 Mrd. Jahren zu plattentektonischen Kollisionen uralter Kontinente wie Fennoskandia, Sarmatia und Volgo-Uralia gekommen ist, die zur Entstehung des bereits erwähnten jüngeren Paläokontinentes Baltica führten (Walter 2007). Aus dessen fennoskandischem Anteil ist das präkambrische (i. e. jungproterozoische) Fundament Dänemarks, des südlichen Ostseegebietes sowie Nord- und Ostpolens aufgebaut. Morphotektonisch ist der Fennoskandische bzw. Baltische Schild ein Teil des Osteuropäischen Kratons, der im Ostseeraum eine mehrfach durch Querstörungen unterbrochene Hochlage des präkambrischen und kaledonischen Fundaments bildet.

Die Oberfläche des Baltischen Schildes sinkt von etwa 2.000 m im norwegischen Hochgebirge bei der Insel Bornholm auf das Niveau des Meeresspiegels ab, unter dem Südteil der Insel Rügen treppenförmig von Verwerfung zu

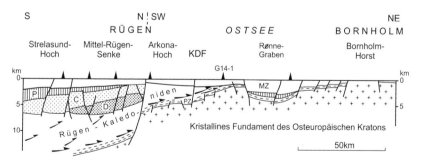

Abb. 2.3: Geologischer Schnitt durch den Nordrand der Norddeutschen Senke (Strelasund – Rügen – Bornholm; Katzung & Feldrappe, 2004, leicht verändert; Profilverlauf: s. Abb. 2.1).

Verwerfung sogar bis auf 12 km unter NHN. Daraus resultiert dort – wie bereits erwähnt – der den tektonischen Hauptrichtungen folgende Bruchschollen-Bau (Abb. 2.3). Ohne ein morphotektonisches Nord-Süd-Gefälle vom Baltischen Schild hätte es im Pliozän (Jungtertiär) und Altquartär den Baltischen Hauptstrom, bestehend aus einem mäandrierenden System von Wasserläufen, sowie im Mittel- und Jungquartär keine so ausgedehnten Vergletscherungen des Ostseeraumes und Mitteleuropas gegeben (Kap. 3).

Ein wesentliches morphologisch-tektonisches Element im östlichen Ostseeraum bildet die Ringkøbing-Fyn-Møn-Rügen-Schwelle. Zwischen Bornholm und Rügen verlaufen mehrere tiefreichende Störungen parallel zum SW-Rand des Osteuropäischen Kratons (Abb. 2.3). Dieses Profil zeigt auch die Positionen wichtiger Tiefbohrungen, die bis 1990 für die Bewertung der Erdöl/Erdgas-Höffigkeit Nordostdeutschlands abgeteuft wurden. Von besonderer Bedeutung für die Erkundung und Interpretation des Grundgebirgsbaus der Region ist die im Arkona-Becken westlich des Adlergrundes niedergebrachte und 1.997 m tiefe „Petrobaltic"-Bohrung G 14-1. Darin wurde im Liegenden einer kambrisch-silurischen Schichtenfolge bei 1.942 m unter NHN ein präkambrischer (i. e. mesoproterozoischer) Biotitgranit des Baltischen Schildes erreicht, der hinsichtlich seiner Zusammensetzung und seines Alters den Bornholm-Graniten entspricht (Rempel 1992, Franke et al. 1994, Katzung et al. 2004a). Ca. 25 km nordöstlich der Insel Rügen, speziell im Bereich des mit paläozoischen und mesozoischen Sedimenten gefüllten Rønne-Grabens, wird dieses kristalline Fundament bis zu einer Tiefe von ca. 5.000 m verworfen.

Am Wieker Tiefenbruch ist das Ordovizium von Arkona gegen das Devon und Karbon der Scholle von Mittelrügen versetzt (Abb. 2.3). Das Perm keilt auf dieser Scholle aus. Eine den vordringenden pleistozänen Gletschern im Gebiet Nordrügen als Hindernis entgegenstehende „Kreidehochlage" von ca. 70–100 m (Groth 1967) könnte auf Grund präquartärer tektonischer Bewegungen am Wieker Tiefenbruch entstanden sein. Diese endogen verursachte Geländestufe kann die intensiven glazigenen Lagerungsstörungen der Sedimente mit bestimmt haben (Steinich 1972, Groth 2003). Die Trennung des heutigen „Hochlands" von Jasmund von den südwestlich angrenzenden Boddenlandschaften hängt damit zusammen (E 12 u. 13).

Zusammenfassend gliedert sich der deutsche Anteil des südwestlichen Ostseeraumes in folgende tektonisch geprägte Strukturstockwerke: Das Kristallin des Osteuropäischen Kratons als Krustenfundament (Mesoproterozoikum), das kaledonische (Neoproterozoikum bis Unterdevon), das variszische (Mitteldevon bis Unteres Rotliegend), das epivariszische Tafeldeckgebirge (Oberes Rotliegend bis Jungtertiär) mit den durch die Fernwirkungen der alpidischen Gebirgsbildung (Oberkreide/Tertiär) beeinflussten präquartären Gesteinsformationen. Die überdeckenden Sedimentformationen des Quartärs bilden das mit der festen Erdoberfläche abschließende jüngste Stockwerk.

2.2. Präkambrium

Die Ausgangsgesteine der an der deutschen Ostseeküste in unterschiedlichster Größe vorkommenden Geschiebe des skandinavischen Gesteinsfundamentes wie Plutonite, Vulkanite, Sedimentite und Metamorphite entstanden als Folge erdgeschichtlich sehr früher krustenbildender (plattentektonischer) Prozesse. Diese begannen vor etwa 2 Mrd. Jahren während des unteren bis mittleren Proterozoikums mit der svekofennidischen Gebirgsbildung (Mittelschweden, Südfinnland) und setzten sich später in der svekonorwegischen Gebirgsbildung (Südnorwegen, Südwestschweden) fort. Die in dieser sehr fernen Vergangenheit der Erde im heutigen Ostseeraum abgelaufenen Kollisionen von Kontinenten führten gemäß den grundlegenden geologischen Vorgängen der endogenen (erdinneren) und exogenen (erdäußeren) Erdkrustenbildung und -umbildung zunächst zur Entstehung von Tiefengesteinen (Plutoniten), wobei auch magmatische Gesteine als Vulkanite bis an die Erdoberfläche durchdrangen und dort erstarrten. Dementsprechend waren auch die verschiedenen präkambrischen skandinavischen Granite und Porphyre die Ausgangsgesteine der späteren Verwitterungs- und Abtragungsprozesse, die zur Entstehung von Sandsteinen, Konglomeraten sowie feinkörnigen Schluff-(Silt-) und Tonsteinen führten. In den nachfolgenden geologischen Zeitabschnitten entstanden durch Um- bzw. Neubildungen und partielle Aufschmelzungen von Gesteinen Metamorphite (u. a. Glimmerschiefer, Gneise, Migmatite). Zusammen mit den Graniten bilden die Metamorphite das kristalline Fundament (Grundgebirge) im Ostseeraum und stehen insbesondere in Skandinavien mit seinem südlichsten „Ausläufer", der Insel Bornholm, übertage an. An die Entstehung des kristallinen Grundgebirges des Baltischen Schildes (Kap. 2.1) schlossen sich im Oberen Präkambrium (Neoproterozoikum) zwei Phasen intensiver Erosion, Abtragung, Einebnung und terrestrischer Sandsteinbildung an.

Die bekanntesten Geschiebe des Präkambriums (s. Schulz 2003) sind die sogen. „Urkalke" (grobkörnige Marmore mit xenomorphen Kalziten, Alter ca. 1,8 bis 2,1 Mrd. Jahre), der Uppsala-Granit und der Stockholm-Granit (ca. 1,7 bis 2,0 Mrd. Jahre), die Småland-Granite und der Påskallavik-Porphyr sowie die vulkanischen Hälleflinta, die Rapakiwi-Granite und Åland-Porphyre, ferner die braunen und roten Ostsee-Quarzporphyre (alle ca. 1,8–1,6 Mrd. Jahre), die jüngeren, zwischen 1,7 und 1,4 Mrd. Jahre alten Dalarna-Porphyre, Bornholm-Granite, Åsby- und Öje-Diabase sowie das Digerberg-Konglomerat (1,6 Mrd. Jahre) und die häufig schräggeschichteten, rötlich-violetten Jotnischen Sandsteine (1,3–1,2 Mrd. Jahre) des jüngsten Präkambriums. Diese stehen z. B. mit 800 m Mächtigkeit am Grund der nördlichen Ostsee (Bottensee, Bottenwiek) an. Ihre charakteristische rötliche Farbe ist auf den erhöhten Gehalt an oxidischen/hydroxidischen Eisenmineralen, speziell an Hämatit (Fe_2O_3), zurückzuführen und weist sie als typische kontinentale Ablagerung eines tro-

20   Einführung

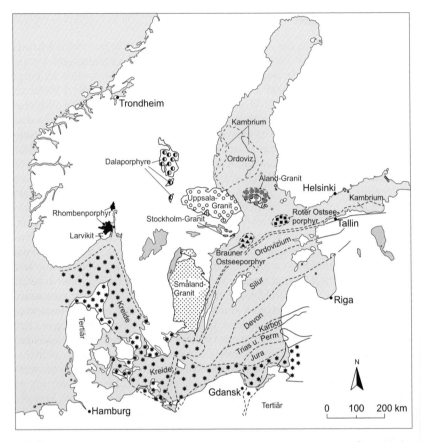

Abb. 2.4: Verbreitung der paläozoischen, mesozoischen und tertiären Gesteine im Untergrund der Ostsee und Herkunftsgebiete einiger skandinavischer Leitgeschiebe (Ehlers 1990, Smed & Ehlers 2002).

ckenen (ariden bis semiariden) Sedimentationsraumes aus. Derartige „Rot-Formationen" kommen in der Erdgeschichte verbreitet vor, z. B. auch im Devon (Old Red), Perm (Rotliegend) und in der Trias (Buntsandstein). Sie sind ausgeprägte Klimaanzeiger bei vorherrschender kontinentaler Verwitterung. Sie bildeten sich unter Wüsten-ähnlichen Bedingungen mit episodischen fluviatilen Einschaltungen, z. B. durch Sturzfluten ephemerer Flüsse oder durch alluviale Schuttfächer im Bereich von Gebirgsfronten in grob-/proximaler bzw. feinklastischer/distaler Fazies (s. Collinson 1996, Kocurek 1996). Die

Herkunftsgebiete von einigen der erwähnten Geschiebe sind in der Abb. 2.4 dargestellt.

2.3. Paläozoikum (Kambrium bis Perm)

Die abgetragene präkambrische (neoproterozoische) Landoberfläche (Fastebene bzw. Peneplain) Balticas bzw. des als Baltischer Schild bezeichneten stabilen Krustenteils wurde nach langandauernder Kontinentalität von Ozeanen (Iapetus-, Tornquist-Ozean) bzw. deren Randmeeren überflutet. Diese mehrfachen Transgressionen führten im heutigen Ostseeraum dazu, dass sich während des gesamten Altpaläozoikums vom Kambrium bis zum Silur (ca. vor 545 bis 430 Mio. Jahren) Meeres-Dominanz einstellte. Entsprechende Meeresablagerungen weisen als typische Merkmale marine Fossilien auf, die als Folge der sog. „kambrischen Revolution", d. h. der explosionsartigen Ausbreitung von Meereslebewesen in den damaligen Ozeanen, die nahezu fossilfreien kontinentalen Gesteinsformationen des Präkambriums ablösten. Im Unterkambrium überflutete das Randmeer des Tornquist-Ozeans den Südteil Balticas. Dieser überflutete Kontinentalbereich bildete ein Schelfmeer mit Wassertiefen von überwiegend < 50 m (Flachschelf) und war sowohl Gezeiten- als auch Sturmeinflüssen ausgesetzt. Die ausgedehnten Schelfmeere des späten Präkambriums und Altpaläozoikums waren generell durch flachmarine Sandablagerungen gekennzeichnet, aus denen sich die sog. „Orthoquarzite" bildeten, die in transgressiven Sedimentationszyklen weltweit häufig zusammen mit Karbonaten vorkommen (Johnson & Baldwin 1996). Diese überwiegend quarzitisch zementierten Sandsteine enthalten als Faziesmerkmale sehr häufig Lebensspuren bzw. Spurenfossilien, die für klastische Schelfablagerungen typisch sind. Eines der häufigsten kambrischen Geschiebe ist der unterkambrische *Skolithos*-Sandstein (Quarzit), der durch senkrecht zur Schichtung stehende, bis 50 cm lange, parallele, zylindrische Wohnbauten oder Grabgänge (Durchmesser 2,5–8 mm) eines planktonfressenden Sandröhrenwurmes (Stamm: Annelida/Klasse: Polychaeta = Vielborster) gekennzeichnet ist (Bromley 1999, Schulz 2003). Der Lebensraum von *Skolithos* war der sandige, Sturm- und Gezeiten-beeinflusste, gut durchlüftete Baltica-Flachschelf, vergleichbar dem heutigen westlichen Nordatlantik mit dem dort vorkommenden, 5 bis 8 mm dicken und bis 1 m langen Röhrenwurm *Diopatra cuprea*. Außerdem sind *Monocraterion*- und *Diplocraterion*-Sandsteine mit den namengebenden, wahrscheinlich *Skolithos*-verwandten Spurenfossilien diesen unterkambrischen Schelfablagerungen Balticas zuzuordnen und als Geschiebe auch an der deutschen Ostseeküste zu finden. Auch der festländisch-fluviatile, rötlich gefärbte, fein- bis grobkörnige und auf Bornholm anstehende Nexö-Sandstein gehört in diesen Zeitabschnitt.

Unter aktualistischem Blickwinkel vermitteln auch die heutigen Watten und Strände der siliziklastischen Schelfmeere, z. B NW-Europas mit der Nordsee, eine gewisse Vorstellung von den Verhältnissen im frühen Altpaläozoikum. Das tiefer gewordene mittel- und oberkambrische Schelfmeer war in seinem Bodenwasserkörper ebenso wie die heutige Ostsee nur mangelhaft durchlüftet, so dass sich anoxische Ablagerungsbedingungen einstellten (Kap. 5 u. 6). Es entstanden bituminöse Schlicke und Kalkschlicke, die im Laufe der Zeit zu Alaunschiefer und Stinkkalk geworden sind. Letzterer enthält auf seinen Schichtflächen oft viele Trilobiten, die Leitfossilien des Kambriums, und ist daher auch bei den Geschiebesammlern begehrt. Die Trilobiten (Dreilappkrebse) gehören zu einer ausgestorbenen Gruppe von Arthropoden (Gliederfüßer) und stellen im fossilreichen Kambrium etwa 60 % der bekannten Fauna. Stinkkalke mit Trilobiten der Gattungen *Agnostus*, *Peltura* und *Sphaerophthalmus* sind an der deutschen Ostseeküste sowohl im Westen (Groß Klütz-Höved) als auch weiter östlich am Dornbusch (Hiddensee) bzw. bei Sassnitz-Dwasieden (Rügen) zu finden (Schulz 2003).

Im Ordovizium breitete sich das baltische Randmeer weiter aus und veränderte den überwiegend siliziklastischen Flachschelf des Kambriums in einen durch Karbonatsedimentation dominierten pelagischen Ablagerungsraum (Tiefschelf). Diese Schelffazies ist durch fossilreiche Kalksteine gekennzeichnet, die mit den Gletschern im Pleistozän als Geschiebe besonders aus dem Anstehenden des östlichen (i. e. baltischen) Küstengebietes der Ostsee, von Gotland und Öland nach Westen bzw. Süden verfrachtet wurden. Als Hauptvertreter der ordovizischen Geschiebe, die wegen ihrer Fossilvielfalt zu den gesuchtesten und am meisten gefundenen Sedimentgeschieben gehören, gelten die Backstein- und Orthocerenkalke. Beide enthalten Cephalopoden (Kopffüßer), Trilobiten, Brachiopoden (Armfüßer), Schnecken und als wichtigste Mikrofossilien Ostrakoden (Muschelkrebse). Orthocerenkalk wurde in früherer Zeit als Dekorations- und Grabstein besonders von Öland und Gotland nach Norddeutschland verschifft. Daher findet man rote und graue Kalkplatten mit bis 25 cm langen Orthoceren auch in den Straßen, Friedhöfen und Kirchen der deutschen Ostseestädte.

Die Tiefwasserfazies des Ordoviziums, die im südlichen Skandinavien verbreitet ist, besteht vor allem aus Graptolithenschiefern. Eine besondere Fazies wurde im Nordteil der Insel Rügen mit über 3.000 m mächtigen Ton-, Schluff- und Sandsteinen sowie Grauwacken erbohrt, die etwa zeitgleich in den Tiefen des Tornquist-Ozeans gebildet wurde (Abb. 2.3). Diese als Rügen-Gruppe zusammengefassten Meeresablagerungen der Varnkewitz-Sandstein-, der Arkona-Schwarzschiefer- und der Nobbin-Grauwacken-Formation erreichen Mächtigkeiten von jeweils bis zu 2.000 m (Katzung et al. 2004b). Die zumeist turbiditischen Schüttungen in diesen tiefmarinen Ablagerungsraum erfolgten von Süden her aus dem Bereich des passiven Kontinentalhanges von Avalonia.

Als aktualistisches Beispiel für das Ablagerungsmilieu der Gesteine der Rügen-Gruppe kann der östliche Kontinentalrand Nordamerikas dienen. Bei den die ozeanischen Tiefwassergebiete des Ordiviziums und Silurs dominierenden Graptolithen (Leitfossilien) handelt es sich übrigens um koloniebildende Hemichordaten, das heißt, um frühe Vorläufer der Wirbeltiere. Außerdem kommen in den genannten pelagischen Sedimenten Acritarchen (planktonische Algen) und Chitinozoen (vermutlich Eihüllen von Metazoen) vor, jedoch keine benthischen Schalenfossilien wie Trilobiten und artikulate Brachiopoden.

Silurische Sedimente sind im Raum Rügen und im angrenzenden Gebiet nur in der Ostsee-Tiefbohrung G 14 in geringer Verbreitung und Mächtigkeit vertreten (Untersilur). Trotz schwieriger biostratigraphischer Abgrenzung zum Ordovizium werden Tonschiefer mit Graptolithen der Gattung *Rastrites* in den ältesten Abschnitt (Llandovery) gestellt; jüngere Silurabschnitte fehlen. Insgesamt existierten im Silur bei abnehmender Meeresverbreitung weiterhin marine Tief- und Flachwasserbedingungen wie im Ordovizium. Die gleichfalls im Untersilur nachgewiesenen turbiditischen Sedimente wurden im Vergleich zum Ordovizium allerdings unter wesentlich geringeren Schüttungsenergien abgelagert (Katzung et al. 2004b). Das spricht für einen erneuten Übergang zu Flachschelf-Bedingungen, die im Verlauf des Obersilurs klimatisch tropischen Verhältnissen in damaliger Äquatornähe ausgesetzt waren und den Riffbildnern z. B. von Gotland, hauptsächlich Kalkalgen und Korallen, beste Lebens- bzw. Wachstumsverhältnisse boten.

Der Übergang vom Silur zum Devon brachte eine tiefgreifende Umstellung der paläogeographischen Verhältnisse im südlichen Ostseeraum. Ursache dafür war die kaledonische Gebirgsbildung als Folge der Kollision von Baltica und Avalonia (vgl. Kap. 2.1.). Das entstandene Gebirge wurde dabei nach Norden auf Baltica aufgeschoben und erfasste mit einem Teil seiner Randzone auch das heutige Vorpommern mit dem angrenzenden Küstengebiet der südlichen Ostsee. Diese primär als Rügen-Gruppe im Ordovizium (s. o.) abgelagerte, durch Störungen, Schuppenbau, selten Falten sowie Schieferungen geprägte (deformierte) Gesteinsserie aus Grauwacken, Sandsteinen und Schiefern wird Rügen-Kaledoniden genannt (s. a. Beier 2001, Katzung & Feldrappe 2004). Die durch kontinentale Verwitterung, insbesondere durch episodisch aktive Flüsse mit ausgedehnten Schuttfächern, erfolgte Abtragung des kaledonischen Gebirges, dessen uralte Rumpflandschaften im heutigen Europa beiderseits der Nordsee in Schottland und Norwegen übertage anstehen, führte erneut zur Ablagerung sehr mächtiger und rotgefärbter Sandsteine. Ganz Europa wurde in unter- bis mitteldevonischer Zeit von diesem Old Red-Kontinent, bestehend aus Laurentia, Baltica und Avalonia, eingenommen und das Meer zurückgedrängt.

Das im Gebiet von Rügen, Hiddensee und Usedom bis 3.000 m mächtige Devon (Abb. 2.3) besteht im unteren Teil hauptsächlich aus Old-Red-Sandsteinen, die diskordant auf gefaltetem Ordovizium liegen. In Südnorwegen und Mittelestland sind Old-Red-Konglomerate und -Sandsteine in fluviatiler Fazies übertage aufgeschlossen. Erst ab dem oberen Mitteldevon dominierten wieder Schelfmeer-Einflüsse mit marinen Ton-, Sand- und Kalksteinen einschließlich von Riffkalken sowie Dolomite (Zagora 1993, Zagora & Zagora 2004). Die im Devon verbreitete Karbonatsedimentation mit Riffbildungen hängt mit der äquatornahen Lage des Sedimentationsraums zusammen. Devonische Geschiebe wie rotgefärbte Konglomerate und Sandsteine (u. a. Kugelsandsteine) sowie Kalke und Dolomite finden sich an der deutschen Ostseeküste bzw. generell in Norddeutschland, sind jedoch auf Grund fehlender Fossilien biostratigraphisch nicht zu bestimmen (Schulz 2003).

Im Unterkarbon hielt der Meereseinfluss mit auf Rügen bis 2.000 m mächtigen tonigen und kalkigen Tiefschelf-Sedimenten an, deren Fossilreichtum mit Brachiopoden, Crinoiden, Foraminiferen, Kalkalgen, Korallen, Muscheln und Ostrakoden eine Einstufung in die Kohlenkalk-Fazies begründet (Lindert & Hoffmann 2004). Auf Nord-Hiddensee wurde eine Sonderfazies in Form von vorherrschenden Ton- und Tonmergelsteinen mit Vertretern einer Kulm-Fauna (Trilobiten, Ammoniten) erbohrt. Das Oberkarbon tritt in Nordostdeutschland und somit im deutschen Ostseeküstengebiet (Ausnahme Nordrügen) flächenhaft im geologischen Untergrund auf und erreicht in der Strelasund-Senke Vorpommerns 2.500 m Mächtigkeit. Nachgewiesen sind in den Karbonvorkommen im geologischen Untergrund der Inseln Usedom, Hiddensee und Rügen ferner mehrere mit der variszischen Gebirgsbildung im Zusammenhang stehende Schichtlücken; außerdem kleine Steinkohle-Flöze mit dem marinen Ägir-Leithorizont, ferner bruchtektonische Deformationen und Einlagerungen basaltischer Laven und Tuffe. Für im Gebiet SE-Rügen erbohrte siliziklastische Oberkarbonsedimente fand der Begriff „Mönchguter Schichten" Eingang in die lithostratigraphische Nomenklatur. Fossile Wurzelhorizonte und kleine Steinkohle-Flöze stammen aus tropischen Küstenmooren, die es aber an Größe bei weitem nicht mit den „Steinkohle-Sumpfwäldern" des Ruhrgebietes aufnehmen konnten (Hirschmann et al. 1975, Hoth et al. 1990, Lindert & Hoffmann 2004). Als Geschiebe an der deutschen Ostseeküste vorkommende Karbon-Gesteine sind sehr selten, da sie von den quartären Gletschern nur in lokalen Ausstrichen im Bereich des Oslo-Grabens/Norwegen und Baltikums angetroffen wurden (Schulz 2003).

Mit dem Perm endet das Paläozoikum. Die aus dem Oberkarbon bis in das Unterperm reichende variszische Gebirgsbildung bewirkte durch Kollisionen von Kontinenten die Bildung eines Superkontinentes, der Pangäa genannt wird. Diese riesige Landmasse, zu der außer Europa auch Nord- und Südamerika, Afrika, Antarktika, Australien und Teile Asiens gehörten, war im Süden durch eine ausgedehnte Vergletscherung (Permokarbon-Eiszeit) und weiter nördlich durch Wüstenbedingungen mit austrocknenden Flachmeerbereichen gekennzeichnet. Die Gesteine des Perms zeigen in Europa und somit auch im Bereich der deutschen Ostseeküste sehr mächtige Vulkanit-, Sandstein- und Salzformationen. Bohrungen im Küstengebiet von Mecklenburg-Vorpommern erreichten die Perm-Basis in stark wechselnden Tiefen (Nordrügen: 900 bis 1.000 m, Mittel- und Südostrügen: 1.500 bis 2.000 m, Loissin b. Greifswald: 3.300 m, Pudagla/Usedom: > 4.000 m, Grevesmühlen/NW-Mecklenburg: > 6.600 m; Hoth et al. 1993, Angaben gerundet).

Im Unterrotliegend brachen im Gefolge der variszischen Gebirgsbildung auf Tiefenbrüchen große Magmamassen (Rhyolithe, Andesite, Basalte, Dolerite) und Schmelztuffe (Ignimbrite) bis zur Erdoberfläche durch. Norddeutschland und ein großer Teil des südwestlichen Ostseeraumes waren eine Vulkanlandschaft (s. a. Brink 2005). Diese Vulkanite erreichen im südwestlichen Ostseeraum eine Mächtigkeit von mehreren hundert Metern, im zentralen Norddeutschen Becken sogar von über 2.000 m; ein Volumen von 48.000 km^3 wird allein für den östlichen Beckenbereich geschätzt (Benek et al. 1996, Katzung & Obst 2004). Im Oslo-Graben bildeten sich in dieser Zeit die Rhombenporphyre (Leitgeschiebe). Im Oberrotliegend wurden die Vulkangesteine vom Abtragungsschutt des variszischen Gebirges überlagert. Bei semiaridem bis aridem Klima und unter Wüstenbedingungen transportierten Wadi-Flüsse in Form von Schichtfluten rote Kiese, Sande, Schluffe/Silte und Tone, die in ausgedehnten Schwemmfächern abgelagert wurden. Die entsprechenden Gesteine weisen sehr häufig Grob-Fein-Abfolgen auf, die sich oft wiederholen und dadurch zyklische, klimatisch bedingte Sedimentationsvorgänge belegen. Im Lübecker und Schweriner Raum erreichen diese Sedimentfolgen eine Gesamtmächtigkeit von 2.000 m (Lindert et al. 1990, Gebhardt et al. 1991, Katzung & Obst 2004). Wüstenstürme lagerten große Flugsanddecken ab. Die Tonsteine verzahnen sich in Schleswig-Holstein und im Schweriner Becken mit Steinsalz-Flözen eines kontinentalen Salzsees, der über das Unterelbe-Gebiet bis in das südliche Nordsee-Becken gereicht hat und etwa so groß wie das Kaspische Meer gewesen ist (Müller & Porth 1993). Aus dem Rotliegend (Unter-/Mittelperm) stammende Geschiebe aus Skandinavien, speziell Rhombenporphyre, Larvikite, Basalte und Ignimbrite aus dem Oslo-Graben sowie recht zahlreich Diabase aus Südschweden, sind an den deutschen Ostseestränden zu finden (Schulz 2003).

Im Zechstein eroberte sich das Meer, von der Nordsee kommend, einen großen Teil des Festlandes zurück und stieß im südlichen Ostseeraum bis nach Ostpreußen, Riga und Warschau vor (Lienau 1992). In diesem Randmeer kam es bei starker Verdunstung unter subtropischen Klimaverhältnissen auf einer geographischen Breite von damals etwa 25° Nord zum vier- bis siebenfachen zyklischen Absatz von bis zu 1.800 m mächtigen Salztonen, Karbonaten (Kalksteine, Dolomite) und Anhydriten, besonders aber von Steinsalz und Kalisalzen. Als Randfazies entwickelten sich in den Zechstein-Karbonaten Riffkörper (Bioherme) und Karbonatsande, die im nördlichen Vorpommern (Fischland bis Usedom) als WNW-ESE-streichender Wall ausgebildet und dolomitisiert sind. In der Petrobaltic-Bohrung K5-1/88 in der Ostsee ca. 50 km östlich von Nordrügen erreichen die marinen Zechstein-Schichten nur noch eine Gesamtmächtigkeit von 335 m (Lindert et al. 1993, Zagora & Zagora 2004).

Die Zechstein-Ablagerungen im Bereich der deutschen Ostseeküste, speziell im nördlichen Vorpommern, sind seit den 1960er Jahren durch mehrere kleine Erdöllagerstätten im Hauptdolomit (Grimmener Wall, Abb. 2.2) bis heute von Interesse. Der Hauptdolomit wird dort durch an die Riffe gebundene karbonatische Barrensande vertreten, die ölführend sind. Mit einer Gesamtförderung seit 1965 von ca. 1,3 Mio. Tonnen (per 31.12.2009; Jahresförderung 2009: Ca. 3.000 Tonnen) war und ist das Feld Lütow auf Usedom die größte Erdöl-Lagerstätte Mecklenburg-Vorpommerns (Schretzenmayr 2004, LBEG 2010; E 16). Derzeit ist noch die potentielle Erdgaskondensat-Lagerstätte bei Heringsdorf mit 15,1 Mill. Tonnen Gas, die sich in gleicher geologischer Position vor der Insel Usedom in die Ostsee fortsetzt, von wirtschaftlichem Interesse.

2.4. Mesozoikum und Tertiär

Der bereits im Perm existierende Superkontinent Pangäa bestimmte auch das globale paläogeographische Bild zu Beginn des Mesozoikums. Das im Äquatorbereich liegende Tethys-Meer griff in nordwestliche Richtung in den nördlichen Teil dieser riesigen Landmasse ein. Die darin abgelagerten Sedimente wurden von Kalken, Mergeln, Tonen und Salzen (Evaporiten) dominiert; auch Riffe kamen verbreitet vor. Im Alpengebiet wurden die Trias-Ablagerungen (Tethys-Trias) später im Zuge der alpidischen Gebirgsbildung großräumig deformiert bzw. gefaltet, während sie nördlich davon im mitteleuropäischen Raum in epikontinentaler Ausbildung keinen vergleichbaren tektonischen Einwirkungen unterlagen (Germanische Trias).

Ähnlich dem Perm herrschten auf dem Festland im Verbreitungsgebiet der Germanischen Trias zunächst hohe Verdunstungs- und geringe Niederschlagsraten vor; Halbwüsten bis Wüsten prägten die kontinentale Landschaft. Der finale Abtragungsschutt des variszischen Gebirges (Spätmolasse) führte im Buntsandstein (Untertrias) zur Ablagerung roter, teilweise konglomeratischer Sandsteinformationen, die hauptsächlich aus südlichen Richtungen geschüttet wurden. Im weiteren Verlauf des Mesozoikums entwickelte sich eine zunehmende Meeresverbreitung, die schließlich in der Oberkreide auch zur Ablagerung der Kreidekalke der Insel Rügen führte (E 12). Am Ende dieser Ära zeichnete sich annähernd das heutige Bild der Kontinent-Ozean-Verteilung auf der Erde ab.

Die Salinargesteine des Perms lieferten das Material für etwa 400 norddeutsche Salzstrukturen, in denen unter den erhöhten Druck- und Temperaturbedingungen des mesozoisch-känozoischen Deckgebirges fließfähig gewordene Salzmengen aus Tiefen bis 8.000 m teilweise bis an die Erdoberfläche aufgestiegen sind. Bei einigen Salzstöcken hält der Salzaufstieg bis in die Gegenwart an (E 1 u. E 3). Untersuchungen für den „Geotektonischen Atlas von Nordwestdeutschland und den deutschen Nordsee-Sektor" (Baldschuhn et al. 2001) bestätigen die klassische Auffassung, dass die meisten Salzstock-Bildungen auf tektonische Anstöße zurückgehen. Zeiten stärkerer Tektonik und damit stärkeren Salzaufstieges waren in der Trias der Mittlere Buntsandstein und Mittlerer Keuper, im Jura Obermalm und in der Kreide Aptium, Coniacium bis Untercampanium sowie das Tertiär. Im Unterschied zu Mecklenburg-Vorpommern, wo die Salzbewegungen nur das Zechstein-Salinar erfasst haben, sind in Schleswig-Holstein auch Salze des Rotliegend beteiligt. An der deutschen Ostseeküste nimmt die Intensität der Salztektonik generell von Westen nach Osten ab. Im schleswig-holsteinischen Glückstadt-Graben dominieren bis 100 km lange Salzmauern und rundlich-ovale Einzelsalzstöcke (Abb. 2.2), in Ostholstein und Mecklenburg-Vorpommern tiefliegende, breite und flache Salzkissen (Jaritz 1973, Rühberg 1976, Weber 1977, Baldschuhn et al. 2001, Krull 2004, Reinhold et al. 2008). Demnach können in Mecklenburg-Vorpommern die Mächtigkeiten der Salzkissen in den Scheitelbereichen 2.000 bis 2.500 m betragen, die der Salzstöcke bis 4.000 m. In NE-Vorpommern sind nördlich einer Linie von Stralsund nach Wolgast trotz nachweisbarer Störungen Salzbewegungen nicht mehr vorhanden. Die Salzmächtigkeit übersteigt dort auf Grund von Salzabwanderungen 100 m nicht.

Die Salzstrukturen im Untergrund Norddeutschlands sind nicht nur wegen ihrer Stein- und Kalisalze von großer wirtschaftlicher Bedeutung, sondern auch wegen der an ihre Flanken und Scheitelzonen gebundenen Erdöl- und Erdgaslagerstätten. Außerdem wurden in mehreren Salzstöcken große Kavernen für die geotechnische Öl- und Gasspeicherung ausgesolt, seit 1963 in Schleswig-Holstein 12 Einzelkavernen mit Längen von mehreren hundert Metern und Durchmessern zwischen 20 und 80 m (Thomsen & Liebsch-Dörschner 2007). In SW-Mecklenburg wird z. B. der Salzstock Kraak auf ein Volumen von ca. 2 Mio. m^3 ausgesolt (LUNG 2006). Die aus Wyborg in Russland kommende Pipeline durch die Ostsee, die in Lubmin bei Greifswald anlanden und ab 2012 in einem ersten Leitungsstrang 27,5 Mrd. m^3 Erdgas nach Deutschland transportieren soll, erfordert den Bau eines Kavernen-Speichers als Zwischenlager. Dafür bietet sich der 20 km südlich von Greifswald gelegene ca. 2.500 m mächtige Salzstock Möckow an. Geprüft wurde auch, ob sich Salzstöcke für die Endlagerung radioaktiver und hochtoxischer Sonderabfälle eignen (speziell Salzstock Gorleben; s. a. Klinge et al. 2007, Köthe et al. 2007, Duphorn 2008).

Die regionale Paläogeographie der Trias wird weiterhin durch das im Perm angelegte Norddeutsche Becken bestimmt. Dementsprechend ist die Trias sowohl in Mecklenburg-Vorpommern als auch in Schleswig-Holstein nahezu flächendeckend verbreitet; allein in Mecklenburg-Vorpommern erreichten mehr als 400 Tiefbohrungen die Trias (Beutler 2004, Thomsen & Liebsch-Dörschner 2007). Die Schichtmächtigkeiten der Trias nehmen in NE-Deutschland von SW (Mecklenburgische Senke) nach N bzw. NE (Rügen-Schwelle) stark ab. Z. B. betragen die Buntsandstein-Mächtigkeiten in NW-Mecklenburg mehr als 1.200 m, auf N-Rügen nur noch 100 m. Insgesamt entspricht die Schichtenfolge der Trias im Exkursionsgebiet weitgehend dem norddeutschen Normalprofil und kann – regional übergreifend – für den Buntsandstein und Muschelkalk mit Sachsen-Anhalt und Thüringen korreliert werden. Besonderheiten bilden die bis 54 m mächtige sog. Übergangsfolge aus Schluff- und Tonsteinen mit Anhydrit und Steinsalz im Buntsandstein der Mecklenburgischen Senke (Schüler & Seidel 1991) sowie das bis 2.000 m mächtige Sekundär-Steinsalz in Schleswig-Holstein (Baldschuhn et al. 2001). Letzteres stammt aus den im Mittleren Keuper bis zur Erdoberfläche durchgebrochenen Salzmauern und wurde von dort in gelöster Form in die benachbarten Randsenken umgelagert, wo es in großer Reinheit erneut zum Absatz kam.

Als Geschiebe der Trias sind sog. Rogensteine des Unteren und Mittleren Buntsandsteins, außerdem graue Kalke mit der typischen Germanischen Mollusken- (u. a. *Myophoria*, *Pecten*, *Gervillia*) und Ammonitenfauna (u. a. *Ceratites*) des Muschelkalks, z. B von Rügen, sowie Toneisenstein-Geoden (sog. Sphärosiderite) aus dem Rhät/Lias bekannt (Schulz 2003). Die im Oberen Keuper (Rhätkeuper) NE-Deutschlands vorkommenden Sandstein-Formationen der Postera- sowie Contorta-Schichten haben seit langem als geothermische Nutzhorizonte für die alternative Energiegewinnung aus Erdwärme große Bedeutung (s. a. GÜK 500 2009). Gleiches gilt für Porenspeicher des Mittleren Buntsandsteins, des Lias und Dogger (Jura) sowie der Unterkreide. Diese auch als salinare Aquifere bezeichneten Sandstein-Horizonte mit im Mittel guten Porositäts- (25–31 %) und Permeabilitätswerten (0,6–1,5 Darcy) können in Tiefen von mehr als 2.000 m Schichtwasser-(Sole-)Temperaturen von > 80 °C aufweisen (s. a. Katzung & Schneider 2000, LANU 2001, Obst 2004, LUNG 2006, Thomsen & Liebsch-Dörschner 2007, Wolfgramm et al. 2008). Auch die hauptsächlich aus den Zechsteinsalzen stammenden hohen Mineralisationen der Solen von 160 g/l und mehr machen diese mesozoischen Sandstein-Speicher für medizinische (balneologische) Zwecke und somit für den Gesundheitstourismus an der deutschen Ostseeküste zunehmend interessant.

Ablagerungen des Lias als unterer Epoche des Jura sind in NE-Deutschland weit verbreitet, nur auf Nordrügen (i. e. Rügen-Schwelle) fehlen sie. Im mecklenburgischen Küstenbereich ist der obere Lias als Folge jüngerer Abtragungen nicht vertreten; im Gebiet des Greifswalder Boddens (Vorpommern) sind Mächtigkeiten von > 600 m anzunehmen (Petzka & Rusbült 2004). Fossilreiche Tonsteine, Kalksandsteine und Eisen-Oolithe weisen auf Flachmeer- bzw. Flachschelf-Ablagerungsbedingungen hin. Übertage können diese Lias-Sedimente, sogar mit in ihnen konservierten Sturm- und Gezeitenmerkmalen, in Küstenaufschlüssen auf Bornholm studiert werden (Pedersen & Surlyk 1999).

Zu den Schmuckstücken jeder paläontologischen Sammlung gehören Lias-Ammoniten mit gut erhaltenen Perlmuttschalen aus der sog. „Ahrensburger Geschiebesippe", deren Anstehendes im Meeresgebiet der Ostsee südsüdwestlich Bornholm bis nördliche Pommersche Bucht vermutet wird (s. a. Lüttig 2006) und das sich – mehrfach tektonisch deformiert – im Pommersch-Kujawischen Antiklinorium Westpolens fortsetzt. Lehmann (1966, 1990) konnte an diesen Ammoniten Geschlechtsdimorphismus nachweisen. Bei Grimmen westlich von Greifswald kommt der obere Lias in einer 40–50 m mächtigen glazitektonischen Tonschuppe zutage (sog. „Grüne Serie" des Unter-Toarciums). Dort wurde neben vielen anderen Fossilien eine neue pflanzenfressende Dinosaurier-Art entdeckt: *Emausaurus ernsti* Haubold (Ernst 1991, Petzka & Rusbült 2004). 28 Ammoniten-Arten sind in Konkretionen (Geoden) eingeschlossen, wobei *Eleganticeras elegantulum* dominiert. Eine Grimmen-Sammlung kann im Institut für Geographie und Geologie (Fachbereich Geologie) der Universität Greifswald besichtigt werden (www.geo.uni-greifswald.de).

Im schwach regressiven Dogger überwiegen marine bis brackisch-ästuarine Sandsteine mit mehreren oolithischen Eisenerz-Horizonten, die aus Sideriten ($FeCO_3$) mit Eisen-Gehalten von 25 bis 36 % bestehen und z. B. südöstlich Greifswald als Folge von Salzbewegungen nur in Tiefen von 200 bis 300 m vorkommen (Petzka & Rusbült 2004). Die Doggersandsteine sind in Norddeutschland die bedeutendsten Erdöl-Speichergesteine. Sie liegen z. B. im Bereich des größten deutschen Erdölfeldes Mittelplate (Nordsee/Schleswig-Holstein), dessen Ölreserven auf 100 Mio. t geschätzt werden und wovon bisher 15 Mio. t gefördert wurden, in 2.000 bis 3.000 m Tiefe (Thomsen & Liebsch-Dörschner 2007). Nach kurzer, aber recht ausgedehnter Transgression im obersten Dogger (Callovium) entwickelte sich ein ausgedehnter Flachschelf mit reicher Meereslebewelt, insbesondere an Ammoniten und Mollusken. Typische Dogger-Geschiebe sind Ammoniten- (u. a. *Kosmoceras* als Leitform) und Mollusken-führende Kalksandsteine (sog. „Kelloway-Geschiebe", s. a. Lehmkuhl & Siegeneger 2003, Schulz 2003) sowie Oolithe. Im Malm wich das Meer aus dem heutigen südlichen/südwestlichen Ostseeraum zurück und breitete sich in Richtung Zentralpolen aus, wobei sich dort graue oolithische Kalkmergel mit reichhaltiger Ammonitenfauna bildeten. Sehr bekannt sind die Malm-Steinbrüche des Pommerschen Walls bei Czarnogłowy/Zarnglaff. Auf der Insel Usedom sind Kalksteine/Kalkmergelsteine des Malm in Tiefbohrungen im Raum Heringsdorf – Zinnowitz nachgewiesen worden, auch auf Rügen mit > 100 m Mächtigkeit im Bereich der Störungszone von Samtens (Petzka & Rusbült 2004). In limnischer Ausbildung wird der Malm durch die sandig-tonige Wealden-Fazies vertreten, die sich in die Unterkreide fortsetzt.

Mit der Kreidezeit endet das Mesozoikum. Durch den weiteren Zerfall des Pangäa-Großkontinentes und die Entstehung neuer Ozeane entwickelte sich weltweit zunehmende Meeres-Vorherrschaft mit mächtigen Kalkablagerungen als Folge einer Arten- und Individuen-reichen marinen Lebewelt. Einschneidende globale Ereignisse wie die Trennung der Gondwana-Landmasse mit der Bildung Afrikas, Südamerikas, des Zentral- und Südatlantiks bestimmten die Paläogeographie; außerdem dominierte Treibhausklima. Im Albium kam es zu einer erdweiten Transgression, deren Höhepunkt in der Oberkreide-Zeit erreicht wurde.

Am Kliff der Küste Jasmunds (Rügen) tritt in einem teils gravitativ-, teils glazitektonischen Falten- und Schuppenbau weiße pelagische Schreibkreide mit schwarzen Flint- bzw. Feuersteinlagen des Untermaastrichtium und tiefstem Obermaastrichtium zutage (E 12). Auf Grund der weiten Verbreitung anstehender Kreideablagerungen im Gebiet des südwestlichen/südlichen Ostsee- und -küstenraumes bis hin in das südliche Baltikum sind entsprechende Geschiebe sehr häufig zu finden (Abb. 2.4). Es dominieren fossilreiche Kalksteine, darunter Saltholms- und Arnager-Kalk sowie Sandsteine und Konglomerate.

Die Kreidezeit endete vor ca. 65 Mio. Jahren mit einem durch einen gewaltigen Asteroiden-Einschlag beschleunigten Massensterben (s. a. Courtillot 1999), darunter der Dinosaurier und Ammoniten. An der Ostküste der dänischen Insel Seeland kommt am Stevns Klint ein als „Fisch-Ton" (Fish Clay) bezeichneter schwarzer Kalkmergel-Horizont von bis zu 35 cm Mächtigkeit vor, der stratigraphisch diesem kosmischen Impakt-Ereignis auch wegen seines extrem hohen Iridium-Gehaltes zugeordnet wird (Kastner et al. 1984). Diese weltweit vorkommenden (Event-) Ablagerungen markieren stratigraphisch die Grenze Kreide/Tertiär (K/T-Grenze) bzw. Meso-/Känozoikum. Der als Geschiebe häufig anzutreffende, sehr harte, Korallen-führende und stratigraphisch dem Danium (Alter: 65,5 bis 61,7 Mio. Jahre, ehemals oberste Kreide, heute unterstes Tertiär) zugeordnete Fakse-Kalk hat sein Ursprungsgebiet auf der dänischen Insel Seeland. Er leitet als „Leitgeschiebe" im doppelten Sinne das jüngste präquartäre System, das Tertiär, und somit das Känozoikum (Erdneuzeit) ein.

Tektonisch und paläogeographisch setzte sich im Tertiär die Herausbildung der heutigen Kontinent-Ozean-Verteilung fort, wobei diese im Miozän annähernd erreicht war. Klimatisch folgte das Tertiär an seinem Beginn (Alttertiär) mit Treibhaus-Bedingungen der Kreidezeit. Norddeutschland war von einem ausgedehnten Flachmeer bedeckt. Die Grundzüge des tertiären Sedimentationsgeschehens im Gebiet der deutschen Ostseeküste ordnen sich in das allgemeine regionalgeologische und paläogeographische Bild vom nördlichen bis nordwestlichen Europa ein: Fennoskandische Masse als Liefergebiet, Norddeutsch-Polnisches Tertiärbecken der „Paläo-Nordsee" als Ablagerungsraum (Huuse 2002, Standke 2008). Das norddeutsche Tertiär kann in insgesamt neun eustatische Transgressions-Regressionszyklen gegliedert werden (Vinken 1988, v. Bülow & Müller 2004).

Vom Paläozän bis zum Oligozän reichten die Transgressionen teils über das Norddeutsche, teils über das Dänische Becken zeitweilig bis nach Ostpreußen (Abb. 2.4) und sogar bis an den Südrand des Gotland-Beckens. Die nördliche Küste der Paläo-Nordsee bzw. des Tertiär-Meeres befand sich im Bereich des heutigen Südnorwegen/-schweden; südöstliche Ausläufer reichten bis weit nach Brandenburg. Die dortigen Braunkohlenflöze sowie auch die im südwestlichen Mecklenburg weisen diese Gebiete als vegetationsreiche Flachmeer- und Küstenlandschaft aus, die wiederholt zwischen flachmarinen und limnisch-lakustrinen (paralischen) Verhältnissen wechselte. Die Entstehung des baltischen Bernsteins, der mehrfach umgelagert auch an der deutschen Ostseeküste zu finden ist, fällt in das Obereozän (Standke 2008). Im Oligozän, Miozän und Pliozän können auch die großen Massenhaushaltsschwankungen des Antarktis-Eises (Höfle et al. 1992, Ehrmann 1994, Cooper et al. 2008) nicht ohne Einfluss auf diese marinen Zyklen geblieben sein. Im Miozän folgte dem nach Westen zurückweichenden Tertiär-Meer die Fluss- und Delta-Fazies der Braunkohlensande. Bei Neubrandenburg geben übertage anstehende fluviatile Quarzsande des Miozäns einen Eindruck von diesen Ablagerungsbedingungen (Lagerstätte Fritscheshof, s. Bartholomäus & Granitzki 2004, Schwietzer & Niedermeyer 2005). Außerdem stellen die miozänen Sandformationen in Norddeutschland den Aquifer mit der größten grundwasserwirtschaftlichen Bedeutung dar. Im Pliozän dominierte die fluviatile Kaolinsand-Fazies des sog. Baltischen Hauptstromes mit Schüttungen aus Norden, die sich bis in das Altquartär fortsetzten (Kap. 3).

Von den vielen Tertiär-Geschieben des südlichen Ostseeraumes sind die Baltischen Bernsteine seit dem Neolithikum am begehrtesten. Das „Gold des Nordens" entstand aus dem Harz von Araukarien (*Araucaria*), gegenwärtig noch endemisch vor allem in Südamerika, Neukaledonien und Neuseeland vorkommenden Nadelgehölzen. Ihre heutigen reliktischen Verbreitungsareale befinden sich auf Kontinenten bzw. deren Abkömmlingen mit Gondwana-Ursprung. Die häufig genannte Bernsteinkiefer *Pinus succinifera* bildete im Tertiär keineswegs die dominante (Bernstein-) Harz-produzierende Nadelholzart. Der Ostsee-Bernstein wurde in der obereozänen „Blauen Erde" des Samlandes in Konzentrationen von ca. 6.000 g/m^3 angereichert und wird dort seit 150 Jahren in Tagebauen, z. B. im Kaliningrader Gebiet bei Jantarny (Palmnicken), in einer bisherigen Gesamtmenge von ca. 35.000 t aus dem Anstehenden gewonnen (s. a. Standke 2008). Vom skandinavischen Inlandeis des Quartärs wurden die Bernstein-führenden Tertiärschichten dann aufgearbeitet und über ganz Norddeutschland sowie den südlichen und südwestlichen Ostseeraum verbreitet. Das größte Bernstein-Vorkommen der deutschen Ostseeküste liegt zwischen Kölpinsee und Ückeritz auf der Insel Usedom (Schulz 1960, E 16). Insgesamt wurden im Baltischen Bernstein bisher über 3.000 Tierarten und etwa 200 Pflanzenarten gefunden. Mit ihren ausgezeichnet erhaltenen Fossileinschlüssen, vor allem von Insekten und Spinnen, aber auch von Haaren, Pflanzenresten und Vogelfedern, liefern die durchsichtigen „Harzsärge" ein anschauliches Bild der Kleinlebewelt in einem subtropischen Urwald („Bernstein-Wald") des Alttertiärs (v. Bismarck 1985, Hoffeins 1991, Reinicke 2003, Weitschat 2008). Das Bernsteinmuseum Ribnitz-Damgarten und das Institut für Geographie und Geologie (Fachbereich Geologie) der Universität Greifswald bieten in Norddeutschland mit ihren wertvollen Sammlungen einen komplexen Einblick in die Natur-, Kunst- und Kulturgeschichte des Bernsteins. Im Bernstein-Atelier Rurup-Mühle bei Süderbrarup in Angeln (E 1) kann man die Schmuckstücke sogar selbst schleifen. Von den zahlreichen Nahgeschieben des Tertiärs seien hier nur drei genannt, die sich durch ihren Reichtum an marinen Molluskenschalen auszeichnen und als Sturmflutsedimente (Tempestite) gedeutet werden: Das untermiozäne Holsteiner Gestein, die Sternberger Gesteine („Sternberger Kuchen") aus dem Oberoligozän von Westmecklenburg und das paläozäne Turritellengestein vom Untergrund der Ostsee südlich der Insel Bornholm (Gripp 1964, Polkowsky 1994, Schulz 1972, 1994, 2003).

3. Geologische Entwicklung im Pleistozän

Das Pleistozän des deutschen Ostseeküstenraumes wird im Wesentlichen von 10 bis 120 m, im Mittel ca. 50 m (Vorpommern) bzw. 100 m (Mecklenburg; Schulz 2003) mächtigen glazialen Sedimenten aufgebaut. Es sind dies vor allem Geschiebemergel, glazifluviatile Vor- und Nachschüttsande sowie glazilimnische Sande bis Tone, die auch an den Kliffküsten aufgeschlossen sind und dort vorwiegend der jüngsten skandinavischen Inlandvereisung, dem Weichsel-Glazial, angehören. Im Bereich besonders hoher Kliffaufschlüsse, z. B. von Klütz Höved, an der Stoltera und auf Nordrügen steht als Folge glazitektonischer Prozesse oberhalb NHN außerdem auch Geschiebemergel des Saale-Glazials an. Bis in Oberflächennähe als Schollen und Schuppen aufragende ältere Sedimentformationen (Kap. 2), z. B. Unter-Maastrichtium (Oberkreide) auf den Halbinseln Jasmund und Wittow der Insel Rügen, Eozän (Alttertiär) vor der Kühlung sowie auf der Greifswalder Oie bzw. Unteres Oligozän (Blaue Erde) im Raum Stubbenfelde (Insel Usedom), erhielten ebenfalls durch glazitektonische Prozesse ihre heutige Position.

Im Mittel 10 m des festländischen Pleistozänkörpers stammen dabei von Sedimenten aus dem heutigen Meeresgebiet der Ostsee (Meyer 1991). Somit bieten viele Geschiebe an Land auch einen Einblick in die Geologie des Ostsee-Untergrundes (Kap. 2). Könnte dieses eiszeitliche Sedimentgeschenk der Ostsee und der skandinavischen Länder in die Ausgangsgebiete zurückgegeben werden, dann würde sich die südliche Küstenlinie der Ostsee der alten tektonischen Senkungsform des Norddeutschen Beckens und den bis mehr als 500 m tiefen Erosionsrinnen der Elster-Eiszeit anpassen (s. u.). Dabei entstünde weit binnenwärts eine neue inselreiche Sund-, Förden- und Buchtenküste. Die Küstenstädte an der wiedervereinigten Nord- und Ostsee hießen dann: Duisburg, Lingen, Damme, Stolzenau a. d. Weser, Wunstorf westlich und Burgdorf östlich von Hannover, Gifhorn, Magdeburg, Wittenberg, Torgau, Cottbus und Forst a. d. Neiße.

Im Unterschied zu den älteren und längeren Systemen der Erdgeschichte vom Kambrium bis zum Tertiär, deren stratigraphische Gliederung auf Leitfossilien bzw. der biologischen Evolution beruht, wird das quartäre Eiszeitalter auf klimastratigraphischer Grundlage gegliedert. Für die absolute Datierung gibt es mehrere geochronologische Methoden. Für das Mittel- und Altpleistozän ist es vor allem die Bestimmung der Uran/Thorium (U/Th)-Jahre eines Sediments, für das Jungquartär sind es die ca. 45.000 Jahre zurückreichende ^{14}C-Datierung (Halbwertszeit 5.568 ± 30 Jahre nach Libby) und die Thermo-Lumineszenz (TL) sowie Optisch Stimulierte Lumineszenz (OSL). Letztere werden vor allem zur Altersansprache von detrischen Sedimenten jünger als 100.000 Jahre, insbesondere von Quarz- und Feldspatsanden, eingesetzt. Vor allem für das Spätglazial und Frühholozän kann die Warvenchronologie ein weiteres wichtiges Hilfsmittel sein, für das Holozän und das Spätglazial ab Allerød außerdem die Dendrochronologie, auf deren Grundlage auch die Kalibrierung der ^{14}C-Jahre für die jüngsten 11.920 Jahre BP bzw. 13.864 Jahre cal BP mit aufbaut. Die Interpretation älterer ^{14}C- und TL-Werte, ersterer aufgrund natürlicher Schwankungen des ^{14}C-Gehalts, ist zurzeit noch mit Unsicherheiten behaftet, zumal in der Regel parallel dazu keine weiteren Messverfahren einsetzbar sind.

Die ^{18}O-Analyse – bisher vor allem an Foraminiferenschalen-führenden Tiefseesedimenten und bei der Analyse grönländischer Eiskerne eingesetzt – ermöglicht Aussagen über Wärme- und Feuchtebedingungen zu Zeiten der Sedimentablagerung bzw. an Hand von Knochen- und Zahnfunden auch zum einstigen Lebensmilieu von Mensch und Tier. So weisen aus Tiefsee-Kernen des Atlantiks erstellte ^{18}O-Temperaturkurven in ihrem Verlauf eine hohe Übereinstimmung mit den Kälte- und Wärmeabschnitten (Kryo- bzw. Thermomere) des Weichsel-Glazials entsprechend Tab. 3.1 und Abb. 3.2 auf. Speziell die umfangreichen Analysen an grönländischen Eisbohrkernen (u. a. Johnsen & Dansgaard 1992, Johnsen et al. 2001, Björck et al. 1998, Andersen et al. 2006) trugen wesentlich zur Präzisierung der im norddeutschen Raum gewonnenen Angaben zu Dauer und Intensität weichselglazialer Klimaschwankungen bei. Für eine Differenzierung von Pollen-führenden Sedimenten in Palynozonen bzw. Vegetationsabschnitte speziell der Interglaziale (einschließlich Holozän) und Interstadiale eignet sich die Pollenanalyse.

Da die Ergebnisse der aufgeführten Methoden merklich voneinander abweichen können, sollte das der Datierung zugrunde liegende Messverfahren stets mit angegeben werden. So entsprechen z. B. ca. 10.000 konventionellen, auf das Jahr 1950 bezogenen ^{14}C-Jahren (BP) für die Grenze Pleistozän/Holozän 11.550 kalibrierte ^{14}C-Jahre (cal. BP) vor heute, 11.590 Warvenjahre (Brauer et al. 1999, Litt & Stebich 1999) bzw. 11.570 dendrochronologische Kalenderjahre (Friedrich et al. 1999). Das Klimapessimum der letzten Eiszeit zum Beispiel lag vor ca. 18.000 konventionellen bzw. 21.530 kalibrierten ^{14}C-Jahren und ca. 21.500 U/Th-Jahren. Wichtige Marker sind außerdem auch die Ablagerungen zeitlich gut datierbarer Ereignisse wie Vulkanausbrüche (z. B. Tephra des Laacher See-Ausbruchs (LST) vor 12.880 Warvenjahren), Hochwasser- und Sturmflutereignisse bzw. Siedlungsreste. Über die Synchronität der Ergebnisse von terrestrischen, marinen und Eiskernbefunden berichten u. a. Rasmussen et al. (2008) sowie Lowe et al. (2008). Die Altersangaben für das Weichsel-Glazial in diesem Buch folgen Litt et al. (2007). Sie basieren für das Weichsel-Spätglazial auf Warvenzählungen aus dem Meerfelder Maar (Vulkan-Eifel). Die für das Holozän erfolgen in kalibrierten ^{14}C-Jahren und sind auf das Jahr 2000 unserer Zeit bezogen. Als Abkürzung wird einheitlich J. v. h. verwendet.

In der Präglazialzeit des Quartärs, die in Norddeutschland von der ersten Tundraphase nach dem Tertiär bis zum Beginn der Elster-Eiszeit (Abb. 3.1) dauerte, transportierte der Baltische Hauptstrom große Mengen von Quarzsanden und -kiesen mit Leitgeröllen und Fossilien aus Süd- und Mittelschweden sowie aus dem mittleren und nördlichen Ostseegebiet bis nach Sylt, in das südliche Nordsee-Becken und als sog. „Loosener Schotter" bis nach SW-Mecklenburg (Bartholomäus 1993, v. Bülow 1991, v. Bülow & Müller 2004). Den Baltischen Hauptstrom kann man sich seit dem Pliozän am ehesten als ein weitverzweigtes Netz von mäandrierenden Wasserläufen vorstellen, die ihre Sedimentfracht in ein riesiges Delta schütteten („Eridanus-Delta" nach Huuse 2002, Kap. 2). Das ist nur denkbar auf einem gleichmäßig abgedachten Festland ohne die heutigen Ostseebecken und -schwellen. Nach den Bohrbefunden des internationalen „Southern North Sea Quaternary Project" übertraf das Nordsee-Delta des Baltischen Hauptstromes mit etwa einer halben Million km^2 das derzeitige Mississippi-Delta an Größe um ein Mehrfaches (Schwarz 1993).

Das Schwellen- und Beckenrelief unter der Ostsee wurde erst im Verlaufe des Elster-Glazials angelegt. Der häufige Anteil von Flint und selten Schreibkreide in den Elster-Geschiebemergeln Norddeutschlands deuten aber darauf hin, dass die Schreibkreide in der Ostsee damals noch weitgehend von tertiären Sedimenten bedeckt blieb. Offenbar hat das Elster-Eis, abgesehen von einigen subglaziären Erosionsrinnen (E 1–3), den Untergrund der Ostsee nur schwach modelliert (Meyer 1991).

Im nachfolgenden Holstein-Interglazial erstreckte sich längs dieser Erosionsrinnen ein vielfach verschlungenes und verzweigtes Förden-System der Nordsee bis in das südwestliche Ostseegebiet. Es erfasste zur Zeit der Maximalausdehnung des Holsteinmeeres, dessen Meeresspiegelniveau dem heutigen entsprochen haben dürfte, fast ganz Mecklenburg-Vorpommern nordwärts der Linie Plau – Neubrandenburg – Brohmer Berge (Müller 2004a). Die größte „Förde" reichte von der Deutschen Bucht elbaufwärts bis in das Wendland und die Prignitz (Duphorn & Schneider 1983).

Erst im Saale-Glazial, das in Norddeutschland durch vier Kaltzeiten (Fuhne A-, Fuhne B-, Drenthe-, Warthe-Phase) mit zwei Eisvorstößen gekennzeichnet ist, entwickelte sich der zentrale Ostseetrog zur Hauptabflussbahn für das skandinavische Inlandeis. Damit wurde auch für die ostbaltischen Geschiebegemeinschaften, die besonders für die Saale-zeitlichen Grundmoränen typisch sind, der Weg nach Westen freigeschürft. Der „rote baltische Geschiebemergel" der Drenthe-Phase in Nordholland und der Warthe-Geschiebemergel in der Lüneburger Heide enthalten mit bis 50 % paläozoischem Kalkstein und bis 25 % devonischem Dolomit sowie mit vielen Åland-Graniten ein extrem ostbaltisch geprägtes Geschiebespektrum (Meyer 1985, 1991). Die Endmoränen der Saale-zeitlichen „Ostseegletscher" zeichnen, wenngleich in größeren Dimensionen, erstmals die morphologischen Umrisse des heutigen atlantischen Nebenmeeres Ostsee vor. Die Warthe-Endmoränen (Abb. 3.1) bilden den im Fläming und Lausitzer Wall bis 200 m hohen „Südlichen Baltischen Landrücken".

Nach dem Abschmelzen der Jüngeren Saale-Vereisung (Warthe-Phase) konnte das Eem-Meer vor etwa 120.000 U/Th-Jahren das gesamte Meeresgebiet der heutigen Ostsee einnehmen und darüber hinaus über Ladoga- und Onega-See eine Verbindung zum Weißen Meer herstellen (Ehlers 1994). Die eemzeitlichen Vorläufer der Nord- und Ostsee waren sehr wahrscheinlich durch einen schmalen Sund zwischen Rendsburg und Eckernförde miteinander verbunden (E 3). Bei Lübeck, Rostock und an der Kühlung reichte das Eem-Meer in ca. 50, 40 bzw. 15 km langen Förden weit landeinwärts (E 7; Müller 2004a).

Zu den erhalten gebliebenen Ablagerungen des Eem-Meeres an der deutschen Ostseeküste gehört grünlicher Ton mit der subarktischen bis borealen Muschel *Arctica islandica* (früher *Cyprina islandica*). Diese häufig als „Cyprinenton" (Cy 1 in Tab. 3.1) bezeichnete Meeresablagerung, deren stratigraphische Einstufung nicht zweifelsfrei geklärt ist (Ludwig 2006), ist sowohl

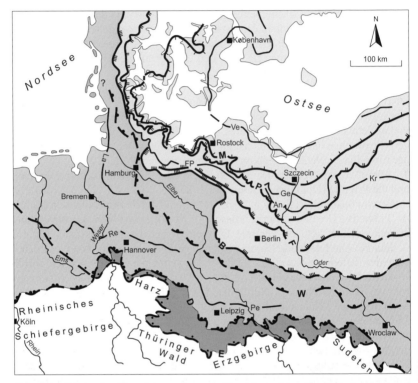

Abb. 3.1: Pleistozäne Haupteisrandlagen in Norddeutschland und Westpolen (nach Liedtke in Liedtke & Marcinek 2002, Katzung 2004 und Katzung & Müller 2004; leicht geändert).
E = Rand des Elster-Glazials bzw. Feuersteinlinie, vermuteter Verlauf unter Saalezeitlichen Ablagerungen westlich des Teutoburger Waldes gerissen dargestellt; D = Drenthe-Phase, Maximalausdehnung des Saale-Glazials; Re = Rehburger Endmoräne, überfahren; La = Lamstedter Endmoräne; Pe = Petersberger Vorstoß; W = Warthe-Phase; B = Brandenburger Phase; F = Frankfurter Phase; FP = Frühpommersche Phase; P = Pommersche Phase; An = Angermünder (Chodzież-) Randlage; Ge = Gerswalder (Mielęcin-) Randlage; Kr = Krajna-Randlage; M = Mecklenburger Phase; Ve = Velgaster Randlage.

zwischen Stohl und Marienfelde (E 3) als auch am Kliff von Klein Klütz Höved (E 8) in glazitektonisch veränderter Lage aufgeschlossen und mehrerenorts in küstennahen Bohrungen erteuft worden. Die Transgression des Eem-Meeres begann unter subarktischen bis borealen Klimabedingungen. Während des Klimaoptimums, als die Sommertemperaturen in Europa 3–4 °C höher waren als in der Gegenwart (Frenzel 1991), wanderten wärmeliebende Mollusken und Foraminiferen aus der südlichen Nordsee ein. Auf der Insel Rügen wurden die Cyprinentone in ungestörter Lagerung bei 30–40 m unter NHN erbohrt (Müller et al. 1993, E 12).

Die ebenfalls als Cyprinenton (Cy 3) bekannten graubraunen und grünen feinsandigen Schluffe bis Tone im Bereich der Kliffe des Dornbuschs der Insel Hiddensee sowie der Rügenschen Halbinseln Wittow (mit dem locus typicus „Klüsser Nische" unweit Kap Arkona) und Jasmund (Profil Kluckow) weisen radiometrischen Altersdatierungen zufolge nur ein Alter von ca. 30.000 Jahren BP auf (Steinich 1992a) und werden dem sog. Skærumhede-Meer des Sassnitz- bzw. Hengelo-/Denekamp-Interstadials zugeordnet (vgl. Tab. 3.1 und Abb. 3.2). Trotz ähnlichem Fossilinhalt der Cyprinentone mahnen diese Widersprüche zur Vorsicht bei der stratigraphischen Zuordnung von stark gestörten Kliffprofilen des Quartärs, zumal auch eine Umlagerung eemzeitlicher Fossilien in jüngere Ablagerungen nicht auszuschließen ist (Ludwig 2006).

Das Weichsel-Glazial begann vor etwa 115.000 U/Th-Jahren mit der Ablösung der Eem-Wälder durch die erste Tundraphase. Es endete vor ca. 11.590 J. v. h. bzw. 11.570 dendrochronologischen Kalenderjahren, als die Tundra der Jüngeren Tundrenzeit (bzw. Jüngeren Dryas) in Mitteleuropa von der Wiederbewaldung des Holozäns abgelöst wurde. Wie Untersuchungen an bis über 3.000 m langen Bohrkernen aus dem grönländischen Inlandeis zeigen, ist dort an dieser für die Entwicklung der modernen Menschheit bedeutendsten stratigraphischen Grenze die Jahresmitteltemperatur der Luft in etwa 50 Jahren um 7° C angestiegen (Dansgaard et al. 1989, Stauffer in Frenzel 1991). Dadurch kam es zur verstärkten Eisschmelze und infolgedessen stieg der Meeresspiegel in etwa 1.000 Jahren bis zu 28 m an (Edwards et al. 1993). Limnogeologische Untersuchungsergebnisse deuten darauf hin, dass dieser radikale Klimaumschwung zu Beginn des Holozäns sich auch in Deutschland binnen weniger Jahrzehnte vollzogen hat.

Die glazialstratigraphische Terminologie des Jungpleistozäns ist nach wie vor in Diskussion. Das Weichsel-Glazial wird hier in Anlehnung an Müller (2004a) in Früh-, Hoch- und Spätglazial mit Stadialen und Interstadialen untergliedert, wobei zusätzlich für das jüngere Frühglazial auch der Begriff „Mittleres Weichsel-Glazial" verbreitet ist (vgl. Tab. 3.1 u. Abb. 3.2). Die großen Vorstöße des Inlandeises werden im Folgenden als Phasen bezeichnet, Oszillationen im Rahmen der Abschmelzphasen des Inlandeises als Subphasen. Phasen entsprechen somit größeren Vorstößen des Inlandeises mit eigener Grundmoräne und zumeist auch Endmoräne sowie (zumindest abschnittsweise) eigenem Sander, wobei Endmoränen die marginalen höchsten und zumeist auch reliefstärksten Bereiche – mit und ohne Stauchungen – kennzeichnen. Sie können sowohl aus mehr oder weniger ungestörten Aufschüttungssedimenten

Tab. 3.1: Gliederung des Weichsel-Glazials im deutschen Ostseeküstenraum (Duphorn et al. 1995, Katzung & Müller 2004, Kliewe 2004, Müller 2004a, Litt et al. 2007).

Zeitabschnitte des Weichsel - Glazials		Jahre v. h. (nach Litt et al. 2007)	Klimaverhältnisse, Vegetation und geologische Prozesse
Spätglazial	Jüngere Tundrenzeit (= Jüngere Dryas)	12.680-11.590	Letzter starker Kälterückfall mit Salpausselkä-Vorstoß in Skandinavien. Erneut Permafrost sowie Flugsandfelder u. Folge kontinentaler Hochdrucklagen. Kraut- bis Waldtundra, Kiefern-, gebietsweise auch Birken-Dominanz unter den Gehölzen. Im Ostseebecken Baltischer Eissee, der um 11.570 J. v. h. in das Kattegat ausbricht ("Billingen-Event"), danach zeitweise Landbrücke zu Dänemark u. Schweden mit Restgewässern.
	Allerød-Interstadial	13.350-12.680	Boreale Wälder als Folge kräftiger Temperaturzunahme mit Birken-, im jüngeren Teil mit Kiefern-Dominanz infolge zunehmender Trockenheit. Auflösung des Permafrostes, Tieftauen des Toteises, Weiterentwicklung des Flussnetzes. Torfbildung an verlandenden Seen. Im jüngeren Allerød kurze Abkühlungsphase (Gerzensee-Oszillation) u. ca. 90 Jahre danach Laacher See-Tephra um 12.800 J. v. h.; im Ostseebecken Baltischer Eissee.
	Ältere Tundrenzeit	13.540-13.350	Kurzes Kälteintervall mit Zunahme periglaziärer Prozesse, Kraut- u. Zwergstrauchtundra.
	Bølling-Interstadial	13.670-13.540	Erstmals nach dem Pleniglazial Waldtundra- bis weitständige Waldvegetation mit Birken-Dominanz, Zunahme periglaziärer Austauprozesse.
	Älteste Tundrenzeit	13.800-13.670	Kurzes Kälteintervall mit nur leichter Abkühlung, vorwiegend Kraut- bis Zwergstrauchtundra bei Rückgang höherwüchsiger Sträucher, Zunahme periglaziärer Prozesse mit Permafrost und Solifluktion.
	Meiendorf -Interstadial (=Hippophaë -I.)	14.450-13.800	Temperaturanstieg, Juli-Durchschnittstemperatur erreicht 11-15 °C. Kraut- u. Strauchtundra mit Pioniergehölzen *(Hippophaë, Salix, Juniperus, Betula nana)*, einsetzende Boden- u. Humusbildung, Tieferverlagerung des Permafrostes als Folge von Austauprozessen. Ab ca. 14.000 J. v. h. Baltischer Eisstausee.
Hochglazial	Mecklenburger Phase(qw3) (einschließl. Übergang zu Meiendorf)	17.000-15.000 (-14.450)	Jüngster Inlandeis-Vorstoß mit Rosenthaler/Sehberg- u. Velgaster Randlage, Rügener Randlage (?). Vor dem zurückschmelzenden Eisrand Urstromtäler u. Eisstauseen mit Deltaschüttungen, u. a. Haff-Stausee. Im Übergang zum Spätglazial bei Klimaerwärmung kalt-arides Klima mit Permafrost u. starker Sedimentdynamik (Solifluktion) bei einsetzender Fleckentundra.
	Kurzzeitige Erwärmung?		Zurückschmelzen des Inlandeises bis in das südliche Ostseebecken. "I3"-Ablagerung
	Pommersche Phase (qw2)	17.600?	Erneuter, zweigegliederter Vorstoß des Inlandeises mit Frühpommerschem Vorstoß u. Pommerschem Hauptvorstoß.

Geologische Entwicklung im Pleistozän

	Kurzzeitige Erwärmung		Auf dem Festland Abschmelzen des Inlandeises. Kaltzeitliche Sedimentschüttungen ("I2"). Vereinzelt subarktische Flora-, Mollusken- u. Ostrakodenfunde (Blankenberg Interstadial).
	Frankfurter Phase ($qw1_F$)		Nach teilweisem Rückschmelzen des Brandenburger Inlandeises kurzzeitiger Vorstoß mit eigener Grundmoräne in S-Mecklenburg.
	Brandenburger Phase ($qw1_B$)	<24.000 (20.000?)	Maximalvorstoß des Weichsel-Glazials; das vordringende Inlandeis führt im Küstengebiet der Mecklenburger Bucht zur Entstehung von Eisstauseen mit der subarktischen Ostrakodenart *Limnocythere* [*Leucocythere*] *baltica*.
Frühglazial 2 = Mittleres Weichselglazial	Denekamp-Interstadial = Sassnitz-I.?	32.000-25.000?	Tundra- bis Strauchtundra (Raum Bremen u. Niederlande). Das zeitlich in etwa gleichzusetzende Sassnitz-Interstadial ("I1") weist im *Cyprina*-führenden marinen Ton (Cy 3) subarktische bis boreale, darüber in den *Limnocythere* [*Leucocythere*]-Süßwassersanden subarktische Klimabedingungen auf.
	Stadial?		
	Hengelo-I. =Sassnitz-I.?	39.000-36.000	Kühles Interstadial mit baumloser Tundra, zeitweise mit hohem Anteil von *Betula nana*.
	Moershoofd-I.	46.250-43.500 (Typuslokalität)	Im Bereich der Typuslokalität baumlose Tundra mit hohem Cyperaceae-Anteil. Eine deutliche Erwärmung ist bisher nicht nachweisbar, stratigraphischer Rang und Dauer sind in Diskussion.
	Glinde-I.	51.550-48.700	Baumlose Strauchtundra.
	Ebersdorf-Stadial	53.500-51.500	Enthält keine autochthonen Pollen.
	Oerel-I.	57.700-53.500	Baumlose Strauchtundra. Wahrscheinlich zeitgleich mit dem Keller-Interstadial (Boden).
	Schalkholz-St.=Warnow-Ph.	bis 57.700	Vegetationsfrei. In N-Mecklenburg jüngere qw0-Grundmoräne der Warnow-Phase?
Frühglazial 1	Odderade-I.	bis 74.000	Warmes Interstadial mit Kieferndominanz sowie Lärche und Fichte während des Optimums.
	Redderstall-St.		Im älteren Abschnitt wohl vegetationsfrei, im jüngeren Grastundra mit Übergang zur Strauchtundra.
	Amersfoort-u. Brörup-I.		Amersfoort bildet mit Birken- u. Kiefernwäldern die Frühphase des 5.800-10.500 Jahre während des warmen Brörup-Interstadials. Während des Optimums zusätzlich Fichte, Lärche u. Erle. Ausläufer des Skærumhede-Meeres vom Kattegat bis nach Rügen u. Hiddensee mit Ablagerung eines *Cyprina*-führenden Tons (Cy 2).
	Herning-St.=ältere Warnow-Ph.?	115.000-105.000	Beginn des Weichsel-Glazials, weitgehend unbewaldet. In N-Mecklenburg älteste weichselglaziale Grundmoräne = ältere Warnow-Phase (älteres qw0)?
Eem-Interglazial		126.000-115.000	Ostsee etwas größer als in der Gegenwart. *Cyprina*-führende Tone (Cy 1) u. *Tapes*-Sande.

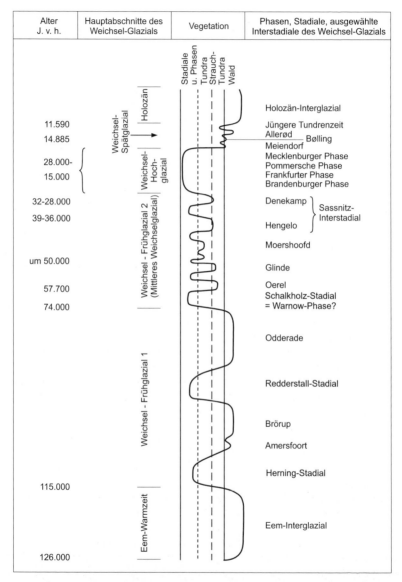

Abb. 3.2: Schematische Darstellung des Vegetationscharakters im norddeutschen Tiefland während des Weichsel-Glazials (aus Behre & Lade 1986, Zeitangaben ergänzt, Begriffe leicht verändert).

bzw. Grundmoränendecken als auch aus Stauchungskörpern mit heterogener Sedimentausbildung aufgebaut sein. Sowohl glaziale (Haupt-)Phasen als auch Subphasen bilden eigene Eisrandlagen aus, wobei außerdem der häufig gebrauchte Begriff „(Eis-)Randlage" den Vorteil einer gewissen genetischen Neutralität hat.

Das Gebiet küstenwärts der Pommerschen Hauptendmoräne ist verbreitet ausgesprochen reliefstark und landschaftlich attraktiv, so zum Beispiel auf Rügen und NE-Usedom. Es handelt sich dabei – ausgenommen die nur kleinräumig reliefstärker ausgebildeten Randbildungen der Velgaster Randlage der Mecklenburger Phase (Abb. 3.1) – jedoch um keine vom weichselzeitlichen Inlandeis geschaffenen Endmoränenlandschaften. An der Entwicklung des heutigen Reliefs solcher Gebiete, auf die zum Teil in den Exkursionskapiteln eingegangen wird, waren mehrere Faktoren und Prozesse beteiligt. Zu ihnen gehört zu allererst das präexistente Relief (Ludwig 1992, Janke 1996). Es dürfte – wenn auch nicht mehr rekonstruierbar – zu Beginn weichselzeitlicher Inlandeisvorstöße gebietsweise ähnlich kräftig wie das heutige gewesen sein. Es besaß außer Erhebungen ebenfalls Täler, Buchten und Seen. Letztere waren vor der Überfahrung durch das Inlandeis überwiegend mit Eis plombiert und konserviert.

Das Inlandeis wirkte beim Überwinden bestehender Reliefformen auf vielfältige Weise auf diese ein und veränderte sie, z. B. durch Exaration, Verformung von Sedimentkörpern, Einschuppungen älterer Sedimente, Abhobeln von Schollen, Eintiefung subglazialer Entwässerungsbahnen, die Ablagerung von Vorschüttsanden und die Bildung einer Grundmoränen- und Sanderdecke. Nicht zu unterschätzen ist auch die reliefformende Wirkung der Schmelzwässer des zerfallenden, niedertauenden Inlandeises sowie mit zeitlicher Verzögerung auch des Rückgangs des Permafrostes sowie des Tieftauens von Toteis einstiger Seen mit den damit verbundenen Sedimentdeformationen. Sandige Spaltenfüllungen zwischen zerfallendem Inlandeis konnten nach dessen Abschmelzen verbreitet (vgl. E 14, 15 u. 16) als Positivformen erhalten bleiben und zu Reliefumkehr führen und ebenso wie gravitative Sedimentdeformationen Stauchungsfalten vortäuschen. Diese und weitere, hier nicht näher beschriebene Prozesse führten auch in Bereichen außerhalb der Endmoränen verbreitet zu einer hohen Reliefenergie. Sie erscheint an der heutigen Küste durch die unmittelbare Nachbarschaft von Steil- und Flachküsten noch verstärkt.

Bei Kliffkartierungen wird in der Regel der jeweils unterste Geschiebemergel eines Profils als M1 (bzw. m1) gezählt, wobei dessen Alter – je nach Küstenabschnitt – unterschiedlich sein kann. Um sowohl die Moränenabfolge als auch die der Zwischenlagen (bzw. Interstadial-Bildungen nach Jaekel 1917, abgekürzt I-Folgen) von Kliffaufschlüssen für den Nichtfachmann miteinander vergleichbar zu machen, werden im Text in Anlehnung an Müller (2004a)

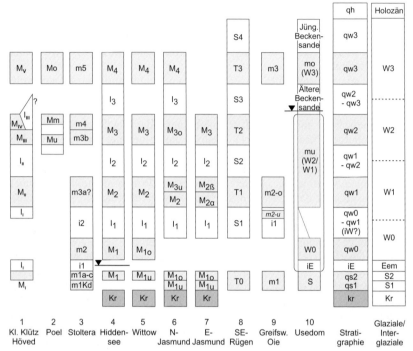

Abb. 3.3: Korrelation von Kliffaufschlüssen Mecklenburg-Vorpommerns nach Müller 2004 und U. Strahl, unveröffentlicht (Zusammenstellung Lampe). Quellen: 1 = Strahl 2004; 2 = Rühberg 2004; 3 = Strahl 2004, Rühberg 2004; 4 = Möbus 2000, Ludwig 2004; 5 = Katzung, Krienke & Strahl 2004, Obst & Schütze 2006; 6 = Groth 1969, Ludwig 2005, Müller & Obst 2006; 7 = Katzung, Krienke & Strahl 2004; 8 = Krienke 2003; 9 = Katzung, Krienke & Strahl 2004; 10 = Krienke 2004, Müller 2004.

die von den Erst- bzw. Hauptkartierern verwandten Kürzel – falls hiervon abweichend – durch vereinheitlichende Stratigraphie-bezogene Moränen-Kurzsymbole (Abb. 3.3) ergänzt. Letztere sind in den beiden rechten Spalten „Stratigraphie" und „Glaziale/Interglaziale" eingetragen.

Im Einzelnen sind einige Zuordnungen unsicher, dennoch erleichtert das Schema den regionalen Vergleich und die zeitliche Einordnung der schwer überschaubaren lokalen Stratigraphien. Aus Gründen der Übersichtlichkeit ist darauf verzichtet worden, alle Bearbeiter zu nennen. Dazu sei auf die bei den genannten Autoren zitierte Spezialliteratur und auf die ausführlicheren Informationen im Rahmen der Exkursionsbeschreibungen verwiesen.

Das untere Frühglazial besteht in Norddeutschland aus je zwei längeren Stadialen und zwei ebenfalls längeren warmen Interstadialen (Amersfoort/ Brörup und Odderade) mit borealen Birken- und Kiefernwäldern sowie zusätzlich Fichte, Lärche und Erle zur Zeit ihrer Klimaoptima (Tab. 3.1 u. Abb. 3.2). Die interstadialen Sommertemperaturen erreichten 16 °C, aber die Winter waren sehr kalt (Litt 1990). Dementsprechend war auch der Meeresspiegel in diesen beiden Interstadial-Zeiten nur um ca. 20 m abgesenkt, in der älteren Hochglazialzeit hingegen um 35 bis 80 m und in der jüngeren bis zu 120 m (Shackleton 1987, Bard et al. 1990). Somit konnte in den beiden relativ warmen Frühweichsel-Interstadialen und wahrscheinlich auch in Interstadialen des mittleren Weichselglazials Wasser aus dem sogenannten Skærumhede-Meer (Fredericia & Knudsen 1990) vom Kattegat über die dänische Beltschwelle in die Rinnen und Becken des südlichen Ostseeraumes hineinfließen.

Das obere Weichsel-Frühglazial (Frühglazial 2 bzw. mittleres Weichsel-Glazial) kennzeichnen sowohl der wahrscheinlich erste posteemzeitliche Inlandeis-Vorstoß als auch mehrere kühle „Interstadiale" und mehr oder weniger vegetationsfreie „Stadiale". Für die in Bohrungen und in Kliffaufschlüssen (Stohler Kliff, Stoltera, Dornbusch, Wittow, Jasmund, vgl. E 9, 11 u. 12) Schleswig-Holsteins und Mecklenburg-Vorpommerns (Müller 2004 a, b) zwischen saalezeitlichem und Brandenburger Geschiebemergel sowie unterhalb des Sassnitz-Interstadials mehrfach nachgewiesene m0-Moräne hat Müller die Bezeichnung „Warnow-Formation" (Ww = qw0) vorgeschlagen. Sie weist in Mecklenburg zwei unterschiedliche Geschiebespektren auf und es ist derzeit noch offen, ob sie nur einem oder – analog polnischer Befunde – zwei präbrandenburgischen Gletschervorstößen entsprechen. Das TL-Alter des „Kaschubischen Vorstoßes" betrug 105.000 bis 90.000 BP, das des „Prä-Graudenz-Substadiums" 58.000 bis 52.000 BP (Mojski 1991). TL-Datierungen dieser Moräne aus Schleswig-Holstein und von Klintholm auf Møn, Dänemark, liegen zwischen 70 und 40 bzw. 75 bis 40 ka BP (Marks et al. 1995; Houmark-Nielsen 1994). Der vergleichbare Geschiebemergel von Stohl (E 3) weist ein Thermolumineszenz-Alter von ca. 65.000–55.000 Jahren (Marks et al. 1992) auf. Nach Müller (2004b) stieß der qw0-Vorstoß in Mecklenburg-Vorpommern „über den weichselhochglazialen Außenrand der Brandenburg/Frankfurter Endmoränen hinaus nach Süden vor".

Eine umfassende zeitliche Korrelierung der Kliffaufschlüsse an der südlichen Ostseeküste mit den mittel-weichselzeitlichen Interstadialen von Oerel, Glinde, Moershoofd, Hengelo und Denekamp – sie sind sämtlich als Tundra- bis Strauchtundra-Standorte von nur einem bis wenigen Fundpunkten aus dem Altmoränengebiet der östlichen Niederlande und dem Bremer Umland sicher nachgewiesen – sowie mit der ca. 40 cm starken Thermokarst-Gyttja von Reichwalde (Sachsen) steht noch aus. Sehr wahrscheinlich entspricht das von Kliffaufschlüssen (Stoltera, Dornbusch/Hiddensee, Wittow, Jasmund) und aus

Bohrungen Mecklenburg-Vorpommerns zwischen der qw0- und qw1-Moräne beschriebene I1- bzw. Sassnitz-Interstadial (W0–W1) dem Zeitraum Hengelo/ Denekamp mit einem Zeitintervall zwischen etwa 35.000 bis 27.000 J. v. h.. Paläobotanische und *Chironomiden*-(Zuckmücken-)Taxa sprechen für eine Mindest-Julitemperatur jener Zeit von 12–14 °C, ohne dass es jedoch aufgrund der Kürze dieser Erwärmungsphase schon zu einer borealen Bewaldung kommen konnte (Bohncke et al. 2008).

Während Litt et al. (2007) zufolge das Klima des Hengelo-/Denekamp-Interstadials subarktisch war, ergaben die Foraminiferen- und Ostrakodenfauna sowie eine warmzeitliche Pollensukzession der marinen Cyprinentone Rügens eine progressive, von subarktischen bis mediterranen Klimabedingungen reichende Entwicklung (Herrig & Schnick 1994 in Ludwig 2006). Hauptsedimente dieses ältesten im Küstenbereich bisher nachgewiesenen weichselzeitlichen Interstadials sind außer dem Cyprinenton (Cy 3) und zeitlich vergleichbaren marinen Sandkörpern die mehrerenorts darüber anstehenden *Limnocythere*-Sande/Schluffe mit der kalte Klimabedingungen anzeigenden Süßwasserostrakode *Limnocythere [Leucocythere] baltica* Diebel (s. u.).

Mit Beginn des Weichsel-Hochglazials kam es zu einer starken globalen Abkühlung, die erneut zu einer Totalvereisung des Ostseeraumes führte. Diese besteht unter Berücksichtigung von zwei (W2, W2max) Pommerschen Inlandeisvorstößen (Abb. 3.1) aus fünf Phasen (Tab. 3.1) mit eigener Grundmoräne. Zwischengeschaltet waren kurze Abschnitte schneller Erwärmung, die jeweils zu einem teilweisen Zurückschmelzen des Inlandeises führten. Während die Sedimente der I2-Folge zum Teil (umgelagerte?) Pflanzen- und Tierreste aufweisen, die einen kurzzeitigen subarktischen Klimacharakter anzeigen, stellen die postpommerschen Zwischenfolgen wohl ausschließlich Vor- u. Nachschüttsande, Residualsedimente und Fließerden dar.

Aufgrund einer ^{14}C-Datierung (20.270 ± 1.000 BP, Cepek 1965) und zweier TL-Datierungen (19.400 ± 1.500 BP, Böse 1992) kann für den ersten nachweisbaren und zumeist auch am weitesten binnenwärts reichenden weichselhochglazialen Inlandeisvorstoß, dem der Brandenburger Phase (Abb. 3.1), ein Alter von rund 20.000 J. v. h. angenommen werden. Radiometrische Messungen an Sedimenten aus dem Liegenden der glaziären Ablagerungen ergaben Alterswerte von ca. 24.000 (23.800) und 22.300 J. v. h. (vgl. Strahl et al. 1994, Litt et al. 2007). Die Maximalausdehnung der Brandenburger Phase verlief über Flensburg, nordöstlich Hamburg, Mölln, südlich Crivitz und Parchim bis in das Havelland und die Niederlausitz im Raum Guben. Zwischen dem Denekamp-/Sassnitz-Interstadial und dem Erreichen der weichselhochglazialen Maximalausdehnung durch die Brandenburger Phase bestand ein mehrere Jahrtausende umfassender Zeitraum, über den keine Informationen vorliegen, in dem erste, weniger weit südwärts reichende Vorstöße des Gletscherrandes jedoch nicht auszuschließen sind.

Beim Vordringen des Inlandeises der Brandenburger Phase aus dem Ostseetrog dämmte es größere Eisstauseen ab und schob diese vor sich her. Der in ihnen abgesetzte Bänderton mit Treibeis-Geschieben (Dropstones) und der subarktischen Ostrakode *Limnocythere [Leucocythere] baltica* Diebel schließt die limnisch-fluviatile I2-Schichtenfolge zwischen Rügen und dem Klütz-Höved, deren Faunen- und Florenreste tundra- bis taigaartige Landschaftsverhältnisse anzeigen, nach oben ab (E 8–12).

In Schleswig-Holstein befinden sich die Endmoränen von Brandenburger, Frankfurter und Pommerscher Phase eng benachbart und durchdringen gebietsweise einander. So reichte in Mittel- und Ostholstein der Frankfurter Eisvorstoß etwas weiter nach Süden als der Brandenburger (Stephan & Menke 1977, Piotrowski 1991). Dessen Außenrand bedeckt das östliche Schleswig-Holstein und reicht binnenwärts bis nordöstlich Hamburg, Schwerin, Lübz, Rheinsberg und Frankfurt/Oder. Ostwärts Schwerin (Abb. 3.1) vergrößert sich der Abstand zwischen den Außenrändern der südlicheren Brandenburger und der Frankfurter Phase. Dabei hat die Frankfurter Phase die im mecklenburgischen Landschaftsbild morphographisch deutlicher ausgeprägte Randlage hinterlassen, vor allem auch aufgrund ihrer Kegel- und Flächensander, die westwärts Schwerin verbreitet die Ablagerungen der Brandenburger Phase durchbrechen. Beide werden auch aufgrund der schwer zu unterscheidenden Geschiebezusammensetzungen stratigraphisch zum „qw1" zusammengefasst. Es gibt bisher keine Hinweise auf ein trennendes Interstadial.

Während der nachfolgenden Erwärmung (I2) schmolz das Eis der Brandenburg/Frankfurter Phase bis in das Ostseegebiet zurück. Zwischen Toteisfeldern, im Bereich von Eisstauseen und Schmelzwasserbahnen sowie Nachfolgegewässern, kam es verbreitet zum Absatz der sogenannten I2-Zwischensedimente aus Sanden, Kiesen sowie kaltzeitlichen Beckenschluffen und -tonen mit *Limnocythere [Leucocythere] baltica*. Örtlich wurden in ihnen Floren- bzw. Faunenreste nachgewiesen. So ergaben zum Beispiel pollenanalytisch untersuchte Tone aus dem mittleren Teil der I2-Abfolge Jasmunds (Kahlke 1983) Hinweise auf eine Tundren- bzw. auch Kiefern-Birken-Vegetation. Kriebel (1958) und Ludwig (1960) beschrieben aus Becken- bis Bändertonen in Tongruben von Brüel und Blankenberg kühltemperate Faunenfunde (*Unio* sp., Formenkreis von *Pisidium obtusale* und *Valvata piscinalis,* Ostrakoden). Die Funde mit perlschnurartig angeordneten *Unio*-Schalen, die zur Einführung des Terminus „Blankenberger Interstadial" (Cepek 1965) führten, lagern dort autochthon über Geschiebemergel der Frankfurter Phase und „unter Schmelzwasserablagerungen, die den Sander zur nahegelegenen Pommerschen Eisrandlage aufbauen" (Kriebel 1964).

Die Pommersche Phase besteht aus der Frühpommerschen und der Pommerschen Hauptphase (Signaturen FP und P in Abb. 3.1). Beide besitzen eine eigene Grundmoräne (Müller 1978 in Bremer 2004). Die frühpommersche

Endmoräne (W2max) ist nur lückenhaft nachweisbar und verläuft in Mecklenburg-Vorpommern nur 30 bis 2 km südlich der Pommerschen Hauptendmoräne über Rehna, Sternberg, Krakow und Waren in Richtung Neustrelitz, wobei östlich Krakow nur noch einzelne Höhenrücken im jüngeren Sander erkennbar sind (Bremer 2004). Die reliefstarke Pommersche Hauptendmoräne mit fast durchgehend vorhandenem Sander bildet die Nordflanke des Mecklenburgischen Landrückens. Sie verläuft von der Insel Fünen kommend über den Raum Flensburg-Kiel-Lübeck-Wismar bis zur Kühlung, um dort binnenwärts in SE-Richtung über südlich Güstrow-Waren-Neustrelitz-nördlich Eberswalde umzubiegen. In den Gebieten, in denen die Pommersche Hauptendmoräne in Küstennähe verläuft, sind in Kliffaufschlüssen (Klein Klütz Höved, Insel Poel, Stoltera) beide pommerschen Geschiebemergel nachweisbar. Am Westkliff von Poel sind sowohl in die untere als auch in den basalen Teil der oberen pommerschen Moräne Beckensedimente mit *Limnocythere [Leucocythere] baltica* eingestaucht, die von einem Eisstausee aus dem Abschmelzzeitraum der Frühpommerschen Phase stammen dürften (Rühberg 2004, vgl. E 8).

Der Pommerschen Phase folgte eine Erwärmung, die das Gletschereis erneut in den südlichen Ostseeraum zurückschmelzen ließ und verbreitet zur Ablagerung glazilimnischer und glazifluviatiler Sedimente führte, so an Kliffabschnitten der Eckernförder und Kieler Bucht, der Granitz, SE-Rügens, NE-Usedoms (E 3, 4, 14, 16) und Wollins. Sie sind offensichtlich durchweg fossilfrei. Auf SE-Rügen und NE-Usedom führen diese Sedimente die Bezeichnung „Ältere Beckensande" und weisen gravitativ durch Niedertauen bedingte Deformationen und unterschiedlich hoch hineinragende diapirförmige Geschiebemergel-Einschuppungen auf.

Die Genese dieser Reliefvollformen wird bis heute kontrovers diskutiert. Während Kliewe (1960, 1975) die küstennahen Hochlagen NE-Usedoms sowie Ost-Rügens als Stauchendmoränen der Küstenstaffel bzw. Nordostrügener Vorstoßstaffel charakterisiert, spricht Schulz (1998) für SE-Rügen von Stauchendmoränen des in Gletscherzungen aufgelösten Eisrandes der Mecklenburger Phase. Eiermann (1984) charakterisiert diese Vorkommen als Eiszerfallsgebiete mit Spaltenfüllungen zwischen Toteiskörpern. Krienke (2003) interpretiert die morphologischen Vollformen Mönchguts als vom Inlandeis der Mecklenburger Phase überfahrene Stauchmoräne. Katzung et al. (2004b) präzisierten diese genetischen Vorstellungen: Demnach liegt dort eine Reliefumkehr vor, wobei heute die Spaltenfüllungen aus der Zeit des zerfallenden Pommerschen Inlandeises höher aufragen als die dazwischen einst befindlichen Resteisfelder. Die durch den Mecklenburger Vorstoß überfahrenen Sedimentkörper der Älteren Beckensande sind hiernach Kames mit Grundmoränendecke. Deren Schmelzwassersande wurden sowohl während der Niedertauphasen der Pommerschen Resteisfelder als auch beim Überfahren durch das jüngste Inlandeis stark deformiert und weisen verbreitet Stauchungsstrukturen und Einschuppungen auf. Ludwig (2004) hält für SE-Rügen dynamisch und statisch ausgelöste Deformationen pleistozäner und älterer Sedimente am Kontakt zwischen den vom vorhergehenden Eisvorstoß verbliebenen Toteisfeldern und erneut aus dem benachbarten Ostseebecken vordringendem Eis für möglich.

Unter „Spalten" werden dabei sich im Prozess des Inlandeiszerfalls durch den Abschmelzprozess entwickelnde Bereich zunächst geringerer Eismächtigkeit verstanden, die sich zu eisfreien Räumen zwischen Resteisfeldern weiterentwickeln und dabei an Ausdehnung zunehmen. In diesen Negativformen des Eisreliefs kann es sowohl auf noch vorhandenem Resteis als auch nach deren Eisfreiwerden von den zurückschmelzenden Eisflanken her zur Akkumulation von Schmelzwassersedimenten (Kames) kommen.

In der nachfolgenden Mecklenburger Phase (Eiermann 1984, Rühberg 1987) stieß das Hochweichsel-Eis zum letzten Mal aus dem Ostseegebiet auf das norddeutsche Festland vor. Diese Phase ist nur in Ostmecklenburg und Vorpommern vollständig entwickelt und wird dort in die Rosenthaler und Velgaster Randlage gegliedert.

Die Rosenthaler bzw. Rosenthal-Sehberg-Randlage (Abb. 3.1) bildet den Außenrand der Mecklenburger Phase. Ihr entspricht in Schonen und Dänemark der Jungbaltische Vorstoß und in Schleswig-Holstein die vorwiegend küstennah verlaufende Sehberg-Staffel. In Mecklenburg-Vorpommern umgibt diese Randlage die Wismar-Bucht und verläuft über den Rand der Kühlung südostwärts weiter in den Raum Teterow (Mecklenburger Schweiz) und Neubrandenburg zu den Jatznick-Brohmer Bergen und über Pasewalk und Penkun in das Gebiet südlich von Stettin (Szczecin). Der Rosenthal-/Sehberg-Vorstoß lief gebietsweise ohne eigene Endmoräne aus; er hinterließ dann nur eine dünne und lückenhafte, tonarme sowie kalk- und sandreiche Grundmoräne, mehrfach mit Sander. Rühberg (1987) zufolge sind für diese Randlage besonders charakteristisch große Vorstoßgeschwindigkeit (sog. „schnelles Eis"), geringe Eis- und Moränenmächtigkeit, baltisches Geschiebespektrum, rascher Eisabbau und eine außerordentlich gute Anpassung an das präexistente Relief. Die Rosenthaler Endmoräne ist zumeist nur dort morphologisch kräftig ausgeprägt, wo sie älteren Reliefferhebungen aufliegt, wie im Falle der Jatznick-Brohmer Berge (E 17) auf saalezeitlichen Sedimentkörpern. Für N-Rügen geht Ludwig (2005) davon aus, dass zu Beginn des Vorstoßes des Mecklenburger Inlandeises (M3 und M4 nach Ludwig) in der inselnahen Ostsee der Permafrost bis in größere Tiefen weggeschmolzen war. Das W3-Eis konnte „den Untergrund zum Teil bis in circa 150 m ausschürfen und zu markanten Stauchmoränen verschiedener Dimensionen zusammenschieben".

Jüngere Kartierergebnisse in Schleswig-Holstein ergaben, dass der Sehberg-Vorstoß an mehreren Stellen erheblich weiter landeinwärts gereicht hat, als bisher angenommen wurde (Rühberg 1987, Prange 1992, 1993, Stephan in Grube et al. 1992). Südöstlich von Kiel überfuhr das Eis seine eigene Endmoräne und stieß fast bis nach Preetz vor, wo dessen Schmelzwässer in ein bestehendes Eisstausee-Becken hineinflossen (E 4).

In den Stauseen entlang den sich zurückverlagernden Eisrändern wurden zum einen gebänderte Tone und Schluffe (z. B. Lübecker, Wismarer und Ducherower Bändertone) abgelagert, zum anderen fungierten einige zusätzlich auch als Mündungsdeltas (Ueckermünder und Rostocker Heide) für das sich entwickelnde Flussnetz. Der größte von ihnen, der Haffstausee der Ueckermünder und Goleniów-Heide (Keilhack 1899, 1928; Bramer 1964) mit einer W-E-Erstreckung von bis zu 75 km zwischen Ducherow und Gollnow (Goleniów) nahm die Wassermassen der Oder und ihrer Zuflüsse auf und leitete sie über seine Abflüsse Grenztal, Peenetal und Strelasund in schon toteisfreie Bereiche der Mecklenburger Bucht ab.

Die Velgaster Randlage ist auf den vorpommerschen Küstenraum beschränkt und besteht aus mehreren Abschnitten, die sich hinsichtlich Relief, Sedimenten und genetischen Strukturen voneinander unterscheiden. Sie ist lückenhaft ausgebildet und bezüglich ihrer Ausdehnung und Entstehung weiter in Diskussion. Auch die Verknüpfung der jüngeren Randlagen über die deutsche Staatsgrenze hinaus weist Unsicherheiten auf, was beim Betrachten der Abbildung 3.1 zu beachten ist. Auf SE-Usedom (E 16) und auf dem westwärts anschließenden Festland (E 15) bis südwestlich Wolgast sowie erneut zwischen Stralsund und Lüdershagen (südwestlich Barth) ist sie am kräftigsten ausgebildet. Zwischen der polnischen Grenze und Greifswald kennzeichnet sie ein westwärts an Breite abnehmender Sandergürtel, der gebietsweise sehr reliefreich ist, z. B. im Usedomer Stadtforst und im Raum Buddenhagen-Lentschow. Diese dort hohe Reliefenergie spricht für eine Akkumulation des Sanders zu Zeiten noch vorhandenen Resteises der Rosenthaler Randlage, zum Teil mit nachfolgender Reliefumkehr. Nordwärts an diesen Sandergürtel schließt auf dem Festland eine ebene bis flachwellige Grundmoränenplatte an, südlich und westlich des Thurbruches ist außerdem an der Rückseite eine Stauchmoräne ausgebildet (Krienke 2004). Zwischen Stralsund und Velgast sind nur lokal kleine Kegelsander anzutreffen, und auch der Endmoränenrücken weist verbreitet eine geschlossene Grundmoränendecke auf. Auch der hangasymmetrische, bis 34 m hohe und das Umland gabelförmig überragende Bereich zwischen Redebas und der Halbinsel Fahrenkamp (zwischen Barther Bodden und Grabow) besitzt Grundmoränencharakter (Janke 2005). Unter der dort diskordant auflagernden Geschiebemergeldecke stehen Sande bis Tone in stark gestörter Lagerung (u. a. Diapire u. en-bloc-Gefüge) an. Westlich des Löbnitzer Barthe-Durchbruchs wird des weiteren ein bis maximal 23 m über NHN ansteigender und im Gelände nur wenig hervortretender Sand- und Geschiebemergelrücken dieser Randlage zugeordnet (Geol. Karte von M–V 1:100.000). Ihre westliche Fortsetzung wird zumeist über das Hohe Fischland und über die Darßer Schwelle zur Insel Falster, die ostwärtige in Polen über die Gardno-Phase gezogen.

Die Insel Rügen erhielt ihre jüngste glazigene Prägung ebenfalls durch den Inlandeisvorstoß der Mecklenburger Phase, deren Grundmoräne nahezu die gesamte Insel überzieht, so auch die reliefstarken Pleistozänareale Nord- und Ost-Rügens, z. B. im Raum Ralswiek-Rugard-Granitz mit Maximalhöhen von 103 m über dem Meeresspiegel, wo sie zum Teil jedoch nur noch lückenhaft erhalten geblieben ist. Kliewe (1975) fasste die reliefstarken Gebiete Südost- und Ostrügens als Bestandteile einer „Nordostrügen-Staffel" auf. Hauptfaktoren, die zur Entstehung des kräftigen Pleistozänreliefs führten, sind jedoch ein starkes präexistentes Relief, eventuell eine vorangegangene Inselflur- oder beckenreiche Glaziallandschaft, sowie die mit dem Inlandeisabbau und dem Tieftauen eisplombierter Becken verbundenen Vorgänge. Es ist dabei nicht auszuschließen, dass der W3-Gletscher bei seinem Vorstoß die Bereiche stark bewegten Reliefs zunächst selbst geschaffen und anschließend beim weiteren Südwärtsvordringen überfahren hat. Im Meeresgebiet zwischen den Inseln Rügen und Bornholm schließt die Mecklenburger Phase mit der Bornholmer Randlage ab.

Ludwig (2004, 2005) hält weitere jüngere Inlandeisvorstöße innerhalb des küstennahen Ostseebeckens für wahrscheinlich, von denen der jüngste (M4-Vorstoß) mit eigener Moräne die Flanken der nordrügenschen Halbinseln Wittow und Jasmund sowie Möbus (2000) zufolge auch des Dornbusch (Insel Hiddensee) erreichte. Er drang dabei Ludwig zufolge bis in die lobenförmig konfigurierten Buchten von Prorer und Tromper Wiek sowie des nördlichen Libben vor, wurde an einem weiteren landwärtigen Vordringen auf die Insel Rügen jedoch infolge M3-zeitlicher Toteisblockade sowie älteren Reliefs (Piekberg: +161 m NHN) gehindert. Auch die glazitektonischen Strukturen der älteren Beckensande der Halbinsel Mönchgut könnten nach Ludwig durch das M3- und das bis in Küstennähe vordringende M4-Eis des Mecklenburger Vorstoßes verursacht worden sein.

Das ausklingende Pleniglazial ist nach dem Abschmelzen der Eisfelder des Mecklenburger Vorstoßes bei weiterem Temperaturanstieg durch eine schnellere Abtrocknung der Landschaft unter kalt-ariden Klimabedingungen gekennzeichnet. Zögerlich setzten bei starker Sedimentdynamik (Solifluktion) die Degeneration des Permafrostes und die Entstehung des heutigen Gewässernetzes ein. Gegen Ende entwickelte sich eine aus nur wenigen Pionierkrautarten zusammengesetzte Fleckentundra.

Der darauf folgende Übergangszeitraum zum Holozän, das Weichsel-Spätglazial (Tab. 3.1 u. Abb. 3.2), besteht aus drei Interstadialen und Stadialen mit schon gletscherfreiem südlichem Ostseebecken. Oszillationen des Inlandeises beschränkten sich auf das nördliche Ostseebecken und Skandinavien.

Hauptsedimente der Interstadiale bilden Gewässerablagerungen (Sande, Schluffe, Seekreide), Dünensande und im Allerød auch Torfe, die vorübergehend an Kliffabschnitten aufgeschlossen sein können. Aus dem Bereich der Ueckermünder Heide sind zudem allerødzeitliche Sand-Braunerden vom Finow-Typ (Kaiser & Kühn 1999; Kaiser et al. 2008) als Bodenbildung bekannt (E 17).

Nach schnellem Temperaturanstieg an der Grenze Pleni-/Spätglazial wurde während des Meiendorf-Interstadials (*Hippophaë*-Phase sensu Usinger 1985) schon eine Juli-Durchschnittstemperatur zwischen 11–15 °C erreicht. Dadurch konnte sich bei einsetzender Boden- und Humusbildung und Tieferverlagerung des Permafrostes eine Kraut- und Strauchtundra mit Pioniergehölzen (*Hippophaë, Salix, Juniperus, Betula nana*) entwickeln. Ab ca. 14.000 J. v. h. bestand im Ostseebecken ein aus einzelnen Eisstauseen hervorgegangener Baltischer Eissee.

Im Verlaufe des Bölling-Interstadials führte leichte sommerliche Temperaturzunahme erstmals nach Ende des Pleniglazials zu einer Waldtundren- bis weitständigen Waldvegetation mit Dominanz von Birken. Gleichzeitig erfolgte eine leichte Zunahme periglaziärer Austauprozesse.

Das Allerød-Interstadial kennzeichnet eine schnelle kräftige Temperaturzunahme, die zur Ausbildung borealer Wälder, zunächst mit Birken-, im jüngeren Teil mit Kiefern-Dominanz, bei trockener werdenden Milieubedingungen führte. Es erfolgten in diesem wärmsten Interstadial des Spätglazials eine weitgehende Auflösung des Permafrostes, Tieftauen des Toteises und eine Weiterentwicklung des Fluss- und Seennetzes. An verlandenden flachen Seen fand Torfwachstum statt. Im jüngeren Allerød ist eine nur wenige Jahrzehnte währende schwache Abkühlungsphase (Gerzensee-Oszillation) zwischengeschaltet, die im Pollenbild durch eine leichte Birken- und Krautpollenzunahme auffällt. Nur wenige Jahrzehnte nach diesem Abkühlungsintervall bzw. 200 Jahre vor Einsetzen der Kälteschwankung der Jüngeren Dryas (ca. 12.880 Warvenjahre v. h.) fand der jüngste Ausbruch des Laacher See-Vulkans in der Eifel statt. Dabei wurden in weniger als 10 Tagen ca. 16 km³ Asche in die Luft geschleudert. Teile davon verwehten über Vorpommern hinweg bis zu den Inseln Rügen, Bornholm und Gotland. In Torf- und Seenablagerungen jener Zeit sind diese Tephra-Lagen als lithostratigraphische Leithorizonte verbreitet erhalten, so auch am Kliff nördlich Mukran (NE-Rügen) im Bereich des einstigen Crednersees. Im Ostseebecken bestand weiterhin der Baltische Eissee.

Die Älteste und die Ältere Tundrenzeit (bzw. Dryas) dauerten etwa nur jeweils 130 bzw. 200 Jahre. In ihrem Verlauf mit nur relativ geringen Temperaturabnahmen kam es zu einer Zunahme der Bodenbewegungen (Solifluktion) unter periglaziären Bedingungen und zur Verstärkung der Tundrenvegetation. Der Kälterückfall der ca. 1.100 Jahre währenden Jüngeren Tundrenzeit hingegen, während dessen die boreale Waldvegetation des Allerød von einer Waldbis Krauttundra abgelöst wurde, ist der kräftigste des gesamten Weichsel-Spätglazials. Er führte in seiner jüngeren Hälfte in Südfinnland und Mittelschweden zur Bildung der Salpausselkä-Endmoränen und bei einem auch das südliche

Ostseeumland beherrschenden Kältehoch zur Neubelebung von Permafrost, Kryoturbation und Solifluktion in unseren Breiten. In diesem zugleich auch trockensten Abschnitt der Jüngeren Tundrenzeit kam es im Bereich größerer Sandgebiete zur Bildung von Flugsandfeldern und Binnendünen. Um 11.570 J. v. h. brach über die „Billingen-Pforte" nahe der heutigen Stadt Skövde (Mittelschweden) der Baltische Eissee mit einem ca. 30 m höher gelegenen Wasserspiegel gegenüber dem Weltmeer in das Kattegat aus, so dass zeitweise eine an Gewässern reiche Landbrücke zu Dänemark und Schweden entstehen konnte (vgl. Kap. 4. 1).

4. Geologische Entwicklung im Holozän

Die pleistozäne, insbesondere die weichselglaziale Oberflächengestaltung und Sedimentation mit ihren wechselnden Ablagerungsbedingungen schufen flächendeckend die Vorformen (Kap. 3) für die holozäne Weiterentwicklung des südwestlichen Ostseeküstenraumes. Der nachfolgend dargestellte zeitliche Ablauf der holozänen Spiegelschwankungen der Ostseegewässer vollzog sich während des älteren Holozäns (Präboreal, Boreal) im Bereich der Beltsee und der Arkonasee zunächst noch unterschiedlich (Kap. 4.1), mit Einsetzen der Littorina-Transgression im Atlantikum (Kap. 4.2) sowie in der durch nur geringe Wasserspiegelschwankungen gekennzeichneten Postlittorina-Zeit (Kap. 4.3.) dann jedoch einheitlich. Diese Wasserspiegelentwicklung stellte den wichtigsten Antrieb für die unter den Bedingungen des pleistozän/frühholozän geschaffenen Reliefs ablaufende Küstengenese dar. In Kapitel 4.4. werden die die Wasserspiegelentwicklung bestimmenden Faktoren und die sie beschreibenden Kurven zusammenfassend dargestellt. Die räumliche Differenzierung der Küstenentwicklung, die sich aus klimatologisch-ozeanographischen Unterschieden ergibt, wird in Kapitel 6.1. (Küstentypen) behandelt.

4.1. Ostsee- und Küstenentwicklung in der Prälittorina-Zeit

Die Weichselspätglazialzeit und der Übergang zum Holozän sind im europäischen Raum gekennzeichnet durch den viermaligen klimatischen Wechsel von Wärmeschwankungen/Thermomeren (Meiendorf, Bölling, Alleröd, Friesland) und Kälterückfällen/Kryomeren (Dryas- oder Tundrenzeiten I-III, Präboreale Oszillation/PBO) bis ins mittlere Präboreal. Die von Behre (1978) in Ostfriesland nachgewiesene Kälteschwankung der jüngsten Tundrenzeit (ca. 10.000–9.600 BP) entspricht der PBO um 11.200 J. v. h.) und wird von Lange et al. (1986) auch für die Insel Rügen bestätigt. Sie schließt an die erste holozäne Erwärmungsphase (Frieslandschwankung, 10.200–10.000 BP oder 11.600–

11.350 J. v. h.) an. Dieser Übergangszeitraum vom Weichsel-Pleniglazial bis ins Holozän ist im deutschen Ostseeküstengebiet ein Abschnitt des wiederholten Wechsels von Tundra und Waldtundra (s. a. Kap. 3), verbunden mit periglazialen Milieuverhältnissen, zu seenreichen Kiefern-Birken- bzw. Birken-Kiefernwäldern.

Im Ostseebecken entwickelten sich in diesem Zeitraum autonome Süßwasserseen. Trotz der glazioisostatisch stark abgesenkten Lage des nordeuropäischen Vereisungsgebietes wurde die Ostsee infolge der flachen Verbindungen durch Belte und Øresund von dem post-pleniglazialen Weltmeeresspiegelanstieg lange nicht erreicht. Allerdings erfuhren diese Seen durch sich zeitweise öffnende Verbindungen zum Weltmeer mit Wasserzu- oder -abfluss z. T. rapide Spiegelschwankungen. Eine ausführliche Zusammenfassung des Kenntnisstandes gibt Björck (1995). Jüngere und diesen Stand modifizierende Ergebnisse legen Lemke (1998), Jensen (1995, 1997, 1999, 2002) sowie Uscinowicz (2003) vor. Die sich für die vorpommersche Küste ergebenden Konsequenzen auf Wasserspiegelanstieg und Sedimentation behandeln Verse (2003) und Lampe (2005).

Die Beltsee mit Kieler Bucht (Winn et al. 1986) und Mecklenburger Bucht (Kolp 1964) wurden im Anschluss an die Rosenthal-Sehberg-Randlage des Mecklenburger Vorstoßes (W3R) von jüngeren Inlandeisvorstößen schon nicht mehr erreicht (Kap. 3). Die Velgaster Randlage (W3V) verlief entlang der Darßer Schwelle, die fortan eine bedeutsame Grenze für die beiderseits unterschiedliche Ostsee-Entwicklung bildete. Im Zuge der Deglaziation entstanden am Rand des zurückweichenden Inlandeises zunächst Schmelzwasserstauseen, die z. T. noch deutlich über dem heutigen NHN gelegene Wasserspiegel aufwiesen. Sie nahmen auch das Wasser von Oder, Recknitz, Warnow, Trave und anderen Fließgewässern auf. Die mächtigen Sandakkumulationen der Rostocker Heide, des Altdarßes, der Lubminer und Ueckermünder Heide (vgl. E 17) sowie die Jüngeren Beckensande Usedoms und des Greifswalder Raumes (vgl. E 15, 16) wurden in solchen durchflossenen Stauseen abgelagert. Mit zurückweichendem Eisrand und dem Freiwerden weiterer Entwässerungsbahnen erniedrigten sich die Spiegelstände der jüngeren, nördlicher gelegenen Seen, die die Falster-Rügen-Platte und die Pommersche Bucht einnahmen. Mit dem Trockenfallen letzterer war auch die Entstehung der heute in ca. 20 m Tiefe verlaufenden Rinne der „Ur-Oder" östlich der Insel Rügen verbunden. Etwa um 14.000 J. v. h. bildete sich ein zusammenhängender Stausee im zentralen Ostseebecken, der Baltische Eissee, der einen Abfluss durch den Öresund besaß (Abb. 4.1).

Während der Jüngeren Dryas war der Ostseeraum von einer starken Transgression mit einer maximalen Spiegellage bei -20 bis -15 m NHN betroffen, die damit über die Darßer Schwelle hinweggriff. Mit dem Rückzug des Inlandeises vom Billingen (Björck et al. 2001), dem nördlichsten Ausläufer des süd-

Geologische Entwicklung im Holozän

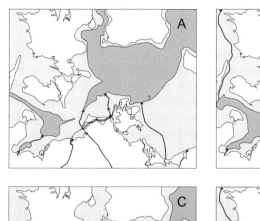
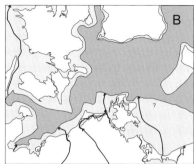

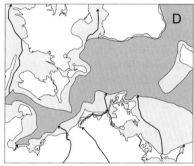
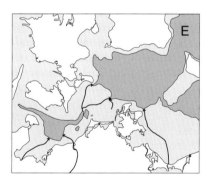

A - Baltischer Eissee,
um 13.500 J. v. h.

B - Hochstand des Baltischen Eissees
um 12.000 J. v. h.

C - Tiefstand des Yoldia-Meeres,
um 11.200 J. v. h.

D - Hochstand des Ancylus-Sees,
um 10.400 J. v. h.

E - Tiefstand nach der Ancylus-
Regression, um 9.800 J. v. h.

Abb. 4.1: Ausdehnung der Ostseevorläufergewässer im Bereich der südwestlichen Ostsee sowie der zugehörigen (teilweise nur vermuteten) Drainagesysteme (Lemke 1998).

schwedischen Berglands, lief um ca. 11.620 J. v. h. der Baltische Eissee teilweise leer. Sein Wasserspiegel erniedrigte sich in kurzer Zeit um etwa 25 m. Für die südwestliche Ostsee bewirkte dieses Ereignis entscheidende Veränderungen. Nach der Wasserspiegelabsenkung verblieb in der Mecklenburger Bucht ein von zahlreichen kleinen Wasserflächen (Winn et al. 1986) umgebener, in das Arkonabecken entwässernder Restsee, dessen Wasserspiegelniveau der Satteltiefe im Großen Belt bzw. auf der Darßer Schwelle (heute zwischen -26 m und -23 m NHN) entsprochen haben dürfte. Im Arkonabecken war der Wasserspiegel dagegen bis etwa -40 m abgesunken (Lemke 1998).

Mit dem weiteren Schwund des skandinavischen Eises wurde die mittelschwedische Senke frei. Da infolge des eustatischen Anstiegs das Weltmeer mittlerweile gleiches Niveau erreicht hatte, wurde der Zufluss von salzreichem Wasser in das Ostseebecken möglich. Während deshalb ab 11.240 J. v. h. (Björck et al. 2001) in den Sedimenten entlang der heutigen schwedischen Küste ein mariner Einfluss nachgewiesen wurde, behielt der größte Teil dieses Yoldia-Meer genannten Entwicklungsabschnittes Süßwassercharakter. Die nur kurze Zeit darauf durch isostatische Landhebung bedingte Trennung der Verbindung in Mittelschweden führte zu einem erneuten Wasserspiegelanstieg im Ostseebecken und zur Entstehung des Ancylus-Sees, der um 10.400 J. v. h. (9.200 BP) seinen Maximalstand bei -18 bis -20 m NHN erreichte (Abb. 4.1).

Von den Nehrungen und Bodden des Darßes bis nach Usedom sowie den küstennahen Bereichen vor dem Zingst und in der Pommerschen Bucht sind durch Bohrungen (Abb. 4.2) Sedimente bekannt, die zur Zeit des Baltischen Eissees abgelagert wurden. Sie stehen in Abhängigkeit von der damaligen Beckentiefe zwischen mindestens -30 m NHN (Bohrung Pudagla Mitte-Strand, Abb. 4.2) und -8 m NHN (Bohrungen Binz I, Pudagla Puda 46, Abb. 4.2, Pudagla SE; Kliewe & Janke 1978) an den Beckenrändern an. Sie führen teilweise Mollusken (u. a. *Pisidium*-Arten), eine „*candida*"-Ostrakodenfauna (Viehberg et al. 2008) sowie eine Süßwasserdiatomeen-Flora und umfassen in pollenanalytisch ausgewerteten Bohrungen mindestens Teile des Allerøds und die gesamte Jüngere Dryas (zwischen 13.300 und 11.600 J. v. h.). Ob diese ausgedehnten Gewässer mit dem Baltischen Eissee in Verbindung standen (Schwarzer et al. 2000, Lampe 2005), bedarf weiterer Untersuchungen. Sie wurden bisher als Bildungen des Ancylus-Sees aufgefasst (Schmidt 1957/58, Kliewe 1960, Kliewe & Reinhard 1960, Kliewe & Janke 1978), dessen Maximalstand entsprechend höher vermutet wurde und z. B. Kliewe (1960) zufolge zur Zeit seines Optimums -8 m NHN erreichte.

Für den nach 10.400 J. v. h. einsetzenden Wasserspiegelfall auf etwa -23 bis -30 m NHN haben die meisten Autoren bisher einen Überlauf über und schließlich einen Durchbruch durch die Darßer Schwelle angenommen. Neuere Untersuchungen von Lemke (1998) und Jensen et al. (1999) lassen eine solche Annahme nicht mehr zu, zeigen aber auch keinen anderen Abflussweg auf. Das „Rätsel des Ancylus-Sees" (Hurtig 1958) bleibt vorerst ungelöst ebenso wie Alter und Genese der von Kolp (1986) aus dem südwestlichen Ostseebecken beschriebenen sieben spätglazialen und holozänen Terrassenniveaus.

Nach dem teilweisen Leerlaufen des Baltischen Eissees blieben in den Tieflagen des Reliefs zwischen Großem Belt, Lübecker und Pommerscher Bucht sowie auch im Greifswalder Bodden und Kleinen Haff Restseen unterschiedlicher Größe und Wassertiefe erhalten. Die flachsten verlandeten schon während des Präboreals. Die größeren sedimentierten bis in das Boreal oder das frühe Atlantikum Organomudden bzw. Seekreide. Verbreitet schließt ein Verlandungstorf die limnische Entwicklungsphase ab. Diesen Sedimenten ist als Folge des mit der Littorina-Transgression wieder steigenden Grundwasser- und Meeresspiegels häufig eine Organomudde aufgesetzt, die randlich in die weit verbreiteten atlantischen Versumpfungs-/Transgressionstorfe (Basistorfe) übergeht (vgl. Tab. 4.1 und Abb. 4.2). Auf letzterer wird am Beispiel von Bohrprofilen aus dem vorpommerschen Küstenbereich die für diese Gebiete typische spätglaziale und holozäne Sedimentabfolge in generalisierter Weise vorgestellt. Dabei umfasst die unterste, den hochglazialen Ablagerungen (z. B. Geschiebemergel) auflagernde vorwiegend lakustrine Schichtfolge spätglaziale und zum Teil auch frühholozäne Süßwassersedimente. Bei den tiefer reichenden Profilen sind in ihrem basalen Bereich teilweise Sedimente aus der Zeit des Eiszerfalls wie Kamessande und Aufbereitungsprodukte des Geschiebemergels mit einbezogen. Darüber folgen verbreitet Seekreiden sowie präboreale bis frühatlantische (Pollenzonen IV bis VI, n. Firbas 1949) Verlandungs- und/bzw. Transgressionstorfe. Letztere sind Indikatoren für den das Gebiet erreichenden Meeresspiegelanstieg.

4.2. Littorinazeitliche Entwicklung

Durch den Großen Belt und über seine Bodenschwellen bei heute -27 bis -29 m NHN drang im frühen Atlantikum das salzreiche Littorina-Meer in die tieferen Becken der südwestlichen Ostsee vor. Das geschah im Gleichlauf mit dem ansteigenden Weltmeer, zunächst noch in kleineren Arealen ohne größere Wellenenergie und ohne stärkere Erosionserscheinungen (Winn et al. 1986). In der westlichen Ostsee setzte nach einer kurzzeitigen initialen marinen Beeinflussung und erneuter Unterbrechung durch eine Süßwasserphase mit Torf- und Muddebildung bereits um 8.900 J. v. h. (8.000 BP) ein marines Milieu ein. In der Mecklenburger Bucht sind marine Bedingungen ab etwa 8.000 J. v. h. (7.200 BP) nachgewiesen. In der südlichen Ostsee herrschten trotz Wasserspiegelanstiegs wegen des Rückstaus des Vorläufergewässers und der Küstenflüsse zunächst eher brackische Verhältnisse, wobei in der Pommerschen

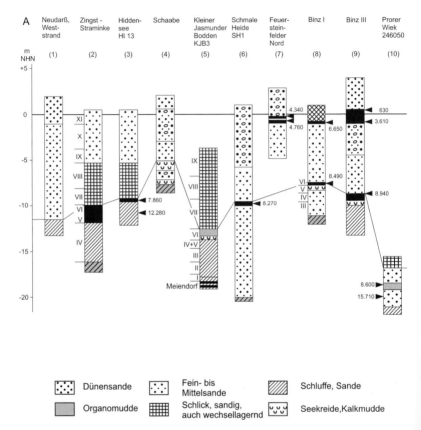

Abb. 4.2: Küstenbohrungen im Bereich der vorpommerschen Boddenausgleichsküste vom Neudarß bis zur Swine.

Bucht ca. 6 PSU erreicht wurden. Als Barrieren gegen die Salzwasservorstöße des Meeres fungierten auch die unterschiedlich hohen Schwellen zwischen den Einzelbecken. Die marine Hauptingression erfolgte daher erst, als der Meeresspiegel erheblich über die kritische Beltschwelle angestiegen war. Im Arkonabecken etablierten sich marine Bedingungen deshalb mehrere hundert Jahre später (Rössler 2006). Isotopenuntersuchungen an kalkigen Mikrofossilien weisen für das Gebiet des Greifswalder Boddens auf Salzgehalte zur Zeit des Littorina-Maximums von 21 PSU hin (Samtleben & Niedermeyer 1999). Diatomeenflora und Molluskenfauna (Artenauswahl u. a. in Kliewe & Janke 1978, 1991) hingegen sprechen für maximal 14 PSU für die Zeit des Salinitätsopti-

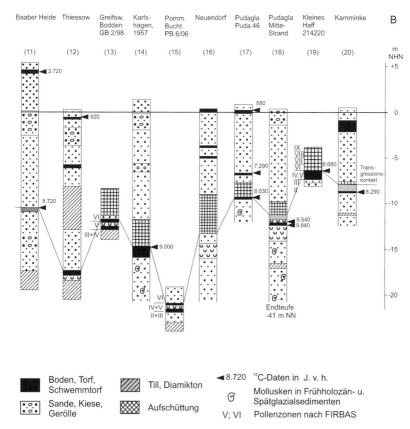

Abb. 4.2: Forts.

mums. Definiert man den Übergangszeitraum von limnischen zu brackischmarinen Bedingungen als Mastogloia-Phase (benannt nach der in dieser Zeit in den Sedimenten der westlichen Ostsee verbreitet auftretenden Kieselalge *Mastogloia smithii*), so ergibt sich Lemke (1998) zufolge eine Dauer dieses Abschnittes von rund 1.000 Jahren.

Mit hoher Anstiegsgeschwindigkeit drang das frühe Littorina-Meer weit und tief in die glaziären Hohlformen ein. Dazu gehörten die rinnenförmig übertieften und schmalen Förden Schleswig-Holsteins, die Niederungsgebiete der holsteinisch-mecklenburgischen Moränenküste sowie die Gletscherzungenbecken und anderen Exarationshohlformen des vorpommerschen Küsten-

Tab. 4.1: Holozängliederung und Landschaftsentwicklung für das Gebiet des vorpommerschen Küstenraumes.

J. v. h.	Jahre B.P.	Hauptabschnitte	Klimaperioden/Pollenzonen			Ostsee-Entwicklungsphasen	Phasen der Gewässerentwicklung im südlichen Ostseebecken (Pommersche Bucht) A - Anstiegsphase
500	500	Jüngeres Holozän	Subatlantikum (Nachwärmezeit)	Jüngstes	Xc	Mya-Meer	A IV - Gegenwärtige Transgression
1000	1000			Jüngeres	Xb		Leichte Regressions-/Verharrungsphase der Kleinen Eiszeit
1500	1500			Mittleres	Xa	(Lymnaea-Meer)	A III - Jungsubatlantische Transgression
2000	2000						
2500	2500			Älteres	IX		Postlittorina-Phase (L III)
3000	3000						
3500	3500		Subboreal (Späte Wärmezeit)		VIII		
4000	4000						
4500	4500	Mittleres Holozän				Littorina-Meer	
5000	5000						
5500	5500						
6000	6000		Atlantikum (Hauptwärmezeit)		VII		A II - Littorina-Hauptphase (L II) Hochlittorinazeitliche Phase der Verringerung des relativen Meeresanstiegs
6500	6500						
7000	7000						
7500	7500						
8000	8000				VI	Mastogloia-Meer	A I - Initiale Littorina-Transgression (L I) — zum Teil Transgressionsmoore, Ausdehnung bestehender Seen
8500	8500						
9000	9000	Älteres Holozän	Boreal (Frühe Wärmezeit)		V	Ancylus-See	Großflächiges Trockenfallen, Restseen und Seenverlandung, geringmächtige Verlandungsmoore, Bodenbildung
9500	9500						
10000	10000		Präboreal (Vorwärmezeit)		IV		unterhalb von -20 bis -40 m NHN Yoldia-Meer und Ancylus-See
10500	10500		Rammelbeek-Phase Friesland-Schwank.			Yoldia-Meer	
11000	11000						
11500							
12000		Spätglazial	Jüngere Dryas		III	Baltischer Eissee	
12500							
13000			Allerød		II		Tieftauprozesse und teilweise Anlage der Gewässerbecken, Einschneiden der Flüsse

Geologische Entwicklung im Holozän

Hauptprozesse der südbaltischen Küstenentwicklung, bezogen auf die isostatische Nulllinie	Salinität	Spiegelhöhe im Ostsee-Becken	Dominierende Merkmale der Vegetationsentwicklung	Archäologische Abschnitte
Eingriffe in die natürliche Küstendynamik, Weißdünen, Graudünen	leicht abfallend auf 7-8 PSU in Pomm. Bucht, bis 2 PSU im Kl. Haff		Agrar. Nutzung, Forsten	Neuzeit
			Agrar. Nutzung, Kiefernreiche Laubmischwälder	Hoch- u. Spät-MA
beschleunigter Küstenausgleich Gelbdünen (Bildungsbeginn)			Salzgrasland	
				Slawenzeit
		ca. -0,5 m	Buchen- u. Eichen-Buchenmischwälder	
				Völkerwanderungszeit Römische Kaiserzeit
			Eichenmischwälder mit zunehmendem Buchenanteil	Eisenzeit (La Téne)
Phase des dominierenden Küstenausgleichs bei nur noch geringen Oszillationen des Meeresspiegels zwischen -1 m u. + 0 m NHN			Eichenmischwälder mit beginnender Buchenausbreitung	Bronzezeit
		ca. -1,0 m		
				Neolithikum — Bandkeramik Trichterbecher-Kultur
Braundünen	hohe Salinität: 10 PSU in Pomm. Bucht, bis 5 PSU im Kl. Haff			
				Jüngere Ertebølle-Kultur (Lietzow-K.)
Verlangsamung des Meeresspiegelanstiegs auf <10 cm/100 a. Einsetzen des Küstenausgleichs und Entstehen erster Haken und Nehrungen; älteste Braundünen		ca. -2,0 m	Hasel-, Ulmen- u. Linden-reiche Eichenmischwälder	Ältere Ertebølle-K.
schneller Meeresspiegelanstieg von -10 auf -2 m NHN. Vordringen des Meeres in ein stark gegliedertes Glazialrelief, Inselflurküste mit relativ schwacher Abrasion u. Sedimentation in heute uferferneren Tieflagen	höchste Salinität: ca.12 PSU in Pomm. Bucht, bis 6 PSU im Kl. Haff	ca. -4 m		Trapez-Mesolithikum
		ca. -10 m	Hasel- u. Kiefernreiche Eichenmischwälder mit erhöhtem Ulmen-Anteil	Mesolithikum
	schwach brackig: <6 PSU			
		ca. -20 m	Hasel-Kiefern-Wälder	Duwensee-Gruppe
Seenreiche terrestrische Entwicklungsphase oberhalb von -20 m NHN				
			Birken- bzw. Kiefern-Dominanz	
			Birken-Kiefern-Wälder	
		ca. -40 m	Kiefern-Birken-Wälder	
		ca. -15...-10 m		
Entwicklungsphase mit Großseen bei schwankendem, insgesamt aber fallendem Wasserstand		ca. -40 m	Tundra bis Waldtundra, meist mit Kiefern-Dominanz vor Birke	Paläolithikum
— Laacher-See-Tephra		ca. -20...-15 m	Kiefern-Birken-Wälder	Ahrensburger Kultur

raumes. Infolge der Entstehung und Rückverlagerung von Kliffen an steil aufragenden Pleistozängebieten wurde das dort abgetragene Material durch die Küstenströmungen in die flankierenden Buchten transportiert (s. a. Abb. 4.1 u. 6.1). Ein Vorbauen von Ausgleichsformen (Haken, Nehrungen) war während der ersten Phase des Anstiegs meist nicht möglich, da infolge des relativ raschen Spiegelanstiegs das Volumen des Akkumulationsraumes schneller wuchs als das Volumen des abgetragenen und im Küstenraum wieder abgelagerten Materials. Nur wo große Sandmengen in vergleichsweise kleine Ablagerungsräume gelangten, konnten sich schon frühzeitig Nehrungen mit dahinter gelegenen Lagunen bilden. Überwiegend aber entstanden weitgehend unausgeglichene, stark gegliederte und buchtenreiche Küsten, die besonders im heutigen Vorpommern den Charakter eines Archipels aufwiesen.

In seinen inneren Bereichen – den heutigen Bodden – wurde auf Grund der geschützten Lage während der Überflutungsphase besonders muschelschalenreicher Schlick (organogenreicher Schluff mit geringen Feinsandanteilen) abgelagert, in den äußeren Bereichen dagegen Sand. Selbst in die breiten Talniederungen südbaltischer Küstenflüsse, ursprünglich zumeist als urstromtalartige Schmelzwasserabflussbahnen angelegt, drang das frühe Littorina-Meer ein und führte zum Aufstau und zur Verbrackung ihrer Wässer bis weit in die gefällsarmen Unterläufe u. a. von Peene, Recknitz, Warnow und Trave. Für die Peene z. B. konnte der Brackwassereinfluss 15 km weit bis Görke westlich Anklam nachgewiesen werden (Kliewe & Janke 1978) und auch für die Warnow ist eine Beeinflussung bis 15 km flussaufwärts belegt (Brinkmann 1958, s. a. E 9).

Zwischen 7.500 und 5.000 J. v. h. verlangsamte sich die Anstiegsgeschwindigkeit deutlich und ab etwa 5.000 J. v. h. war die Spiegelbewegung weitgehend von nichteustatischen Vorgängen gesteuert (Isostasie, Tektonik, regionale klimatisch-ozeanographische Schwankungen). Unter diesen Bedingungen vollzog sich bei nur noch wenig unter und um NHN schwankendem Ostseespiegel (Tab. 4.1/Abb. 4.6) ein regional unterschiedlicher Küstenausgleich. Dieser war geprägt von Sedimentakkumulationen in aufwachsenden Schaarflächen und deren Weiterentwicklung zu Haken und Nehrungen. Am vollkommensten verlief dieser Prozess an der Boddenausgleichsküste Vorpommerns. Ihre Strandwallfächer auf den Nehrungen mit verbreiteten Sandaufwehungen zu Dünen sind in diesen Ausmaßen im deutschen Ostseeküstenraum nur dort entstanden. Ihre Unterscheidung in Weiß-, Grau-, Gelb- und Braundünen (s. E 10, 14, 16) richtet sich nach dem Entwicklungsgrad der Dünenböden (Lockersyrosem bis Eisenhumuspodsol, vgl. E 16) und entspricht damit dem zunehmenden Alter der Strandwälle (vgl. Tab. 4.1). Entlang den übrigen deutschen Küstenabschnitten weiter westlich sind größere Küstendünenkomplexe – abgesehen von den verbreitet aufgewehten Kliffranddünen der Steilküsten – nur in wenigen Fällen vorhanden, so im holsteinischen NSG „Weißenhäuser Dünen" und auf der Warnemünder Nehrung (E 5 u. 9).

Als Folge von Meeresspiegelanstieg und fortgeschrittenem Küstenausgleich entstanden die Binnenküsten mit Förden und Bodden (vgl. Kap. 6.1.) als Übergangsräume vom Süß- zum Brackwasser der offenen Ostsee. Sie sind heute nur noch durch schmale Verbindungen mit der offenen See verbunden – ausgenommen der 450 km² große Greifswalder Bodden – und unterscheiden sich von der offenen See durch einen niedrigeren Salzgehalt, kürzere Windwirklängen, einen stark gegliederten Verlauf ihrer Uferlinien, das Vorhandensein von Röhrichtgürteln und in der Gegenwart auch durch stärkere Eutrophierung. Veränderungen im Küstenverlauf vollziehen sich an den Binnenküsten durchweg langsamer als an den Außenküsten. Haken und Nehrungen an Boddenküsten besitzen deshalb nur eine geringe Größe. Während im Uferbereich Torf- und Sandablagerungen dominieren, werden in den tieferen Teilen der Becken Schlicke abgelagert.

4.3. Entwicklung in der Postlittorina-Zeit

Lymnaea- und Mya-Zeit, benannt nach den beiden Leitformen, der Schlammschnecke *Lymnaea baltica* und der Sandklaffmuschel *Mya arenaria*, sind die geläufigen Bezeichnungen für die beiden Abschnitte der etwa zwei Jahrtausende währenden postlittorinen Entwicklung im Jungholozän. Infolge einer Verengung der dänischen Pforten durch die andauernde isostatische Landhebung verringerte sich der Salzgehalt der Ostsee, wodurch sich z. B. die östliche Verbreitungsgrenze von *Littorina littorea* seit dem Höhepunkt der Littorina-Zeit von Mittel-Usedom bis zur Außenküste von Hiddensee um etwa 100 km westwärts verlagerte. *Lymnaea baltica* ist jedoch vornehmlich für den ostbaltischen Küstenraum kennzeichnend. *Mya arenaria* wiederum könnte bereits durch die Wikinger aus Nordamerika eingeschleppt worden sein (Petersen et al. 1992, Behrends et al. 2005), auch wenn sie in größerer Zahl erst seit dem 16./17. Jahrhundert in den Küstensedimenten der südwestlichen Ostsee auftritt. Über den sinnvollen Gebrauch der genannten zwei Bezeichnungen für Phasen der Ostsee-Entwicklungen sollte deshalb neu nachgedacht werden.

Seit ca. 1.200 J. v. h. steigt der relative Meeresspiegel erneut merklich an. Durch diesen jungsubatlantischen Spiegelanstieg begann auf den Meeressandebenen die Bildung von Küstenüberflutungsmooren (Lange et al. 1986). Eine nutzungsbedingte Besonderheit der Küstenüberflutungsmoore der Boddenränder stellen Salzwiesen und Salzgrasländer mit Prielen, Röten, Mikrokliffen und einer an Halophyten reichen Vegetation dar. Sie entstanden durch Beweidung von Boddenröhrichten und einer durch Viehtritt bedingten Bodenverdichtung, die zur Zunahme der Überflutungshäufigkeit führte. Eine als Kleine Eiszeit bezeichnete Phase mit Klimaverschlechterung hat zwischen 1400 und 1850 u. Z. offenbar zu einem stark verlangsamten Anstieg oder schwachen

Abfall des Meeresspiegels geführt (Jeschke & Lange 1992, Janke & Lampe 2000, Lampe et al. 2005). In den Küstenmooren entstanden zu dieser Zeit durch Torfvermullung und häufigere Überflutungen die „Schwarzen Schichten" – zwischen sandigen Salzwiesentorfen gelegene schluff- bis ton- und humusreiche Lagen – die heute zwischen 20 und 50 cm unter Flur liegen. Sie enthalten z. T. eine Diatomeenflora mit geringeren Salinitätsansprüchen mit Dominanz halophiler Süßwasser- sowie ein längeres Trockenfallen ertragenden Arten. Überflutungsmooren mit einem geringeren Alter fehlen diese Schichten. Ab Mitte des 19. Jahrhunderts ging die Beweidung von Salzgrasstandorten schnell zurück, die Flächen wurden – falls sie nicht aufgelassen wurden und verschilften – eingedeicht und entwässert. In der Gegenwart werden diese Polder verstärkt rückgebaut und das natürliche hydrologische Regime wieder hergestellt. Förderprogramme zur naturschutzgerechten Grünlandlandnutzung ermöglichen eine extensive Weidenutzung.

Für den Meeresspiegelanstieg während der letzten 150 Jahre liegen die in Abb. 4.4 gezeigten Werte von Pegelmessungen vor, die im Beobachtungszeitraum ein weitgehend lineares Anstiegsverhalten zeigen. Die damit verbundene Transgression ist Hauptursache für einen nach der Kleinen Eiszeit erneut beschleunigten Küstenrückgang, der sich je nach Bewegungstendenz der Erdkruste (vgl. Kap. 4.4) mit mehr oder weniger großer Verzögerung einstellt. Global verteilte Messreihen lassen dagegen auf einen mittleren eustatischen Anstieg von 1 bis 2 mm/a schließen, so dass sich der Meeresspiegel bis zum Ende des 21. Jahrhunderts um 28 bis 34 cm erhöhen könnte (Church & White 2006). Auch für den Küstenraum Mecklenburg-Vorpommerns wird gegenwärtig von einem Anstieg von 20–30 cm bis 2100 ausgegangen. Derzeit kann aber nicht sicher eingeschätzt werden, wie sich das Schmelzen vor allem des grönländischen Eises sowie die Temperaturzunahme des Ozeanwassers auf den Anstieg auswirken werden.

4.4. Meeresspiegelkurven

Bei einem Vergleich der Anstiegskurven des holozänen Wasserspiegels für verschiedene Teilräume der südwestlichen Ostseeküste (u. a. Duphorn 1979, Kolp 1979, Klug 1980, Kliewe & Janke 1982, Winn et al. 1986, Jakobsen 2004, Schumacher 2008, Lampe et al. 2005) ergeben sich für deren Anstiegscharakter und absolute Höhenlagen merkliche Differenzen (Abb. 4.3). Sie basieren nicht nur auf Auffassungsunterschieden der jeweiligen Bearbeiter, sondern vor allem darauf, dass der regionale eustatische Meeresspiegelanstieg – gegenwärtig bei 1,0 bis 1,2 mm/a liegend (Scherneck et al. 2003, Stigge 2003) – in enger Wechselwirkung mit anderen größer- und kleinräumigen Bewegungen steht. Diese resultieren zum einen aus regional ständig wirkenden neotektonischen (d. h. auf das Referenzniveau des oligozänen Rupeltons bezogenen Bewegungen, Ludwig 2001), zum anderen aus glazial- und hydroisostatischen sowie lokal wirkenden Kompaktions- und halokinetischen Prozessen. Alle diese weitgehend unabhängig voneinander ablaufenden Bewegungen können gleich- oder einander entgegengerichtet verlaufen und die summarische relative Meeresspiegelbewegung, wie sie in den dargestellten Kurven zum Ausdruck kommt (Abb. 4.3), größer oder kleiner ausfallen lassen. Eine Separierung einzelner Komponenten ist wegen des Fehlens eines fixen Bezugsniveaus sehr schwierig und mit erheblichen Unsicherheiten behaftet. Erst die seit einigen Jahren verfügbaren Satellitenmessungen werden – zumindest was die regionalen Zusammenhänge betrifft – Abhilfe schaffen können (Nocquet et al. 2005).

Nach geologischen Untersuchungen erreicht für die Küste Mecklenburg-Vorpommerns die neotektonische Komponente im Mittel nur Werte zwischen -0,006 und 0,004 mm/a, wobei die Senkungen einer alt angelegten Achse etwa von der Elbmündung bis nach Wrocław folgen und in nordöstlicher Richtung in eine Hebungstendenz übergehen (Garetzky et al. 2001, Ludwig 2001). Diese sehr kleinen Mittelwerte täuschen darüber hinweg, dass tektonische Bewegungen vorrangig an Erdkrustenblöcke gebunden sind und phasenhaft ablaufen und dadurch abschnitts- und zeitweise merkliche Beträge erreichen können. Halokinetische Bewegungen sind vor allem für den schleswig-holsteinischen Raum (Salzstock von Osterby, s. E 3) nachgewiesen, jedoch – wie die Kompaktionsprozesse – nur von subregionaler bis lokaler Bedeutung. Auch die hydroisostatische Komponente kann weitgehend vernachlässigt werden.

Bedeutender sind die glazioisostatisch ausgelösten Ausgleichbewegungen, die von der Mächtigkeit des abgeschmolzenen Inlandeises, der Dicke der Lithosphäre sowie den Fließeigenschaften des Erdmantels abhängen. Abb. 4.4 zeigt die gegenwärtige Bewegung der Erdkruste im Ostseeraum relativ zum Meeresspiegel, wie sie sich aus Pegelmessungen ergibt (Ekman 1996). Wenn man einen regional gleichmäßigen eustatischen Meeresspiegelanstieg von etwa 1 mm/a annimmt, dann stellt die -1 mm/a-Isolinie die sogenannte isostatische Null-Linie dar, die von Jütland, zwischen Fehmarn und Lolland hindurch, in den Raum Rostock/Ribnitz-Damgarten und von dort zum südlichen Oderhaff verläuft. Diese Null-Linie darf allerdings nicht als Kippachse interpretiert werden, von der aus die nördlich gelegene Erdkruste auch absolut gehoben bzw. die südlich davon gelegene abgesenkt wird (vgl. Kolp 1979, 1982). Würde sich nämlich der eustatische Meeresspiegelanstieg auf z. B. 2 mm/a beschleunigen, würde sich auch die Null-Linie entsprechend verlagern. Die Null-Linie markiert damit die zeitlich veränderliche Linie, an der der relative Meeresspiegelanstieg gleich Null ist. Eine tektonische Bedeutung hat sie nicht.

Für die südwestliche Ostsee liegt inzwischen eine Neubearbeitung der verfügbaren langzeitigen Pegelmessungen vor, die das Bewegungsbild weiter präzisiert (Abb. 4.5, Richter et al. 2006, Rosentau et al. 2007). Daraus ergibt sich

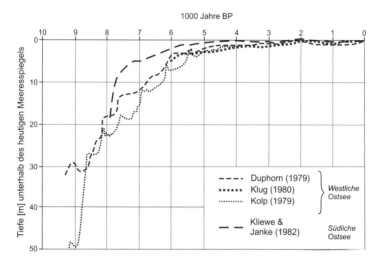

Abb. 4.3: Ausgewählte Kurven des holozänen Wasserspiegelanstiegs aus dem Bereich der westlichen und südlichen Ostsee.

zwangsläufig, dass relative Meeresspiegelkurven nur innerhalb eines kleinen Raumes mit nahezu gleicher isostatischer Bewegung Gültigkeit haben können.

Lampe et al. (2006) haben deshalb lokale relative Meeresspiegelkurven für die Bereiche Poel, Fischland und Nord-Rügen/Hiddensee erarbeitet (Abb. 4.6). Die zeitgleich auftretenden Höhendifferenzen zwischen den Kurven werden überwiegend durch isostatische Bewegungen erklärt. Die Kurven wurden mit einem Modell nachgerechnet, welches die viskoelastische Reaktion der Erdkruste auf die Eisentlastung simuliert und die Bestimmung des isostatischen Anteils ermöglicht (Steffen 2006). Für den mecklenburg-vorpommerschen Raum lässt sich so zeigen, dass Trend und Ausmaß der isostatischen Bewegungen seit 9.000 Jahren annähernd unverändert sind und weitgehend dem heutigen Bild entsprechen.

Die oben geschilderte Meeresspiegelentwicklung war für die meisten Bearbeiter Anlass, charakteristische Phasen zu definieren und zu versuchen, diese mit bekannten Phasen der Klimaentwicklung zu parallelisieren. Ein solches Vorgehen setzt allerdings voraus, dass der Meeresspiegel mit nur geringer Verzögerung der Klimaentwicklung folgt und dass die Klimaschwankungen von überregionaler Bedeutung sind. Während dabei eine Gruppe von Bearbeitern deutliche Schwankungen des Meeresspiegels im Bereich von ein bis zwei Metern annimmt, tendieren andere zu eher geringen eustatischen Schwankungen im Bereich einiger Dezimeter. Diese können dann vor allem in den Hebungs-

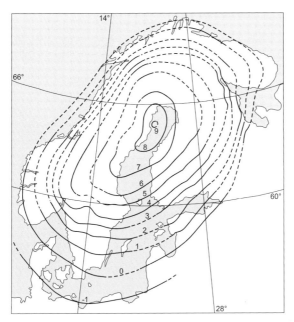

Abb. 4.4: Gegenwärtige relative Landhebung in mm/a (Ekman 1996). Bei einem angenommenen eustatischen Meeresspiegelanstieg von 1 mm/a stellt die -1 mm/a-Isokatabase die isostatische Null-Linie dar. Negativere Werte bedeuten dann relative Erdkrustensenkung, positivere relative Krustenhebung.

gebieten mit geologischen Methoden nicht mehr nachweisbar sein. Die Auffassungsunterschiede der jeweiligen Bearbeiter führten zur Konstruktion von eher gleichmäßig ansteigenden (Kliewe & Janke 1982, Lampe et al. 2005), treppenförmigen (Duphorn 1979, Kolp 1979) oder stärker undulierenden (Klug 1980, Schumacher & Bayerl 1999) Kurven, ohne dass abschließend entschieden werden könnte, welche der postulierten Schwankungen tatsächlich auf klimatischen Phänomenen beruhen. Nachfolgend wird daher eine Gliederung vorgestellt, die sich in den Grundzügen bei vielen Bearbeitern wiederfinden lässt (vgl. Tab. 4.1):

Littorina-1-Phase: 8.900–7.800 J. v. h., sehr schneller Spiegelanstieg, zunehmende Salinität, relativ geringe Abrasionstätigkeit, kaum Küstenausgleich, Ablagerung von Schalenmudden in den Becken der späteren Lagunen.

Littorina-2-Phase: 7.800–5.800 J. v. h., deutlich langsamerer Spiegelanstieg, höchste Salinität, schnell wachsende Abrasionstätigkeit und Einsetzen intensiven Küstenausgleichs, älteste Braundünen.

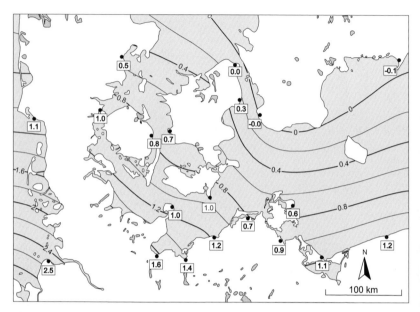

Abb. 4.5: Mittlerer relativer Meeresspiegelanstieg (in mm/a) an ausgewählten Pegelstationen der südwestlichen Ostsee sowie daraus berechnetes Geschwindigkeitsfeld (Richter et al. 2006).

Postlittorina-Phase: 5.800–1.200 J. v. h., langsamer oder stagnierender Spiegelanstieg, gleichbleibend etwas geringere Salinität, progradierender Aufbau der Nehrungen, Braundünen, allmählich nachlassende Abrasion.

Jungsubatlantische Phase: 1.200 J. v. h. bis Gegenwart, erneut schnellerer Spiegelanstieg, unterbrochen durch die Retardationsphase der Kleinen Eiszeit, bei leicht sinkender Salinität, finaler Schließung der Nehrungen, steigenden Abrasionsraten an den Küsten, starkem Längenwachstum an Haken, Bildung der Küstenüberflutungsmoore und der (z. T. transgressiven) Gelbdünen; in den letzten 200 Jahren instrumentell beobachtete Wasserspiegelentwicklung (vgl. Abb. 4.5), Grau- und Weißdünen.

In den genannten Phasen, deren zeitliche Einordnung je nach Bearbeiter von den hier wiedergegebenen Zahlen auch abweichen kann, haben sich zumindest regional Anzeichen für Regressionen oder Retardationen finden lassen, von denen die Periode der Kleinen Eiszeit (600–150 Jahre J. v. h.) durch degradierte Torfe am besten belegt ist. Perioden eines deutlich verlangsamten Anstiegs (oder leichten Falls) werden auch für die Völkerwanderungszeit so-

Geologische Entwicklung im Holozän 67

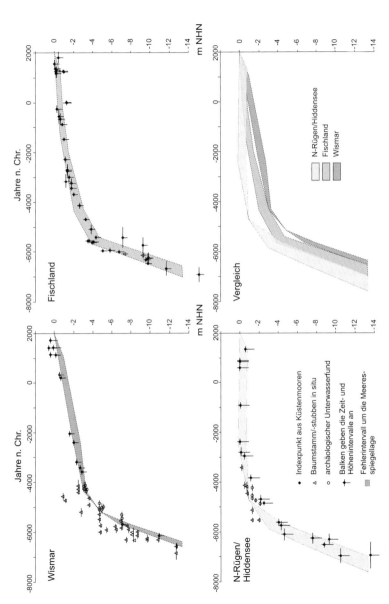

Abb. 4.6: Lokale relative Meeresspiegelkurven für die Gebiete Wismar, Fischland und N-Rügen/Hiddensee, angegeben als Hüllkurven um die Zeit-/Höhen-Unsicherheitsintervalle (Lampe et al. 2010).

wie die späte Bronzezeit, eine Anstiegsphase für die Römische Kaiserzeit diskutiert. Der gegenwärtige Meeresspiegelanstieg wird zunehmend durch den jüngsten (aktuellen) Klimawandel beeinflusst (vgl. Kap. 4.3). Stärkere regionale Schwankungen des relativen Meeresspiegels infolge tektonischer Ereignisse (Schumacher & Bayerl 1999, Janke & Lampe 2000) haben sich durch spätere Untersuchungen dagegen nicht bestätigen lassen (Lampe 2005).

5. Die heutige Ostsee

5.1. Geographie, Wasserhaushalt, Hydrographie

Die Ostsee, auch Baltisches Meer genannt, ist ein Nebenmeer des Atlantischen Ozeans und im Unterschied zur Nordsee (Randmeer) ein Binnenmeer. Sie steht im Bereich der dänischen Inseln über Beltsee, Kattegat und Skagerrak mit der Nordsee in Verbindung, wobei die Grenze zur Nordsee zwischen Skagerrak und Kattegat gelegt wird (Wattenberg 1949a). Ihr gesamtes Einzugsgebiet beläuft sich nach HELCOM (2004) auf 1.720.270 km². Daran haben Deutschland mit 1,7 % (28.600 km²) und Dänemark mit 1,8 % (31.110 km²) als westliche und südwestliche Anliegerstaaten den bei weitem geringsten Anteil. Weitere geographische und ozeanographische Angaben über die Ostsee sowie ihre an Deutschland grenzenden Teilgebiete enthalten Tab. 5.1 und Abb. 5.1.

Der gesamte festländische Zufluss in die Ostsee beträgt im langjährigen Mittel 472 km³/a (Omstedt & Nohr 2004), woran die Newa mit 18,2 % den größten Anteil hat. Die Oder steht mit 3,5 % gemeinsam mit dem schwedischen Fluss Götaälv an 5. Stelle (Ehlin 1974, Bergström & Carlsson 1994, HELCOM 2004).

Im Vergleich zum Salzgehalt normalen Meerwassers von etwa 35 PSU weist die Ostsee stark herabgesetzte Werte auf, die generell von Westen nach Osten und von Süden nach Norden abnehmen. Vom Kattegat mit etwa 25 PSU sinken die Werte in der zentralen Ostsee auf 8–6 PSU und zu den inneren Bereichen des Bottnischen und Finnischen Meerbusens auf weniger als 2 PSU ab. Im Bereich der Flussmündungen, der Bodden und Haffe werden lokal noch geringere Salinitäten erreicht (Matthäus 1996).

Beim Wasserhaushalt (Tab. 5.2) überwiegt der Ausstrom des salzärmeren und damit spezifisch leichteren Wassers an der Oberfläche (Baltischer Strom) um das 1,7-fache den bodennahen salzhaltigeren Einstrom (Kompensationsstrom, s. a. Abb. 5.15) spezifisch schwereren Wassers. Die Ostsee erhält dadurch hydrographisch den Charakter eines Ästuars. Riegelte man die Ostseezugänge ab, stiege der Wasserspiegel um 124 cm/a an, da abzüglich der Verdunstung durch Flüsse und Niederschlag im Mittel jährlich 525 km³ zusätzliches Wasser in die Ostsee geliefert werden! Entscheidend für den Wasser-

Tab. 5.1: Flächen-, Volumen- und Tiefendaten der Ostsee und der an Deutschland grenzenden Teilgebiete (Hupfer 2010).

Gebiet	Fläche [km^2]	Volumen [km^3]	Max. Tiefe [m]	Mittl. Tiefe [m]
Ostsee	415.120	21.631	459	52
Beltsee	19.110	270	30	14
Arkonasee	18.670	430	53	23

haushalt der Ostsee sowie für eine Reihe ihrer kennzeichnenden Eigenschaften sind neben der hohen Süßwasserzufuhr durch die Flüsse die Vorgänge in den Verbindungsstraßen zwischen dem Kattegat und den Meerengen der Beltsee (Großer und Kleiner Belt, Öresund) sowie im Bereich der Darßer Schwelle (s. Matthäus 1992, Fennel & Seifert 2008). Der Wasseraustausch durch den Sund und die Beltsee erfolgt dabei im Mittel im Verhältnis von 3:8 (Jakobsen & Trebuchet 2000), ist im Einzelnen aber sehr variabel. Da das Wasser im Kattegat im Mittel stets salzreicher und damit schwerer ist als das Wasser der angrenzenden Ostseegebiete, entsteht - zunächst rein statisch betrachtet - bei gleichem Wasserspiegelniveau beidseitig der Verbindungsstraßen ein von außen (Nordsee) nach innen (Ostsee) gerichtetes Druckgefälle. Dieses stellt den „Motor" für den Einstrom dar, während der Ausstrom bei analoger hydrostatischer Betrachtungsweise aus der Flusswasserzufuhr resultiert. Im einzelnen werden die Wasserstandsunterschiede und damit die Austauschvorgänge zwischen Nord- und Ostsee jedoch von den atmosphärisch-klimatischen Bedingungen im Übergangsbereich Ostsee-Nordatlantik reguliert, welche durch den Windschub Wasserstandsunterschiede zwischen dem Kattegat und der übrigen Ostsee hervorrufen.

Sowohl die unterschiedlich salzhaltigen Wasserkörper als auch der jahreszeitliche Temperaturgang erzeugen die charakteristische und saisonal veränderliche thermohaline Schichtung der Ostsee (Abb. 5.2). In den zentralen Becken ist im Winter im Allgemeinen eine einfache Schichtung vorhanden, bei der die permanente Sprungschicht (Halokline, C) das salzarme kalte Oberflächenwasser (B) vom salzreicheren wärmeren Tiefenwasser (D) trennt. Mit fortschreitender sommerlicher Erwärmung des Oberflächenwassers entwickelt sich eine weitere, thermisch bedingte Sprungschicht (Thermokline, A2), die warmes Deckschichtwasser (A1) von kälter bleibendem Zwischenwasser (A3) trennt. Salzgehalt und Temperatur im Tiefenwasserkörper werden überwiegend durch Horizontalaustausch (Advektion) von den dänischen Meerengen her bestimmt, während für den Oberflächenwasserkörper darüber die turbulente Vermischung (Konvektion) kennzeichnend ist. In den flacheren Küstengebieten weicht das Schichtungsverhalten dynamisch bedingt von dem der Zentralbereiche ab.

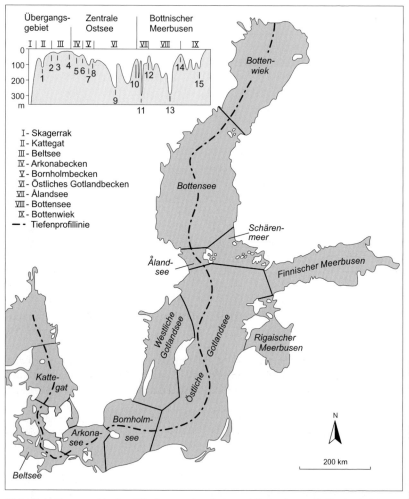

Abb. 5.1: Geographische Gliederung der Ostsee (Wattenberg 1949 a) mit Längsschnitt durch die Teilbecken der Ostsee (Hupfer 2010): 1 = Läsötief 124 m; 2 = Samsöschwelle 26 m; 3 = Großer Belt mit Kolken bis 58 m; Kleiner Belt mit Kolken bis 80 m; 4 = Darßer Schwelle 18 m; 5 = Arkonabecken 53 m; 6 = Bornholmgat 45 m; 7 = Bornholmtief 105 m; 8 = Słupsker Schwelle 60 m; 9 = Gotlandtief 249 m; 10 = Ålandschwelle 70 m; 11 = Ålandtief 301 m; 12 = Südkvarkenschwelle 50 m; 13 = Ulvötief 301 m; 14 = Nordkvarkenschwelle 25 m; 15 = Bjurötief 135 m.

Tab. 5.2: Mittlere Wasserbilanz der Ostsee (1979–2002), bezogen auf eine Fläche von 370.000 km² (Omstedt & Nohr 2004).

Komponente	km³ /Jahr
Flusswasserzufuhr	472
Niederschlag – Verdunstung	53
Einstrom	1.349
Ausstrom	1.875

Da es sich bei den Wasseraustauschprozessen zwischen Nord- und Ostsee um dynamische Vorgänge handelt, unterliegen sie einer ständigen Variabilität, wobei sich im Jahr etwa 60 Ausstromereignisse mit ebenso vielen Einstromereignissen unterschiedlicher Intensität abwechseln. Entsprechend der Stärke der antreibenden zonalen Windkomponente über dem Nordatlantik und der Nordsee sind extreme Einstromlagen ausschließlich an die Monate November bis Januar gebunden. Diese aperiodisch auftretenden Salzwassereinbrüche (**M**ajor **B**altic **I**nflows/ MBIs, Abb. 5.3), bei denen große Mengen salz- und sauerstoffreichen Wassers (bis 230 km³, 17-25 PSU) in die Ostsee transportiert werden (Franck et al. 1987, Matthäus & Schinke 1994, Matthäus 1996), sind für den Zustand des Meeres von entscheidender Bedeutung. Das betrifft insbesondere den wichtigen und sehr komplexen Prozess der Tiefenwassererneuerung in den Ostseebecken (s. Fonselius 1986). Außer von der Stärke des jeweiligen meteorologischen Ereignisses hängt diese auch von dem langzeitigen hydrographischen Zustand in den einzelnen Becken, also ihrer Vorgeschichte, ab. Um eine vollständige Erneuerung zu bewirken, muss die Dichte der einströmenden Wassermassen erheblich größer sein als diejenige des alten, möglicherweise stagnierenden Tiefenwassers. Erst dann kann dieses durch Absinken der ersteren verdrängt werden. Wegen der allgemeinen Salinitäts- und damit verbundenen Dichteabnahme von Westen nach Osten kann ein neuer Salzwassereinbruch z. T. eher im Gotlandbecken oder im Landsorttief als im Bornholmbecken zum Tiefenwasseraustausch führen (Abb. 5.4). Die Teilbecken der Ostsee zeichnen sich zu einem gewissen Grade durch ein „Eigenleben" aus und sind deshalb hinsichtlich ihrer Langzeitentwicklung nicht unbedingt vergleichbar.

Mit den großen Einstromereignissen sind in erster Linie folgende wichtige Auswirkungen auf die Ostsee verbunden:
– Beendigung von Stagnationsphasen und Verbesserung der ökologischen Bedingungen (speziell Sauerstoffeintrag) durch Tiefenwassererneuerung in den Ostseebecken;
– starke Zunahme der Planktonvermehrung (Primärproduktion) durch gesteigerte Nährstoffzufuhr als Folge der Tiefenwasserumschichtung;

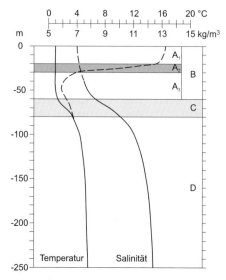

Abb. 5.2: Typische thermohaline Schichtung in der zentralen Ostsee im Winter (durchgezogene Linien) und Sommer (teilweise gerissene Linien; Elken & Matthäus 2008).

- Zunahme der Bodenfauna bis zur völligen Wiederbesiedlung der Beckenböden durch Organismen;
- Zufuhr neuer Faunenelemente, vorwiegend durch mitgeführte Larven.

Die starke Zunahme der organischen Produktivität zieht allerdings auch wieder verstärkte Sauerstoffzehrung nach sich und leitet dadurch die nächste Stagnationsphase in den Becken ein. Diese zyklisch ablaufenden Veränderungen der den Beckenzustand kennzeichnenden hydrographischen und ökologischen Parameter kommen aus diesem Grunde in Form einer Sägezahnkurve zum Ausdruck (Abb. 5.5). Die Zahl der Salzwassereinbrüche und damit die Intensität der Tiefenwassererneuerung haben in den letzten Jahrzehnten jedoch deutlich abgenommen und zu einer Verlängerung der Stagnationsphasen geführt (Abb. 5.3).

5.2. Wasserstandsschwankungen, Seegang und Strömungen

In der Ostsee spielen Gezeiten nur eine untergeordnete Rolle, wobei die größten Gezeitenhübe an den Enden des langgestreckten Ostseebeckens auftreten

Die heutige Ostsee

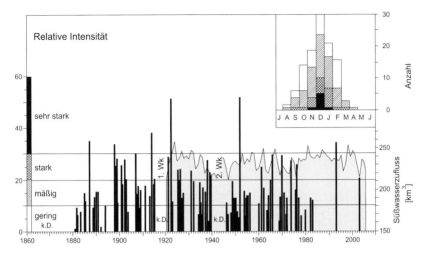

Abb. 5.3: Große Salzwassereinbrüche (MBIs) zwischen 1880 und 2005, ihre relative Intensität (Intensitätsindex nach Franck et al. 1987) und ihre saisonale Verteilung (oben rechts) sowie die Flusswasserzufuhr zwischen 1921 und 2005 (Elken & Matthäus 2008, HELCOM 2007).

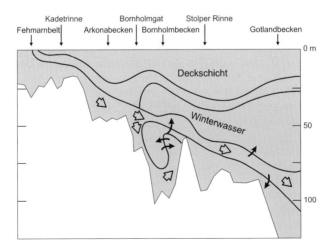

Abb. 5.4: Einstromlage mit Austausch des Tiefenwassers im Gotlandbecken (Grasshoff 1974, leicht verändert).

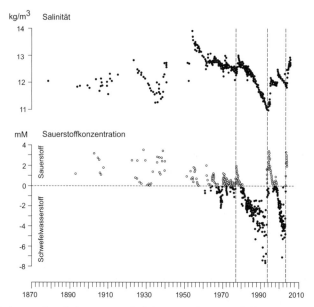

Abb. 5.5: Langzeitvariationen von Salinität und Sauerstoff-/Schwefelwasserstoff- (ausgedrückt als negatives Sauerstoffäquivalent) Konzentration im Tiefenwasser der zentralen Ostsee (Elken & Matthäus 2008, verändert).

(ca. 15 cm in der Beltsee und am Finnischen Meerbusen, in der zentralen Ostsee < 5 cm). Die sturmbedingten Wasserstandsschwankungen können in der Ostsee demgegenüber beträchtliche Werte erreichen (Abb. 5.6, s. a. Schumacher 2008). Zum Beispiel wurden am Pegel Kiel am 4.10.1860 mit 2,29 m unter Mittelwasser der niedrigste, am 13.11.1872 mit 2,97 m über Mittelwasser der höchste bekannte historische Wasserstand verzeichnet (Ostsee-Handbuch IV. Teil, 1967).

Sturmhochwässer treten an der westlichen und südlichen Ostsee fast ausschließlich zwischen September und April auf mit einem Häufigkeitsmaximum zwischen Dezember und Februar. Dabei sind in Schleswig-Holstein die Wiederkehrintervalle für bestimmte Wasserstände generell kürzer als in Mecklenburg-Vorpommern. Der Unterschied tritt durch den größeren Staueffekt im südwestlichsten Bereich der Ostseeküste auf, wohin das Wasser bei länger anhaltendem Nordoststurm gedrückt wird. Welche Wasserstände in welchen Zeitabständen im statistischen Mittel zu erwarten sind, wird durch ihre Extremwertfunktion beschrieben. Diese sind in Abb. 5.7 für ausgewählte Pegelstationen der deutschen Ostseeküste dargestellt. Danach sind z. B. in Lübeck Wasserstände von knapp 2 m alle 20 Jahre zu erwarten, in Greifswald aber nur alle 100 Jahre. An den Boddengewässern werden generell niedrigere Hochwasserscheitel beobachtet, da der Einstrom durch die meist engen Verbindungen zwischen Bodden und Ostsee verzögert wird. Bei kurzen Hochwässern mit schneller Wasserspiegeländerung ist dieser Effekt besonders deutlich, bei länger andauernden Hochwässern wird er zunehmend kleiner. So führte z. B. die lang andauernde Sturmflut im November 2009 zu neuen Maximalwasserständen im Stettiner Haff (Staatliches Amt f. Umwelt u. Natur/STAUN Rostock, Sturmflutbericht 14./15.10.2009).

Da die Länge der Ostsee wesentlich größer als ihre Tiefe ist, können rasch wandernde Wind-/Sturmfelder oder schnelle Luftdruckänderungen auch resonante Schwingungen des Wasserkörpers (Seiches) erzeugen. Diese besitzen meist einen, seltener auch zwei oder drei Schwingungsknoten und – je nach Schwingungssystem – charakteristische Perioden von 13,4–31,0 Stunden. Auf Grund der reibungsbedingten Dämpfung klingen sie rasch ab. Die Wasserstandsänderungen liegen bei 5–10 cm in der zentralen Ostsee und bei 30–40 cm in der westlichen Ostsee, können in extremen Fällen aber auch bis zu

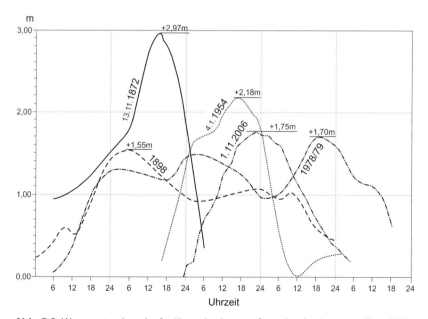

Abb. 5.6: Wasserstandsverlauf während schwerer Sturmhochwässer am Pegel Kiel (in m über Mittelwasser, Klug 1986, verändert und ergänzt).

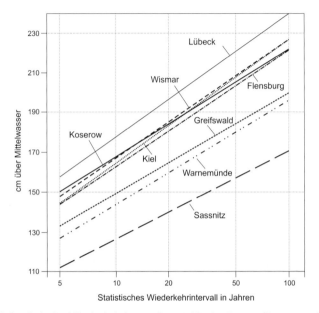

Abb. 5.7: Statistische Wiederkehrintervalle von Hochwässern für ausgewählte Pegelstationen an der deutschen Ostseeküste (Stigge 2003).

1 m reichen und sich mit Windstaueffekten überlagern (Fennel & Seifert 2008, Schmager et al. 2008). Dieses Phänomen lässt sich auch in größeren Bodden (z. B. dem Greifswalder Bodden) beobachten, wo die Perioden und Amplituden aber erheblich kleiner ausfallen. Einen besonderen Fall von heftigen Wasserstandsschwankungen stellen die „Seebären" dar: Die Wasseroberfläche wird als Folge schnell durchziehender Tiefdruckgebiete oder von Gewitterböen in eine lange Schwingung versetzt und der Wasserstand kann innerhalb von nur 15–30 Minuten um bis zu 1 m ansteigen (Hupfer et al. 2003).

Die winderzeugten Oberflächenwellen (Seegang) sind in einem Nebenmeer mit einem hohen Anteil an Flachwassergebieten geologisch von großer Bedeutung. Als unmittelbare Folgen des Seegangs sind die gesamte Küstendynamik, der Sedimenttransport und die Küstenmorphologie mit den herausragenden Faktoren Küstenrückgang und Anlandung, viele sedimentologische Vorgänge auf der Abrasionsplatte (vgl. Kap. 6.2) sowie sturmbedingte Sedimentationsprozesse in tieferen Meeresbereichen anzusehen.

Die Energie des Seegangs hängt nicht nur von der Windgeschwindigkeit ab, sondern ebenso von der Windwirkdauer und der Windwirklänge (auch als

„Fetch" bezeichnet), womit die Ausdehnung des vom Wind überstrichenen freien, mit mindestens 30° geöffneten Seegebietes gemeint ist. Dementsprechend gibt es für jede Windgeschwindigkeit eine Mindestdauer und Mindestwirklänge, unter denen ein maximaler (ausgereifter) Seegang entstehen kann. In Beziehung zu den seegangssteuernden Faktoren steht auch die Tiefenreichweite der Wellen (Sturmwellenbasis), die in einer Wassertiefe einsetzt, die etwa der halben Wellenlänge entspricht. Unter Sturmbedingungen können auch im Küstenvorfeld Wellenlängen von 40–60 m erreicht werden, womit deutlich wird, dass die meisten Bereiche des Meeresbodens der deutschen Ostseeküste und damit auch die Sedimente von Wellen beeinflusst werden können (Seifert et al. 2008).

Die Strömungen in der Ostsee werden durch drei Mechanismen angetrieben: den Wind, die Wasserstandsdifferenzen und die Dichtedifferenzen. Die durch Dichtedifferenzen hervorgerufenen Strömungsgeschwindigkeiten sind sehr gering. Gleiches gilt für Wasserstandsdifferenzen, soweit sie durch die Flusswasserzufuhr hervorgerufen werden. Dagegen sind die Wasserstandsunterschiede zwischen Nord- und Ostsee die Ursache für die z. T. starken Ausgleichsströmungen in der Beltsee. Bedeutend sind auch die Ausgleichsströmungen, die auf durch den Wind (Windschub) erzeugten Wasserstandsunterschieden in den Übergangsbereichen von den Außen- zu den Binnenküsten zurückzuführen sind. Vor allem in den die Bodden verbindenden schmalen Sunden, sind sie als Aus- und Einströme wirksam und vom Prinzip her vergleichbar mit dem Wasseraustausch zwischen Nord- und Ostsee. Brosin (1965) untersuchte deren Verhalten für die Darß-Zingster Boddenkette. Einstrom bringt klareres, salzhaltigeres Wasser, trüberes und salzärmeres kennzeichnet den Ausstrom. Das Wasserstandsgefälle zwischen Althagen (Fischland) und Barhöft (östlicher Ausgang der Darß-Zingster Boddenkette) kann dabei mitunter mehr als 1 m betragen, was zu starken und z. T. schubweise in Form von Ein- und Ausstromperioden verlaufenden Ausgleichsströmungen mit Geschwindigkeiten von bis zu 115 cm/s führt.

Die Intensität der Strömungen wird jedoch nicht nur von der Stärke des Windereignisses, sondern auch durch die topographischen Besonderheiten bestimmt (Wirtky 1954). Vor allem die Engpässe der Verbindungsstraßen zwischen Nord- und Ostsee – Großer Belt, Fehmarn Belt, Öresund – sowie in tieferen Rinnenbereichen, in denen die Strömungen kanalisiert werden – die Kadetrinne in der Darßer Schwelle oder die Vejsnaes-Rinne in der Kieler Bucht – sind oft durch höhere Stromgeschwindigkeiten gekennzeichnet. Dabei können Werte zwischen 1–2 m/s erreicht werden, die mit entsprechenden Auswirkungen auf den Meeresboden in Form erosiver Sedimentstrukturen oder entsprechender Boden- bzw. Sohlformen (Riesenrippeln, s. Abb. 5.8) verbunden sind (Wittstock 1982, Feldens et al. 2008).

5.3. Sedimente

Obwohl die einzelnen Teilbecken der Ostsee viele topographische und hydrographische Besonderheiten aufweisen, gelten einige Aussagen über die Sedimente weitgehend für alle Bereiche dieses Meeres. Die Ostsee ist ganz überwiegend durch siliziklastische Sedimentation gekennzeichnet. Deshalb ist eine korngrößenbezogene Klassifikation der Sedimente zweckmäßig, weil sie vor allem die Dynamik der Wasserbewegung widerspiegelt. Blöcke und Kiese reichern sich im Einflussbereich der Brandung an. Bis zur Sturmwellenbasis treten Sande unterschiedlicher Korngrößen auf. Feinkörniges Material wird am Boden oberhalb der Sturmwellenbasis häufig in Form einer Schicht hochmobiler Flocken (fluffy layer) deponiert (Christiansen et al. 2002). Jedoch reichen schon anhaltende mittlere Windstärken, um dieses Material aus den Bereichen oberhalb 20–40 m in tiefere Becken zu verfrachten (Seifert et al. 2008), in denen Schlicke (organogenreiche Schluffe) akkumulieren. Ausnahmen von der Regel, dass die Korngrößen mit zunehmender Wassertiefe abnehmen, sind entweder auf verstärkte Strömungswirkung oder auf anstehende reliktische Grobsedimente in sedimentationsarmen Zonen zurückzuführen.

Effekte von starken Strömungen sind am Boden in Form von Groß- bzw. Riesenrippel-Feldern und als andere Sohlformen vorwiegend in den Verbindungsstraßen der Beltsee zu beobachten, wo topographische Querschnittverengungen beschleunigend wirken (z. B. Belte, Sund, Kadetrinne; vgl. Werner & Newton 1975, Kuijpers 1985, Feldens et al. 2008). Als einstrombetonte Meeresboden-Sohlformen (bedforms) entsprechen diese Großrippeln dem Typ der Strömungsrippeln (current ripples) mit asymmetrisch-konvexer Morphologie nach Allen (1982) und erreichen z. B. am südlichen Hang des Fehmarnbelts und des Großen Belts Höhen bis max. 2 m, an der Darßer Schwelle 4–5 m (Abb. 5.8.).

Demgegenüber kommen im südlichen Großen Belt annähernd symmetrische Formen mit konkaven Hängen vor, welche sowohl ein- als auch ausstrombetont sind, was dem Gezeitenstromtyp (konkave Luvhänge) entspricht. Daneben werden in diesen Gebieten strömungsparallele, zumeist lagestabile Sandbänder (sand ribbons) angetroffen (Abb. 5.9), deren Abstand voneinander der doppelten Wassertiefe entspricht und die durch Schraubenwirbelpaare der Strömung entstehen (Werner & Newton 1975, McLean 1981).

Reliktische Grobsedimente („Palimpsest-Sedimente" nach Swift et al. 1971) sind der gemeinsame Grundzug aller glazial vorgeprägten Schelfmeere der Erde. Sie resultieren aus der Aufarbeitung von glazigen-diamiktischen Ablagerungen („Geschiebemergel") im Zuge des holozänen Meeresspiegelanstiegs. Die oberhalb der Sturmwellenbasis anzutreffenden groben Reliktsedimente von Kies- bis Blockgröße („Lesedecke") entstammen im südwestlichen Ostseeraum hauptsächlich jüngeren Moränen der Weichsel-Kaltzeit (Diesing

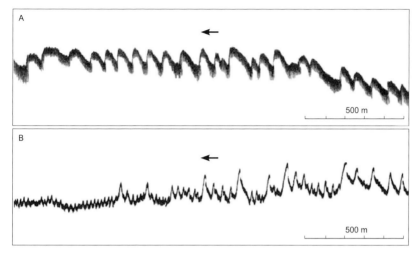

Abb. 5.8: Echogramme von Riesenrippeln in der Beltsee; A – südlicher Fehmarnbelt, fluviatiler Typ (stark asymmetrisch, abgeflachter Kammbereich), B – südlicher Großer Belt, „Gezeitentyp" (Werner & Newton 1975). Pfeile: A – Einstromrichtung, B – Ausstromrichtung; Rippelhöhe max. 2,2 m. Beachte die umgekehrten Asymmetrien einzelner Rippelkämme.

& Schwarzer 2006). Unterhalb der Sturmwellenbasis fehlen diese Lesedecken bzw. werden durch Mischsedimente ersetzt. Gröbere Sande hingegen sind häufig als Restsedimente ausgebildet, die sich von den Reliktsedimenten dadurch unterscheiden, dass sie noch als Korngemeinschaft bewegt werden können. Durch das Auswaschen der feineren Fraktionen resultiert eine Einengung des Kornspektrums (vgl. Walger 1961, 1966). Solche Restsedimente können sich in Seitensichtsonaraufnahmen des Meeresbodens durch große Kammabstände aufweisende Rippelfelder abbilden (Abb. 5.10).

Bis hinab zu den Schlickbereichen betragen die Mächtigkeiten der holozänen Meeressande in der Regel nur wenige Dezimeter (Seibold et al. 1971, Healy & Werner 1987). Nur an den Flanken submariner Abrasionsflächen treten auch mehrere Meter mächtige Sandkomplexe auf. Restsedimente, die aus der Aufarbeitung von Geschiebemergel hervorgegangen sind, erreichen ebenfalls nur geringe Mächtigkeiten. Dagegen können spätglazial abgelagerte deltaartige Sandkomplexe Mächtigkeiten von mehreren Zehner Metern aufweisen. Zu diesen Bildungen zählen die Oderbank in der Pommerschen Bucht (Kolp 1966 b) sowie die Falster-Rügen-Platte (Lemke 1998). Sie bestehen aus Fein- bis Grobsanden, teilweise auch mit z. T. höheren Schluffanteilen. Nutzbare Kies- und Sandlagerstätten sind deshalb überwiegend nicht an marin, sondern an

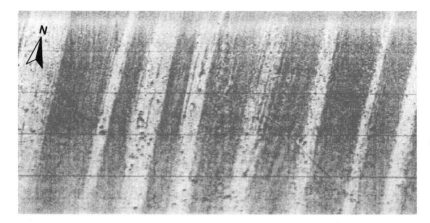

Abb. 5.9: Sandbänder im Großen Belt, Sonographie nach Werner & Newton (1975). Die Sohlformen verlaufen parallel zum Ausstrom nach Norden. Abstand der Skalenlinien 10 m, Wassertiefe ca. 16 m.

glazifluviatil abgelagerte Sedimentkomplexe gebunden, die während der Transgression allerdings partiell aufgearbeitet und umgelagert wurden (Gromoll & Störr 1989, Atzler 1995, Granitzki & Katzung 2004).

In der Nähe der Sturmwellenbasis gehen die sandigen Sedimente in Mischsedimente über, die sich durch zunehmenden Schlickanteil auszeichnen. An sie ist das Vorkommen von knollen- oder diskusförmigen Eisen-Mangan-Akkumulaten gebunden. Diese scheiden sich aus Mn^{2+}-reichem Tiefenwasser am Rande der Schlickbecken im Bereich der Sprungschicht ab, und zwar stets um einen Kern (Steine, Muschelschalen, bevorzugt von *Astarte*-Arten). Sauerstoffreiches Wasser führt dort zur Oxidation und damit zur Fällung des zweiwertigen Man-

Abb. 5.10: Fächerecholotaufnahme des Riesenrippelfeldes im Fehmarnbelt. Die bogigen Strukturen im linken Drittel besitzen ein positives Relief mit Sandbänderartigem Aufbau (Feldens & Schwarzer 2008).

gans (Manheim 1961, Winterhalter 1981, Balzer et al. 1987, Moenke-Blankenburg et al. 1989), das vorher aus den anoxischen obersten Sedimentschichten freigesetzt wurde. Die Akkumulate haben einen konzentrischen Schalenbau von bis zu einigen Zentimetern Durchmesser. Syngenetisch ausgefällte Spurenmetalle (Zink, Blei, Cadmium) zeigen nach außen hin eine Zunahme der Konzentration, was auf den zunehmenden Eintrag dieser Metalle seit Beginn des Industriezeitalters um 1850 hinweist (Suess & Djafari 1977, Hlawatsch et al. 2002). Es ergibt sich daraus eine Wachstumsrate von bis zu 6 mm/1.000 a. Dies weist auf eine generelle Konstanz der hydrographischen Situation in der Ostsee seit Erreichen des heutigen Meeresspiegels hin.

Während in den oben beschriebenen küstennahen Bereichen der Ostsee überwiegend Sande transportiert und sedimentiert werden, dominieren in den tieferen Beckengebieten feinkörnige Schlicksedimente. Kolp (1966 b) teilt Schlicksedimente granulometrisch in Grob-, Mittel- und Feinschlick ein. Danach findet eine Verfeinerung von den Becken der Beltsee (Grobschlick in der Mecklenburger Bucht) nach Osten statt. Die Sedimente des Arkonabeckens werden bereits als Mittelschlick angesprochen. Die feinklastischen Partikel der Schlicksedimente (Ton bis Schluff) werden durch Bodenströmungen im Becken verteilt (Christiansen et al. 2002) und können deshalb auch als Konturite aufgefasst werden (vgl. Stow & Lovell 1979, Niedermeyer 1988, 1990, Stow et al. 1996). Von besonderer Bedeutung für den Transport des in den Schlickablagerungen der westlichen Ostsee enthaltenen feinkörnigen Materials sind höher salinare Bodenströmungen (Einstrom) aus der Nordsee durch die Dänischen Meerengen. Sie führen im Bodenwasser eine Schwebfracht von ca. 5.000 t/km^3 ($\approx$ 7,5 Mill. t/a) in die Ostsee, die etwa das Drei- bis Fünffache der Schwebstoffmenge beträgt, die durch den Ausstrom von Oberflächenwasser Richtung Nordsee transportiert wird (1.000 t/km^3; $\approx$ 2,0 Mill. t/a; Leipe & Gingele 2003). In den tiefen Becken der zentralen und östlichen Ostsee liegen die Schlickgebiete in wesentlich größeren Wassertiefen und werden dort vor allem durch Schwebfrachten der einmündenden großen Flüsse (u. a. Newa, Weichsel, Oder) und durch die Aufarbeitung von spätglazialen Beckenablagerungen, die aufgrund der isostatischen Hebung in den Bereich oberhalb der Sturmwellenbasis gelangen, mit feinkörnigem Material versorgt. Dementsprechend ergibt sich für die flachen westlichen Ostseebecken (Lübecker und Mecklenburger Bucht, Arkonabecken) überwiegend ein bodennaher dichtegesteuerter Transportmechanismus der Schlickbestandteile als „fluffy layer" im Unterschied zu den tiefen östlichen Becken mit ihrer überwiegend fluviatilen Zufuhr im Oberflächen- bzw. Deckschichtwasser. Diese dichtegesteuerten Ablagerungsprozesse sind in geschichteten Wasserkörpern typisch und beeinflussen in der Ostsee sowohl den horizontalen (bodennahen) als auch vertikalen (im Bereich thermohaliner Sprungschichten) Transport von Feinmaterial (vgl. u. a. Niedermeyer 1991, Leeder 1999).

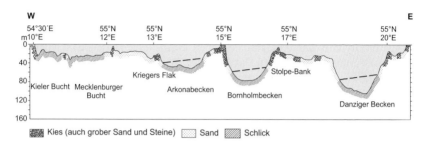

Abb. 5.11: Sedimentbedeckung im Längsschnitt der Ostsee-Teilbecken mit nach Osten zunehmender Wassertiefenlage der Sedimentgrenzen und deren Neigung nach Westen (Pratje 1948, Seibold 1964).

Den geschilderten Zusammenhängen entspricht die räumliche Anordnung von sedimentären Fazieszonen am Meeresboden (Pratje 1948, Kolp 1966 a, b, Gromoll 1987, Werner et al. 1987, Schwarzer et al. 2003, Lemke & Niedermeyer 2004), wie das Beispiel eines W-E-Schnittes durch mehrere Einzelbecken zeigt (Abb. 5.11).

Man sieht, dass die Faziesverbreitung für jedes Becken zwar ähnlich ist, jedoch mit der Größen- und Tiefenzunahme der Becken von Westen nach Osten auch eine Tieferlegung der Faziesgrenzen einhergeht. Während im äußersten Westen, in der Kieler Bucht, die Grenze Sand/Schlick bei ca. 20 m Wassertiefe liegt, befindet sie sich im Arkonabecken bei etwa 40 m und in den großen östlichen Becken (Danziger Becken, Gotlandbecken) bei 60–70 m. Dies ist in erster Linie ein Effekt der sich erhöhenden Tiefenwirkung des Seegangs (Wellenbasis) infolge der nach Osten zunehmenden Wirklänge westlicher Winde. Außerdem kommt eine gering modifizierende Wirkung durch Strömungen in Verbindung mit der thermohalinen Schichtung des Wasserkörpers hinzu (Pratje 1948, Barner 1965, Seibold 1971), was sich in der nach Westen gerichteten Neigung der Faziesgrenzen in den Teilbecken äußert (gerissene Linie in Abb. 5.11). Dieses Phänomen ist typisch für die siliziklastische Sedimentation in Becken mit geschichteten Wasserkörpern, besonders in Seen (Talbot & Allen 1996). Außerdem spielt die thermohaline Schichtung nicht nur für den dichtegesteuerten Vertikaltransport von Ostseewasser eine Rolle, sondern auch für den Vertikaltransport feinkörniger Sedimentpartikel durch „Suspensionsfinger" (Niedermeyer 1991).

Die Schlickablagerung in der Ostsee ebenso wie in ihren hydrodynamisch ruhigen Randgewässern (Buchten, Bodden) begann etwa 8.500 J. v. h. (Atlantikum; s. Kap. 4). In Sedimentechogrammen des Ostseebodens lässt sich die stratigraphisch-fazielle Untergrenze des marinen Holozäns zumeist gut bestimmen (Abb. 5.12) und kann u. a. zur Bestimmung von mittleren Sedimenta-

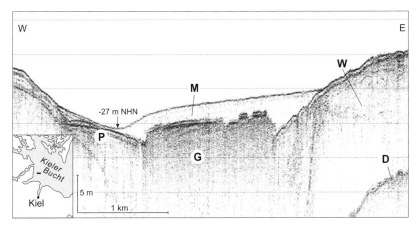

Abb. 5.12: Asymmetrische Sedimentation in Strömungsrinnen der Kieler Bucht (seismischer Querschnitt mit Boomer). M – holozäne marine Schlickdecke mit interner Schichtung, P – postglaziale lakustrine Sedimente, W – Weichselmoräne, G – akustische Maskierung des Untergrunds durch Gaseffekt, D – Doppelecho.

tionsraten und zu Bilanzberechnungen dienen (s. Healy & Werner 1987). Obgleich die Sedimentationsraten z. T. lokal stark variieren, sind sie in ihren Mittelwerten dennoch in den zentralen Bereichen von der Kieler Bucht bis zum Gotlandbecken recht ähnlich (ca. 1–1,5 mm/a), was wegen der unterschiedlichen Küstenerosion und Sedimentzufuhr durch Flüsse, vor allem in die östlichen Becken, nicht unbedingt zu erwarten ist. Auch radiometrische Datierungen zeigen, dass in den lithologisch wenig gegliederten holozänen Sedimentserien die Akkumulationsraten kaum schwanken (vgl. Erlenkeuser et al. 1974, Kögler & Larsen 1979, Werner et al. 1987). Anders verhält es sich in den flachen Küstengewässern. Hier akkumulieren die Schlicke bereits oberhalb der Sturmwellenbasis und werden deshalb häufig umgelagert. In Verbindung mit dem unterschiedlichen Trophiegrad, Flusswassereintrag und Wasseraustausch mit der Ostsee führt das zu unterschiedlichen Sedimentationsraten, die z. B. in den Boddengewässern Vorpommerns zwischen 0,3 und 1,2 mm/a liegen (Lampe 1994). Ausnahmen stellen einige Bereiche mit extrem erhöhten Sedimentationsraten dar, die lokal aus der Kieler Bucht (akkumulative Flanke der Vejsnaes-Rinne bis 13 mm/a) und der Eckernförder Bucht (bis 5 mm/a) bekannt sind (vgl. Brügmann & Lange 1983, Khandriche et al. 1986).

Die komplexen Gesetzmäßigkeiten der Sedimentverteilung veranschaulicht Abb. 5.13 am Beispiel einer Rinne der Kieler Bucht. Dabei spielt besonders die Beckentiefe als kontrollierender Faktor eine Rolle, die gewöhnlich nur

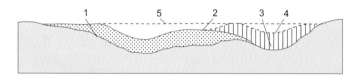

Abb 5.13: Sedimentationsmodell für Rinnen in Schlickgebieten der Kieler Bucht im Bereich der Wellenbasis 1 – Schlick, 2 – Sedimentobergrenze unterhalb der Wellenbasis, 3 – Sedimentdefizit durch Strömungseinfluss in Rinnen, 4 – theoretische Obergrenze der Sedimentation bei verfügbarem Sediment, 5 – Wellenbasis, über die nicht aufsedimentiert werden kann (Werner et al. 1987, modifiziert).

wenig größer ist als die Tiefe der Wellenbasis. Deshalb kann das tonig-schluffige Sediment nur bis zu einem bestimmten Niveau aufsedimentieren.

Liegen die Beckenränder im Bereich von flachen Hanggradienten, wie die Abb. 5.13 andeutet, kann das Feinmaterial in dem groben Reliktsediment, das dem pleistozänen Untergrund auflagert, aufgefangen werden. Dabei entstehen Mischsedimente, die für postglazial transgredierte Schelfmeere typisch sind. Eine wesentliche Rolle für die Vermischung spielt die Bioturbation (Kap.5.4). Wird in ruhigem Wasser sedimentiert, so wird das Relief oft bis ins Detail durch die Sedimentdecke nachgezeichnet („drapierte Sedimentation"). Sobald jedoch Strömung herrscht, und sei es auch nur in geringem Maße, kommt es zum Ausgleich des Reliefs. Dieses Phänomen ist oft in typischer Weise in seismischen Profilen der Ostsee zu beobachten (Abb. 5.14), wo Sedimentserien von früheren Ostseestadien, vor allem die Bändertone des Baltischen Eissees, als charakteristische Stillwasserablagerungen mitvertreten sind. Sobald die Transgression des Littorina-Meeres einsetzte, reichte die durch die Ostseezugänge induzierte Zirkulation aus, um den Reliefausgleich zu bewirken. Diese Eigenschaft kann in der Ostsee geradezu als akustostratigraphisches Kriterium für das Einsetzen der Littorinatransgression dienen.

Nimmt die Strömungsgeschwindigkeit im heutigen Becken weiter zu, so wird die Morphologie der Sedimentdecke wiederum reliefabhängig, was im Modell der Abb. 5.13 durch die asymmetrische Rinnenfüllung angedeutet ist. Hier bewirkt die Einengung des Querschnitts am Hang, dass die Strömung intensiver wird und somit weniger Sediment abgelagert werden kann.

Da der vorwiegend von pflanzlichen Organismen (insbesondere Phytoplankton) eingebrachte hohe organische Anteil der Ostseeschlicke (bis 9 % organischer Kohlenstoff) unter Sauerstoffverbrauch abgebaut bzw. zersetzt wird, treten bei langzeitig ausbleibender Frischwasserzufuhr Sauerstoffmangelbedingungen in den einzelnen Ostseebecken ein. Wenn man die Sedimentationsbedingungen in den Schlickbecken der Ostsee hinsichtlich ihres

Die heutige Ostsee 85

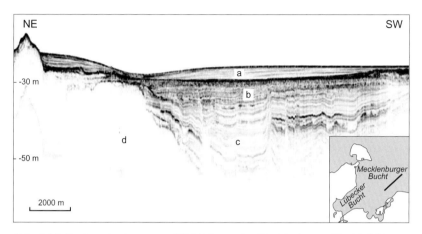

Abb. 5.14: Sedimentechogramm (18 kHz) aus der Mecklenburger Bucht. (a) junge marine Sedimente über glazialen Bändertonen (b), die konform ein älteres Relief nachzeichnen, mit akustischer Trübung in Rinnen (c), die durch Geschiebemergel (d) flankiert sind.

Potenzials zur Akkumulation kohlenstoffreicher Sedimente prozessbezogen schematisiert (vgl. Niedermeyer 1988, Niedermeyer & Lange 1989 a, b), lässt sich das Bild eines im Westen vor der deutschen Ostseeküste noch austauschbetonten und dadurch auch sauerstoffreicheren Sedimentationsraumes zeichnen (reiner Produktivitätstyp), während in den tiefen Becken der östlichen Ostsee weitgehend stagnierende Verhältnisse herrschen (Stagnationstyp), die durch schwarz gefärbte, z. T. laminierte, sapropelartige Ablagerungen gekennzeichnet sind (Abb. 5.15). Zu den typischen Mineralen, die sich dort und auch bereits im Arkonabecken unter anoxischen Verhältnissen neu bilden, gehört Pyrit, oft als sog. „Himbeerpyrit" ausgebildet. Neuere Untersuchungen (Jansen et al. 2003) bestätigen, dass der Trend zunehmender Akkumulationsraten von Stickstoff, Phosphor und organischer Substanz in den Oberflächensedimenten der Ostseebecken mit dem oben bezeichneten West-Ost-Gradienten einer lateralen Sedimentverfeinerung korreliert.

Mit zu diesem Faziesbereich der Schlickbecken gehört auch das Vorkommen von Methan. Zur Methanbildung kommt es durch den gehemmten Abbau organischer Substanz unter stark anoxischen Bedingungen, wenn der Sulfatanteil verbraucht ist (Whiticar 1978). Da das Methan als Bläschen vorliegt, kommt es im akustischen Signal zur Schallstreuung, was sich als „akustische Trübung" und weitgehende Maskierung des Untergrunds auswirkt (Schüler 1952, Abegg 1994; Atzler 1995, Schwarzer & Themann 2003, Bauerhorst & Niedermeyer 2004, s. Abb. 5.12). Für die meisten Schlickbecken der Ostsee

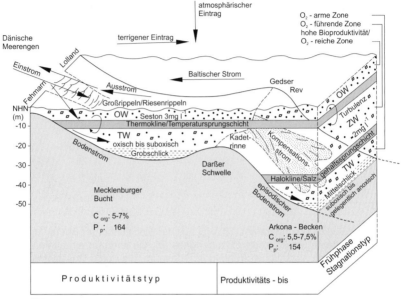

Abb. 5.15: Sedimentationsmodell der Schlickbecken der westlichen und mittleren Ostsee (Beispiel Mecklenburger Bucht und Arkonabecken; OW – Oberflächenwasser, ZW – Zwischenwasser, TW – Tiefenwasser; Niedermeyer 1988).

und der größeren Bodden (z. B. Greifswalder Bodden) gilt, dass dieser „Gaseffekt" oder auch „Beckeneffekt" (Edgerton et al. 1966) einsetzt, sobald die Mächtigkeit holozäner Weichsedimente ca. 6 m überschreitet. Offenbar folgen die Methananreicherungen bevorzugt einzelnen Horizonten (s. Abb. 5.12). Man sieht darin subtile Änderungen der Sedimenteigenschaften.

Entlang der Küstenlinie ist die Sedimentverteilung bei schnell wechselnden geologischen und Expositionsverhältnissen naturgemäß weit vielfältiger. Die Grundzüge werden im Kap. 6.2 dargestellt.

5.4. Makrozoobenthos

Unter dem Begriff Makrobenthos werden die am oder im Meeresboden siedelnden pflanzlichen (-phytos-) oder tierischen (-zoos-) Organismen > 1 mm zusammengefasst. Beide Gruppen spiegeln in charakteristischer Weise die hydrographischen Besonderheiten der Ostsee wider. Der klassischen Einteilung in ökologische Zoozönosen (Petersen 1914) entsprechen die *Macoma baltica*-Zönose für die flacheren Bereiche, der u. a. die Muscheln *Astarte borealis, Mya arenaria* und *Mytilus edulis* angehören, und die *Abra alba*-Zönose für die Tiefwasserbereiche mit den Muscheln *Arctica (Cyprina) islandica, Macoma calcarea, Astarte elliptica, Mya truncata, Cardium fasciatum* u. v. a. In besonderem Maße gilt dies für den Sprungschichtbereich (Abb. 5.16), wo sich die von unterschiedlichen Ökofaktoren kontrollierten Faunenelemente vermischen. Darin liegen auch die Gründe sowohl für die Faunen-Submergenz (Abwandern in größere Tiefen) in östlicher als auch für die Emergenz in westlicher Richtung (Schulz 1969, Theede 1974, Arntz et al. 1976). Eine neuere Übersichtsdarstellung hat Frenzel (2006) geliefert.

Als Folge der thermohalinen Schichtung kommt es in größeren Wassertiefen zu saisonalen und aperiodischen Sauerstoffzehrungsprozessen, welche der Artendiversität entgegenwirken sowie den ökologisch günstigen Einfluss erhöhter Salinität teilweise wieder aufheben. Sowohl für die Foraminiferen (Lutze 1965, 1974) als auch für die Mollusken ist die vertikale Zonierung in Abhängigkeit von der Wasserschichtung, z. B. für die Kieler Bucht, quantitativ gut belegt (Arntz et al. 1976, Abb. 5.16). Für die Ostrakoden der Boddengewässer Vorpommerns konnte eine Biotop-Abhängigkeit von der Salinität und dem Nährstoffangebot nachgewiesen werden (Frenzel 1996). Wesentlichen Einfluss auf die zeitliche und räumliche Verteilung von Arten und Biomasse haben auch die oft gegenläufigen saisonalen Verhältnisse des Nährstoffangebots und der Sauerstoffzehrung (Meyer-Reil et al. 1987, Graf 1989). Ebenso besteht eine ausgeprägte Beziehung zwischen Biomasse und Sedimenttyp (Kühlmorgen-Hille 1963, Schulz 1969, Arntz 1971, Arntz et al. 1976). Allgemein zeigen schluffige Sandböden maximale Besiedlungsdichten, während aus gut sortiertem Sand aufgebaute Böden (nährstoffarm) die geringsten aufweisen.

Von besonderer Bedeutung in einem „Sedimentationsmodell Ostsee" sind zwei weitere Faktoren, nämlich die Erhaltungsfähigkeit von Organismenskeletten und die Bioturbation. Untersuchungen an Sedimentkernen aus den Schlickgebieten der Ostsee und Bodden erbrachten eindeutige Beweise für ein sehr geringes Fossilisierungspotential der Kalkschalen als Resultat von An- und Auflösungsprozessen (Wefer & Lutze 1978, Grobe & Fütterer 1981, Niedermeyer et al. 1994). Selbst von dickschaligen Muscheln wie *Arctica islandica* findet man höchstens noch spärliche, angelöste Schalenreste; gleiches trifft auch für Foraminiferen in tieferen Beckenbereichen zu. Ausnahmen sind

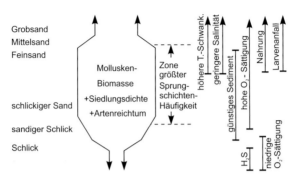

Abb. 5.16: Mollusken-Biomasseoptimum und Ökofaktoren im Tiefwasserbereich der Kieler Bucht (schematisch; Arntz et al. 1976).

schnell sedimentierte Schill-Lagen, z. T. im Bereich littorinazeitlicher Transgressionshorizonte, aber auch die rezenten ökologischen Bedingungen in flacheren Randbecken (z. B. Greifswalder Bodden; Niedermeyer et al. 1994). Die Kalklösung erfolgt dabei in der Regel am Boden oder in den obersten, der Bioturbation ausgesetzten Sedimentlagen (0–10 cm) im Kontakt mit dem Bodenwasser sowie als Folge des saisonal schwankenden CO_2-Partialdrucks (Lewy 1975; Datierung erster Karbonatlösungsprozesse in Sedimenten der Kieler Bucht: 6.400 J. v. h., Winn et al. 1988, nachträglich kalibriert). Für die Biostratigraphie des Holozäns besteht dadurch der Nachteil, dass z. B. auf karbonatische Mikrofossilien (speziell Ostrakoden und Foraminiferen) weitgehend verzichtet werden muss (s. a. Frenzel 2006).

Bioturbation spielt in den obersten 1–3 Dezimetern der Sedimente eine große Rolle. Sie zeigt jedoch eine abnehmende Tendenz von Westen nach Osten. Als Ursachen dafür sind generell die Abnahmen der Individuenhäufigkeit und der Artenzahl der bioturbat wirksamen Fauna sowie insbesondere in den östlichen Becken (vor allem Gotland-Becken) das Auftreten anoxischer Phasen zu nennen. Letztere führen z. T. zum Absterben der Gesamtfauna und damit zu aussetzender Bioturbation. In sandigen Sedimenten dominieren im Allgemeinen bei vollständiger Entschichtung die Verformungswühlgefüge (Schäfer 1962), während mit zunehmendem Schluffanteil sowie in den Schlickbecken das Gefüge von definierten Lebensspuren (Gestaltungswühlgefüge) geprägt ist. Meist sind dies U-förmige Röhren von Polychaeten (z. B. der Kosmopolit *Scoloplos armiger* und *Terebellides stroemi*; Dold 1980), außerdem biogene Schichtungsstrukturen (sog. „Pflugsohlen"; Dold 1980, Werner et al. 1987) von Muscheln wie *Arctica (Cyprina) islandica* und *Macoma calcarea*, sowie von dem semisessilen Polychaeten *Pectinaria koreni* (Schäfer 1962). Am Boden von Boddengewässern (speziell Greifswalder Bodden; Verse 2003) treten in marin-brackischen Schlicken u. a. Gangbauten von *Hediste diversicolor* und *Arenicola marina*, spreitenartige Fressbauten, Stopfgefüge, Flucht- und Fressspuren auf. In Torf-Feinsand-Wechsellagerungen kommen Algenmatten als biogene Schichtungsstrukturen vor. In geschützten Strand- und Lagunenbereichen der Ostseeküste sind Bioturbation und Lebensspuren sehr häufig zu beobachten, die z. B. von verschiedenen Polychaeten (u. a. *Arenicola marina*, *Nereis diversicolor*), Muscheln (Sandklaffmuschel/*Mya arenaria*, Herzmuschel/ *Cerastoderma lamarckii*) sowie von Amphipoden (Schlickkrebs/*Corophium volutator*) erzeugt werden (Niedermeyer 1977, Schumacher 1991 a).

5.5. Makrophytobenthos

Die pflanzliche Besiedlung des Ostseebodens erfolgt im Wesentlichen nur bis zu einer Wassertiefe von ca. 20 m, da die ökologischen Voraussetzungen nur in diesem Bereich günstig sind. Beeinflusst durch Wassertiefe, Sedimente und Hydrodynamik bestimmen vor allem die Lichtverhältnisse die Verbreitungsmuster am Meeresboden. Dem überlagert ist der bereits mehrfach erwähnte charakteristische West-Ost-Trend hydrographischer und sedimentärer Veränderungen, der sich in der abnehmenden Artenanzahl der Pflanzen bemerkbar macht. Sprunghafte Änderungen treten insbesondere in den Bereichen Großer Belt/Öresund und Darßer Schwelle auf (Schwenke 1974).

Die Verbreitung der subaquatischen Vegetation hängt auch vom Substrat und damit von geologischen bzw. sedimentären Voraussetzungen ab. Zwei Gruppen spielen ökologisch eine größere Rolle: Das den Blütenpflanzen zugehörige Seegras (*Zostera marina*) sowie verschiedene Makroalgen. Oft fallen an den Stränden Anschwemmungen von Pflanzenmaterial durch ihren fauligen Geruch auf. Wo fester Untergrund (Fels, Blöcke, Geröll oder Hartböden aus Muschelschalen) die Vorstrände prägt, bestehen diese Anschwemmungen zum großen Teil aus Makroalgen mit dem Blasentang (*Fucus vesiculosus*) als dominierender Spezies. Ihren Lichtansprüchen entsprechend entstammen sie unterschiedlichen Tiefenstufen. Die anspruchsvollen Grünalgen der Gattungen *Cladophora*, *Enteromorpha* und *Ulva* („Meersalat") sind zumeist auf die flachsten, küstennächsten Bereiche beschränkt, während die Braunalgen (Gattungen *Fucus, Laminaria, Desmarestia, Ralfsia, Chorda* u. a.) bis zu einer Wassertiefe von ca. 10 m häufig sind. Daran schließen sich mit zunehmender Tiefe die Rotalgen an (Gattungen *Delesseria, Polysiphonia, Furcellaria, Ceramium* u. a.). Wo im Vorstrand Sand dominiert, trifft man dagegen fast reine Seegras-Wälle an, in den stärker ausgesüßten Bodden können Laichkräuter, Teichfaden und selten auch Armleuchteralgen (*Characeae*) hinzutreten.

Die Vegetation hat, wie auch andere Ökosystemkomponenten, in der Vergangenheit umfangreiche Veränderungen ihrer Lebensbedingungen erfahren.

Verwiesen sei auf die übermäßigen Nährstoffeinträge in die Ostsee und die damit verbundene Eutrophierung vor allem der küstennahen Bereiche. Infolge der dadurch bedingten starken Vermehrung des Phytoplanktons hat sich das Unterwasserlichtklima z. T. dramatisch verschlechtert. In flachen, noch ausreichend Licht bietenden Bereichen kommt es zu Massenentwicklungen fädiger Grünalgen, deren dichte Matten erstickend wirken.

Deshalb stellten vor Beginn der Steinfischerei die Abrasionsplatten (vgl. Abb. 6.2) mit ihren Reliktsedimenten ausgedehnte und hervorragende Besiedlungsgründe für Pflanzen in der westlichen und südlichen Ostsee dar (Karez & Schories 2005). Obwohl durch die natürliche Abrasion nach und nach wieder mehr größere Steine freigelegt werden, ist noch auf einige Jahrzehnte hinaus nicht wieder der Zustand erreicht, wie er vor der Steinfischerei zumindest in Schleswig-Holstein Bestand hatte (s. Bock 2003, Bohling et al. 2008). Ein verstärkter Rückgang des Unterwasserprofils würde zwar einerseits die ökologischen Bedingungen für alle Hartsubstrat liebenden Organismen rasch verbessern, andererseits allerdings die Küstenstabilität beeinträchtigen.

5.6. Umweltverhältnisse

Eine sehr wichtige Aufgabe zum Schutz der Ostsee ist die ständige Überwachung (Monitoring) ihres Zustandes (Feistel et al. 2008). Wenn man berücksichtigt, dass dieses Binnenmeer von mehreren hochindustrialisierten Staaten Mittel-, Ost- und Nordeuropas regelrecht umschlossen ist, haben derartige Überwachungs- und Schutzmaßnahmen einen besonderen Stellenwert. Sie werden seit vielen Jahren vor allem durch die internationalen Vereinbarungen der „Helsinki-Kommission" (HELCOM) vorgenommen und koordiniert. Obgleich der Trend einer starken Zunahme von Schad- und Nährstoffeinträgen (vor allem Schwermetalle, Nitrat und Phosphat; u. a. Müller & Heininger 1998, Bachor 2005, Hildebrandt 2005) in die Ostsee sowie ihre Randgewässer (z. B. Bodden) seit Mitte der 1990er Jahre gestoppt zu sein scheint, müssen auch weiterhin erhebliche Anstrengungen unternommen bzw. Mittel bereit gestellt werden, um den ökologischen Zustand sowie auch eventuelle Therapiemaßnahmen zur Reinhaltung der Ostsee zu erforschen. Dabei besteht das große Problem für ihre Zustandsbewertung darin, dass die natürlichen ozeanologischen Verhältnisse, d. h. vor allem Ereignisse wie Salzwassereinbrüche, Stürme, Stagnationsperioden und Eiswinter, von anthropogenen Einwirkungen überlagert werden und es dadurch zu gegenseitiger Abschwächung oder Verstärkung ökologisch relevanter Auswirkungen kommen kann. Beispielsweise ist Faunensterben meist die Folge von Sauerstoffmangel bzw. ansteigender Schwefelwasserstoffgehalte, was durchaus auf natürliche Ursachen zurückzuführen ist (s. Fonselius 1981). Ausgedehnte und stationäre sommerliche Hochdruckgebiete bewirken eine stabile thermohaline Wasserschichtung mit begleitender verstärkter biologischer Produktion (Primärproduktion), welche durch oxidativen Abbau des organischen Materials Sauerstoffzehrungsprozesse im Wasserkörper und am Boden beschleunigen. Auch Eiswinter können durch die niedrigen Wassertemperaturen und eine entsprechende Eisdecke zu stark herabgesetzter vertikaler und horizontaler Zirkulation und somit zur Stagnation sowie zum Absterben der Benthosfauna führen. Beispiele von extremen Ereignissen „auf natürlicher Grundlage" sind das große Fischsterben in der westlichen Ostsee im Jahre 1986 als Folge meteorologisch bedingten Auftriebes (upwelling) von schwefelwasserstoffhaltigem Tiefenwasser sowie ähnliche Vorgänge in den Jahren 1913 und 1875 sowie bereits im Mittelalter (Rumohr 1986, Gerlach 1990), aber auch das umfangreiche Sterben des Zoobenthos infolge eines ausgedehnten Sommerhochs im Jahre 1981.

Gegenwärtig betreffen die in den letzten Jahren auch zunehmend öffentlich diskutierten Fragen des Umweltzustandes der Ostsee im Wesentlichen folgende Aspekte (u. a. Lemke & Niedermeyer 2004):
– Belastung mit anthropogenen Schadstoffen, insbesondere Schwermetallen und organischen Verbindungen (z. B. Pestizide), durch Eintrag über die Atmosphäre, Flüsse und das Grundwasser;
– Weiterhin bestehende Eutrophierungsgefahr (Überdüngung) durch Nährstoffeinträge über kommunale und landwirtschaftliche Abwässer, die in der Endkonsequenz das „Umkippen" des gesamten „Ökosystems Ostsee" in sich birgt;
– Gefahr von Schiffs- (Tanker-)havarien wegen der stark angestiegenen Seetransporte in der Ostsee, z. B. durch das „Nadelöhr" der Kadetrinne. Daraus resultierende Gefährdungen bzw. Beeinträchtigungen von Fauna und Flora (incl. Fischfang) sowie des „Freizeitwertes" (Tourismus) durch Verschmutzung von Küstengewässern und Stränden gilt es abzuwehren;
– Einflüsse großer Offshore-Windparks, deren weiterer Bau/Ausbau zum Zwecke umweltfreundlicher Energiegewinnung in der Zukunft zu erwarten sein wird.

Zur Klärung umweltrelevanter Prozesse tragen die Geowissenschaften in bedeutendem Maße bei, z. B. durch die Erarbeitung von Sedimentkarten, in denen Bereiche ausgewiesen sind, die ein hohes Potenzial an Schadstoffanreicherungen besitzen. Datierte Schadstoffprofile in Sedimentkernen und deren Interpretation weisen auf räumlich-zeitliche Variationen von Schadstoffkonzentrationen hin (z. B. Metallkonzentrationen). Dabei spiegelt sich der Beginn der Industrialisierung in der Mitte des 19. Jahrhunderts deutlich wider. Auch zur Frage der historischen Entwicklung von Nährstoffeinträgen (Eutrophierung) geben derartige Sedimentprofile durch Vergleiche von organischen Kohlenstoffgehalten sowie bestimmter Schwermetallverhältnisse (Mangan/

Eisen; Cadmium/Eisen) Auskunft (u. a Emeis et al. 1998, 2002). Insbesondere kann die Erhaltung der Sedimentschichtung (z. B. Feinlamination, fehlende Bioturbation) Aufschlüsse über subrezente Stagnations- und Eutrophierungsphasen sowie Salzwassereinbrüche geben, sofern diese einen Mindestzeitraum von einigen Jahrzehnten umfasst haben (Niemistö & Voipio 1974, Neumann et al. 1997). Daten über die Sedimentdynamik – das Aufarbeiten und Wiederablagern von Schichten, in denen Schadstoffe angereichert sein können – geben Auskunft über die Verweildauer von Schadstoffanreicherungen im Küstenbereich. Während zudem die südliche Ostseeküste als ein Senkungsgebiet eher als Senke für Schadstoffe zu betrachten ist, verhält es sich im nördlichen Teil der Ostsee umgekehrt. Die Hebungstendenz sorgt nicht nur dafür, dass Schadstoffe gar nicht erst langfristig im Küstenbereich deponiert werden, sondern die fortdauernde Aufarbeitung der Sedimente aus der Frühphase der Ostsee (z. B. der Tone des Baltischen Eissees) sorgt für eine stetige Verdünnung der Konzentration von Schadstoffen im Sediment (Kohonen & Winterhalter 1999).

6. Die Küste der südwestlichen Ostsee

6.1. Küstentypen

Die gegenwärtige Gestalt der Küsten von der Jütischen Halbinsel bis in den Odermündungsraum ist das Ergebnis einer Vielzahl wirksamer Faktoren, die sowohl mit dem präquartären geologischen Bau (s. Kap. 2) als auch und insbesondere mit den wiederholten Vergletscherungen im Pleistozän (s. Kap. 3) sowie dem postglazialen (holozänen) Meeresspiegelanstieg (s. Kap. 4) zusammenhängen. So zeigt sich sehr deutlich, dass Gestalt und Verlauf der heutigen deutschen Ostseeküste durch das Vorkommen von Salzstrukturen und tektonischen Bruchlinien geprägt worden sind (Abb. 2.2). Diese im Verlauf vieler Jahrmillionen „vererbten" Strukturen des geologischen Untergrunds schufen die Vorformen für die im Pleistozän wirkenden Prozesse, speziell die nach Verlaufsrichtung und Intensität unterschiedlichen skandinavischen Inlandeisvorstöße. So war für die Küste Schleswigs das hochglaziale Weichseleis mit seinen im N-S-Verlauf eng neben- und aneinander gelagerten Endmoränenphasen in einem Küstenabstand von nur 5–40 km maßgeblicher Reliefbildner (E 1–3). In Holstein und Westmecklenburg verlaufen die hochglazialen Phasen NW-SE und weitabständiger voneinander (Abb. 3.1). Die Rosenthal-Sehberg-Randlage des weichselspätglazialen Mecklenburger Eisvorstoßes (i. e. Mecklenburger Phase) liegt dort in Küstennähe gestaltgebend davor. Weiter östlich in Mecklenburg entfernen sich alle diese Endmoränen bei Wahrung ihres NW-SE-Verlaufs erheblich von der Küste. So wird der mecklenburgische Küstenraum vorwiegend von weitflächigen Grundmoränenarealen und teilweise eingeschalteten glazilimnischen Beckensedimenten erfüllt, wobei letztere verbreitet als Ablagerungen in Eisstauseen aufzufassen sind (Kap. 3). Auch der vorpommersche Küsten- und Inselraum wurde zuletzt vom Eis der Mecklenburger Phase überformt, wobei der Nordostrügener Raum besonders reliefstark ausgeprägt ist.

Auf Grund der differenzierten glaziären Dynamik fand die Ostsee-Transgression regional deutlich unterscheidbare Ausrichtungen der Glazialformen sowie Sedimentlagerungen und -zusammensetzungen für die Umgestaltung der glazialen Reliktlandschaft im Bereich der heutigen südwestlichen Ostseeküste vor. Dies erfolgt seit Jahrtausenden in einem als Küstenausgleich bezeichneten Prozess, der im Hinblick auf die sedimentologischen Grundzüge wellen- und sturmdominierter siliziklastischer Küsten (s. Reading & Collinson 1996) allen Teilabschnitten der deutschen Ostseeküste gemeinsam ist. In Abhängigkeit von der Gesteinsausbildung, den glazioisostatischen Ausgleichsbewegungen der Erdkruste, dem eustatischen Meeresspiegelanstieg, dem Relief und der Sedimentverfügbarkeit gestaltet sich der Küstenausgleich nach Ausrichtung und Verlauf im Bereich der jeweiligen Küstenabschnitte zeitlich und räumlich unterschiedlich (s. 6.2). So waren und sind die östlichen Bereiche der Kieler Bucht und die ausgedehnte Küste Mecklenburgs von der Lübecker Bucht bis zum vorpommerschen Kap Arkona mit ihrer SW-NE - Erstreckung den im Jahresverlauf vorherrschenden Winden aus westlichen Richtungen ausgesetzt. Über die Mecklenburger Bucht hinweg nach Osten nimmt dieser Einfluss zu (Abb. 6.1.).

Die stärker gegliederten Küstenbereiche von Schleswig-Holstein und ebenso von Vorpommern östlich von Kap Arkona werden hingegen bei ihrem generellen NW-SE-Verlauf überwiegend durch die Wind- und Sturmdynamik aus östlichen Richtungen über die Kieler Bucht bzw. die Pommersche Bucht stärker beeinflusst und umgeformt, da Winde aus diesen Sektoren zudem auch die Hochwasserereignisse in der westlichen und südwestlichen Ostsee induzieren. In Abhängigkeit von diesen regional differenzierten geologischen und meteorologischen Ausgangsbedingungen ergibt sich von West nach Ost ein charakteristischer Formenwandel bei den Küstentypen von der schleswig-holsteinischen Fördenküste über die holsteinisch-westmecklenburgische Großbuchtenküste und die mecklenburgische Ausgleichsküste bis zur vorpommerschen Boddenausgleichsküste (s. a. Kliewe 2004a, Niedermeyer & Schumacher 2004).

Die Fördenküste Schleswig-Holsteins begrenzt die Jütische Halbinsel im Osten entlang der Kieler Bucht, von der vier langgestreckte, relativ schmale und sich nach Westen trichterförmig verengende Buchten in das Festland eingreifen und dieses in die drei halbinselförmigen Landschaften Angeln, Schwansen und Dänischer Wohld aufgliedern (s. Abb. E 1.1). Es sind die Flensburger Förde, die Schlei, die Eckernförder Bucht und die Kieler Förde. Sie setzen die sieben dänischen Förden nach Süden fort (s. E 1 bis 4). Bis zu 40 km weit reichen sie landeinwärts (Flensburger Förde) und sind mit Ausnahme der flussartigen Schlei weitestgehend über 15 m tief. Genetisch gesehen löste sich in der ausgehenden Weichselhochglazialzeit (Pommersche Phase) der Inlandeisrand Schleswigs in einzelne Teilloben auf. Bei ihren oszillierenden Vorstößen schufen diese z. B. relativ schmale, in sich gestaffelte Tunneltäler (s. Abb. E 1.1), anderenorts Zungenbecken, die durch Schmelzwassererosion rinnenförmig vertieft wurden. Das Littorina-Meer erfasste zunächst flussförmig diese zentralen Rinnentäler, die teilweise von Sumpf- und Seenlandschaften gesäumt waren. Bei weiterem schnellem Anstieg wurden dann auch die übrigen Teile der Tunneltäler bzw. Zungenbecken überflutet. Mit der Änderung von dem steilen zu dem abgeflachten Meeresspiegelanstieg (s. Abb. 4.3, 4.6) vollzog sich seit etwa 6.000 Jahren bei begrenztem Seeraum ein allmählicher Ausgleich entlang der Küsten der Kieler Bucht, außerdem auch an ostexponierten Küstenabschnitten ein E-W-gerichteter, abgeschwächter Materialtransport in die Förden hinein und an ihren Rändern entlang. Deren Mündungsgebiete sind – abgesehen von der Eckernförder Bucht – durch kleinere Hakenbildungen von beiden Außenflanken her eingeengt, bei der Schlei sogar durch sowohl von Norden als auch von Süden vorgreifende Nehrungssysteme bereits abgeschlossen. Der heutige Zugang zur Schlei ist künstlich geschaffen. Dünen sind im Vergleich zur ostmecklenburgischen und vorpommerschen Küste selten und unbedeutend.

Die Großbuchtenküste Holsteins und Westmecklenburgs, ein in der Gegenwart weniger stark gegliederter Küstentyp, erstreckt sich von der Nordostflanke der Kieler Förde bis zum Nordostrand der Wismar-Bucht (s. Abb. 6.1 u. E 5 bis 8). Er begrenzt die Kieler Bucht im Süden und die Mecklenburger Bucht im Südwesten. Beide Ostseebuchten werden durch die Halbinsel Wagrien mit der vorgelagerten Insel Fehmarn, die gemeinsam etwa 50 km nach Nordosten vorgreifen, deutlich voneinander getrennt. Dieser „Küstensporn" wird als eine ehemalige Eisscheide zwischen zwei Gletscherströmen interpretiert, in deren Bereich die markanten Endmoränen der älteren drei weichselhochglazialen Eisvorstöße (s. Kap. 3) weitabständiger verlaufen und bis weit nach Holstein hinein die besonders reizvolle Landschaft der „Holsteinischen Schweiz" gestalten. Küstennah vorgelagert sind die Erhebungen der Rosenthal-Sehberg-Randlage der etwas jüngeren Mecklenburger Phase und die zugehörige Grundmoräne.

Dieser Küstentyp lässt sich von West nach Ost in drei Großbuchten aufgliedern: Hohwachter Bucht, Lübecker Bucht und Wismar-Bucht (Abb. 6.1). Ursprünglich war die Großbuchtenküste noch kleinräumig in höhere Endmoränen- und dazwischen tief gelegene Tal- bis Beckenbereiche gegliedert. In die tiefen Ausräumungszonen drang das frühe Littorina-Meer förden- oder buchtenförmig ein. Mit dem Transgressionsfortgang vollzog sich der Ausgleich be-

Die Küste der südwestlichen Ostsee 95

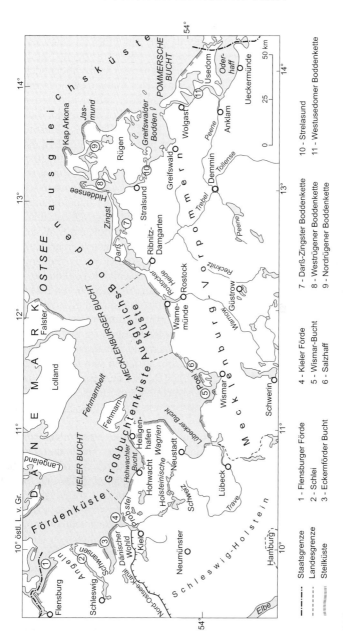

Abb. 6.1: Küstentypen sowie äußere und innere Seegewässer der deutschen Ostseeküste von der Flensburger Förde bis zur Pommerschen Bucht.

sonders entlang den stärker west- und/oder ostwindexponierten Küstenstrecken. Aus den Buchten wurden Strandseen oder amphibische Salzwiesen mit vorgelagerten kleinen Nehrungen und Haken. Größere Ausgleichsformen sind z. B. die Strandwallebene der Probstei mit dem westlich anschließenden Nehrungshaken des Bottsandes an der östlichen Kieler Außenförde, der eine ehemalige Lagune abschließende Stein- und Graswarder östlich der Hohwachter Bucht (Schrottke 1999) oder auch der Haken des Priwall an der Lübecker Bucht östlich der Travemündung (Sterr & Klug 1987). Die stärksten Ausgleichsprozesse treten in der Lübecker Bucht auf, wo die ehemalige, bis über 40 m tiefe Hemmelsdorfer Förde vollständig abgeschlossen ist und heute den ausgesüßten Hemmelsdorfer See bildet (Bayerl et al. 1992, s. Abb. E 6.7). An der Ostflanke der Hohwachter Bucht kam es als einzigem größerem Areal der Küsten Schleswig-Holsteins zu einer bemerkenswerten Dünenbildung (Kliewe & Sterr 1994). Im Küstenbereich der beidseits stärker geschützten Wismar-Bucht war der Küstenausgleich dagegen nur sehr gedämpft wirksam, z. B. bei der im Süden an die vorgelagerte Insel Poel ansetzenden kleinen Hakenbildung des Rustwerder (Schumacher 1986, 1991b; s. E 8).

Wegen der verstärkten Exposition und Hydrodynamik beginnt der Übergang von der Großbuchten- zur Ausgleichsküste Mecklenburgs (E 9) bereits an der Nordostflanke der Wismar-Bucht. Vom markanten Küstenknick der Bukspitze westlich von Kühlungsborn verlaufen Sedimenttransport- und Ausgleichsprozesse in zwei entgegengesetzten Richtungen (s. a. Gurwell et al. 1982). Die nach SW gerichtete Strömung verband mit ihren Ausgleichsprozessen die einstige Pleistozäninsel Wustrow an ihrem Nordende durch eine 1 km lange Nehrung mit dem Festland bei Rerik. Sie riegelte im Süden der Halbinsel Wustrow die ehemalige Ostseebucht im Bereich des Salzhaffs durch den Nehrungshaken „Kieler Ort" zu einem boddenartigen Gewässer nahezu ab.

Östlich der Bukspitze schließt ein rund 50 km langer Streifen der Mecklenburger Ausgleichsküste an. Er reicht bis an die Rostocker Heide und unterliegt bei leicht konkav geschwungenem Verlauf fast durchweg der marinen Abtragung mit vorwiegend west-östlichem Materialtransport (Janke & Kliewe 1991). Die zumeist nur 3–10 m hohen Kliffs mitsamt dem vorgelagerten Seegrund im Bereich der Grundmoräne des Mecklenburger Vorstoßes lieferten das Material für die Abschnürung von drei ehemaligen Ostseebuchten durch Nehrungen, und zwar vor dem Strandsee des „Rieden" westlich von Kühlungsborn, vor der Conventer Niederung bei Bad Doberan durch den „Heiligen Damm" und vor dem Breitling durch die Warnemünder Nehrung (Niedermeyer, Kliewe & Janke 1987; E 9). Außer den aufgewehten Kliffranddünen der Hochufer und den Flugsandfeldern auf den küstennahen Äckern ist auch dieser Küstentyp arm an Dünen, wenn man von dem 1,5 km langen Bereich des künstlich verstärkten Landzuwachses an der Westflanke der Warnemünder

Westmole absieht. Das Sandgebiet der Rostocker Heide (Kolp 1957b) mit seinen spätglazialen Staubeckenablagerungen (Brinkmann 1958) und Moorbildungen wird ebenfalls stark zurückgeschnitten.

Die Boddenausgleichsküste Vorpommerns (E 10 bis 17), Endglied der räumlichen Abfolge von Ostseeküstentypen Deutschlands, zeigt im Rahmen des west-östlichen Formenwandels ebenfalls kennzeichnende Besonderheiten (s. a. Kliewe & Janke 1991, Kliewe 2000, 2007). Es ist der einzige Küstenabschnitt, der von jüngeren Oszillationen, der Mecklenburger Phase, noch erreicht und maßgeblich geformt wurde. Dadurch prägt besonders die Velgaster Randlage das vorpommersche Küstengebiet insgesamt, auf der Insel Rügen kommt zusätzlich die Rügener Randlage zur Wirkung. Mit ihrer oszillierenden Dynamik schuf besonders die letztgenannte Randlage auf Nordostrügen eine ausgedehnte, reliefstarke Moränenlandschaft mit tief ausgeschürften Talungen bzw. Becken. Nach Möbus (2000) und Ludwig (2004) erreichte ein allerjüngster Eisvorstoß auf Rügen nur noch die nördlichen Inselrandgebiete von Dornbusch/Hiddensee und östlich von Lohme/Halbinsel Jasmund (Ludwig 2005, s. a. Kliewe 1975) und lagerte dabei eine M4-Moräne ab (s. a. Kap. 3). Ob dieser allerletzte Rügen-Vorstoß auch die Halbinsel Mönchgut – z. B. am Göhrener Nordperd und/oder Lobber Ort – noch tangierte, kann nach Ludwig nicht ausgeschlossen werden.

In den glaziären Hohlformen bildeten sich während der Eisschmelze zunächst Schmelzwasserseen, in deren Sedimenten vereinzelt kleine Erbsenmuscheln (*Pisidium* sp.) zusammen mit spärlichen Pflanzenresten auftreten. Im Anschluss daran entwickelten sich die Becken des vorpommerschen Küstenraumes von Hiddensee bis zu den Odermündungsinseln, die tiefer waren als -10 m NHN, zu einer weichselspätglazialen bis frühholozänen Seenlandschaft mit einer Molluskenfauna und einer Diatomeenflora, die denen des Ancylus-Großsees im nördlichen Ostseebecken ähnlich waren (s. Kap. 4).

Bis zu 10 km lange und bis mehrere Kilometer breite, konkav geschwungene Nehrungen verbinden heute die Pleistozänkerne, einschließlich der durch ihre Kreideaufragungen bekannten Halbinseln Nordrügens. Ähnlich lange Nehrungshaken griffen weit in die Boddengewässer vor und schufen auf diese Weise entlang den Innenflanken der Ausgleichsformen die brackischen Gewässer der Bodden (Kliewe 1987, Lampe et al. 1987, Lampe 1992). Die ausgedehnten, in der Regel mehrere Kilometer breiten und z. T. geradezu modellhaft ausgebildeten Strandwallfächer auf den Ausgleichsformen mit ihren Dünengenerationen riegelten die Ostseebuchten schrittweise ab (Kliewe & Rast 1979). Die nur wenige Jahrhunderte alten Graudünen sind teilweise als Wanderdünen mit kuppigem Relief und steilem Leeabfall ausgebildet. Das ist dort der Fall, wo sie durch anthropogene Waldvernichtung in Bewegung gerieten, so besonders eindrucksvoll umgestaltet in der Baaber Heide/Mönchgut und auf dem Trassenheider Dünenfächer/Usedom (Kliewe & Kliewe 1999).

Eine Besonderheit der Ausgleichsküsten stellen die Boddenausgleichsküsten dar, die mit ihrem mehrfachen Wechsel von Pleistozänkernen und Haken bzw. Nehrungen im vorpommerschen Raum ihre typische Ausbildung haben. Im gegenseitigen Vergleich zeigen sie Unterschiede hinsichtlich Entstehungsalter, Wachstumsgeschwindigkeit und Entwicklungszustand. Sie können sich im Initial-, Wachstums-, Reife- oder Abbaustadium befinden (Kliewe & Janke 1991; s. Abb. 6.2).

Die inneren Seegewässer der vorpommerschen Boddenküste selbst sind ihrer Lage und Verteilung nach überwiegend zu Boddenketten in marginaler Verlaufsrichtung angeordnet (Kliewe 2004b). Sie durchdringen oder umranden die Halbinsel Fischland-Darß-Zingst sowie die Inseln Rügen und Usedom. Genetisch sind sie an die Ausschürfungshohlformen der weichselhochglazialen Gletschervorstöße, speziell der Mecklenburger Phase, gebunden. Von West nach Ost folgen aufeinander Darß-Zingster, Westrügener, Nordrügener und Westusedomer Boddenkette (Abb. 6.1). Allein der Greifswalder Bodden nimmt nach Größe (510 km^2), Form und Gliederung sowie im Hinblick auf den Wasseraustausch mit der offenen Ostsee einen Sonderstatus ein.

Die Etappen des Küstenausgleichs konnten durch ^{14}C-Datierungen und pollenanalytische Einstufungen, aber auch durch prähistorische Küstenfunde der jungmesolithischen Lietzow-Kultur genauer fixiert werden (Gramsch 1978, Kliewe & Janke 1982, Borówka et al. 1987, Gramsch & Kliewe 2006). Für die Aufwehung von z. T. mehrere Meter mächtigen Kliffranddünen in verschiedenen Etappen gab es in diesem stark exponierten Küstenraum besonders günstige Voraussetzungen (Kliewe 2000). Zur Boddenlandschaft gehören aber auch die vorpommerschen Heidesandgebiete als Hinterlassenschaften spätglazialer Stauseen wie Ueckermünder und Lubminer Heide sowie Altdarß mit ihren Binnendünen der Jüngeren Dryas und/bzw. des Mittelalters und der Neuzeit. Die breiten Talungen der Küstenflüsse Uecker, Peene, Ziese, Recknitz usw. sowie der Meeresarm des Strelasunds sind – als nordwestwärts gerichtete Abflussbahnen von ehemaligen Eisstauseen – für die Boddenlandschaft gleichfalls charakteristisch.

6.2. Küstenformen und Küstendynamik

Die Außenküsten der südlichen und westlichen Ostsee gehören sedimentologisch zum Typ der wellen- und sturmdominierten siliziklastischen Küsten, morphodynamisch dominieren Ausgleichsküsten (Kap. 6.1). Abtragungs- und Anlandungs- sowie verbindende, sich annähernd im Gleichgewicht befindende Sedimenttransportbereiche lösen einander ab. Die Abtragungsküsten sind gekennzeichnet durch negativen Materialhaushalt, überwiegend schmalen, häufig mit groben Sedimenten bedecktem Strand und relativ steilem, bei vorhandener Abrasionsplatte zumeist leicht konkavem Schorreabfall. An Steilküsten treten aktive Kliffs auf. Anlandungsküsten sind durchweg Flachküsten. Sie weisen Uferzuwachs oder zumindest einen Gleichgewichtszustand, einen mit Sediment gut versorgten Sandstrand sowie eine schwach konvex einfallende Schorre mit küstenparalleler Sandriffzone auf, die am Ende von Hakenbildungen meist in ein Schaar übergeht. Dem historisch in der deutschsprachigen Küstenterminologie gebräuchlichen Begriff „Sandriff" entspricht international die Bezeichnung „nearshore bar"; im Folgenden wird daher „Sandriff" beibehalten. Schaare, die nur in Mecklenburg-Vorpommern auftreten, sind ausgedehnte flächenhafte Sandakkumulationen im Flachwasser in Fortsetzung der küstenparallelen Sedimenttransportzone. Da sie schon bei geringfügig erniedrigten Wasserständen trockenfallen, werden sie auch als Windwatt bezeichnet. Verbreitet besteht an Anlandungsküsten natürlicher Dünenzuwachs. Hochwasserschutz (Kap. 6.3.) wird zumeist dann erforderlich, wenn – wie in den meisten Bereichen Schleswig-Holsteins, teilweise auch Mecklenburg-Vorpommerns – der Dünengürtel zu schwach ausgeprägt ist bzw. fehlt.

Ca. 70 % der deutschen Ostsee-Außenküsten besitzen einen negativen Materialhaushalt und unterliegen der Abtragung, weniger als 10 % haben eine positive Bilanz. Der langfristige mittlere Küstenrückgang an den Außenküsten beträgt 0,2–0,3 m/a. Er schwankt an den Abtragungsabschnitten zwischen 0,1 und 1,0 m, wobei Flachküsten im Allgemeinen schneller als Steilküsten, sandige Uferabschnitte schneller als solche aus Geschiebemergel zurückverlegt werden. Die stärksten Veränderungen der Küstenkonfiguration durch Abtragung geschehen stets im Gefolge von Sturmhochwässern, wodurch mitunter im Verlauf von nur 1–2 Tagen rückwärtige Uferlinienverlagerungen von 4–20 m erfolgen können (Kolp 1957a, Redieck & Schade 1996). Das erodierte Material wird im Küstenlängstransport verfrachtet und baut an anderer Stelle wieder neues Land auf. Eindrucksvolle Beispiele dafür sind das Heiligenhafener Kliff mit dem Graswarder oder die Insel Usedom mit dem Peenemünder Haken. Einer Abtragung steht also an anderer Stelle ein Flächenzuwachs gegenüber, der unter günstigen Umständen so groß sein kann, dass er die durch Steiluferabbruch verlorene Fläche kompensiert (Ziegler & Heyen 2005, Schwarzer et al. 2003a). An hydrodynamisch gering belasteten Küstenstrecken kommen die Abrasions- und Transportprozesse weitgehend zur Ruhe. An den Bodden- und Haffküsten sowie in geschützten Bereichen der Förden treten deshalb Röhrichtküsten auf, charakterisiert durch organogenen Aufwuchs (Sedentate) und die Bildung von meist flachgründigen Küstenmooren und -röhrichten. Abb. 6.2 zeigt die drei wichtigsten Küstenformen an der südlichen Ostseeküste, ihre geologisch-morphologischen Verhältnisse und deren Beziehung zu den jeweils typischen Küstensedimenten.

Aktive Steilküsten umfassen ca. 30 % der Küstenlinie Schleswig-Holsteins und ca. 36 % der Außenküste Mecklenburg-Vorpommerns. Hauptursache für

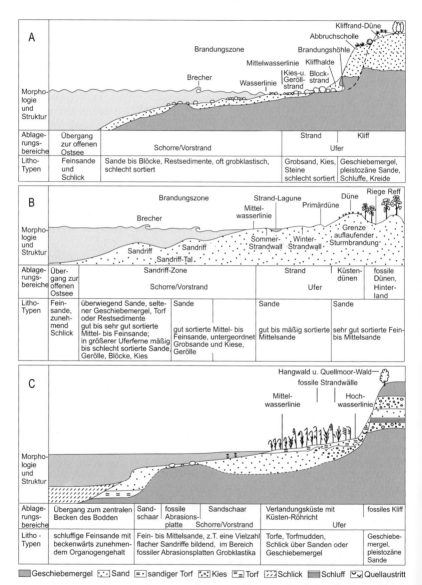

Abb. 6.2: Geomorphologische und sedimentologische Querprofile durch eine aktive Steilküste (A), eine Flachküste (B), jeweils an der offenen See, und eine Röhrichtküste (C) der inneren Seegewässer (nach Niedermeyer, Kliewe & Janke 1987, verändert).

die Entstehung aktiver Steilküsten sind – neben negativer oder höchstens ausgeglichener Materialbilanz des Küstenabschnitts – erhöhte Wasserstände und gleichzeitig auftretende Brandung. Die Rückverlagerung der Steilufer erfolgt in einem Zyklus, bei dem die beteiligten Prozesse nicht gleichzeitig aktiv sein müssen, sondern in der Regel nach folgendem Schema ablaufen (McGreal 1979, Carter & Guy 1988, Sunamura 1983, 1992, Schwarzer et al. 2000):

- Versteilung des Kliffs durch seegangs- und strömungsbedingte Abräumung der Kliffhalde; Hangunterspülungen;
- Massenbewegung am Kliff, ausgelöst durch Hanginstabilitäten, und Rückgang der Kliffoberkante; gleichzeitige Verringerung der Kliffneigung und der Strandbreite durch Bildung einer neuen Kliffhalde. Bei anhaltend hohem Wasserstand kann die Brandung das Abbruch- und Abrutschmaterial fortführen, so dass es zu weiteren Massenbewegungen kommt;
- Nach fallenden und bei normalen Wasserständen und moderater Seegangsbelastung zeitweiliger Schutz des Klifffußes durch eine Kliffhalde;
- Abtrag der Kliffhalde und Zunahme der Strandbreite bei Intensivierung der Seegangsbelastung sowie zunehmender Verweildauer erhöhter Wasserstände, erneute Versteilung des Kliffs und Beginn eines neuen Zyklus.

Der Steiluferrückgang unterliegt damit zeitlichen Variationen (Buckler & Winters 1983, Lamoe & Winters 1989, Sterr 1988, 1989, Schwarzer et al. 2000). Die Bewertung der Wirksamkeit der einzelnen Prozesse sowohl innerhalb eines Zyklus' als auch mehrerer, aufeinanderfolgender Zyklen hängt allein vom Zeitmaßstab ab, unter dem das Rückgangsverhalten betrachtet wird. Für die Berechnung langfristig mittlerer Rückgangswerte wird – wenn möglich – über 100 Jahre integriert.

Die auf dem vorgelagerten Meeresgrund eines Steilufers wirkenden Abrasionsprozesse führen zu einer Eintiefung des Meeresgrundprofils und damit gleichzeitig zu seiner landwärtigen Verschiebung (v. Bülow 1960, Wefer et al. 1976, Gurwell 1989, Sunamura 1992, Schrottke 2001).

Der Aufbau einer Abrasionsplatte ist schematisch in Abb. 6.2-A dargestellt. Der in ihrer seewärtigen Fortsetzung auf detaillierten bathymetrischen Karten stellenweise vorhandene Profilknick in 14–16 m Wassertiefe (Abb. 6.3) kann als prälittorinazeitliche Uferlinie (s. Kap. 4) gedeutet werden. Dadurch werden Beginn und Ausmaß des Küstenrückgangs angezeigt, der sich seit einigen Jahrtausenden bis zum Erreichen des heutigen Meeresspiegels vollzog (vgl. Kolp 1975, Healy & Werner 1987, Schwarzer et al. 1993, Hoffmann & Lampe 2007).

Eine völlige Einebnung der Platte wird mit dem Rückschreiten der Küste jedoch noch nicht erreicht, denn die untermeerisch als Fortsetzung der festländischen, glazialmorphologischen Strukturen auftretenden Bereiche weisen

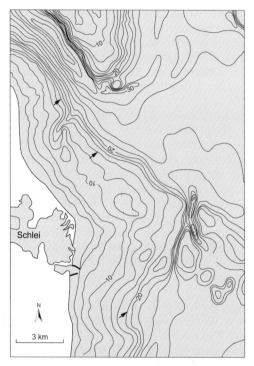

Abb. 6.3: Ausschnitt aus einer bathymetrischen Karte der westlichen Kieler Bucht mit steileren morphologischen Gradienten in 14–18 m Wassertiefe (Pfeile).

z. T. markante Materialunterschiede zur Umgebung aus (z. B. Blockreichtum; vgl. u. a. Hintz 1958, Kolp 1966 a, Niedermeier-Lange & Werner 1987). Die Raten der Meeresbodenabrasion im Flachwasser vor den Steilufern der schleswig-holsteinischen Ostseeküste liegen im Bereich von 1–5 cm/a für Wassertiefen bis ca. 7 m. In tieferem Wasser sind die Raten geringer, z. B. 0,16 cm/a in 10 m Wassertiefe vor Bokniseck (Wefer et al. 1976, Schwarzer et al. 2000, Schrottke 2001). Ein eindeutiger tiefenabhängiger Abrasionsgradient wurde bisher jedoch nicht festgestellt, dazu beeinflussen die Zusammensetzung des Geschiebemergels und sein Gefüge den Erosionswiderstand zu sehr.

Bis in das Jahr 1976 wurden in Schleswig-Holstein durch die Steinfischerei sämtliche auffindbaren Blöcke mit einem Durchmesser von mehr als 0,6 m primär für den Bau von Küstenschutzanlagen vom Meeresboden abgesammelt. Das Gesamtgewicht der gefischten Steine wird mit 3,5 Mio t angegeben (Bock 2003). Neben dem Schutz des Untergrundes vor weiterer Abrasion gingen damit auch wesentliche Hartsubstrate für die Unterwasserfauna und -flora verloren (vgl. 5.5). In Schleswig-Holstein wird daher selten eine ausgedehnte, vor weiterer Abtragung schützende „Lesedecke" aus grobem Blockmaterial auf den Abrasionsplatten vorgefunden (vgl. 5.3.). In Mecklenburg-Vorpommern ist der Steinfischerei dagegen bereits im 19. Jahrhundert Einhalt geboten worden.

Die kritische Wassertiefe, bis zu der die Abrasion stattfindet, ist allein von den einwirkenden hydrodynamischen Kräften abhängig. Der lithologische Aufbau des anstehenden Materials steuert dabei maßgeblich die Geschwindigkeit der Tieferlegung des Meeresgrundes (Schrottke 2001). Die Menge des in den küstennahen Sedimenttransport eingespeisten Materials kann dabei größer sein als die durch den Kliffabbruch freigesetzte Sedimentmenge. Sie ergibt sich aus dem Verhältnis von der submarinen Tiefenlage der beginnenden Abrasion zur Kliffhöhe. An einem aktiven Kliff unterstützen zusätzlich zu den marinen Kräften weitere Verwitterungs- und Transportvorgänge sowie glazitektonische Vorprägungen in Form von Klüften und Scherflächen den Abtragungsprozess. Art und Intensität dieser terrestrischen Kräfte hängen somit stark von den im Kliffbereich und unmittelbar binnenwärts anstehenden Sedimenten und deren Lagerung ab.

Folgende Steilküstentypen werden an der südlichen Ostseeküste unterschieden (Gellert 1961, Subotowicz 1981, Schulz 1994, Möbus 2006):
– Sand-Steilküsten: An ihnen dominieren Hangrutschungen mit Abrutschhalden und Schuttkegeln bei zumeist wenig gestörter Sedimentlagerung, ein Sickerwasserregime sowie weniger steile Hänge und hohe Deflationsanfälligkeit (z. B. Kliff v. Weseby: E 2, Rostocker Heide: E 9, Streckelsberg/ Usedom: E 16);
– Geschiebemergel-Steilküsten: Charakteristisch sind von der Klüftung abhängige Abbruchprozesse mit Brandungshöhlen, Abbruchschollen, Abbruchschutt und oft sehr steilen Wänden (z. B. Brodtener Ufer: E 7, Abschnitte des Fischlandkliffs: E 10);
– Steilküsten mit mehr oder weniger horizontaler bis verkippter Wechsellagerung von wasserdurchlässigen und -stauenden Sedimenten: Je nach Sedimenttypen und deren Abfolge dominieren Abbruch- oder Abrutschprozesse. Steht Sand unter Geschiebemergel an, so erfolgt der Küstenrückgang in der Regel schneller als an Kliffen mit Sand über Geschiebemergel; küsteninterne Zerfallsprozesse sind stark mitbeteiligt. Besonders gefährdet sind Steilküsten mit meerwärts einfallender Oberfläche eines liegenden Wasserstauers (Geschiebemergel, Ton, Kreide). Auf ihr kann es zu plötzlichen gravitativen Rutschungen der darüber anstehenden wasserdurchlässigen Sedimente in Form von Abgleitblöcken und -schollen kommen (z. B. die 800 m lange, bis zu 200 m breite und ca. 20 m tief bis auf den Strand gerutschte Abgleitscholle an der Westflanke des Dornbuschs auf der Insel

Hiddensee: E 11). Jüngstes Beispiel einer solchen Abgleitung ist die Steilküste bei Lohme (Halbinsel Jasmund) als sich am Abend des 19. März 2005 auf einer Fläche von ca. 200 x 200 Metern der Hang in Bewegung setzte, Gebäude und Straßen gefährdete sowie den Hafen teilweise zuschüttete (E 12);
- Steilküsten mit stark gestörter Lagerung, die in Bereichen mit glazitektonischer Beanspruchung (Stauch-/Stapelmoränen) oder gravitativen Sedimentdeformationen auftreten: Charakteristisch sind stark wechselnde Sedimenttypen, insbesondere im Bereich von Stauchungsfalten, Schuppenstrukturen und Einspießungen. An ihnen finden sowohl Abbruch- als auch Abrutsch-, Abgleit-, Ausfließ- und hangfluviale Transportprozesse statt (Hohes Ufer von Heiligenhafen: E 6, Jasmund: E 12, Langer Berg: E 16).

An den Steilküsten ist der Klifffuß häufig durch Abrutschmassen vom Kliff bedeckt, die die Kliffhalde bilden. Das Korngrößenspektrum der Strandsedimente wird vor allem vom Kliffmaterial bestimmt. So sind vor den überwiegend aus Sand aufgebauten Kliffs Usedoms verhältnismäßig feine Strandsande anzutreffen, vor den Geschiebemergelkliffs Mecklenburg-Vorpommerns und Schleswig-Holstein sandig-kiesig-steinige Sedimente bis hin zu reinen Blockstränden. Vor den Kreidekliffs Rügens findet man hohe Feuersteinwälle.

Sobald das Meer das Kliff nicht mehr erreichen kann, z. B. durch sich vorbauende Sandhaken und Strandwallsysteme (Abb. E 1.4, Höftland von Langballigau) oder durch eine vorgelagerte dünenreiche Flachküste (Abb E 10.2, Darß, altes Heidesandkliff), wird aus einem aktiven ein inaktives und letztlich fossiles Kliff. Dessen Hänge zeigen eine ausgeglichenere Oberflächengestalt, sanftere Böschungsverhältnisse und eine sich bald einstellende geschlossene Vegetationsdecke. Eine Besonderheit sandiger Steilküstenabschnitte bilden Kliffranddünen (Abb. 6.1-A), die aber eher an den Küsten Mecklenburg-Vorpommerns als in Schleswig-Holstein anzutreffen sind. Bei auflandigen Winden wird als Folge von Sandauswehungen aus dem Kliffhang und begleitenden Wirbelbildungen der Sand aufwärts verfrachtet und im Bereich der Kliffoberkante abgelagert. Bei niedrigen Sandkliffen können zusätzlich auch Strandsande am Aufbau der Kliffranddünen mitbeteiligt sein.

Im Bereich der Flachküsten ist das morpho- und sedimentologische Inventar reichhaltiger. Küstendünen, die in Schleswig-Holstein nur untergeordnet vorkommen, treten nach Osten hin häufiger und besser entwickelt auf. Je nach Materialverfügbarkeit treten seewärts ausgeprägte Strandwälle auf, die an der Wasserlinie von einer Berme als der jüngsten Sedimentakkumulationszone gesäumt werden. Die Berme kann durch einen Strandpriel vom restlichen Strand getrennt sein und wird bei Hochwässern oft unter Bildung einer leeseitigen mittel- oder grobsandigen, schräggeschichteten Anlagerung geringer Kornpackungsdichte landwärts verlagert (Niedermeyer 1980). Die luvseitige Böschung im Schwall- und Sogbereich der Brandung ist zumeist flach geneigt, dicht gepackt und deswegen gut begehbar. Im Kamm- und seewärtigen Hangbereich finden sich häufig dunkle Lagen von durch die Brandung aussortierten Schwermineralen (u. a. Magnetit, Granat, Zirkon, Amphibol, Augit), die als Strandseifen bezeichnet werden. In den 1950er und Anfang der 1960er Jahre wurden diese Schwermineralseifen auch an der Küste Mecklenburg-Vorpommerns abgebaut, wobei das Hauptinteresse dem Zirkon galt. Man schätzte, dass zwischen Warnemünde und der Insel Usedom ca. 2.000 bis 3.000 t Schwerminerale in Seifen angereichert waren, die etwa 65 bis 100 t Zirkon enthielten (Hetzer 2006). Daraus wurde in Bitterfeld das Metall Zirkonium für die Ummantelung von Kernbrennstäben in den Atomreaktoren der ehemaligen DDR gewonnen.

Durch Wechsel von Wasserstand und Brandungsintensität ist die Strandmorphologie an den Außenküsten markanten, überwiegend jahreszeitlichen Veränderungen (Sommer-/Winterstrandprofile) unterworfen. Einen besonderen Formenschatz bilden die in der jeweiligen Küstenlängsrichtung verlaufenden Phänomene des Küstenversatzes und -ausgleichs (u. a. Sandhaken, Nehrungen, Strandwallfächer).

Die in der Brecherzone seewärts anschließenden Sandriffe mit dazwischenliegenden Rinnen sind hinsichtlich ihrer Lage gleichfalls starken saisonalen Schwankungen unterworfen. Während der ruhigeren Sommermonate wandern diese Sedimentkörper Richtung Strand und höhen sich dabei auf; während der Sturmhochwasser-dominierten Herbst- und Wintermonate verläuft dieser Prozess umgekehrt. Die Mobilität der Sandriffe nimmt dabei von den küstenferneren Riffen zu den küstennahen Riffen zu (Short 1993, 1999). Die Sandriffzone besteht aus einem bis mehreren uferparallelen, bogig oder auch schräg zur Küste verlaufenden Sandkörpern von ca. 0,5 bis 2,5 m Mächtigkeit. Je näher landwärts diese Sandriffe liegen, umso dichter reichen sie an die Wasseroberfläche heran, jedoch bei Normalwasserständen nicht über diese hinaus. Die Abstände der Sandriffe zueinander vergrößern sich seewärts (vgl. Hartnack 1924, Vollbrecht 1957, Aagaard 1988, Schwarzer 1989, Gusen 1983, 1988, Wehner 1988, 1989). Ihre Position entspricht einem durch Selbstorganisation erreichten Gleichgewichtszustand, der wesentlich durch die Energie des Seegangs, das Wellenspektrum, die Vorstrandneigung und die Sedimentverfügbarkeit bestimmt wird (Aagard 1988, Schwarzer 1989). Gleichzeitig wird ihr Höhenwachstum durch das Brechen der Wellen über ihrem Kamm begrenzt. Durch die damit verbundene Energieumwandlung und den Wassermassentransport entstehen Brandungslängs- und -querströmungen, die das durch den Brechvorgang aufgewirbelte Sediment verfrachten.

Die Sandriffe sind damit neben der unmittelbaren Uferzone die Bereiche der maximalen Energieumsetzung und die Haupttransportbahnen für den küstenparallelen Materialtransport. Durch die hohe Umlagerungsintensität sind deren Sande sehr gut sortiert. Es sind in der Regel Fein- bis Mittelsande, wobei die Riffkämme und die Leehänge ein gröberes Kornspektrum aufweisen als die seewärtigen Luvhänge (Schwarzer 1989). Die Rinnen zwischen den Sandriffen zeigen demgegenüber häufig ein gröberes und schlechter sortiertes Sediment. Zu dem dynamischen System der Sandriffe gehören auch die Rippströme, durch welche der seewärtige Ausgleich der strandnah angestauten Wassermassen erfolgt. Dabei können häufig energiereiche Strömungen mit starkem ablandigem Materialtransport auftreten. Gemeinsam mit dem durch den Küstenlängsstrom verursachten uferparallelen Materialversatz bilden sie ein Zirkulationssystem des Sediment- und Stofftransports im Vorstrandbereich (Schwarzer 1989, 1994).

An den inneren Seegewässern dominieren Küstenröhrichte, die sich beiderseits der Mittelwasserlinie erstrecken und sowohl Bestandteil des Ufers als auch der Schorre (bis maximal 0,6 m Wassertiefe) sein können. Küstenröhrichte sind in der Regel umso breiter und differenzierter ausgebildet, je kleiner der ihnen vorgelagerte Seeraum ist, je weniger sie Starkwinden und erhöhter Brandungsenergie ausgesetzt sind. Dementsprechend erreichen sie an den Süd- und Westufern der Förden, Bodden, Haffe und Sunde zumeist ihre größten Breiten (z. T. bis weit über 100 m), während insbesondere an deren Nord- und Ostseiten das Röhricht oft nur sehr schmal und lückenhaft ausgebildet ist und sogar fehlen kann (Slobodda 1992). Die Nährstoffversorgung der Küstenröhrichte erfolgt durch Fremdeintrag sowohl vom angrenzenden Festland her (Oberflächenabfluss, Quellhorizonte, Wind), als auch vom Gewässer (vor allem Stickstoff) sowie über das anstehende Bodensediment einschließlich der Zersetzungsprodukte aus dem Röhricht selbst (insbesondere Phosphor; Voigtland 1983). Die Küstenröhrichte an der deutschen Ostseeküste üben ebenso eine natürliche Schutzfunktionen aus wie die lokal noch zahlreich vorkommenden größeren Geschiebe bzw. Findlinge. An Binnenküsten zeigt sich, dass bei entsprechender Pflege und Bewirtschaftung der Röhrichte Brandungseinwirkungen sowie Gewässereutrophierung zurückgehalten werden können.

Jede Küste ist in Raum und Zeit ständig in Veränderung begriffen. Die Uferlinie kann sich seewärts (Regression) oder landwärts (Transgression) verschieben, je nach dem, welche Prozesskombination aus relativem Meeresspiegelanstieg oder -fall und Akkumulation oder Abrasion dominiert. Auch im Bereich der deutschen Ostseeküste lassen sich vielfältige fossile Küstenbildungen sowohl meer- als auch landseitig der gegenwärtigen Uferlinie nachweisen. Auf die Verbreitung von prälittorinazeitlichen Festlandsbildungen und littorinazeitlichen Transgressionssedimenten am Meeresboden der Ostsee wurde bereits hingewiesen. Besonders beeindruckend zeigen neolithische Siedlungsreste den transgressiven Charakter der südlichen Ostsee im Zeitraum > 5.000 J. v. h. an (vgl. Kap. 4, E 8 und E 13). Charakteristische Formen eines regressiven Geschehens sind inaktive, fossile Kliffs an der äußersten Grenze einstiger Meeresausdehnung und ausgedehnte Meeressandebenen, die Strandwälle und fossile Küstendünen aufweisen können. Sie entstanden nach dem Ende der Littorina-Hauptphase. Die in jüngerer Zeit auf den tieferen Bereichen und an den Flanken der Meeressandebenen aufgewachsenen Küstenmoore sind Sedentate, deren Bildung erst durch die jungsubatlantische Transgression eingeleitet wurde.

6.3. Küstenschutz

Küstenschutz meint den Schutz des im Küstenraum lebenden Menschen sowie seiner Sachwerte, wobei unterschieden werden kann zwischen Hochwasserschutz und Erosionsschutz (Küstenschutz i. e. S.). Hochwasser- und Erosionsschutz basieren auf unterschiedlichen Strategien und technischen Lösungen, die zur Erreichung des Schutzziels in vielen Fällen miteinander kombiniert werden. Im Folgenden wird deshalb einheitlich der Begriff Küstenschutz verwendet.

Schutzmaßnahmen an der deutschen Ostseeküste wurden erstmals im Jahre 1423 für die Küste zwischen Warnemünde und Markgrafenheide beschrieben (Cordshagen 1964). Sie dienten durch die Anlage von Küstenbuhnen und das Festlegen von Dünensand der Vermeidung von Küstendurchbrüchen und von Fahrbahnversandungen. Der erste Deichbau fand um 1581 an der Geltinger Birk bei Flensburg statt, die ersten Buhnen wurden 1843 auf der Insel Ruden gebaut. Die verheerende Sturmflut vom 12./13.11.1872 wurde zum Beginn des systematischen Küstenschutzes. Heute unterliegt der Küstenschutz landesrechtlichen Bestimmungen, auf Grund derer der Staat fest definierte Aufgaben übernimmt, wenn sie im Interesse der Allgemeinheit liegen. Einen gesetzlichen Anspruch auf den Schutz gibt es nicht. Die allgemeinen und technischen Grundlagen des Küstenschutzes sind in den entsprechenden Generalplänen und Regelwerken der Küstenländer beschrieben (MBLU 1994, MLR 2001, MLUV 2009).

Historisch bedingt hat sich der Küstenschutz in Schleswig-Holstein und Mecklenburg-Vorpommern unterschiedlich entwickelt. In Schleswig-Holstein ist er weitestgehend geprägt von einer aktiven Erhaltung der Küstenlinie durch moderne Deiche in vorderer Front, unterstützt, wenn notwendig, durch weitere technische Maßnahmen wie Buhnen, Wellenbrecher und Sandvorspülungen. Das prominenteste Beispiel für diese Art massiven Küstenschutzes befindet sich in der Probstei (südwestliche Kieler Bucht, E 5). Die Gründe für diese Küstenschutz-Strategie liegen in der geologischen Entwicklung, die einen starken Mangel sandiger Sedimente im Küstenbereich bewirkt hat sowie in den höchsten isostatischen Senkungstendenzen im südlichen Ostseeküstenbereich

(s. a. Kap. 4). Außerdem treten in diesem Gebiet die höchsten Sturmhochwässer auf und nicht zuletzt kommt eine in den letzten Jahrzehnten stark ausgebaute Tourismusindustrie mit forcierter Besiedlung und touristischer Infrastrukturentwicklung hinzu. Entlang der Küste Mecklenburg-Vorpommerns, die über wesentlich umfangreichere Sandressourcen verfügt und die auf Grund der wirtschaftlichen bzw. gesellschaftlichen Umstände auch dünner besiedelt war und ist, wird ein Küstenschutz praktiziert, den man als naturnäher bezeichnen kann. Anstatt vorgeschobener Deiche bestehen die Küstenschutzsysteme von See her im Wesentlichen aus Holzbuhnen, Sandvorspülungen, künstlich verstärkten Dünen, eventuell einem Küstenschutzwald und den Deichen. Infolge der geringeren Hochwasserstände, der widerstandsfähigeren Dünengürtel und der breiteren Vorländer können die Deiche mit geringerer Höhe und Breite und damit auch mit niedrigeren Baukosten und weniger Flächenverbrauch errichtet werden.

Derzeit existieren in Schleswig-Holstein 67 km Landesschutzdeiche, 7 km Überlaufdeiche auf Fehmarn sowie weitere 3 km Deckwerke. In Mecklenburg-Vorpommern werden 212 km Deiche 1. Ordnung unterhalten. An weiteren 105 km übernehmen künstlich verstärkte Dünen allein den Hochwasserschutz. Dem Erosionsschutz dienen rund 1.000 Buhnen, 17 Wellenbrecher sowie 21 km Uferlängswerke. Zum Ausgleich eines negativen Sedimenthaushaltes wurden in Mecklenburg-Vorpommern zwischen 1990 und Ende 2008 rund 14 Mio m^3 Sand aufgespült (MLUV 2009).

Die heute und in der näheren Zukunft anzuwendenden Methoden bauen auf diesen bewährten traditionellen Schutz- und Pflegemaßnahmen auf. Es sind insbesondere Dünen- und Deichbau und -pflege sowie Verfahren zur Reduzierung von Seegangs- und Strömungsenergie durch Buhnenfelder, uferparallele Wellenbrecher und künstliche Riffe. Strandaufspülungen dienen dem Ausgleich der negativen Sedimentbilanz und werden i. d. R. mit den oben genannten Maßnahmen kombiniert. An besonders gefährdeten Stellen schützen Deckwerke unmittelbar am Meer liegende Deiche. Für die meisten Küstenabschnitte der beiden Länder stellen die Wasserstände der Sturmflut vom 13. November 1872 die sicher gemessenen Höchstwerte dar (s. Tab. 6.1). Sie dienen als Bemessungswasserstände für die Höhe von Schutzdeichen. Lediglich für einige Bodden- und Haffbereiche sind die Wasserstände der Sturmflut von 1913 ausschlaggebend. Die zu treffenden Maßnahmen müssen an die Herausforderungen der immer deutlicher in Erscheinung tretenden Änderungen der Wasserstandsverhältnisse angepasst werden (in neuen oder rekonstruierten Bauwerken ist ein Anstieg des Mittelwassers von 0,3 m bis 2100 bereits berücksichtigt, weitere 0,2 m „Sicherheitsaufschlag" sind geplant). Ob sich auch die hydrodynamische Belastung der Bauwerke infolge zunehmender Intensität und Häufigkeit von Stürmen ändern wird, kann nach den gegenwärtig vorliegenden Modellrechnungen noch nicht entschieden werden (v. Storch et al. 2008).

Tab. 6.1: Schwere und sehr schwere Sturmfluten an der deutschen Ostseeküste seit 1872 (nach Baerens 1998, Schwarzer 2003; Angaben in m +NHN).

Datum	Flensburg	Kiel	Travemünde	Wismar	Warnemünde	Sassnitz	Greifswald	Koserow
13.11.1872	3,08	2,97	3,30	2,84	2,45	–	2,64	–
31.12.1904	2,24	2,24	2,18	2,28	1,88	2,09	2,39	
29./31.12.1913	1,67	1,90	1,97	2,08	1,89	–	2,10	1,83
4.1.1954	1,72	1,80	2,02	2,10	1,70	1,40	1,82	1,60
15.2.1979	1,81	1,96	1,82	1,57	1,27	0,80	0,98	
3./4.11.1995	1,81	1,99	1,84	2,02	1,60	1,37	1,79	>1,79

Zwischen 1990 und Ende 2008 hat Mecklenburg-Vorpommern ca. 261 Mio. € an EU-, Bundes- und Landesmitteln in den Küsten- und Hochwasserschutz investiert, davon 207 Mio. € reine Baukosten (MLUV 2009); in Schleswig-Holstein flossen zwischen 1990 und 2000 rund 293 Mio DM in die Verstärkung der Landesschutzdeiche. Jeder technische Eingriff in die natürlichen Prozesse an der Küste verändert diese, und zwar nicht nur vor Ort, sondern zusätzlich auch im Bereich der angrenzenden Küstenabschnitte. Der Durchführung kostenaufwendiger Küstenschutzmaßnahmen gehen deshalb Studien zur Zweckmäßigkeit, zu Erfolgsaussichten, Standfestigkeit, aber vor allem zu Auswirkungen auf das Umland bzw. angrenzende Küstenabschnitte voraus. Es sollte künftig zunehmend akzeptiert werden, dass nicht jeder defizitäre Küstenabschnitt geschützt und erhalten werden kann. Gute Beispiele hierfür bieten z. B. die Maßnahmen entlang der Flensburger Außenförde von Falshöft bis an die südliche Grenze des Naturschutzgebietes „Geltinger Birk", wo erstmals der neue Landesschutzdeich in das Hinterland zurückverlegt wurde (E1) sowie die Aufgabe des Deiches 1. Ordnung östlich von Markgrafenheide nach der Ringeindeichung des Ortes (E 9). In beiden Fällen wird die Entwicklung natürlicher Küstenniederungen mit all ihrer Vielfältigkeit und einem ungestörten Überflutungsregime wieder zugelassen.

6.4. Klima, Böden und Vegetation

Das Klima der deutschen Ostseeküste ist in doppelter Weise durch seinen Übergangscharakter gekennzeichnet (Kliewe 1951, Hagen 1996, Tiesel 1996). Einerseits ist es der großräumige Wandel, der sich in west-östlicher Richtung vom nordatlantischen Seeklima zum Landklima des Kontinentinneren Europas innerhalb eines ausgedehnten Übergangsgebietes vollzieht. In dieses mitteleuropäische Übergangsklima greift andererseits zwischen Schleswig-Holsteins

Fördenküste und der Pommerschen Bucht aus NE der Einfluss des Wasserkörpers der Ostsee mit seiner Wärmespeicherfähigkeit und damit temperaturdämpfenden und feuchtigkeitsspendenden Wirkung ein. Durch die Überlagerung beider Effekte entwickelt sich in einem 10–30 km, auf Rügen maximal 50 km breiten Streifen das Küstenklima und verliert zum Landesinneren, d. h. zum Nördlichen Landrücken hin zunehmend an Einfluss. Im Ostseeküstenbereich Schleswig-Holsteins ist das Klima noch stark atlantisch geprägt. Es liegt näher als das übrige Küstengebiet zum Nordatlantik und zu den Tiefdruckbahnen der nördlichen Breiten, wodurch der ganzjährig wechselhafte Witterungscharakter bedingt ist. In Mecklenburg-Vorpommern lässt sich bei gemeinsamem Grundcharakter ein westliches und ein östliches Küstenklima unterscheiden. Die Grenze zwischen beiden Klimabereichen verläuft etwa von Sassnitz über Bergen, also mitten über die Insel Rügen hinweg und weiter über den Strelasund nach SW (Kliewe 1951). Das westliche Teilgebiet von Sassnitz bis zur Wismar-Bucht ist nach NW exponiert und dadurch ähnlich wie Schleswig-Holstein ozeanischen Einflüssen mit größeren Windstärken, höherer Luftfeuchtigkeit usw. verstärkt ausgesetzt. Die mittleren höchsten Windgeschwindigkeiten – etwa 2- bis 3-mal so hoch wie im Norddeutschen Binnentiefland – wurden in dem am stärksten zur Mecklenburger Bucht exponierten Küstenstreifen von Wustrow (4 Bft) über Zingst (5 Bft) nach Arkona (7 Bft) gemessen (Amelang 1986). Das östliche Küstenklima besonders auf Ostrügen und Usedom mit Exposition nach NE besitzt demgegenüber einen schon kontinentaleren Charakter. Das zeigt sich in einer Vergrößerung der Temperaturamplituden, mehr Sonnenschein und stärkerer Frostgefährdung, aber auch in dem durch kräftige und kalte östliche Winde verstärkt ausgeprägten „Ostseefrühling" sowie dem gehäuft auftretenden tageszeitlichen Land-Seewind-Effekt während des Sommerhalbjahres. An Schleswig-Holsteins Ostküste hingegen ist eine reine Land-Seewind-Zirkulation selten und tritt nur bei bestimmten Hochdrucklagen auf.

Für die Verteilung des mittleren Jahresniederschlags ist bei nach Osten generell abnehmenden Absolutmengen die relative Niederschlagsarmut des küstennächsten Landstreifens entlang der deutschen Ostseeküste auffällig. In Schleswig-Holstein zeigen sich die starken Unterschiede der jährlichen Niederschlagsverteilung z. B. in den Werten zwischen Flensburg (ca. 850 mm) und der Insel Fehmarn (600–550 mm). In Mecklenburg-Vorpommern erhält der küstennahe Landstreifen zumeist weniger als 575 mm Jahresniederschlag, bei Thiessow/SE-Rügen sogar unter 500 mm. Die höher aufragenden küstennahen Stauchmoränenkomplexe empfangen demgegenüber infolge des Staueffektes bedeutend höhere mittlere Jahresniederschlagsmengen, so z. B. 760 mm auf Jasmund (frdl. Mitt. M. Weigelt, Sassnitz, 2011).

Im Hinblick auf die Verknüpfung von Ausgangssedimenten, charakteristischen Bodenformen und Hauptprozessen der Bodenbildung sind entlang der deutschen Ostseeküste regionaltypische Böden und Bodengesellschaften verbreitet (Billwitz 1995, Dann 2004, Ratzke & Mohr 2004, LANU 2006). Demnach dominieren auf Moränen (Geschiebemergel, z. T. mit Geschiebedecksanden) Parabraunerden und Fahlerden, aber auch Pseudogleye und Gleye in Bereichen mit erhöhter Grundwasser- und Stauvernässung. Hinzu kommen in vermoorten Gebieten Humus-, Anmoor- und Moorgleye, die ebenfalls auch auf Beckensanden und Sandern auftreten können. Bestimmend für trockene, nährstoffreiche Sande sind jedoch Braunerden und für nährstoffarme Sande Podsole, die insbesondere auf älteren Strandwällen, Dünen (Braundünen) und im Bereich spätglazialer Staubecken vorkommen. Außerdem finden sich Regosole bzw. Rohböden (Lockersyroseme) auf jüngeren Dünen, Nieder- und Hochmoortorfe auf wachsenden Mooren sowie Erd- und Mulmfene auf Torfen in Moorgebieten mit Grundwasserabsenkung. Auf Kreidesedimenten, die markant auf der Rügenschen Halbinsel Jasmund (E 12) anstehen, sind Kalk- bzw. Rendzinaböden verbreitet, auf Fehmarn (E 6) und Poel (E 8) kommen Schwarzerden vor.

Die Vegetation des deutschen Ostseeküstengebietes (s. u. a. Fukarek 1961, Succow 1967, Slobodda 1989, 1992, Kutscher 2001, Succow & Joosten 2001, Berg et al. 2004), durch Ackerbau und Melioration nachhaltig verändert, spiegelt nur noch bereichsweise die natürlichen Verhältnisse wider, die überwiegend durch Laubwälder mit zum Teil ozeanisch bis subozeanisch geprägten Arten charakterisiert werden:

– Lokale Perlgras-Buchenwälder sowie auch Staunässe tolerierende Eschen-Buchenwälder auf Parabraunerden und Braunerden der Grundmoränenplatten;
– Stieleichen-Buchenwälder zumeist auf reliefintensiveren und z. T. podsolierten Endmoränen;
– Orchideen-Kalkbuchenwälder und Platterbsen-Buchenwälder auf Kreidegebieten mit Kalkböden (Rendzina; z. B. Halbinsel Jasmund/Rügen);
– Stieleichen-Buchen-Wälder sowie Birken-Stieleichen-Wälder, z. T. mit Kiefern, in sauren nährstoffarmen Sander- und Beckensandgebieten sowie auf holozänen Meeressandebenen;
– Kiefernwälder mit Flechten, Krähenbeere, Heidekraut, Wintergrün sowie Heidelbeere auf nährstoffarmen und bodensauren Meeressandebenen mit Dünenüberwehungen (z. B. Nehrungen).

Zur natürlichen Vegetation an der deutschen Ostseeküste gehören ferner die Küstenmoore, zumeist flache und durch Grasland geprägte Versumpfungsmoore auf Meeressandebenen, aber auch Hochmoore in Niederungen, Kesselmoore mit hochmoorartigem Bewuchs auf bewaldeten Endmoränen sowie Quellmoore im Bereich von Bachtälern an der Kreideküste Jasmunds.

Anthropogenen Eingriffen in die heutigen Küstenmoore folgten in der Regel Verlandungs- bzw. Moorgrasland-Pflanzengesellschaften und forstlich genutzte Moorwälder. Diese Moore sind durch das zusätzliche Auftreten stärker atlantisch bzw. boreal gebundener Pflanzen wie Glockenheide (*Erica tetralix*), Krähenbeere (*Empetrum nigrum*) usw. charakterisiert. Die Moore sind seit Jahrtausenden typische Bildungen der norddeutschen Küstenlandschaft. Sie sind in Mecklenburg-Vorpommern seit dem Jahre 2000 durch ein langfristig konzipiertes Landes-Moorschutzprogramm geschützt bzw. gebietsweise auch renaturiert worden (s. LAUN 1997, Precker 1999, 2001, LUNG 2003). Der durch den geologischen Landesdienst von Mecklenburg-Vorpommern erarbeitete Moorstandort-Katalog stellt wichtige geowissenschaftliche Grundlagen-Informationen für den landesweiten Moorschutz, darunter auch die Küstenmoore, zusammen. Auf Grund des stärker atlantisch geprägten Klimas liegt im Küstenraum auch die östliche Verbreitungsgrenze der immergrünen, derbblättrigen Stechpalme (*Ilex aquifolium*) sowie des Gagelstrauches (*Myrica gale*). Kennzeichnend für die deutsche Ostseeküste sind des Weiteren Pflanzengesellschaften der Strände und Dünen (Pioniervegetation), der Boddenverlandungsröhrichte und -salzwiesen sowie der Unterwasserpflanzen (s. u. a. Jeschke 1983, Voigtland 1983, Slobodda 1992, Kutscher 2001, Berg et al. 2004, MARILIM 2003). Verbreitet treten salzholde Arten (Halophyten) auf, wie Salzmiere (*Honckenya peploides*), Salzaster (*Aster tripolium*), Strandnelke (*Limonium vulgare*), Queller (*Salicornia europaea*), Salzkraut (*Salsola kali*) u. a.. Die Dünenpflanzen, wie z. B. der Strandhafer (*Ammophila arenaria*) und das Dolden-Habichtskraut (*Hieracium umbellatum*), sind als trockenheitsresistente Arten (Xerophyten) vor allem auf Vor- und Weißdünen der Küstennehrungen, jedoch auch in sandigen Bereichen der Boddenküsten sowie auf Kliffranddünen zu finden.

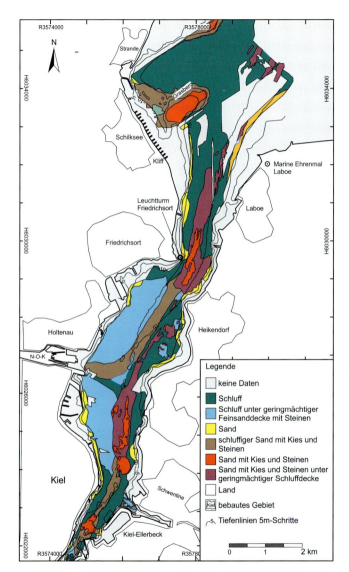

Abb. E 4.1: Verteilung der Oberflächensedimente der Kieler Förde aufgrund von Seitensichtsonaraufnahmen und Oberflächenproben.

Abb. E 5.2: Luftaufnahme der durch eine massive Küstenschutzanlage vor Überflutungen gesicherten Probstei-Niederung. Im Vordergrund des Bildes liegt der Ort Heidkate, am Ansatzpunkt des Sandriffsystems der Strand Kalifornien. Deutlich ist die landwärtige Einbuchtung der Küstenlinie im Bereich der vorrückenden Erosionsfront zu beobachten (Foto: K. Schwarzer 1994).

Abb. E 5.4: Aufnahme des Seegrundes vor der Niederung des Kleinen Binnensees. Die Uferentfernung beträgt lediglich 150 m, Wassertiefe ca. 3,5 m. Im Vordergrund sind Muddesedimente zu beobachten, die sich seewärts bis 350 m Uferentfernung ausdehnen. Im Hintergrund setzt der Luvhang des der Küste vorgelagerten Sandriffsystems an (Foto: K. Schwarzer 1993).

Abb. E 5.5: Durch Sturmhochwässer landwärts verlagertes Geröll-Strandwallsystem vor dem Kleinen Binnensee in der Hohwachter Bucht. Es wird deutlich, wie sich der Strandwall gegen den bestehenden Deich vorschiebt und dabei einen Begrenzungszaun überwindet (Foto: K. Schwarzer 1996).

Abb. E 6.4: Das Warder-Nehrungssystem vor Heiligenhafen (Blickrichtung nach Osten). Im Vordergrund befindet sich der Steinwarder. Die breite Wasserfläche, in der heute der Hafen liegt, kennzeichnet den ehemaligen Durchbruch zwischen Steinwarder und Graswarder (Foto: K. Schwarzer 2002).

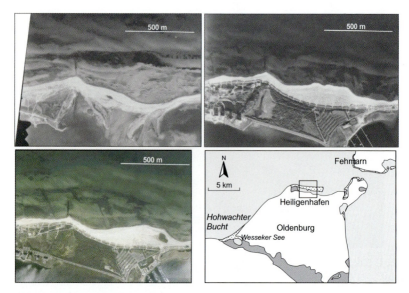

Abb. E 6.5: Entwicklung der „Fischerrinne" zwischen Stein- und Graswarder seit 1958 (Erläuterungen s. Text).

Abb. E 7.4: Ansicht der Hafeneinfahrt Niendorf. Der vom Brodtener Ufer kommende Sedimentstrom wird durch die Hafeneinfahrt in tieferes Wasser abgelenkt. Deutlich ist die Anreicherung des Sediments im Luv der Hafeneinfahrt erkennbar. Das integrierte Bild mit Blickrichtung nach Süden zeigt im Hintergrund den heute von der Ostsee abgetrennten Hemmelsdorfer See (Foto: K. Schwarzer 1994).

Abb. E 8.6: Grundbruch am Zeltplatz Meschendorf (s. Zaun an der Kliffkante) im Frühjahr 2010, mit staffelförmig abgerutschten Sedimenten (Sand, Geschiebemergel; Foto: K. Schütze, LUNG/Geol. Dienst MV). Als Gleitflächen kommen auch den Niederschlagsabfluss stauende Eozänton-Schollen infrage, die weiter östlich am Klifffuss ausstreichen.

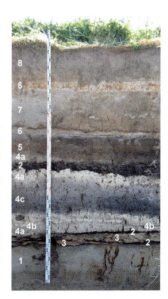

Abb. E 9.3: Sedimentabfolge am Kliffaufschluss Meschendorf unmittelbar östlich des Strandzuganges (Foto Oktober 2009: S. Lorenz, Greifswald).
1: Beckensand (fein- bis mittelsandig, schwach kalkhaltig), 2: Torf, 3: Fein- bis Grobsand mit Schrägschichtung, 4a: Kalkmudde, weißlich, 4b: Schluff- bis Ton-reiches Band innerhalb der Kalkmudde, 4c: Kalkmudde, stärker humos und schluffig, 5: Torf, mit Sand-Einwehungen und -Einschwemmungen, 6: Flugsand, 7: Äolische und fluviatile Flachwasser-Sande, schwach humos, 8: Flugsand, humos.

Abb. E 10.1: Blick von W auf das Gebiet zwischen Ostende der Halbinsel Zingst (A), das anschließende Windwatt (B) und den N-S verlaufenden Gellen mit Gellen-Schaar (C), am Horizont Rügen (Foto: R. Lampe 2007). Vor dem Windwatt sind zwei Riffe zu erkennen, auf dem Windwatt freie Strandwälle. Das Rückgrat der Insel Großer Werder bildet ein hoher Strandwall (D), vor den sich progradierend weitere angelagert haben, dahinter und durch ein Seegatt getrennt die Inseln der Kleinen Werder (E). Im Hintergrund die Insel Bock (F), rechts davon das Festland bei Barhöft.

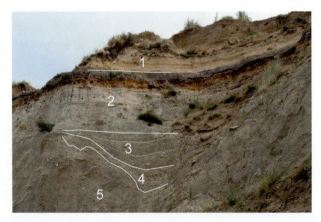

Abb. E 10.5: Aufbau des spätglazialen Beckens „Südliche Althäger Sandmulde" am Kliff des Fischlandes (Foto: R. Lampe 2008). 1 – Kliffranddüne; 2 – Feinsand, kalkfrei („Heidesand") mit Eisenhumuspodsol; 3 – Silikatmudde, mit Mollusken- und Pflanzenrestlagen; 4 – Sandig-kiesiges Mischsediment; 5 – Geschiebemergel.

Abb. E 11.5: Blick nach Süden auf die beiden Haken Neuer und Alter Bessin mit der Bessiner Schaar, die Südabdachung des Dornbuschs mit der Ortschaft Grieben, das Hiddenseer Süderland und die Fährinsel. Links im Bild ist Rügens Küste mit dem Haken des Bug erkennbar (Foto: R. Lampe 2007).

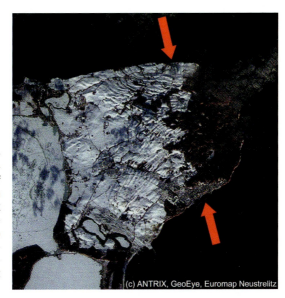

Abb. E 12.3: Das Satellitenbild zeigt den bogenförmigen Verlauf von Stauchungswällen durch Gletscherdruck aus nördlicher und südlicher Richtung (Pfeile) auf der Halbinsel Jasmund (Euromap Neustrelitz 1998; aus Obst & Schütze 2006).

Abb. E 12.5: Die ca. 100.000 m³ pleistozänen Sedimentschutt umfassende Hangrutschung von Lohme im März 2005 (Foto: K. Grabowski 2005; www.luftbildruegen.de). Gut zu erkennen sind der noch Baumbestand aufweisende, fächerförmig-konkav aus dem Kliff ausgebrochene Rutschkörper unmittelbar unterhalb eines inzwischen abgerissenen Gebäudes sowie seine sofort einsetzende Aufschlämmung im Hafenbecken.

Abb. E 13.3: Blick von NW auf die Schmale Heide mit den Strandwällen der Feuersteinfelder. Im Hintergrund parallel zur Außenküste der Gebäudekomplex des ehemaligen KdF-Bades Prora, rechts im Bild zwei Buchten des Kleinen Jasmunder Boddens mit breitem Röhrichtgürtel (Foto: R. Lampe 2007).

Abb. E 14.3: Packeisgürtel vor dem aktiven Kliff am Zickerschen Höft (westlich von Groß Zicker) Januar 2001 (Foto: R. Reinicke, Stralsund; www.kuestenbilder.de).

Abb. E 15.3: Ausschnitt aus dem NSG „Insel Koos, Kooser See und Wampener Riff" mit den zur Zeit der Aufnahme weitgehend überfluteten Karrendorfer Wiesen (Foto: R. Lampe, Mai 2007 bei erhöhtem Wasserstand).

Abb. E 15.4: Minikliff mit der „Schwarzen Schicht" und unmittelbar darunter erhaltenen Baumstämmen am SE-Ufer des Kooser Sees (vgl. Abb. E 15.3. Foto: R. Lampe 1996). 1 – stark humoser bis torfiger Schlick; 2 – sandiger Schlick, lagig; 3 – Schwarze Schicht; 4 – Schilftorf.

Abb. E 16.3: Strandwallebene bei Karlshagen, Blick von SW. Auf der Meeressandebene sind die Enden der von SE (im Bild rechts) nach NW geschütteten ältesten Strandwälle zu erkennen, vor die sich progradierend weitere Strandwälle legten, auf denen heute Kiefernwald stockt. Unten im Bild eine weitgehend verlandete Sturmflutrinne (Foto: R. Lampe 2007).

Abb. E 17.2: Kryogen gestörter Allerødtorf (Vertropfungen) unter podsolierten Flugsanden der Jüngeren Dryas östlich Müggenburg (Foto: R. Lampe 2010).

Exkursionen (E)

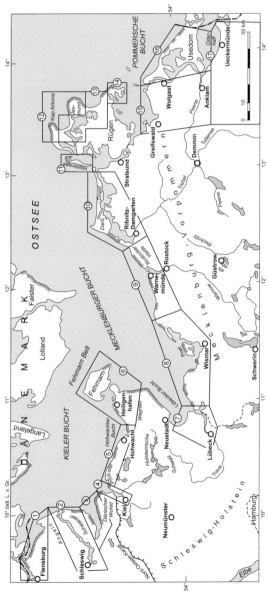

Abb. E 0: Übersichtskarte der 17 Exkursionsgebiete an der deutschen Ostseeküste.

E 1: Flensburger Förde

Zu Beginn der Exkursionsbeschreibungen wird auf die Übersichtskarten der deutschen Ostseeküste (Abb. 6.1, E 0) verwiesen, die zwischen Flensburg und Kiel die Fördenküste, im Gebiet Ostholstein und West-Mecklenburg die Großbuchten- und im übrigen Mecklenburg-Vorpommern die Ausgleichsküste als Haupttypen darstellt, wobei letztere in Vorpommern als Boddenausgleichsküste ausgeprägt ist (s. a. Kap. 6). Diese Karten zeigen auch die morphologisch markanten Steilküsten- bzw. Kliffstrecken, an denen die größeren Nehrungen ansetzen. Letztere treten jedoch am Südufer der 43 km langen Flensburger Förde nur zwischen der Holnis-Halbinsel und der Geltinger Bucht landschaftsprägend in Erscheinung (s. Abb. E 1.1, 2, 4). Dennoch reichte es jüngst für eine Schlagzeile in den Medien: Am 31.3.2007 lief über der Nehrungsuntiefe Holnishaken der 82 m lange, unter der Flagge der Bahamas fahrende Frachter „Danica Hav" auf Grund und musste mit dem Heck voran von zwei Schleppern in die enge Fahrrinne und zur Reparatur nach Flensburg zurückgeschleppt werden (Kieler Nachrichten vom 1.4.2007).

Die maritime Havarie ereignete sich in der nur 2 km breiten und bis 8 m tiefen Holnis-Enge, die die Grenze zwischen der Innen- und Außenförde markiert. Dieser submarine Engpass begrenzt den Wasseraustausch und auch den Tiefgang der Schiffe, nicht jedoch den örtlichen Sedimenttransport. Im Gegenteil: Da mehrere Kliffabschnitte als Materiallieferanten zur Verfügung stehen, können die Wellen vor der nördlichen Holnis-Halbinsel je nach Windlage von zwei Seiten Sediment aufschütten. Dies führt zu einer besonders starken Anhäufung von Sand, die dem Frachter zum Verhängnis wurde. Die Abbildungen E 1.2 und 1.4 lassen die küstennahen Strömungsrichtungen anhand der NE-gerichteten Holnis-Nehrungshaken sowie an den nach W bis NW geöffneten Strandwallfeldern bei Bockholmwik und Langballigau deutlich erkennen.

Der Kieler Hydrogeologe A. Johannsen (1911–1996) hat schon 1960 von einer „tektonischen Ur-Anlage" der Flensburger Förde gesprochen. Nach neueren Erkenntnissen handelt es sich bei ihr um ein Musterbeispiel für tektonische Geomorphologie, für die Kopplung mit marinen und glaziären Prozessen sowie für die morphologische Beharrlichkeit geologischer Strukturen an der deutschen Ostseeküste. Daher wird dieser polygenetischen Langzeit-Küstenentwicklung besondere Aufmerksamkeit gewidmet.

Die Flensburger Förde wird von zwei tektonischen Gräben vorgezeichnet: Glückstadt- und Tønder-Graben. Ersterer bildet mit einer Länge von etwa 150 km und einer Breite bis etwa 80 km die geologische Längsachse Schleswig-Holsteins (s. Abb. 2.2 in Kap. 2). Dieser Graben wurde bereits im Mesozoikum angelegt und hat einen großen Einfluss auf die Entwicklung des Nord-

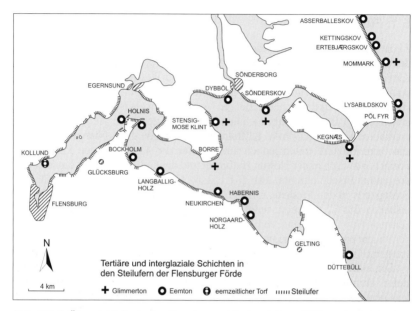

Abb. E 1.1: Übersichtskarte der Flensburger Förde mit ihren Kliffstrecken sowie mit Aufschlüssen eemzeitlicher Torfe und Tone (Cyprinenton), die den Verlauf der durch elster- und saalezeitliche Tunneltäler vorgezeichneten Eem-Förde markieren. Die glazitektonisch aufgeschuppten Glimmertone des Obermiozäns deuten auf salz- und grabentektonische Hochlagen im erdoberflächennahen Untergrund hin (nach Köster 1958).

westdeutschen Beckens (Baldschuhn et al. 2001, Maystrenko et al. 2005, Reinhold et al. 2008, Hoffmann et al. 2008).

Die salztektonische westliche Randstörung des Glückstadt-Grabens biegt SSW-NNE streichend bei Flensburg-Mürwik unter die Längsachse der Innenförde ein und verbindet sich dort mit der südlichen Randstörung des zwischen der dänischen Nordsee-Insel Rømø und der Flensburger Förde quer verlaufenden Tønder-Grabens (s. Abb. 7 bei Christensen et al. 2002).

Diesem tektonischen Doppel-Lineament folgen nicht nur die Innenförde, sondern auch ihr weichseleiszeitliches Tunneltal, in das sie eingebettet ist, sowie ein über 250 m tiefes, mit elstereiszeitlichen Schmelzwassersanden und -kiesen gefülltes Tunneltal. Letzteres durchschneidet den Grundwasserstauer des obermiozänen Glimmertons und stellt einen hydraulischen Kontakt zwischen den oberen Grundwasserleitern und dem für die Region wichtigen, bis über 100 m mächtigen Grundwasser-Reservoir der sogenannten „oberen

Braunkohlensande" her (s. Abb. 3 bei Christensen et al. 2002, Johannsen 1970, 1980). An der Westrandstörung des Glückstadt-Grabens ist der Salzstock Flensburg aus einer Tiefe von etwa 4.000 m bis auf etwa 1.000 m diapirisch aufgestiegen. Dabei wurden seine Deckschichten aufgebeult und teilweise durchbrochen. Auf diese Weise gelangten obermiozäne Glimmertone in Kontakt mit dem elstereiszeitlichen Tunneltal unter der Innenförde. Im weichseleiszeitlichen Gletscherzungenbecken der Außenförde wurden sie an vier dänischen Kliffstrecken sogar glazitektonisch bis an die Erdoberfläche aufgeschuppt (s. Abb. E 1.1). Wiederholte geodätische Feinnivellements belegen eine bis in die Gegenwart aktive Westrandstörung. Während es westlich von ihr zu Senkungen von maximal 0,52 mm/a kommt, hebt sich das östlich angrenzende Gebiet um bis zu 0,28 mm/a (Lehnè & Sirocko 2007). Beim kleinen Salzstock Sterup, dessen Sockelstörung sich im östlichen Flensburger Fördeland bis unter die Geltinger Bucht erstreckt, wurden sogar -0,46 bzw. +0,62 mm/a gemessen.

Von besonderem küstengeologischen Interesse ist in diesem Zusammenhang die bereits eingangs erwähnte Holnis-Halbinsel, die wie ein Sporn in grabentektonischer Streichrichtung in die Flensburger Förde hineinragt und diese verengt und verwinkelt (Abb. E 1.2). Im tieferen Untergrund liegt nahezu konform der kleine Salzstock Holnis. Zwar wurden hier noch keine Feinnivellements durchgeführt, aber er und seine Sockelstörung gehören ebenfalls zu dem durch neotektonische Hebung gekennzeichneten Störungsgebiet am Flensburger Westrand des Glückstadt-Grabens (s. Abb. 4a bei Lehnè & Sirocko 2007). Somit kann auch hier eine salztektonische Vorzeichnung der aus dem morphologischen Rahmen fallenden Küstenkonfiguration angenommen werden.

Die verwinkelte Binnenlage der Stadt Flensburg mindert bei Oststürmen Windschub und Wellenauflauf. Dennoch blieb die Stadt von den extremen Sturmhochwässern der Ostsee nicht verschont. Am 13.11.1872 erreichte das Hochwasser hier eine Scheitelhöhe von +3,08 m NHN (Hupfer et al. 2003, s. a. Tab. 6.1). Viele Hafenanlagen wurden zerstört und Hunderte von Keller- und Parterrewohnungen der Altstadt liefen voll Wasser (Petersen & Rohde 1991). Im Vergleich mit der zur Ostsee trichterförmig geöffneten Nehrungsstadt Eckernförde, die bei diesem Hochwasser fast total zerstört wurde und in deren Heimatmuseum ein für die deutsche Ostseeküste historischer Hochwasserrekord von +3,76 m NHN verzeichnet ist (Beitz 1997), kam Flensburg aber noch glimpflich davon.

Am 1602 erbauten Kompagnietor, Schiffbrücke 12, sind zwei extreme Hochwasserstände eingraviert: 10.1.1694 und 13.11.1872. Ersterer liegt 57 cm tiefer. Vom Kompagnietor kann man entlang des Hafens zum Schifffahrtsmuseum bummeln: Schiffbrücke 29 (www.schifffahrtsmuseum.flensburg.de). Dort sind Zeugnisse aus der über 700-jährigen Seefahrts- und Handelsge-

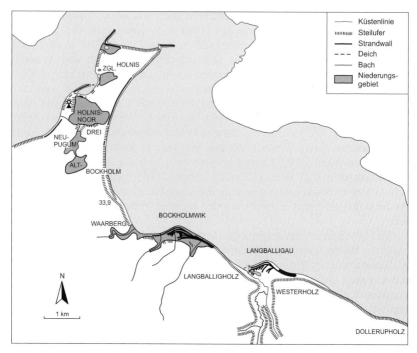

Abb. E 1.2: Die salztektonisch vorgezeichnete Halbinsel Holnis mit ihren Kliffstrecken und Nehrungshaken sowie die Höftländer Bockholmwik und Langballigau mit ihren nach Westen geöffneten Strandwallfeldern (nach Köster 1958).

schichte ausgestellt. In der Eingangshalle steht als Blickfang ein großes Stadt- und Landschaftsmodell für die Zeit um 1600 n. Chr. Es zeigt eine Förde, die damals an der um 1128 n. Chr. erbauten Johanniskirche vorbei etwa 1 km weiter landeinwärts reichte.

Auch hier hatte der Mensch seine Hand im Spiel, denn um 1800 n. Chr., zur Blütezeit des dänischen Rumgeschäftes mit Westindien, gab es bereits über 200 in Flensburg beheimatete Schiffe. Seitdem wurde der natürliche Fördezipfel durch technische Aufschüttungen verkleinert und bebaut. An der Kieler Förde wurde diese Denaturierung erst mit der Ernennung zum kaiserlichen Marinehafen am 24. März 1865 in Gang gesetzt (Jensen & Wulf 1991). Mit dem industriellen Wirtschaftsaufschwung der Hafenstädte an der schleswig-holsteinischen Ostseeküste im 19. Jahrhundert entwickelte sich der maritime Beruf des Geschiebe- bzw. Steinfischers. Obwohl Flensburg kein bedeutender Ort für die Steinfischerei war (Bock 2003), wurden in Schleswig-Holstein nach einer Schätzung des Vereins Ostseesanierung (VOS) in der Endphase von 1920 bis 1965 dennoch etwa 80 Mio. Tonnen Findlinge aus der Ostsee gehievt, Maximalgewicht pro Stück 5 Tonnen. Man brauchte sie als Baumaterial vor allem im Küstenschutz für Wellenbrecher und Buhnen zum Schutz von Sandstränden (s. E 7), aber auch für zahlreiche Hafen- und Uferbefestigungen, für Molen, später auch zunehmend für Grabsteine und Gartenmauern.

Mit den vielen „abgefischten" Findlingen gingen örtlich Lebensräume, nach der Fauna-Flora-Habitat (FFH)-Richtlinie der EU sogenannte Hartsubstrate, am küstennahen Meeresgrund verloren (Bock 2003). Daher hat die Stadt Flensburg als „naturschutzrechtliche Ausgleichsmaßnahme" 2001/02 und 2007 vor dem Flensburger Ostseebad zwei künstliche Riffe aufschütten lassen. Für das jüngere wurden 275 Tonnen Gesteinsbrocken versenkt. Auf dem älteren haben sich bereits Kieselalgen, Seepocken, Seescheiden, Miesmuscheln und Wasserpflanzen angesiedelt. Für Fische bieten die Hohlräume zwischen den Steinen ideale Verstecke. Die Riffe werden vom Ostseelabor der Universität Flensburg und dem Tauchsportverein Flensburg betreut.

Vom Ostseebad führt ein Waldwanderweg zum schleswig-holsteinischen Kliffgeotop Nr. 1 südlich Wassersleben (s. Abb. E 1.3). Das Kliff zeigt eindrucksvolle Stauchungen durch das überfahrende skandinavische Gletschereis; denn hier gabelt sich das weichseleiszeitliche Tunneltal der 15 km langen und nur bis 3 km breiten Innenförde (s. Abb. E 1.1) in zwei im Unterlauf steil in die bis 63 m hohe Hauptendmoräne der Pommerschen Phase eingeschnittene Rinnen: Das Flensburger und das Krusauer Tunneltal. Deren Gletschertore lagen bei Hornholz und Padborg, nur wenige km südlich bzw. nordwestlich Flensburgs bei etwa +36 m NHN. Von dort floss das Schmelzwasser in das Elbe-Urstromtal ab, das wegen der um etwa 120 m tief abgesenkten Nordsee bis in das Gebiet zwischen Schottland und Südnorwegen weiterverlief und von einer wildreichen Mammutsteppe umgeben war, die als Landfläche bis nach Südengland reichte (s. Abb. 13 in Kahlke 2001 und Streif 2002).

Zwischen Hornholz/Jarplund und dem südwestlichen Flensburger Gewerbegebiet sind die Randlage und die dazugehörige Grundmoräne der Frankfurt-Phase von den Schmelzwässern, die in der Pommerschen Phase durch die beiden o. g. Gletschertore ausströmten, zerspült (Strehl 1997). Das Gletschereis der nächstälteren Brandenburg-Phase hat Schleswig-Holstein nicht mehr erreicht (Lüttig 2005), wohl aber der etwa 50.000–60.000 Jahre alte Ellund-Vorstoß, der mit dem Altbaltischen Vorstoß Dänemarks und dem Warnow-Vorstoß Mecklenburgs verbunden war (Stephan 2003, 2004, 2005, Müller 2004a). Der *locus typicus* liegt nur etwa 5 km westlich Flensburg in der Grenzgemarkung zwischen Ellund und Simondys, nahe der etwa 30.000–40.000 Jahre jüngeren Sanderwurzel des Padborger Gletschertores.

Das 7,5 km lange Krusautal wurde aus guten Gründen zum schleswig-holsteinischen Tunneltal-Geotop Nr. 1 erkoren (Abb. E 1.3). Am leichtesten ist es

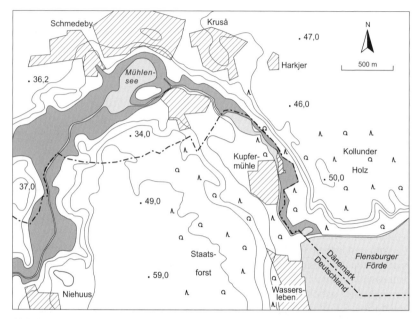

Abb. E 1.3: Das deutsch-dänische Krusauer Tunneltal zwischen dem Niehuus-See bei Padborg und der Krusaumündung in die Flensburger Förde. Ausschnitt der Topographischen Karte 1 : 25.000, Blatt 1122 Flensburg Nord.

von den Parkplätzen an der B 200 hinter dem Grenzübergang Krusau zu erreichen. Bei der Entstehung dieses klassischen Tunneltales, an dessen Hängen zahlreiche Quellen entspringen, dürften sowohl subglaziale Schmelzwassererosion als auch aktiver Schurf durch den Gletscher mitgewirkt haben. Entsprechend seiner eiszeitgeologischen und biologischen Vielfalt wurde es in das europäische Schutzgebietssystem „NATURA 2000" aufgenommen und von 2004 bis 2006 in einem von der EU geförderten deutsch-dänischen Gemeinschaftsprojekt teilweise renaturiert. Am Krusauer Mühlensee kam es dabei zur Wiederbelebung des ursprünglichen Bachbettes, das während des Mühlenbetriebes trocken lag.

Von rohstoff- und umweltgeologischem Interesse ist die 1602 erbaute und bis Mitte des 19. Jahrhunderts in Betrieb befindliche dänische Kupfermühle, in der bis zu 300 Menschen arbeiteten. Das Erz kam aus Røros bei Trondheim und aus dem schwedischen Falun. Es wurde per Schiff im eigenen Fördehafen angefrachtet. Bei dieser über einen so langen Zeitraum andauernden Produktion konnten Umweltschäden nicht ausbleiben. Nach noch unveröffentlichten geochemischen Analysen führten die in und neben dem Betriebsgelände deponierten Produktionsabfälle auf beiden Seiten der Krusau in den jüngsten Auesedimenten und im erdoberflächennahen Grundwasser zu über den Prüfwerten liegenden Schwermetallbelastungen, vor allem mit Kupfer. Der sanierungsrelevante Grundwasserschaden bleibt aber lokal begrenzt. Seit 1997 ist in der Kupfermühle ein kleines Museum eingerichtet.

Die Stadt Flensburg und ihre weitere Umgebung überblickt man am besten vom Wasserturm, vom Schlosswall vor der Duborg Skolen (dänisches Gymnasium) oder vom Museumsberg. Dort wurde in Verbindung mit dem Naturwissenschaftlichen Museum 2006 ein „Eiszeithaus" eröffnet, in dem Sammler ihre ausgewählten Geschiebefunde zeigen und erläutern. Außerdem wird ein Einblick in die Eiszeitgeologie Schleswig-Holsteins geboten. Adresse: Mühlenstraße 7.

Die 28 km lange und bis 12 km breite Flensburger Außenförde erhielt ihren letzten Gletscherschliff vor etwa 15.000–17.000 Jahren vom Sehberg- und Warleberg-Vorstoß der Mecklenburger Phase. In deren Verlauf gelangten Eismassen aus dem Gebiet der östlichen Ostsee mit „baltischer" Geschiebefracht in lobenförmiger Gliederung bis nach Schonen und zum Kattegat (s. Abb. 2 bei Stephan et al. 2005).

Mit Beginn der Littorina-Transgression vor etwa 9.400–9.000 Kalenderjahren wurde der vorher festländische und mit Seen bedeckte westliche Ostseeraum einschließlich der über 30 m tiefen Flensburger Außenförde vom Meer überflutet (Winn et al. 1998, Bennike et al. 2004; s. Kap. 4). Dabei wurden die teilweise drumlinisierten Kuppen am Fördegrund transgressiv gekappt und mit grobkörnigen Restsedimenten bedeckt. Als jüngste natürliche Ablagerung füllt bis über 10 m mächtiger Ostseeschlick den tieferen Hauptteil der Förde (Exon 1972, Winn et al. 1986, Atzler 1995).

An 11 Kliffstrecken zu beiden Seiten der Flensburger Förde sind glazitektonisch aufgeschuppte Cyprinentone des eemwarmzeitlichen Ostseevorläufers aufgeschlossen (s. Abb. E 1.1). Aufgrund ihrer Plastizität verursachen diese Tone, die nach der Muschel *Arctica islandica* (früher *Cyprina islandica*) benannt sind, starke Rutschungen und Grundbrüche. Am Stensigmose-Kliff im dänischen Broagerland wird der Cyprinenton vom sogen. Senescens-Sand überlagert (nach der Muschel *Venerupis senescens*, früher *Tapes*). Ein möglicherweise in diese Zeit einzustufender Sand mit mariner Fauna befindet sich in einem kleinen Aufschluss im Bereich des Kliffs von Habernis westlich der nach Nordosten exponierten Huk. All diese Sedimente stammen aus einer frühen Zeit der Eemmeer-Transgression. Die gesamte Eem-Warmzeit wird mit etwa 115.000–126.000 Jahren vor heute angesetzt (Litt et al. 2007, vgl. Abb. 3.2).

Die Flensburger Eem-Förde wurde durch die nordwestliche Verlängerung der über 20 km langen, 3 km breiten, bis 90 m tiefen und zumindest saaleeiszeitlichen Breitgrund-Tunneltalrinne vorgezeichnet (Atzler 1995). Ein seismischer Schnitt durch diese Rinne, die im verlängerten Streichen des Tønder-Grabens liegt, ist bei Atzler & Werner (1996) abgebildet. Schleswig-Holstein war in der Eem-Warmzeit ein meerumschlungener Archipel (s. Abb. 1 bei H. Schulz et al. 2001). Zeitweilig war die erheblich größere Eem-Ostsee über den Finnischen Meerbusen und Karelien sogar mit dem arktischen Weissen Meer verbunden (Seidenkrantz et al. 2000, s. a. Abb. 4 bei Marks 2004).

Die salztektonisch vorgezeichnete Holnis-Halbinsel bildet Deutschlands nördlichsten Festlandszipfel (s. Abb. E 1.2). Auf ihm wurde 1993 ein etwa 400 Hektar großes Naturschutzgebiet ausgewiesen; nähere Informationen erhält man über www:schleswig-holstein.nabu.de/naturerleben/zentren/holnis. Am 21 m hohen Naturdenkmal Holnis-Kliff, dem schleswig-holsteinischen Kliff-Geotop Nr. 2, stehen über weichseleiszeitlichem Geschiebemergel mit eingeschupptem Cyprinenton Schmelzwassersande sowie feinkörnige Beckensande, -schluffe und -tone an. Cyprinenton und Geschiebemergel werden aber nur sichtbar, wenn der Strand vor dem Klifffuß nach Sturmhochwassereignissen ausgeräumt ist. Die Beckenablagerungen kamen im Südteil des großen Egernsund-Eisstausees vor der Gletscherfront des Warleberg-Vorstoßes der Mecklenburger Phase zum Absatz und wurden nur schwach gestaucht. Die Ablagerungen im Kliffaufschluss zeigen eine Vielzahl sedimentologischer Strukturen mit Rippeln und Turbationshorizonten.

Aufgrund der exponierten Lage und der wenig kohäsiven Sedimente beträgt der mittlere Küstenrückgang des Holnis-Kliffs ca. 0,35 m/a (Ziegler & Heyen 2005). Die aus den Abtragsmassen sowohl dieses Kliffs als auch aus dem nach Norden exponierten Kliff resultierenden zwei Nehrungshaken haben mit zur o. g. Havarie der „Baltica Hav" am 31. März 2007 beigetragen, denn der Frachter lief zwischen ihnen und – vom Kliff aus gesehen – vor der roten „Schwiegermuttertonne" auf Grund. Letztere dient den Nautikern als Warnsignal vor der raschen, landwärtigen Verflachung des Meeresbodens. Beide Nehrungshaken sind in ihrer Längenerstreckung und in ihrer Mobilität quer zum Uferverlauf im Bereich von 10er Metern in beide Richtungen variabel.

In der verfallenen und verschütteten Ziegeleigrube Holnishof (ZGL. in Abb. E 1.2) wurde bis 1967 kalkhaltiger, schluffiger Eisstausee-Ton abgebaut. Dem traditionellen Ziegelbau, der ab der Mitte des 13. Jahrhunderts in der norddeutschen Backsteingotik „gipfelte", ging in Angeln und Schwansen eine kurze Periode der spätromanischen Feldstein- bzw. Findlingsquader-Kirchen voraus. Bei diesem rustikalen Bautyp bestehen die Mauern aus mühsam mit Hammer und Meißel zu Halbquadern behauenen Geschieben der verschiedensten Art. Deren Innenraum wurde – ähnlich dem Verfahren im modernen Betonbau – in einer Holzverschalung mit einem Gemisch aus Mörtel und Gesteinsbruchstücken ausgegossen (Meyer 2005). Musterbeispiele im Flensburger Fördeland sind die wegen der Baukunst und ihrer Innenausstattung sehenswerten Kirchen in Munkbrarup (um 1200), Sörup (1175) und Steinbergkirche. Auch St. Johannis, die älteste Kirche Flensburgs, die im Mittelalter und in der älteren Neuzeit noch am Ufer des später zugeschütteten Fördezipfels stand, (s. o.), wurde um 1128 n. Chr. aus Geschieben gebaut. Reste davon sind im Kern des Mauerwerks noch erhalten.

Im seit 1924 eingedeichten und künstlich entwässerten Holnis-Noor[1], zu dem auch der unter Naturschutz stehende Neupugumer See gehört, sinkt die Basis der limnischen und marinen Ablagerungen des Holozäns bis etwa -10 m NHN ab. Nach Osten wird das Noor von einem 1,6 m hohen Strandwall gegen die Außenförde abgeschlossen. Vor dessen Bildung war der Nordteil von Holnis eine Insel (s. Abb. E 1.2).

Das Höftland von Langballig ist ein weiteres Exkursionsziel. Höftländer entstanden durch gänzliche Verlandung der rückwärtigen Lagunen hinter Strandwallsystemen, die sich in meist kleinere Buchten hineingeschoben und diese vom Meer abgeschnürt haben. Von den fossilen Kliffs zu beiden Seiten des Mündungstrichters der Langballigau hat man, besonders bei der Anfahrt von Westerholz, einen guten Blick auf das sich über 2 km erstreckende vorgelagerte Höft. Das Sandmaterial der nach Westen geöffneten Strandwallfelder, die das Höftland abdämmen, stammt aus dem östlich angrenzenden Kliff bei Westerholz, das früher weiter in die Förde hinausreichte, und von der vorgelagerten, submarinen Abrasionsfläche. Im Zuge des Kliffrückgangs wurden auch die östlichen Nehrungshaken teilweise erodiert; nur die westlichen blieben erhalten und bilden heute die örtlich vermoorte und unter Naturschutz gestellte Strandwall-Landschaft von Langballigau (s. Abb. E 1.4).

Die Standwallfelder wurden teilweise archäologisch datiert. Die inneren und älteren Strandwälle, die mit zahlreichen Gräben der Jüngeren Eisenzeit bedeckt und etwa 2.000 Jahre alt sind, erreichen die gleiche Höhe wie die äußeren und jüngsten. Die Strandwälle dazwischen liegen etwa einen halben Meter tiefer und können anhand ihrer wikingerzeitlichen Gräber in die Zeit um 800–1000 n. Chr. datiert werden. Diese archäologischen Befunde und zahlreiche geologische Transgressionskontakte deuten darauf hin, dass der Meeresspiegel der Flensburger Förde bereits im Römischen Klimaoptimum etwa seinen heutigen Stand erreicht hatte und danach wieder absank (Voss 1986). Bei dieser Interpretation ist generell zu bedenken, dass neben den säkularen Meeresspiegelschwankungen extreme Sturmhochwässer zu überhöhten „Sturmstrandwällen" führen können. Auch dürfen keine größeren Setzungen infolge von Kompaktion der Weichsedimente im Liegenden der Strandwälle stattge-

---

1) Als „Noore" bezeichnet man im Landesteil Schleswig kleine Buchten in den Förden. Die meisten Noore sind aus kleinen Gletscherbecken hervorgegangen.

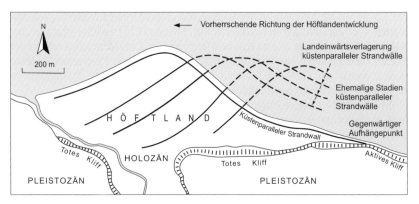

Abb. E 1.4: Schematisierte Darstellung der Höftlandentwicklung im Mündungsgebiet der Langballigau (nach Voss 1986).

funden haben. Durch die heutige anthropogene Überprägung sind die ehemals gut sichtbaren Strandwallstrukturen aber nahezu eingeebnet.

Wandert man vom Hafen über die Mündung der Langballigau auf dem Strand entlang nach Westen, so führt der Weg an einem Kliff entlang, das ausgedehnte Rutschungen über grundwasserstauenden, teils weichsel-, teils eemzeitlichen Tonen zeigt. Ausgewachsene Bäume rutschen auf diesen Schollen fast bis auf den Strand, was von größerer Entfernung den Eindruck erweckt, als handle es sich um ein inaktives Kliff. Beim Küstenabbruch werden auch die großen Findlinge aus dem Geschiebemergel ins Meer umgelagert, aber nicht von der Strömung abtransportiert. Der größte Findling der Flensburger Förde ist der sagenumwobene Fyen- bzw. Fünenstein, etwa 50 m vor dem Kliff bei Dollerupholz gelegen (s. Abb. E 1.2).

Das Kliff von Habernis, schleswig-holsteinisches Kliff-Geotop Nr. 7 mit einem Rückgang von 30 cm/a, liegt an der NW-Ecke der Geltinger Bucht. Es bietet an seinem östlichen Abschnitt gute Aufschlüsse quer durch die gestauchte Seitenmoräne des Flensburger Förde-Gletschers. Die Höhe des Steilufers, die Intensität der Lagerungsstörungen und das Einfallen der Überschiebungsflächen, an denen marine Eem-Tone an der Basis des Kliffs eingeschuppt sind, nehmen von der Huk im Norden nach Süden ab. Nähert man sich dem Kliff von Osten, so sind ca. 20 m hinter dem Natursteindeckwerk in einigen Partien ca. 1 m über dem Strandniveau Bereiche aufgeschlossen, in denen gehäuft *Cyprina islandica* zu finden ist. Die Seitenmoräne wurde also vom Gletscher quer zu dessen Vorstoßrichtung nach außen hin gestaucht (Köster 1958). Diese glazitektonischen Verhältnisse sind für alle Förden Schleswig-Holsteins charakteristisch (s. a. Abb. E 2.4).

Das 773 Hektar große Naturschutzgebiet Geltinger Birk am Übergang der Flensburger Außenförde zur offenen Ostsee dient der Erhaltung einer vielgestaltigen Küstenlandschaft und ihrer spezifischen Lebensräume für Flora und Fauna. Dazu gehört auch die angrenzende Ostsee mit ihren vom Aussterben bedrohten Arten, den knapp 2 m großen Schweinswalen bzw. Tümmlern. Deren „Urahnen" sind auf den Spuren ihrer Beutetiere bereits vor ca. 7.500–9.000 Jahren über den Öresund und die Dänischen Belte in die nordwestliche Ostsee gelangt (Sommer et al. 2008).

Einführende Informationen erhält man in der 2003 im Lotsenhaus Falshöft eröffneten Integrierten Station Geltinger Birk. Die Geltinger Birk, Schleswig-Holsteins Strandwall-Geotop Nr. 1, ist küstengeologisch sehr komplex aufgebaut (s. Abb. E 1.5). Sie stellt einen großen, mehrgliedrigen Strandwallfächer dar, der an seinem NE-exponierten Küstenabschnitt in jüngster Zeit von Abrasionsvorgängen und Deichschäden betroffen war. Ein neuer Landesschutzdeich zum Schutz der Ortslagen Falshöft und Sibbeskjär wurde im Herbst 2008 nach mehr als 20 jähriger Diskussion mit den betroffenen Verbänden fertiggestellt. Dieser nur noch 1,4 km lange Deich ersetzt den alten, 7.5 km langen Verbandsdeich, der als Wanderweg zum NSG Geltinger Birk erhalten bleibt. Die Situation des zwischen den Deichlinien liegenden Naturschutzgebietes kann nun durch kontrollierte Vernässung weiter verbessert werden.

Im Küstenvorfeld lagernde lagunäre Sedimente zeugen von einem früheren, gegenüber der heutigen Küstenlinie mehr als 1 km nordöstlich gelegenen Stadium des Strandwallfächers, der bei steigendem Meeresspiegel aufgearbeitet wurde und als Liefergebiet für den Aufbau der heutigen Standwälle der Geltinger Birk diente (Abb. E 1.5, Stadium IV). Das nur ca. 1 m hohe Kliff von Düttebüll liefert nur wenig Sediment in den Vorstrandbereich, und auch die ehemals lagunären Bereiche fallen mit ihren torfigen und muddehaltigen Sedimenten als Liefergebiet aus. So ist der Sedimentnachschub für die Birk Nack nur sehr gering (Reisch & Schmoll 1997).

Die spitzwinklige, annähernd dreieckige Form der Geltinger Birk kam unter dem Einfluss dreier sich überlagernder Strömungsrichtungen zustande, die einen Strandwallverlauf zunächst von SE nach NW, vor der Förderinne dann von NE nach SW und schließlich im Buchtinneren von SW nach NE bewirkten. Etwa seit der Zeitenwende entwickelte sich ein NW bis W gerichteter Nehrungshaken, der zunehmend das Beveröer Noor abdämmte. Im Mittelalter entwickelte sich aus der Nehrung ein großer nach Westen geöffneter Strandwallfächer. Infolge des säkulären Meeresspiegelanstiegs nimmt die Höhe der Strandwälle von innen nach außen generell zu (Abb. E 1.5).

Spätestens in der Mitte des 17. Jahrhunderts wurde die Insel Beveroe über die von Norden herangewachsenen Strandwälle an das Festland angeschlossen. In diesem Stadium griff der Mensch in die Naturlandschaft ein. Um 1581 fand hier der erste Deichbau an der deutschen Ostseeküste statt (Eiben 1992).

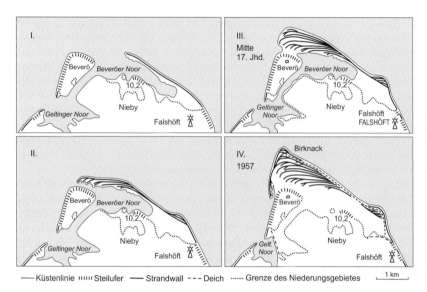

Abb. E 1.5: Die küstenmorphologische Entwicklung der Geltinger Birk (nach Köster 1958).

Damit wurde das Geltinger Noor abgedämmt; 1821–1828 folgte das Beveröer Noor. Letzteres wurde seit 1794 nach holländischem Vorbild durch zwei Windmühlen mittels Wasserschnecken entwässert, von denen die Mühle „Charlotte" noch erhalten ist. Seit 1928 erfolgt die Entwässerung durch ein Schöpfwerk. Vom Parkplatz des 1909 fertiggestellten und knapp 25 m hohen Leuchtturms Falshöft, der an 2 Tagen in der Woche geöffnet ist (Kontakt: Touristinformation Gelting), kann man die Geltinger Birk zu Fuß erkunden. Eine Rundwanderung, die über weite Strecken auf dem Deich entlang führt, dauert 3 bis 4 Stunden (12,8 km).

E 2: Die Schlei und die Halbinsel Schwansen

Die Schlei, welche die halbinselartigen Landschaftsteile Angeln und Schwansen voneinander trennt, ist im Gegensatz zu den anderen großen Förden Schleswig-Holsteins durch zwei fast zusammengewachsene Nehrungshaken von der Ostsee weitgehend abgeschnitten. Sie ist bei einer Länge von 43 km mit lediglich 135 m Breite bei Missunde am schmalsten und hat den größten

Abstand zwischen ihren Ufern mit fast 4 km an der Großen Breite. Durch Ausbuchtungen von neun Nooren erstreckt sich ihre Uferlänge über 151 km. Sie lässt sich nach ihrer Bathymetrie in die 3 Teilbereiche Äußere Schlei mit der Grenze bei Arnis (s. Abb. E 2.1), Mittlere Schlei mit der Übergangszone bei der Enge Missunde und Innere Schlei aufteilen (Tab. E 2.1). Von der Schleimündung bis nach Arnis ist das Meeresbodenrelief sehr unruhig und weist Tiefen bis zu 15 m auf. Direkt an der Oberfläche liegende Steinfelder deuten auf unterlagernden Geschiebemergel hin. Die inneren Bereiche der Schlei sind demgegenüber wesentlich flacher; lediglich an den Engstellen bei Lindaunis und Missunde erreichen die Wassertiefen noch einmal maximale Werte bis zu 10 m. Seitensicht-Sonaraufnahmen zeigen, dass dort auf sandigen Bereichen häufig Seegrasfelder anzutreffen sind. Mit einem Salzgehaltsgradienten von 13-19 PSU bei Schleimünde und 3-8 PSU in der Kleinen Breite bei Schleswig ist die Schlei das größte Brackgewässer in Schleswig-Holstein. Dieser Salzgehaltsgradient sowie der bei einer mittleren Tiefe von nur ca. 3 m sehr geringe Wasseraustausch bedeuten extremen natürlichen Stress für Fauna und Flora, der die Schlei für zusätzliche Belastungen durch den Menschen besonders empfindlich macht (Sterr & Mierwald 1991). Die geringe Wassertiefe und eine west-östliche Ausrichtung bedeuten in einer Westwind-dominierten Zone gleichzeitig, dass windgetriebene Wasserbewegungen nahezu den ganzen Wasserkörper betreffen, es keine Stagnationsphasen gibt und somit selbst in der bodennahen Wasserschicht fast in allen Bereichen das gesamte Jahr hindurch oxische Verhältnisse vorherrschen. Die in den anderen Förden zu beobachtenden Erscheinungen, dass ablandige Winde nach längeren Schönwetterphasen zu einem Eindringen von H_2S-haltigem Tiefenwasser in die inneren Bereiche der Förden und zu einem dortigen Aufquellen führen, wurden bisher in der Schlei nicht beobachtet.

Ripl (1986) zeigte für die innere Schlei anhand eines beim „Schleiturm" genommenen Sedimentkernes, dass vor etwa 4.000 Jahren unter Süßwasserbedingungen die Sedimentationsrate 1 mm/a betrug, diese dann aber unter dem Einfluss von wiederholten Salzwassereinbrüchen und damit zunehmender Salinität auf 0,5 mm/a zurückging. In den letzten Jahrhunderten ist sie durch vermehrt eingetragene Nährstoffe bis auf 8 mm/a angestiegen, wobei die höchsten Nährstoffgehalte in der inneren Schlei gemessen werden (Gocke et al. 2003). Auch die sessilen Muschelgemeinschaften der Schlei haben auf die in den letzten 70 Jahren anthropogen verursachten Biotopschäden sensibel reagiert; von einem „sterbenden Gewässer" kann aber dennoch nicht gesprochen werden.

Die Schlei und die bei Kappeln von ihr abzweigende 35 km lange Langsee-Rinne (Wünnemann 1993) wurden während der maximalen Ausbreitung des Weichsel-Eises unter diesem als Tunneltäler angelegt. Die Schlei wurde jedoch an beiden Enden vom Gletscherschurf verbreitert.

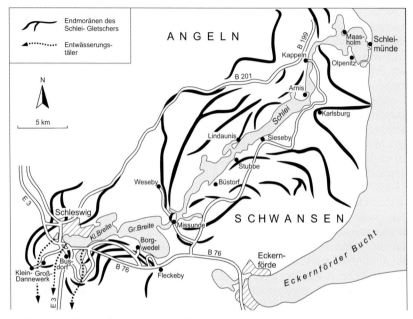

Abb. E 2.1: Die dreigegliederte Schlei (Innen-, Mittel- und Außenschlei) und die Endmoränen des Schlei-Gletschers (nach Köster & Bonsen 1969).

Die seeartige Innenschlei (Abb. E 2.1, Tab. E 2.1) entwickelte sich in den weichseleiszeitlichen Zungenbecken der Großen und Kleinen Breite. Deren südliche Fortsetzung reichte in einer vermoorten Rinne bis an den Fuß der Hüttener Berge. Die mehrfach gestaffelten und bis 59 m hohen Endmoränen der Frankfurter Phase (W1F) umrahmen die Schlei im Westen. Sie werden

Tab. E 2.1: Einige Kerndaten der Schlei (Gocke et al. 2003).

Teilgebiet	Wasserfläche (km^2)	Wasservolumen (10^6 m^3)	Einzugsgebiet (km^2)	Süßwasserzulauf (10^6 m^3/a)
Äußere Schlei	12.8	32	62	29
Mittlere Schlei	21.1	52	165	76
Innere Schlei	19.5	49	440	202
Gesamtgebiet	53.4	133	667	307

von drei Tunneltälern des Schlei-Gletschers durchbrochen: Der am Schloß Gottorf beginnenden Burgsee-Thyraburg-Rinne, der Busdorfer Rinne und der Haddeby/Selker Noor-Rinne (Abb. E 2.1). Vor den Gletscher-Toren dieser Rinnen wurden nach SW hin die großen Sander aufgeschüttet, auf denen die Autobahn A7 Hamburg-Flensburg verläuft.

Bei seinen bergaufwärtigen Vorstößen schob der Schlei-Gletscher mehr oder weniger große Eisstauseen, die durch Bändertone dokumentiert sind, vor sich her. Der größte bildete sich in der Übergangszeit vom Pommerschen (W 2) zum Mecklenburger Gletschervorstoß (W 3) in der weiteren Umgebung der Innenschlei. Unter Haithabu am Haddebyer Noor erreichen die Bändertone eine Mächtigkeit von über 20 m. Bei Schleswig und Borgwedel, am Südufer der Großen Breite, wurden sie früher in mehreren Ziegeleien abgebaut.

Am zum Danewerk gehörenden Margarethenwall bei Schleswig-Friedrichsberg steht in der Kiesgrube Jöns unter weichseleiszeitlichen Ablagerungen ein fossiler Eemboden auf Warthe-Geschiebelehm an. Eem-Torf wurde bei Loopstedt am Steilufer des Haddebyer Noores gefunden. Hydroakustische Messungen in der Aussenschlei belegen ebenfalls das Vorkommen eemzeitlicher Sedimente. Dies sind Belege dafür, dass die den Förden vorgelagerten Weichsel-Endmoränen im Kern bereits in der Saale-Eiszeit angelegt worden sind (Stephan 1981, Felix-Henningsen & Stephan 1982, Walther 1990).

Das Danewerk, ein System von Verteidigungswällen an der Südgrenze des mittelalterlichen, dänischen Königreichs, verläuft an der Schleswiger Landenge zwischen Hollingstedt im Westen und Haithabu im Osten (s. u.). Ein Glücksfall der Unterwasser-Archäologie war der Fund einer Seesperre aus Eichenholz in der Enge zwischen der Großen und Kleinen Breite. Deren Bau konnte dendrochronologisch auf die Jahre 734 bis 737 n. Chr. datiert werden. Diese Seesperre bildet die maritime Ergänzung zum ältesten Teil des dänischen Danewerk-Grenzwalles an Land. Nach dem derzeitigen Forschungsstand waren das frühmittelalterliche Danewerk und somit auch die Seesperre in der Schlei zur Abwehr der Slawen gebaut worden. Eine weitere, etwas jüngere Seesperre wurde in der Schlei bei Kappeln gefunden (Holtz et al. 1990, Kramer 1992). Anhand der Erlenwurzeln „ertrunkener" Bruchwälder in der kleinen und großen Breite ist anzunehmen, dass der Meeresspiegelanstieg der Ostsee im Bereich der Schlei um 4.500 v. h. das Niveau von etwa -2,0 m NHN erreicht bzw. einen Grundwasserrückstau auf dieses Niveau bewirkt hatte. Innerhalb des 2. Jahrtausends v. Chr. stieg der Wasserspiegel weiter bis auf etwa -1,0 m und im 1. Jahrtausend n. Chr. bis etwa -0,5 m NHN an (Dörfler et al. 2009). Erst seit ca. 2.000 Jahren herrscht in der Innenschlei ein kontinuierlicher Brackwassereinfluss vor.

Die flussartige Mittelschlei liegt zwischen Missunde und Rabelsund bei Kappeln. Hier überwiegen schmale Schmelzwasserrinnen, die durch kleine

Zungenbecken miteinander verbunden sind. Die Becken wurden in der Pommerschen und Mecklenburger Phase bei mehreren Vorstößen des Schlei-Gletschers ausgeschürft, die immer weniger weit nach SW reichten. Nordöstlich von Lindaunis lagern holozäne Sedimente häufig unmittelbar dem Geschiebemergel auf. Staubeckensedimente sind in diesem Bereich der Schlei nicht aufzufinden. Das südwestliche Becken der Mittleren Schlei weist unter den holozänen Sedimenten häufig Schmelzwassersande auf.

Die o. g. stratigraphischen Datierungen ergeben sich aus den nördlichen Fortsetzungen der Stauchendmoränen der Hüttener und Duvenstedter Berge (E 3) sowie aus den geologischen Lagebeziehungen der Sedimente des Schlei-Gletscherstausees zu denen des Schnaaper Sanders bei Eckernförde (s. a. Abb. E 2.4). Abgedämmt wurde dieser Stausee von den Eisfronten des Schlei-Gletschers bei Missunde und des Eckernförde-Gletschers am Windebyer Noor (Abb. E 2.2). Am 550 m langen und bis zu 10 m hohen Wesebyer Kliff verzahnen sich die feinkörnigen Stausee-Sande (untere Schmelzwassersand-Serie in Abb. E 2.2) mit dem Missunder Kegelsander. Beide werden südöstlich von Weseby diskordant von der oberen Schmelzwassersand-Serie des Schnaaper

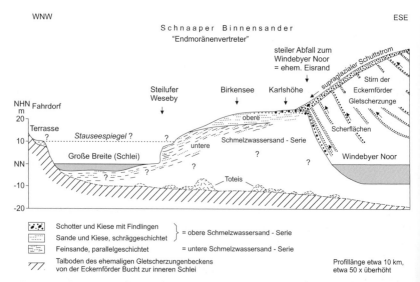

Abb. E 2.2: Sedimentäre Ablagerungsverhältnisse zur Zeit der Entstehung des Schlei-Eisstausees in der Großen Breite und des Schnaaper Sanders am Windebyer Noor (nach Prange 1989).

Sanders überlagert, die stratigraphisch der Rosenthal/Sehberg-Staffel des Mecklenburger Vorstoßes entspricht (s. E 3).

Das Kliff von Weseby gibt hervorragende Einblicke in die sedimentologischen Strukturen von Sanderablagerungen. Unterschiedlichste Rippelstrukturen, die sowohl fliessende als auch stehende Gewässer repräsentieren, lassen sich hier beobachten, ebenso Belastungsmarken und Kryoturbationshorizonte mit Tropfenböden, die eine Absenkung des Seespiegels und eine zeitweilige subaerische Exposition der Sedimentoberfläche anzeigen. All diese Strukturen sind Hinweise auf einen in der Großen Breite existierenden Eisstausee, dessen Wasserstand stark schwankte (Benner et al. 1990). Vergleichbare Strukturen findet man entlang der Ostseeküste nur noch am Kliff von Holnis (s. E 1) oder in den Aufschlüssen am Streckelsberg auf der Insel Usedom (s. E 16).

Die Außenschlei, ein in der Mecklenburger Phase ausgeschürftes Eiszungenbecken, wird heute von der nach Norden vorwachsenden Lotseninsel und dem sich von der Halbinsel Oehe nach Süden vorbauenden Sandhaken „Oeher Steert" gegen die Ostsee abgegrenzt (Abb. E 2.3). Das Sandmaterial für den dominierenden Küstenversatz nach N stammt aus dem 5 km südlich gelegenen Schönhagener Kliff (s. u.) und aus einem sich ca. 500 m von S nach N erstreckenden, nur wenige Dezimeter über NHN erhebenden und in den Seebereich fortsetzenden Geschiebemergelrücken im Bereich des Schleisandes. Dieser kleine Geschiebemergelrücken war zu Zeiten eines tieferliegenden Meeresspiegels ein aktives Kliff und somit auch als Sedimentlieferant wirksam. Zusätzlich wurden Sand und Kies von der vorgelagerten Abrasionsfläche zugeführt (Schrottke 2001). Aus diesem Material wurden der Schleisand und der nach NW geöffnete und bis 3,3 m hohe Strandwallfächer der Lotseninsel aufgebaut. Die Strandwälle werden heute von der Küstenlinie der Ostsee erosiv gekappt. Dies zeigt, dass die Nehrungshaken der Lotseninsel gleichzeitig mit ihrem nordwärtigen Wachstum land- bzw. haffeinwärts verlagert wurden. Dem Küstenrückgang fiel u. a. auch die mittelalterliche Festung Minnaesby zum Opfer (Voss 1967).

Der schwächere Küstenversatz von N nach S verschloss zunächst das Wormshöfter Noor durch einen Haken und verband die Moränen-Insel Oehe mit dem Festland. Durch die Eindeichung des nördlichen Wormshöfter Noores im Jahre 1798 wurde fruchtbares Kulturland gewonnen: Das sogenannte „Oeher Butterfaß". Von Oehe aus wuchs dann ein zweiter Haken, der „Oeher Steert", nach S der Lotseninsel entgegen, so dass die natürliche Schleimündung zwischen den beiden Nehrungshaken immer enger und für die Schiffe unpassierbar wurde.

Von 1780 bis 1796 wurde an der südlichen Nehrungswurzel für die Schlei-Schifffahrt ein 60 m breiter und 5 m tiefer Durchstich hergestellt. Die mit dem Durchstich entstandene Lotseninsel bekam zur nördlichen Nehrung erst nach 1960 eine feste Verbindung, die aber bei extremen Sturmhochwässern auch

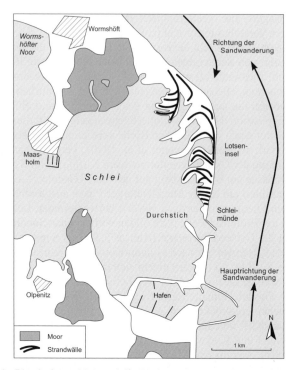

Abb. E 2.3: Die Außenschlei und ihr Verbau durch zwei Nehrungshaken (nach Köster & Bonsen 1969).

noch in der Gegenwart überspült wird. Dort erreichte das November-Hochwasser 1872 eine Höhe von +3,2 m NHN. Eine Wasserstandsmarke am westlichen Ende der Schlei (in Schleswig, Gottorfer Straße 9), zeigt für dieses Extrem-Hochwasser wegen des Stau-Effektes mit 3,49 m sogar einen noch höheren Wasserspiegelstand an, neben Eckernförde den bisher höchsten entlang der schleswig-holsteinischen Ostseeküste überhaupt (Petersen & Rohde 1991).

Vom Yachthafen Maasholm überblickt man das Schleihaff und die Lotseninsel. Das 374 ha große Naturschutzgebiet Oehe-Schleimünde darf nur unter Führung eines Mitarbeiters des Vereins Jordsand, der am Vogelwärterhaus zu erreichen ist, betreten werden. Führungen finden von März bis September täglich außer Montags um 10.00 Uhr ab Informationshütte oder nach Vereinbarung mit dem Verein Jordsand statt (info@jordsand.de).

Von dem ca. 1.650 m langen und bis zu 17 m hohen Schönhagener Kliff wird das abgetragene Material sowohl nach Norden Richtung Schleimündung als auch nach Süden in Richtung Damp transportiert. Dieses Kliff lässt sich unter Wasser als Rücken noch bis zu 4,3 km seewärts bis in 20 m Wassertiefe verfolgen. Bei der unmittelbaren Ost-Exposition und bei einer relativ steilen Schorre erreicht der mittlere Küstenrückgang im Bereich der Kieler Bucht hier mit Werten von 0,6–0,8 m/a seinen höchsten Wert (Köster 1967, Klug et al. 1988, Schrottke 2001, Ziegler & Heyen 2005).

Am Kliff sind, wie fast überall an der Steilküste der Kieler Bucht, zwei weichseleiszeitliche Geschiebemergel-Komplexe aufgeschlossen, die stellenweise durch Schmelzwassersande und Beckenschluffe getrennt werden. Wie weit der obere Geschiebemergel landeinwärts reicht, ist in Schwansen und Angeln nicht bekannt. Seine vereinzelt auftretenden roten Schlieren, die aus der Aufarbeitung unterkambrischer Nexö-Sandsteinen resultieren, und die im Kliffaufschluss gelegentlich zu beobachten sind, sowie ein Artefakt der Hamburger Stufe am Hemmelmarker Kliff kennzeichnen ihn als Sediment der Sehberg-Staffel des Mecklenburger Vorstoßes (E 3 u. 4). Der Mittelabschnitt des Kliffs zeigt unter der Diskordanz der Sehberg-Moräne eine intensive Falten- und Bruchtektonik. In den Randbereichen treten deutlich weniger tektonische Elemente auf. Gefügemessungen bestätigen die Ansicht von Gripp (1964), dass dort eine Moränengabel bzw. Kerbstauchmoräne, die im Winkel zwischen dem Schlei-Gletscher und dem Schwansener See-Gletscher entstand, von der Ostsee angeschnitten wird (Köster 1959, Prange 1979).

Beim Schwansener See, der etwa 5 km südlich der Ortslage Schönhagen liegt (Abb. E 2.4), handelt es sich um ein Musterbeispiel einer jungen Haff-Nehrungs-Küste. Angelegt wurde die flache Hohlform als etwa 4 km breites Zungenbecken des dort von Ost nach West gerichteten Sehberg-Vorstoßes. Am Westrand der Eiszunge lag ein Gletschertor, von dem aus zwei Schmelzwasserrinnen über Karlberg und Karby in den Eisstausee der Außenschlei abzweigten. Gegen die Ostsee abgedämmt wurde der Schwansener See von einem holozänen, heute anthropogen überprägten, bis zu 80 m breiten und 3,5 m hohen Nehrungshaken. Dieser ist aus lediglich 6 Strandwällen aufgebaut (Schwarzer et al. 2000). Deren Sand- und Kiesmaterial stammt hauptsächlich aus dem Schönhagener Kliff (Benner & Kaiser 1987, Walther 1990), teilweise aber auch vom vorgelagerten Seegrund (Schrottke 2001).

Dieses Kapitel kann nicht ohne einen Hinweis auf die engen Zusammenhänge der Naturlandschaft mit der Stadtarchäologie und der Kulturgeschichte abgeschlossen werden. Noch in der Wikingerzeit war die Schlei in ihrer ganzen Länge bis nach Haithabu am Haddebyer Noor mit größeren Schiffen befahrbar. Es bedurfte nur eines etwa 15 km langen Landtransportes, um über Treene und Eider den Anschluss an die Nordsee-Schiffahrt herzustellen. Der

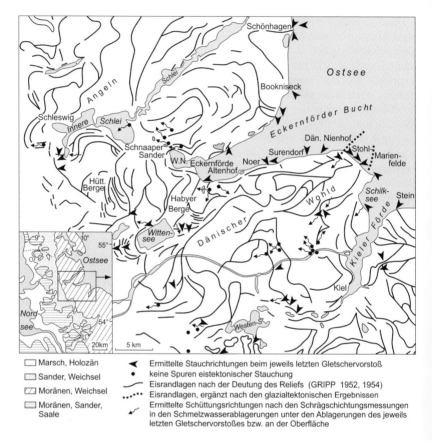

☐ Marsch, Holozän	◄ Ermittelte Stauchrichtungen beim jeweils letzten Gletschervorstoß
▦ Sander, Weichsel	• keine Spuren eistektonischer Stauchung
▨ Moränen, Weichsel	⎯ Eisrandlagen nach der Deutung des Reliefs (GRIPP 1952, 1954)
☐ Moränen, Sander, Saale	····· Eisrandlagen, ergänzt nach den glazialtektonischen Ergebnissen
	↙ Ermittelte Schüttungsrichtungen nach den Schrägschichtungsmessungen in den Schmelzwasserablagerungen unter den Ablagerungen des jeweils letzten Gletschervorstoßes bzw. an der Oberfläche

Abb. E 2.4: Eisrandlagen und Eisstauchrichtungen in Beziehung zur Küstenkonfiguration zwischen der Schlei und der Kieler Förde (nach Prange 1990, verändert).

„Nordseehafen" Schleswigs war Hollingstedt. Außerdem wurden dabei die Nord-Süd verlaufenden Heer- und Ochsenwege gequert. Somit konnte sich Haithabu (dänisch Hedeby=Heidedorf) im 8.–11.Jahrhundert zu einem europäischen Verkehrskreuz ersten Ranges entwickeln. Wichtigster Handelspartner in Skandinavien war das auf einer Insel im Mälarsee gelegene reiche Birka (Schietzel 1981, Jankuhn et al. 1984). Eisen wurde in zahlreichen Brennöfen aus einheimischem Raseneisenerz hergestellt (Backer et al. in Müller-Wille & Hoffmann 1992, Westphalen 1989). Aus dem Schlick des Hafenbeckens von

Haithabu wurde bisher ein durch Feuer beschädigtes ursprünglich 24 m langes Kriegsschiff der Wikinger geborgen, weitere Schiffsfunde sind wahrscheinlich. Infolge des säkularen Meeresspiegel-Anstieges um etwa 0,8 m seit der Wikingerzeit ist auch das Bauholz der Hafenanlagen und der tiefer gelegenen Stadtteile gut erhalten. Das älteste Bauholz konnte dendrochronologisch auf das Jahr 787 n. Chr. datiert werden.

Wer auf den Spuren der Wikinger am Haddebyer und Selker Noor wandert, sollte einen Besuch des weltberühmten „Wikinger Museums Haithabu", das südlich der B 76 am Westufer des Haddebyer Noors in unmittelbarer Nähe des Ringwalls liegt, nicht versäumen. Bei Haithabu, das 1050 durch den norwegischen König Harald den Harten und vollends 1066 durch die Wenden zerstört wurde, handelt es sich um die Frühform einer Stadt, die bereits alle wichtigsten Komponenten ihrer Nachfolgerin, des mittelalterlichen Schleswig enthielt: Fernhandel, Königtum, Bischofssitz und ländliche Siedlungen im Umland (Dörfler et al. in Müller-Wille & Hoffmann 1992). Seit 2005 entstehen auf dem Gelände der alten Siedlung erste Nachbauten von Wikingerhäusern, um den Charakter des Ortes so vollkommen wie möglich darzustellen. Schleswig ist neben Lübeck die durch Ausgrabungen am besten erforschte mittelalterliche Stadt Norddeutschlands (Vogel 1989). Bei einem Stadtspaziergang werden zwei Lokalitäten besonders empfohlen: Schloß Gottorf und der Dom.

Schloß Gottorf liegt auf einer Insel im Burgsee, dem innersten, durch einen Damm abgetrennten Zipfel der Schlei. Hier beginnt eines der drei o. g. Tunneltäler des Schlei-Gletschers. Im Schloß und seinen Nebengebäuden sind u. a. das kulturgeschichtliche Schleswig-Holsteinische Landesmuseum und das Landesmuseum für Vor- und Frühgeschichte mit der größten vorgeschichtlichen Sammlung Deutschlands untergebracht. Zu den besonderen Attraktionen gehören die germanischen Moorleichen, das 2005 eröffnete Globushaus im Barockgarten und das 23 m lange Nydamboot, für das eigens die Nydamhalle errichtet wurde. Es ist das älteste und zugleich größte nordische Schiff vor der Wikingerzeit. Man vermutet, dass die Angeln und ein Teil der Sachsen und Juten mit solchen Schiffen im 5. Jahrhundert n. Chr. nach England (Angelland) gerudert sind.

Der St.-Petri Dom zu Schleswig mit seinem 112 m hohen neugotischen Turm ist auch baugeologisch interessant, weil für die anfangs dreischiffige romanische Pfeilerbasilika neben nordischen Sandsteinen und Granitquadern sowie einheimischen Backsteinen auch vulkanische Tuffsteine aus der Eifel Verwendung fanden. Letztere wurden via Rhein, Nordsee, Eider und Treene per Schiff herantransportiert. Die beiden durch die Verwitterung zerbröselten Säulen des romanischen Hauptportals wurden 1992/93 durch gotländischen Silur-Kalkstein ersetzt. Hauptattraktion im Inneren ist der fast 16 m hohe Bordesholmer Altar von Hans Brüggemann, der 1521 vollendet und 1666 auf Anweisung von Herzog Christian Albrecht (1641–1695), dem Gründer der Universität Kiel, hierher überführt wurde. Daneben kann man die handwerkliche und künstlerische Leistung bewundern, mit der aus hartem Granit die Löwen-Skulpturen des Schleswiger Doms geschaffen wurden.

E 3: Eckernförder Bucht

Mit einer maximalen Tiefe von 27 m an ihrer Nordostflanke ist die natürliche Fahrrinne der an ihrer Einfahrt 10 km breiten und 17 km weit in das Hinterland reichenden Eckernförder Bucht tiefer als die unmittelbar angrenzenden Gebiete der offenen Ostsee. Nach Bohrbefunden und hydroakustischen Vermessungen handelt es sich um ein mit bis 30 m mächtigen, holozänen Weichsedimenten verfülltes Gletscherzungenbecken der Weichsel-Eiszeit (Ruck 1971), in das über einer hoch liegenden Quartärbasis auch eingeschuppte tertiäre Tone und Bändertone eingeschaltet sind (Atzler 1997).

Das Saale-Eis hat dem nachfolgenden Eem-Meer den Weg für eine schmale Verbindung zwischen Ost- und Nordsee freigemacht. Dieser Meeresarm verlief sehr wahrscheinlich von Eckernförde via Goos-See und Wittensee nach Rendsburg und von dort weiter über die enge Nordmann-Rinne zur Nordsee (Seidenkrantz et al. 2000, Schulz et al. 2001). Bei Rendsburg wurden bei der Untertunnelung des Nord-Ostsee-Kanals Mollusken des Eem-Meeres gefunden. Die Foraminiferen in den Eem-Tonen von Oldenbüttel bei Rendsburg und am Fuß des Stohler Kliffs am SE-Ausgang der Eckernförder Bucht deuten ebenfalls auf diesen Verbindungsweg hin.

In der saalezeitlich vorgeprägten und nach NE weit geöffneten Eckernförder Bucht konnten die weichselzeitlichen Fördegletscher eine starke Eis- und Morphodynamik entwickeln. Daher erreichen dort die hintereinanderliegenden Stauchendmoränen der Hüttener und Duvenstedter Berge Höhen von 106 m bzw. 72 m NHN. Letztere wurden vom Weichsel 2-Vorstoß (Pommersche Phase) zusammengeschoben und stellen gemeinsam mit dem 25 m tiefen Wittensee (-21 m NHN) ein klassisches Beispiel für das glaziäre System Stauchendmoräne-Gletscherzungenbecken dar (Strehl et al. 1985).

In der Mecklenburger Phase (W3-Eisvorstoß) gabelte sich der Eckernförde-Lobus deutlich in zwei Gletscherzungen. Die eine schürfte das Goos-See-Becken aus und schob die vorgelagerte Habyer Stauchendmoräne auf (Abb. E 2.4). Die andere nahm das 17 m tiefe Windebyer Noor ein. Davor wurde der polygenetische Schnaaper Sander geschüttet. Dessen Schmelzwässer flossen in den Schlei-Eisstausee ab (Abb. E 2.2). Auf- und Überschiebungen mit Sprunghöhen bis 60 cm im Westteil des Schnaaper Sanders werden von Prange (1985, 1989) auf die randliche Druckwirkung des weiter aufsteigenden Salzstocks Osterby zurückgeführt.

Diese Interpretation steht zwar im Einklang mit den von Voss (1968, 1972) gemessenen Vertikalverschiebungen der holozänen Strandwälle am Windebyer Noor. Bei den dort zahlreichen Muschelschill-Ansammlungen in und auf diesen Strandwällen handelt es sich um etwa 2.000 Jahre alte Tempestite (Sturmablagerungen), deren Hauptanteile aus Herz- und Miesmuschelschalen (*Cardium edule* und *Mytilus edulis*) bestehen, sowie Austern (*Ostrea edulis*), die heute in der Ostsee nicht mehr vorkommen (Willmann 1989). Jedoch sieht Labes (2002) die obigen Ergebnisse kritisch, da nicht jedem Muschelhaufen eine eindeutige Beziehung zur Strandlinie nachgewiesen werden kann. Das Windebyer Noor in der unmittelbaren nordwestlichen Verlängerung der Eckernförder Bucht war noch zur Zeitenwende mit einer salzigeren Ostsee verbunden. Beim sogen. „Weißen Stein" im Westteil des Windebyer Noores handelt es sich um einen großen Findling aus rötlichem Granit. Er ragt 1,6 m über den Wasserspiegel, besitzt einen Umfang von etwa 12 m und ist ein beliebter Raststein für Möwen, Reiher und andere Wasservögel. Von deren Kot erhielt er seinen Namen. Phosphatreiche Seevogel-Exkremente dieser Art sind ein aktualistisches Beispiel für Guano-Lagerstätten.

Am 700 m langen und bis 14 m hohen Hemmelmarker Kliff, 5 km nordöstlich von Eckernförde, das mit Raten von 24 cm/a zurückweicht (Ziegler & Heyen 2005), setzt sich die vom Schönhagener Kliff beschriebene Dreigliederung der glaziären Schichtenfolge in einer Sattelstruktur fort. An der Basis des oberen Geschiebemergels fand Prange (1979) ein Steinwerkzeug der Hamburger Stufe. Damit kann der obere Geschiebemergel dem Rosenthal/Sehberg-Eisvorstoß (Mecklenburger Phase, W3) zugeordnet werden (Kap. 3). Das gleiche gilt für die Habyer Stauchendmoräne sowie für die Gletscherzungen im Goos-See-Becken und im Windebyer Noor. Beide Becken wurden nach dem Sehberg-Vorstoß nicht noch einmal vom Eis überfahren (Prange 1990, Strehl 1989, Walther 1990, Abb. E 2.4).

Vom Hemmelmarker Kliff erreicht man über den Küstenwanderweg und das Gut Hemmelmark in einer knappen Stunde das Megalithgrab von Karlsminde. Mit der stattlichen Länge von 58 m, einer Breite von 6,50 m und drei erhaltenen Grabkammern ist diese Langbett-Anlage aus der Jungsteinzeit (etwa 2.500 v. Chr.) seit ihrer 1978 beendeten Restaurierung, bei der in privater Freizeitarbeit 420 Tonnen Findlinge und 550 m³ Erdreich bewegt wurden, zu einer touristischen Attraktion geworden (Paulsen 1990). Die Menschen der Steinzeit haben bis 20 Tonnen schwere Findlinge als Decksteine auf ihre Megalithgräber gehievt. Früher nahm man an, nur Hünen hätten die Steine bewegen können; daher auch der Name Hünengrab. Die neolithischen Geschiebesammler haben baugeologisch und -ästhetisch sorgfältig differenziert. Die großen Rand- und Decksteine zeigen alle Variationen des nordischen Kristallins, vor allem Granite. Die Lücken zwischen den Randsteinen wurden mit Tausenden von sperrigen Gneis- und Sandsteinplatten verfüllt. Mit diesen Zwickelsteinen sollte das Ausfließen der Hügelerde verhindert werden. Stufen am Bau wurden ebenfalls mit bis 1 m² großen Sandsteinplatten ausgeglichen. Dabei handelt es sich größtenteils um roten jotnischen Dalasandstein des Präkambriums (Kap. 2 u. 3 sowie E 14).

Am Nordufer der Eckernförder Bucht wurden ab etwa 3.000 ^{14}C-Jahren BP der Langholzer See, Aas-See und Hemmelmarker See durch Nehrungsbildung von der Ostsee abgetrennt. Im sogenannten „Hausgarten" der Universität Kiel im Flachwasser vor Bokniseck werden seit nunmehr 35 Jahren Langzeitmessungen zur Erforschung der biologischen, chemischen, hydrologischen, sedimentologischen und morphologischen Wechselwirkungen zwischen der Wassersäule und dem Meeresboden durchgeführt (Kap. 5). Man kann mit Recht behaupten, dass dieser submarine Küstenabschnitt wohl zu den am besten untersuchten Meeresgebieten der Ostsee zählt. Dort konnten vom Strand seewärts mehrere submarine Lithofazies-Zonen auskartiert werden: Geröllgürtel, Sandgürtel, Rinnensysteme und Restsediment. In größerer Tiefe folgt der Schlickbereich (Bohling et al. 2009). Bei einer Meerestiefe von 1,7–3 m wurden Abrasionsraten des Geschiebemergels von 2,1–2,4 cm/a gemessen (Wefer et al. 1976). Bohrmuscheln leisten zu dieser Abrasion einen wesentlichen Beitrag (Richter & Rumohr 1976, Schrottke 2001). Das freigesetzte Material aus der Abrasion und der Bohrmuschelaktivität bleibt aber nicht am Ort liegen, sondern wird in das küstennahe Sedimenttransportsystem eingespeist. Wem in den Sommermonaten eine Wassertemperatur zwischen 18–20 °C nicht zu kalt ist, der kann sich diese Abfolgen, ausgerüstet mit einer Taucherbrille und Schwimmflossen, selbst erschließen. In Wassertiefen von lediglich 2–3 m bieten dort bis zu 1,5 m tiefe und mehrere Meter breite, in den Geschiebemergel eingeschnittene, küstennormal ausgerichtete Rinnen, einen phantastischen Eindruck von den Wirkungen der Wellen und Strömungen, die diese Formen herausgearbeitet haben.

Die Stadt Eckernförde steht auf dem äußeren Ende eines bis etwa 2.000 Jahre alten Nehrungs- und Strandwallfächers, der den Goos-See und das Windebyer Noor von der Ostsee abgedämmt hat. Die Straßen der Altstadt passen sich der Strandwall-Morphologie an. Die Stadt konnte sich im Mittelalter mit und auf den jeweils neuen Strandwällen seewärts ausdehnen (Harck 1980). Das Sandmaterial der Strandwälle stammt vom Altenhofer Kliff im SE (Abb. E 2.4). Seit dem Bau einer Marineanlage mit einer 250 m in die Ostsee reichenden, zwar durchlässigen Mole scheint der küstenparallele Sandtransport dennoch leicht beeinträchtigt. Teilweise treten im Lee Erosionserscheinungen auf.

Eine Wanderung entlang der Steilküste zwischen Eckernförde und Kiel, die hier auf dem europäischen Fernwanderweg 1 verläuft, gehört mit zu dem Schönsten, was Schleswig-Holstein zu bieten hat. Auch an der Südküste der Eckernförder Bucht herrscht ein generell in die Bucht hinein gerichteter Sandtransport vor. Das Material dafür stammt aus dem Rückgang der Steilufer und der Abrasion des vorgelagerten Seegrundes. Dieser Materialanlieferung verdanken die Höftländer von Kronsort und Noer ihren Aufbau. Beide bestehen aus nach Westen geöffneten und teilweise überdünten Strandwällen. Diese haben die fossilen Kliffs und Lagunen im Hinterland von der Ostsee abgeschnürt. Der einzige See des Kronsort-Höftlandes ist ein 1935/36 zur Kies- und Sandgewinnung angelegter Baggersee (Benner & Kaiser 1987, Köster 1967, Walther 1990).

Den Hauptbeitrag für die Sedimentation in den tieferen Bereichen der Eckernförder Bucht und für die Erosion an ihren Ufern leisten die mit Hochwasserlagen verbundenen Stürme aus östlichen Richtungen. So übertrifft die Mächtigkeit einer in den tiefen Bereichen der Eckernförder Bucht kartierten Sturmlage, die dem Sturm an der Jahreswende 1978/79, der als sogenannte „Schneekatastrophe" in die Annalen eingegangen ist, zugeordnet werden kann, die mittlere jährliche Sedimentationsrate um ein Vielfaches (Khandriche et al. 1986). Milkert (1994) fand in der Eckernförder Bucht selbst noch das Signal der Sturmhochwassers von 1872 als 2–3 cm mächtige Sandlage, heute überdeckt von ca. 35 cm Schlick. Auch beim Küstenrückgang dominiert die Ereignis- (Event-)gesteuerte Geologie. So ermittelte Kannenberg (1950) einen mittleren Rückgang für die Kliffabschnitte von Krusendorf von 11 bzw. 13 cm/a; Ziegler & Heyen (2005) geben für den Zeitraum 1962–1986 mittlere Raten von 25 bzw. 45 cm/a an. Für den letzteren Zeitraum entfallen jeweils 2,6–4,8 m Kliffrückgang auf nur drei Sturmhochwässer (Sterr 1989). Selbst der Meeresboden, an dem die Wellen scheinbar kontinuierlich arbeiten, weist nach Sturmereignissen höhere Abtragungsraten auf (Schrottke 2001).

Am sedimentologisch intensiv erforschten Stohler Kliff, im Übergangsbereich zwischen Eckernförder Bucht und Kieler Förde, kann der obere Geschiebemergel in drei Lithofazies-Typen gegliedert werden: Setz-, Abschmelz- und Fließtill[1]. Der Setztill ist im Gegensatz zu den beiden anderen Typen ungeschichtet und unsortiert. Es handelt sich um eine komplette Geschiebemergel-Sequenz, die zuunterst (Setztill) in der Eisvorstoß- und anschließend unter Beteiligung von fließendem Wasser in der Eisstagnations- und Zerfallsphase zum Absatz kam (Piotrowski 1992). Darunter folgt – örtlich durch Schmelzwassersande getrennt – der untere Till-Komplex. Er besteht aus zwei Teilen: Liegend feinkörnige Eisstausee-Ablagerungen mit Einschaltungen von Fließ- und Ausschmelztill, darüber ein Setztill. Der gesamte Komplex gehört zu einem Eisvorstoß, der seine eigenen Eisstausee-Ablagerungen überfahren hat (Piotrowski 1992, 1993). Die Wechselfolge unter dem oberen Geschiebemergel wurde an vielen Stellen unter der Eisauflast glazitektonisch verworfen, verfaltet und verschuppt. Daneben deuten diapirartige Intrusionen von Feinsand und Geschiebemergel auf gravitative Ausgleichsbewegungen im Auftau-

---

1 Der Begriff Till fasst den kalkhaltigen Geschiebemergel und den entkalkten Geschiebelehm sowie mehrere Lithofaziestypen derselben zusammen (Piotrowski 1992)

boden unter und/oder vor dem Gletschereis hin. Derartige Intrusionen lassen sich sonst an keinem anderen Kliffabschnitt entlang der schleswig-holsteinischen Ostseeküste beobachten. Besonders nach Oststurmereignissen, wenn der Strand vor den Steilufern komplett ausgeräumt ist, sind diese Strukturen gut zu beobachten. Auch von der Insel Usedom wurden derartige Strukturen durch Ruchholz (1979) beschrieben (E 16).

Am Strand zwischen Stohl und Marienfelde war zeitweilig eine in den unteren Geschiebemergel eingestauchte Eem-Schuppe aus Cyprinenton und feinkörnigem Tapessand aufgeschlossen (Stephan 1981, Kubisch & Schönfeld 1985). Im unmittelbaren nordöstlichen Küstenvorfeld liegen sowohl die Basis des oberen Geschiebemergels als auch – generell – die Quartärbasis und somit der Übergang zum Tertiär sehr hoch (Atzler & Werner 1996). Das weichselzeit-

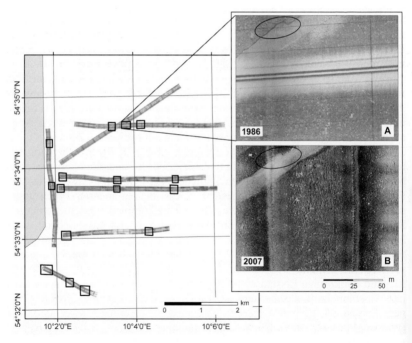

Abb. E: 3.1.: Ausgewählter Abschnitt aus der Pipelinetrasse. Der Vergleich von Seitensicht-Sonaraufnahmen, die im Abstand von 21 Jahren gemacht wurden, lässt erkennen, dass selbst nach diesem langen Zeitraum die Konturen an den Kanten der Trasse nicht verändert sind. Helle Flächen entsprechen relativ feinem Sediment, dunkle Flächen repräsentieren demgegenüber gröbere Sedimente (aus Bohling et al. 2009).

liche Alter der glaziären Schichtenfolge im Hangenden des Eems kann als gesichert gelten. Ihre TL-Alter von ca. 55.000–65.000 Jahren (Marks et al. 1992) sind zweifelhaft (Kap. 3). Analog zu den Verhältnissen am Hemmelmarker Kliff werden der obere Geschiebemergel dem Rosenthal- bzw. Sehberg-Vorstoß der Mecklenburger Phase und der untere der Brandenburg/Frankfurter und Pommerschen Phase zugeordnet. Bei Marienfelde, am südöstlichen Ende des Kliffs, sind glazitektonisch beanspruchte Sande zu beobachten, die den Eindruck vermitteln, als handle es sich um Rippelstrukturen.

Am Übergang von der Eckernförder Bucht zur offenen Ostsee waren bis in das Jahr 2002 zwei weithin sichtbare, unbemannte Bohrinseln vor Waabs zu sehen, von denen aus seit 1984 aus der ersten deutschen Offshore-Förderanlage ca. 3,5 Mio. Tonnen Erdöl aus dem etwa 1.600 m tiefen Dogger-beta-Hauptsandstein (Jura) am Nordende des Salzstocks Schwedeneck gefördert und zur Landstation Waabs gepumpt wurden. Die Lagerstätte lag in einer sogen. „Erdölfalle". Das Erdöl, das aus den bituminösen Tonschiefern des Lias stammte und bis in das sandige Speichergestein des Doggers aufgestiegen war, wurde darin festgehalten. Der Weiteraufstieg wurde durch die im technischen Sinne undurchlässigen Ton- und Mergelsteine der Unterkreide und ein seitliches Ausweichen durch den Salzstock verhindert. Die Erdölproduktion erreichte mit 400.000 t/a im Jahr 1986 ihren Höhepunkt. Anfallendes Erdgas wurde für den Eigenbedarf verwendet, der weitaus größere Teil aber an die Kur- und Ferieneinrichtung Damp abgegeben. Das Öl selbst wurde über ein Leitungssystem zur Landstation Waabs gepumpt. Nachdem die Förderung im Sommer 2000 beendet wurde, erfolgte der komplette Rückbau der Anlage. Dieser konnte im Jahr 2002 erfolgreich abgeschlossen werden. Heute zeugen nur noch Spuren am Meeresgrund von den beiden einzigen Förderplattformen im schleswig-holsteinischen Ostseeküstenbereich. Die Trasse der Rohrleitungen, die in den Meeresboden eingelassen war, ist immer noch deutlich als Vertiefung, die mit feinem Sediment gefüllt ist, sichtbar (s. Abb. E 3.1).

E 4: Kieler Förde

„Die Kieler Förde, in der unsere Yacht mit wieder ausgeschobenem Bugspriet gegen sechs Uhr abends vor Anker ging, ist ohne Zweifel eine der schönsten und sichersten von ganz Europa". – Aus Jules Verne's Baltische Reise (1881), von Paul Verne (1987).

Diese Aussage wird durch einen Rundblick vom 72 m hohen Turm des Marine-Ehrenmals in Laboe (s. dazu Nr. 1 in Abb. E 5.1) bestätigt. Bei sehr guter Sicht erkennt man am nördlichen Horizont über der Ostsee die Südküste der dänischen Insel Langeland. Nach Westen reicht der Blick über die

Kieler Außenförde mit dem Laboer Sandriffsystem bis zum Dänischen Wohld (E 3), nach Osten auf die Probstei (E 5) und nach Süden über die Innenförde auf die Stadt Kiel. Neun Yachthäfen und acht Häfen für den Güter- und Frachtverkehr zieren die Ufer beiderseits der Förde und sorgen neben der Zufahrt zum Nord-Ostsee Kanal für einen regen Schiffsverkehr. Der 44 m hohe Hornheimer Riegel (mit Fernsehturm auf dem Studentenberg) gehört zur Sehberg-Endmoräne der Mecklenburger Phase, die 78 m hohe Blumenthaler Endmoräne am südlichen Horizont zum Pommerschen Eisvorstoß (Abb. E 2.4 u. E 5.1).

Wie die Tiefenkarten (Kögler & Ulrich 1985, Schwarzer & Themann 2003) erkennen lassen, besitzt die 19 km lange und von gestauchten Seitenmoränen flankierte Kieler Förde, vor allem die schmale, bis 22 m tiefe Innenförde, ein für Gletscherzungenbecken mit subglaziären Schmelzwasserrinnen typisches Relief aus Senken, Rinnen und dazwischenliegenden Querriegeln. Mittels modernster Seitensicht-Sonartechnik und hochauflösender Flachseismik, gekoppelt mit digitaler Auswertung und unterstützt durch neue Oberflächenproben und Auswertung neuer Sedimentkerne, konnte dieses Bild wesentlich ergänzt und verfeinert werden (Schwarzer & Themann 2003). Unter den jungen Schlicksedimenten erstreckt sich in der Innenförde eine aus Grobsand mit Steinen bestehende, langgestreckte Auftragung von 10 m Höhe, ca. 400 m Breite und mindestens 5 km Länge. Sie kann als Os interpretiert werden. Der Kamm dieses Grobsandzuges ist in der neuen Sedimentverteilungskarte (Abb. E 4.1, s. Farbteil) deutlich zu erkennen. Dieses Os fügt sich in das Bild einer subglaziären Entstehung der Kieler Förde ein.

Die Erweiterung des Beckens in der Außenförde, die Strander Bucht (nördlich des Leuchtturms Friedrichsort, vgl. Abb. E 4.1, s. Farbteil) ist durch eine Geschiebemergel-Auftragung („Grasberg"), einer kleinen, mit limnischen Sedimenten verfüllten Rinne und einer größeren Schlickebene nördlich davon gekennzeichnet. Ein Seismik-Profil gibt Einblicke in diese Strukturen (Abb. E 4.2). Danach zeigen sich einige allgemeine Merkmale für die Sedimentanlagerung in der Umgebung von Geschiebemergelkuppen, wie man sie in der westlichen Ostsee vielerorts findet (s. a. Kapitel 5).

Die Sedimente in der Nähe der Kuppe sind akustisch transparent, bis ihre Mächtigkeit auf dem abfallenden Untergrund so stark zugenommen hat, dass sich Methangas entwickeln kann, das den tieferen Untergrund akustisch markiert (vgl. Kap. 5.3). Auch in der Stratigraphie der jungen Sedimente findet sich die analoge Abfolge wie in anderen Becken wieder (vgl. Abb. 5.14). Interessant ist die kleine verfüllte Rinne am NW-Abfall des Grasbergs, die in Abb. E 4.2 vergrößert dargestellt ist. An der Basis befindet sich Geschiebemergel, über dem sich zunächst Torfe mit einem hohen Gehalt an Pflanzenresten ausgebildet haben. Dieser muddehaltige Torf geht in einen Schilftorf über, dem hangend ohne Erosionsdiskordanz marine, schluffige Sedimente folgen. Es sind dies die

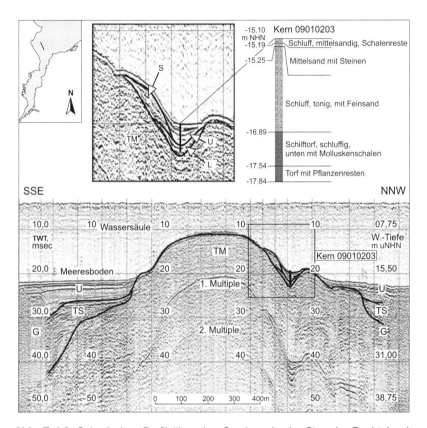

Abb. E 4.2: Seismisches Profil über den Grasberg in der Strander Bucht (nach Schwarzer & Themann 2003, verändert). Eindringtiefe im Weichsediment: insgesamt ca. 45 m. Aus der mit postglazialen Sedimenten verfüllten Rinne am N-Hang des Grasbergs wurde ein Sedimentkern genommen (Reflektoren sind im Seismogramm hervorgehoben).
G = Gas-Effekt; TS: Pleistozäne Schmelzwasserablagerungen; TM: Pleistozäner Till; U: Holozäner Schlick

Abfolgen, die im Zuge der Littorinatransgression das Einschwingen der Ostsee in die geschützten Bereiche des Zungenbeckens der Kieler Förde anzeigen, ohne das Liegende dabei zu erodieren. Ablagerungen aus derart geschützten Lagen mit dem kontinuierlichen Übergang von lakustrinen zu marinen Sedimenten eignen sich hervorragend zur zeitlichen Bestimmung von Transgressionskontakten. Dies sind die Lokationen, die von den Geowissenschaftlern aufgesucht werden, um an den Kontaktstellen lakustrin/marin Material für die Erstellung von Strandlinienverschiebungskurven zu gewinnen (s. a. Kap. 4).

Bohrungen für den Fernwärmetunnel unter der Innenförde (Schmidt 1996) ergaben, dass die weichseleiszeitliche Hauptrinne bis zu einer Tiefe von > -80 m NHN steil eingeschnitten ist. Die Hauptmasse der Rinnenfüllung besteht aus Beckenschluffen und Schmelzwassersanden. Darüber folgen bis 15 m mächtige fluviatile Sande der Weichsel-Spätglazialzeit, limnische Sedimente und Torfe des älteren Holozäns und mariner Ostseeschlick. In der Friedrichsorter Enge streichen die spätglazialen, fluviatilen Sande direkt an der Oberfläche aus. Die weichseleiszeitliche Tiefenrinne der Kieler Förde setzt sich südlich der hier intensiv gestauchten Sehberg-Endmoräne im polygenetisch angelegten Tal der Obereider fort. Hochliegende fossile Parabraunerde-Reste der Eem-Warmzeit im oberen Eidertal deuten auf eine saaleeiszeitliche Vorprägung des Ablagerungsraumes der Weichsel-Endmoränen südlich von Kiel und somit auch des Gletscherzungenbeckens der Kieler Förde hin (Stephan & Menke 1977, Stephan 1981).

Die Eider ist ein typisches Beispiel für die Binnenentwässerung der norddeutschen Jungmoränenlandschaft. Anstatt in einem Durchbruchstal in die nur 3 km entfernte Kieler Förde zu münden, wird sie an der Sehberg-Endmoräne quer durch Schleswig- Holstein nach Westen zur Nordsee hin abgelenkt. Den heutigen Lauf benutzt sie übrigens erst seit dem Tieftauen des Toteises im Spätglazial und Altholozän. Die Schmelzwässer des aktiven Weichseleises flossen in der Gegenrichtung über das Tunneltal der Obereider zum Elbe-Urstromtal ab. Seit dem Bau des Nord-Ostsee-Kanals (NOK) im Jahre 1895 fließt jedoch auf diesem künstlichen Umwege mehr Eiderwasser in die Ostsee als in die Nordsee ab. Heute ist dieser ca. 100 km lange Kanal die meistbefahrene Wasserstraße der Welt. Beim Bau wurden mehrfach Torfe und Meeresablagerungen mit Fossilien der Eem-Warmzeit gefunden. Poetische Berühmtheit erlangte das „rosenfressende Nashorn an den Ufern des Eem-Meeres", mit Dornen der Heckenrose zwischen den Zahnleisten (Wüst 1922). Der Kanal soll ab 2012 durch einen weiteren Ausbau zwischen Königsförde und Kiel-Holtenau mit einer Aufweitung des Kanalprofils an der Sohle von 44 m auf 70 m und einer Anpassung der Kurvenradien auf 3.000 m dem zu-nehmenden Schiffsverkehr besser gerecht werden. Auf der Schleuseninsel in Kiel-Holtenau ist in dem Kanalmuseum die Geschichte des Nord-Ostsee Kanals dargestellt. Der Besuch (jeweils ab 09:00, 11:00, 13:00 und 15:00 Uhr) kann mit einer Besichtigung der Schleusenanlage verbunden werden (Infomationen unter: www.wsa-kiel.wsv.de).

In den Kliffaufschlüssen der Kieler Förde bei Schilksee und Stein (s. Abb. E 4.1/Farbteil, E 5.1) setzt sich die von der Eckernförder Bucht (E 3) beschriebene Dreigliederung der weichseleiszeitlichen Schichtenfolge fort: Besonders am aktiven Kliff von Schilksee lassen sich unterer Geschiebemergel (Brandenburg/Frankfurter und Pommersche Phase), Schmelzwassersande (Lockarp-Interstadial) und oberer Geschiebemergel (Mecklenburger Phase) gut voneinander differenzieren. Oft liegen aber auch dort beide Geschiebemergel unmittelbar übereinander.

Zwischen Schilksee und Strande zweigt ein Tunneltal über die Fuhlensee-Niederung ab, das über die Stekendamsau bei Kiel-Holtenau wieder in die Förde einmündet. Der Fuhlensee ist ein Strandsee, der durch junge Strandwallbildungen von der Kieler Förde abgedämmt wurde. Nach der Legende soll dort der Seeräuber Klaus Störtebeker (um 1360–1401) einen von seinen vielen Schlupfwinkeln gehabt haben. Südlich des 1972 erbauten Olympiahafens Schilksee werden Bereiche des gleichnamigen Ortes von acht staffelförmig versetzten Wellenbrechern aus Findlingen und Betonröhren gegen die Sturmhochwässer aus NE geschützt. Während das Kliff hinter diesen Wellenbrechern mittlerweile bewachsen und seither kaum mehr zurückgewichen ist, kommt es südlich davon zu einer verstärkten Lee-Erosion. Gingen Klug et al. (1989) noch von einem Anstieg der Rückgangsrate von ehemals 25 cm/a auf 45 cm/a aus, so hat sich der mittlere Steiluferrückgang in den vergangenen 10 Jahren auf ca. 60 cm/a eingependelt. Es fehlen aber bisher Vermessungen aus dem Küstenvorfeld, um beurteilen zu können, ob sich auch die Seegrundverhältnisse vor diesen Steiluferabschnitten analog verhalten. Das abgetragene Material wird im Küstenlängstransport fördeeinwärts verfrachtet und baut nur ca. 2 km weiter südlich den Strand von Falkenstein auf. Entsprechend der fördeeinwärts nachlassenden Transportenergie sind es zunächst Strandwälle aus Geröll, bevor dann im Bereich des Fähranlegers Falkenstein ein breiter Sandstrand folgt. Das Sandangebot reicht sogar zur Bildung kleiner Primärdünen aus.

In einer früheren Sandgrube in Kiel-Gaarden wurden in den Schmelzwassersanden zwischen den beiden Geschiebemergeln zwei Mammut-Backenzähne eines Tieres gefunden (Guenther 1969). Beide Zähne zeigen in Höhe, Breite, Lamellendichte und Schmelzstärke einen phylogenetisch hohen Entwicklungsstand an, wie er am Ende der Weichsel-Vereisung zu erwarten ist. Wenn zwei Backenzähne desselben Tieres dicht beieinander im Sediment liegen, so spricht dies gegen eine wesentliche Umlagerung. Das Tier hat in der „Ostsee-Tundra" des Lockarp-Interstadials gelebt. Der gleichalte Elch von Preetz (Guenther 1951) wurde nach neuen noch unveröffentlichten Kartierbefunden in ufernahe Sedimente eines 12 km großen Eisstausees eingebettet (Kap. 3). Bei archäologischen Grabungen in der Kieler Altstadt wurde im früheren Meeresuferbereich des Kleinen Kiels, der den ehemaligen Kern der 1242 gegründeten Stadt fast vollständig umgeben hat (Kortum 2003), eine begangene Oberfläche des 13. Jahrhunderts bei -0,8 m NHN freigelegt. Sackungen oder Setzungen sind dort wegen des festen Untergrundes auszuschließen. Die mittlere Meereshöhe hat somit zu jener Zeit mindestens bei -0,8 m NHN gelegen. Da die Ostsee je nach Windrichtung im Mittel 0,3 m um den NHN-Wert oszilliert, nimmt Kramer (1990) für die Kieler Förde des 13. Jahrhunderts sogar eine mittlere Meereshöhe von mindestens -1,10 m NHN an.

Am Ende des vorigen Jahrhunderts kamen bei Baggerarbeiten im Kieler Hafen zahlreiche Fundstücke der Ellerbek-Kultur zutage. Die frühneolithischen Menschen der Ellerbek-Gruppe lebten vor ungefähr 7.000 ^{14}C-Jahren am Rande eines vermoorten Süßwasserbeckens, das vom Littorina-Meer überflutet wurde (s. a. E 13). Es handelt sich um die erste sesshaft gewordene Fischer- und Jägerbevölkerung Norddeutschlands, die eine kontinuierliche Entwicklung mit laufender Zunahme von Haustierzucht und Getreideanbau erkennen lässt (Tapfer 1940, Schwabedissen 1962, Kap. 1 u. 4).

Eine Beschreibung der Kieler Förde kann nicht ohne den Hinweis erfolgen, dass von hier aus viele Bereiche der deutschen und auch internationalen Meeresforschung ihren Ursprung genommen haben. Keine andere Stadt der Welt kann auf eine Tradition von 300 Jahren Meeresforschung zurückblicken und in keiner anderen Stadt kann man mit viel Glück 4 Forschungsschiffe (POLARFUCHS, LITTORINA, ALKOR und POSEIDON) nahe der Innenstadt an der Pier des Leibniz-Institutes für Meereswissenschaften IFM-GEOMAR[1] gleichzeitig versammelt sehen. Der Stellenwert der marinen Forschung in Kiel wird auch dadurch unterstrichen, dass hier 1987 das Forschungszentrum für marine Geowissenschaften GEOMAR gegründet wurde, welches sich am 1. Januar 2004 mit dem ehemaligen Institut für Meereskunde zum Leibniz-Institut IFM-GEOMAR vereinigte, das heute seinen Hauptsitz an der Schwentinemündung auf dem Ostufer hat.

E 5: Probstei und Hohwachter Bucht

An die schleswig-holsteinische Fördenküste schließt sich östlich der Kieler Förde die ostholsteinisch-westmecklenburgische Großbuchtenküste mit einem wesentlich weniger stark gegliederten Grundriss an (Abb. E 0; s. a. Kap. 6.1). Die Küstenlinie ist entlang des 70 km langen Abschnitts zwischen der Kieler Außenförde und der Insel Fehmarn (s. a. Abb. E 0) in einem weiten Bogen nach S ausgebuchtet. Entsprechend der genetischen Anlage durch einen aus der Kieler Bucht südwärts vorstoßenden Gletscherlobus liegen im inneren Teil dieser Bucht markante Endmoränenzüge in unmittelbarer Küstennähe zwischen größeren und kleineren Zungenbecken eingebettet. Sie wurden teilweise noch von dem jungbaltischen Vorstoß überfahren (Stephan 1994). Die kleinräumliche Abfolge von glazialen Erosions- und Akkumulationsbereichen ließ dort eine ursprünglich sehr stark gegliederte Landschaft zurück, in die die Ostsee im Zuge der Littorina-

---

[1] Ab dem 1.1.2012 wird das Institut als Helmholtz-Zentrum für Ozeanforschung Kiel (GEOMAR) in die Helmholtz-Gemeinschaft überführt.

Transgression vordringen konnte. Zwischen mehreren 1–5 km langen Höhenzügen, die heute als Steilküsten an die Ostsee grenzen, liegen größere und kleinere Niederungsgebiete. Als Folge der fortschreitenden Küstenausgleichsprozesse sind gegenwärtig alle ehemaligen Buchten zwischen der Probstei und Heiligenhafen (Nr. 12 in Abb. E 5.1) durch Nehrungsbildung abgeschnürt. Im innersten Teil der Hohwachter Bucht entstanden dadurch die Strandseen Großer Binnensee, Kleiner Binnensee und Sehlendorfer Binnensee, von denen die beiden letzteren als Brackgewässer zu Naturschutzgebieten erklärt wurden.

Die Probstei, deren Name erstmals 1226 für den Bereich zwischen Hagener Au im Westen und Mühlenau im Osten erwähnt wird, bildet die Übergangszone zwischen der Förden- und der Buchtenküste. Sie gliedert sich in fünf geologisch-morphologische Einheiten (Abb. E 5.1):
– Die wenig reliefierte Grundmoränenplatte der Mecklenburger Phase (W3) mit guten Kliffaufschlüssen bei Stein (Prange 1993);
– die Krokauer Endmoräne (Nr. 4 u. 6 in Abb. E 5.1);
– die Salzwiesen mit Barsbeker See und Barsbeker Moor;
– die Strandwall-Landschaft der Kolberger Heide mit dem Bottsand;
– das Sandriffsystem im Vorstrandbereich.

Die geologischen Verhältnisse der Probstei und des vorgelagerten Seegrundes sowie der Verlauf des holozänen Transgressionsgeschehens sind durch eine Vielzahl von hydrologischen und geologischen, insbesondere sedimentologischen Untersuchungen, von denen einige zur Erarbeitung grundlegender Informationen für den Bau des Deiches zum Schutz der Probsteiniederung vor Sturmhochwässern durchgeführt wurden, hinreichend bekannt. Danach ist der Untergrund der oben aufgeführten holozänen Einheiten 3 bis 5 durch eine flach nach Norden absinkende, weichseleiszeitliche Grundmoränenplatte geprägt, die von 9 bis zu 25 m tiefen, teilweise als subglaziale Schmelzwasserbahnen angelegte Erosionsrinnen zergliedert wird (Klug et al. 1974, Bressau & Schmidt 1979, Werner 1979, Klug 1980, Diethelm & Pitzka 1987, Schwarzer 1991, 1994). Diese Rinnen dienten bei dem holozänen Meeresspiegelanstieg als Leitbahnen für das Vordringen der Ostsee.

Der alte Name Kolberger Heide, der den früheren Landschaftscharakter dieser Region kennzeichnet und auch in den aktuellen Seekarten namengebend für diesen Flachwasserbereich ist, stammt von dem Verwellenhof, der sich auf der Höhe von Heidkate (Nr. 5 in Abb. E 5.1) vor der heutigen Küste in einem sandigen Heidegebiet befand. Er fiel in dem Februarhochwasser von 1625 dem Meer zum Opfer. Die in Seekarten eingetragene Bezeichnung Verwellengrund erinnert noch heute an diese Lokation. Die Küste der Probstei ist gekennzeichnet durch Strandwälle, die im Ostteil Höhen bis zu 2,40 m erreichen. Sie haben ihren Bildungsbeginn vor ca. 2.000 Jahren. Das ursprüngliche Liefergebiet lag auf einer auch in den modernen Seekarten ausgewiesenen Untiefe ca. 700 m

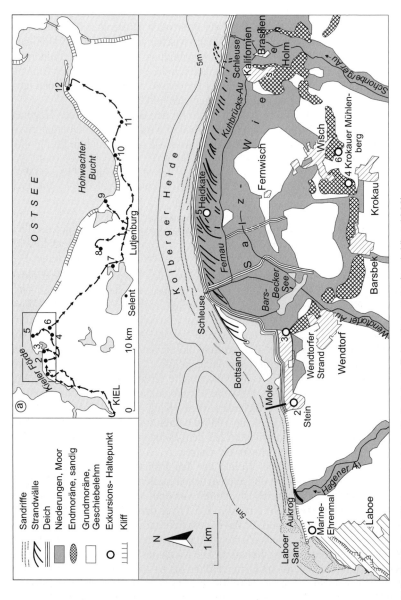

Abb. E 5.1: Das Küstengebiet der Probstei mit Exkursionsroute (nach Klug 1969).

vor der heutigen Küste auf der Höhe zwischen den Ferienorten Kalifornien und Brasilien (s. Abb. E 5.1). Die ehemaligen Strandwallfächer sind bei Kalifornien beginnend zunächst nach Süden, Richtung Westen immer weiter nach Südwesten geöffnet und nähern sich dort in ihrem Verlauf der Uferlinie an. Durch die Küstenrückverlegung sind aber nur noch die inneren Strandwälle erhalten. Sie verlaufen im Ostteil quer zur heutigen Küstenlinie (vgl. Abb. E 5.1) und sind im Mittelteil des Systems zwischen Barsbeker Deich und Heidkate (Nr. 5 in Abb. E 5.1) mit nur +1,64 m NHN am niedrigsten. Im Westteil steigen sie wieder bis auf +2,24 m NHN an. Die niedrigen Strandwälle im Mittelabschnitt entsprechen der mittelalterlichen Regressionsphase der Ostsee, die höheren in den Außenabschnitten den Meeresspiegelhochständen der Zeitenwende bzw. der Gegenwart. Durch die intensive Überbauung und die Erweiterung der touristischen Infrastruktur mit der einhergehenden Umgestaltung der Landschaft lassen sich diese Strukturen im Gelände heute nur noch schwer erkennen.

Der jüngste Haken des nach Westen wachsenden Strandwallsystems, der am Auslauf Wendtorf ansetzende und heute ca. 2,0 km lange Bottsand, baut sich erst seit etwa 1880 vor. Bis dahin reichte die Bucht von Stein landeinwärts bis zum Barsbeker See (Abb. E 5.1). Der Grootwarder, ein fast 6 m hoher Hügel nordwestlich des Barsbeker Sees, den Strehl (2005) als Teil einer jüngsten Endmoräne (jüngster Warleberg-Vorstoß) im schleswig-holsteinischen Ostseeküstenbereich bezeichnet, war zwischen 5.000–2.000 B.P. zeitweise eine Insel, die von der Ostsee umspült war.

Die ca. 22 km² umfassende, partiell unter dem Meeresspiegelniveau liegende Niederung der Probsteier Salzwiesen gehört seit jeher zu den besonders durch Hochwasser bedrohten Gebieten (Wiedecke et al. 1979). Sie wurde in der Vergangenheit häufig von Westen über die Steiner Bucht überflutet. Der erste Deich, der diese Verbindung unterbrechen sollte, war der 1821 erbaute Wischer Deich. Er verlief direkt in nord-südlicher Richtung, um auf kürzestem Wege den Zufluss von Wasser in die Niederung zu verhindern. Dieser Deich hielt aber nicht lange Stand. Bereits nach dem Hochwasser vom 12./13. November 1872 existierten Vorschläge von dithmarscher Deichbaumeistern, die man aufgrund ihrer weithin bekannten Erfahrung konsultiert hatte, diese Niederung durch einen im Bereich der Uferlinie liegenden Deich mit einer Kronenhöhe von +5,0 m NHN, die die Höhe des heutigen Deiches sogar um einen halben Meter überträfe, zu sichern. Geldmangel und Uneinigkeit unter den Landeigentümern verhinderten jedoch die Umsetzung dieses Vorschlages. Es sollten noch 100 Jahre vergehen, bis dieses Konzept Anwendung fand. So wurde zunächst ein in seinem Bestick geringer dimensioniertes Bauwerk errichtet, jedoch lag die damalige (1880–1882) Linienführung schon in exponierter Lage, d. h. vor den Dünen auf dem Strandwall. Nur wenig später erkannte man jedoch die Problematik dieser Deichverstärkung in vorderster Linie, die auch bei dem modernen Deich ein gravierendes Problem darstellt. So heißt es unmittelbar nach dem Hochwasser v. 24./25.03.1898 im Protokollbuch des Probsteier Deichverbandes (vgl. Wiedecke et al. 1979): „*Die Gefahr für den Deich infolge des Zurückweichens des Vorstrandes ist bei der Ausführung des Baues offenbar übersehen worden*".

Wasserstandsmarken des Sturmhochwassers von 1872 finden sich in etwa 1 m Höhe am Haus 42 des Dorfringes in Stein (Nr. 2 in Abb. E 5.1) sowie unmittelbar hinter dem Deich landseitig am Übergang zu den Deichterrassen bei Heidkate (Nr. 5 in Abb. E 5.1).

Seit der Anlage der Fahrrinne zum Yachthafen des 1971–1973 erbauten Ferienzentrums Marina Wendtorf (Nr. 3 in Abb. E 5.1), die regelmäßig freigebaggert werden muss, ist das Weiterwachsen des Bottsandes nach Westen stark eingeschränkt. Dieser an seiner Seeseite überdünte Sandhaken, ist, mit Ausnahme eines an seinem Ansatz liegenden, etwa 700 m langen und lediglich bis an die Dünen heranreichenden Strandabschnittes, als Vogelschutzgebiet ausgewiesen. Es darf ganzjährig nicht betreten werden. In einer Informationshütte unmittelbar auf dem rückwärtigen Deich bekommt man Auskünfte zu diesem Schutzgebiet und seiner geomorphologischen Entwicklung. Zwischen der Marina Wendtorf und der Schleuse Wendtorf (Abb. E 5.1) ist die Küste durch eine doppelte Deichlinie gekennzeichnet, wobei der um bis zu 350 m zurückverlegte Deich der eigentliche Landesschutzdeich ist. Den vorderen Deich hat man belassen, damit er im Falle eines Sturmhochwassers als Wellenbrecher dienen kann.

Im Küstenvorfeld vor Kalifornien befindet sich eine morphodynamische Grenze. Dort kehrt sich der resultierende Sedimenttransport von einer primären E-W-Richtung im Westteil in eine mehr W-E gerichtete Komponente östlich von Kalifornien um. Diese Grenze ist jedoch nicht stationär, sondern pendelt zwischen Kalifornien und Rethkuhl, je nach vorherrschenden jährlichen, mittleren Hauptwindrichtungen und -geschwindigkeiten (ALW 1997), die den zum Sedimenttransport notwendigen Energieeintrag bestimmen. Dadurch kommt es langfristig im Zentralteil vor der Probstei zu einem Sedimentdefizit (Köster 1979). Eine Erosionsfront, die mit einer Tieferlegung des Seegrundes einhergeht (Schwarzer et al. 2003), schreitet gegen die Küstenlinie vor. Dies zeigt sich in einer landwärtigen Ausbuchtung der Küstenlinie (Abb. E 5.2, s. Farbteil).

Den Vorstrandbereich zwischen Kalifornien und Laboe kennzeichnet ein küstenparalleles Sandriffsystem, das sich mit nur einem Riff bei Kalifornien beginnend in der Haupttransportrichtung von Osten nach Westen immer weiter auffächert (Abb. E 5.2, s. Farbteil). Es handelt sich hierbei um mehrere voneinander unabhängige Riffsysteme mit ehemals eigenen Liefergebieten. Sie sind erst im Laufe ihrer Entwicklung zusammengewachsen und erscheinen heute als ein zusammenhängendes Sedimenttransportsystem (Kachholz 1984). Vor dem Bottsand erreicht dieses Sandriffsystem mit etwa 700 m Breite und teilweise bis zu 10 einzelnen Sandriffen seine größte küstennormale Ausdehnung.

Unmittelbar vor Kalifornien ist das die Küste gegen Brandungseinwirkung schützende, natürliche Sandriffsystem über einen Bereich von 300–400 m teilweise völlig aufgezehrt, bevor Richtung Osten ein wesentlich schwächer ausgebildetes, aus nur 2 Riffkörpern bestehendes Sandriffsystem auftritt. Dieses verläuft deutlich dichter an der Küste und erstreckt sich küstenparallel bis zu dem 400 m langen Wellenbrecher am Ende des Buhnensystems vor Stakendorf (Köster 1979).

Abschnittsweise wurden zwischen 1974 und 1990 am Ostende des Steiner Kliffs beginnend bis zum Stakendorfer Flügeldeich die Bauarbeiten zur Verstärkung des Landesschutzdeiches durchgeführt. Mit 14,1 km Länge, 4,6 m Höhe und 48 eingebundenen, 100 m langen und in einem Abstand zwischen 180 m bis 240 m voneinander angeordneten T-Buhnen aus Naturstein (Hammargranit von der Insel Bornholm) ist dieses Bauwerk das massivste Küstenschutzbauwerk entlang der schleswig-holsteinischen Ostseeküste. Diese Bauweise schien notwendig, da die dichte, unmittelbar hinter dem alten Deich liegende Bebauung ein Rückverlegen des Deiches unmöglich machte. So musste in ein bestehendes Erosionsgebiet vorgebaut werden. Hatten Untersuchungen mit physikalischen Modellen ergeben, dass ein gegenseitiger Buhnenabstand von 200 m ideal ist, um das Lockermaterial im Strandbereich zu halten, so forderten einzuhaltende Planungsgrundsätze (Beibehaltung der alten Deichtrasse, Einbeziehung bereits vorhandener Küstenschutzanlagen, festgelegte Ausläufe für die Entwässerung des Hinterlandes) zu einer Variation der Buhnenabstände, die sich im Nachhinein als problematisch erwies. Überall dort, wo ihr gegenseitiger Abstand voneinander 200 m überschreitet, kommt es bei NE-Stürmen zu verstärkter Strandausräumung, wobei teilweise sogar die Fußsicherung des Deiches freigelegt wird. In der Regel wird dieses Material jedoch in den ruhigeren Sommermonaten allein aufgrund der saisonalen Küstendynamik dem Strand auf natürliche Art wieder zugeführt (Schwarzer et al. 2003).

Dieser Deich ähnelt mit seinem flachen Profil (1:10 bis 1:25) und Fußbreiten von 82 m im Bereich von Stein und 73 m zwischen dem Schöpfwerk Wendtorf und Stakendorf Nordseedeichen, und tatsächlich entspricht die den Deich belastende Wellenenergie auf bestimmten Höhenniveaus der Energiebelastung, denen Nordseedeiche standhalten müssen (Schwarzer et al. 2003). Die Ursache liegt in der hohen Verweildauer der Ostseesturmhochwässer. Diese können über Tage anhalten, während in der Nordsee die höchsten Belastungen in bestimmten Höhenniveaus an den Tideverlauf gekoppelt sind und demnach nur über maximal wenige Stunden auf einem bestimmten Niveau verharren.

Dem Vorrücken der Erosionsfront gegen die Deichlinie wurde nach Fertigstellung der einzelnen Bauabschnitte mit mehreren Sandvorspülungen entgegengewirkt. Diese Maßnahmen verlangsamen wirksam die natürlichen Erosionsprozesse, können sie aber nicht endgültig stoppen. Der Sand für diese Vorspülungen, deren Mengen jeweils in der Größenordnung von ca. 200.000 m³ lagen, wurde teilweise aus Dänemark importiert, da im Bereich der gesamten Kieler Bucht freie Sandreserven nicht mehr zur Verfügung stehen.

Als Ausgleich zu dem für diesen Deichbau erforderlichen Landschaftsverbrauch wurde vor dem 4,6 km² großen Naturschutzgebiet Strandseelandschaft Schmoel bei Stakendorf der alte Deich auf einer Länge von 800 m bis auf eine Höhe von +0,8 m NHN geschliffen. Die niedrig gelegenen Flächen im Hinterland sind damit dem Einfluss der Ostsee überlassen, sodass sich wieder eine natürliche Strandseen-und Salzwiesenlandschaft entwickeln kann.

Abgesehen von kleineren Seebrücken, die es in den vor Seegang doch weitestgehend geschützten Förden gibt, befindet sich am Strand von Schönberg die westlichste Seebrücke entlang der deutschen Ostseeküste. Hier stand bereits von 1912–1914 eine Seebrücke, die jedoch zu Beginn des ersten Weltkrieges zerstört wurde. Nach mehreren gescheiterten Versuchen konnte am 30. Juni 2001 die jetzige Seebrücke (Länge: 260 m, Breite: 3 m, in der Mitte 6 m) in Betrieb genommen werden. Dem an Küstenprozessen interessierten Beobachter gibt ein Spaziergang auf so einer, die Sandriffzone überspannenden Brücke die Möglichkeit, die Riffmorphologie und deren Wirkung auf das Wellenbild von oben zu betrachten.

Landeinwärts quert die Exkursionsroute (Abb. E 5.1) eine Folge von Eiszungenbecken der Mecklenburger Phase (Selenter See, Kossautal mit dem Großen Binnensee, Futterkamper Becken mit dem Sehlendorfer Binnensee). Dazwischen liegen höhere Stauchmoränen- und Kamesgebiete. Der 22,5 km² große und 34 m tiefe Selenter See (Nr. 7 in Abb. E 5.1) wird im Süden von einer 89 m hohen Stauchendmoräne des Rosenthal/Sehberg-Eisvorstoßes begrenzt. Mit 134 m sind die von Nordosten her zusammengeschobenen Stauchmoränen des Pilsberges (Nr. 8 in Abb. E 5.1) am höchsten. Vom Hessenstein, einem 1841 von Landgraf Friedrich von Hessen errichteten Aussichtsturm auf dem Pilsberg, überblickt man die 70 km lange Küste der Hohwachter Bucht bis hin zur Insel Fehmarn (s. E 6) und nach SE die ostholsteinische Jungmoränenlandschaft mit dem 167 m hohen Bungsberg, der höchsten Erhebung Schleswig-Holsteins (Abb. E 6.1).

Die Küstenentwicklung der inneren Hohwachter Bucht wurde von Ernst (1974) und Schwarzer et al. (1993) umfassend untersucht. Der Beginn der Littorina-Transgression konnte dort anhand von vier Torfproben aus einer Tiefe von -21 bis -27 m NHN ca. 9 km vor Hohwacht auf 6.120–6.400 ^{14}C-Jahren v.Chr. datiert werden. Im Unterschied zur Probstei erfolgte und erfolgt der Sandtransport entlang der dort nach Nordosten exponierten Küste hauptsächlich nach Südosten. Der Kleine Binnensee bei Behrensdorf (Abb. E 5.3) wurde vom Abbruchmaterial des nordwestlich angrenzenden Todendorfer Kliffs und von der Sedimentszufuhr von der Abrasionsfläche abgedämmt. Torfe und Mudden des ehemaligen Kleinen Binnensees reichen bis

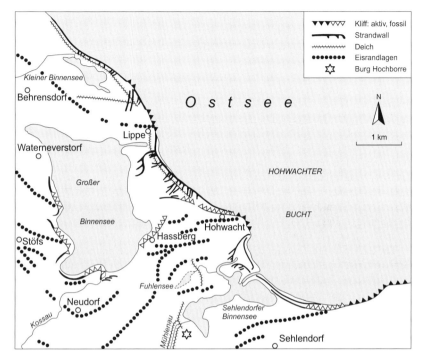

Abb. E 5.3: Die Küstenlandschaft der inneren Hohwachter Bucht (nach Sterr & Klug 1987).

etwa 400 m weit in die Ostsee hinein, ein Hinweis darauf, dass auch hier Nehrungsbildung und Küstenrückgang miteinander gekoppelt sind. Dass derartige Sedimente in so geringer Entfernung zur Küste nicht von Sand überdeckt sind, sondern frei am Meeresboden liegen (Abb. E 5.4, s. Farbteil), zeigt zudem ein Materialdefizit in diesem Bereich an.

Der 3,1 km lange Deich vor dem Kleinen Binnensee weist lediglich eine Kronenhöhe von 2,60 m auf (MLR 2001). Unter dem Deich verlaufen seewärts 3 bis zu 6 m tiefe, vermoorte ehemalige Entwässerungsrinnen (Schwarzer et al. 1993), über denen es zu leichten Senkungen kommt. Der bestehende Deich würde einem Sturmhochwasser, wie es 1872 aufgetreten ist, nicht standhalten können. Trotz Bemühungen des Landes, im Einvernehmen mit den betroffenen Interessengruppen die hochwassergefährdeten Bereiche mit einem modernen Landesschutzdeich bei veränderter Deichlinienführung zu schützen, konnte kein Konsens erreicht werden. Nicht lange nach Aufgabe der Pläne verschoben mehrere Sturmhochwässer in den vergangenen 15 Jahren die aus Kiesen aufgebauten Strandwälle so weit landwärts, dass sie heute nur noch wenige Meter von dem bestehenden Deich entfernt liegen (Abb. E 5.5, s. Farbteil). Sollten diese Strandwälle bis an den Deich heranwandern, wäre mit erheblichen Schäden an dem Bauwerk zu rechnen.

Der Große Binnensee (Abb. E 5.6) war vor der Nehrungsbildung bei Starkwinden und Stürmen aus NE ungeschützt. Davon zeugen die über 20 m hohen fossilen Kliffs des Littorina-Meeres an seinem SW-Ufer und die große vorgelagerte Abrasionsterrasse. Die Nehrung entwickelte sich vor etwa 2.500 ^{14}C-Jahren vom Lipper Kliff, das damals noch 1–1,5 km in die heutige Ostsee hineinragte, nach Süden. Vom Hohwachter Kliff wurde wegen der geringen Windwirklänge nur wenig Sand herantransportiert. Die ältesten Strandwälle im Norden erreichen eine Höhe von 2,5 m NHN (ohne die aufgesetzten Dünen) und entsprechen dem Meeresspiegelhochstand der Zeitenwende. Die niedrigeren Strandwälle im Mittelteil gehören in die mittelalterliche Regressionsphase (s. Kap. 4.4). Die Strandwälle der Neuzeit im Süden steigen wieder bis auf +2,3 m NHN an (Abb. E 5.6).

Die 22 km lange Kossau, die in den Großen Binnensee einmündet, ist einer der ökologisch bedeutendsten und landschaftlich schönsten Flussläufe Schleswig-Holsteins. Im Mittel- und Unterlauf ist sie in ein 100–200 m breites Tunneltal der Pommerschen Phase (W2) eingeschnitten. Die Schmelzwässer unter dem Eis flossen darin nach Südwesten ab. Mit dem Tieftauen des Toteises im Spätglazial und im Altholozän ging dort, wie allgemein in der schleswig-holsteinischen Jungmoränenlandschaft, eine Umkehr der Abflussrichtung zur Ostsee hin einher. Diese „Ur-Kossau" lässt sich vom Nordrand von Hohwacht anhand der Bathymetrie noch über 20 km in die Ostsee hinein verfolgen. Noch im 19. Jahrhundert mündete die Kossau als natürlicher Abfluss des Großen Binnensees am Nordrand von Hohwacht in die Ostsee. Der Flurname „Alter Strom" neben der Gaststätte „Genueser Schiff" erinnert an diesen natürlichen Kossau-Ausfluß. Seit 1878 ist der Große Binnensee durch einen Deich und ein Siel bei Lippe von der Ostsee abgetrennt und dadurch hochwassergeschützt. Seitdem wird die Entwässerung über eine Schleuse am Siel geregelt.

Vom Hohwachter Steilufer (Nr. 9 in Abb. E 5.1), einem Ausläufer der Kerbstauchmoräne zwischen dem Futterkamper und dem Kossau-Eiszungenbecken, überblickt man den Kliffbereich, die zu beiden Seiten ansetzenden Nehrungshaken und die von diesen abgedämmten Strandseen. Der Nordteil des Kliffs ist durch von Nordwesten her vorgelagerte Strandwälle bereits landfest geworden (Abb. E 5.6). Der Küstenrückgang am aktiven Kliff im Südteil beträgt im Mittel 14 cm/a (Ziegler & Heyen 2005). Steinaufschüttungen am Klifffuß und vorgebaute Holzbuhnen sollen den Landverlust verlangsamen oder stoppen.

Der im Mittel nur 70 cm tiefe Sehlendorfer Binnensee im Futterkamper Eiszungenbecken wird durch eine am aktiven Hohwachter Kliff ansetzende

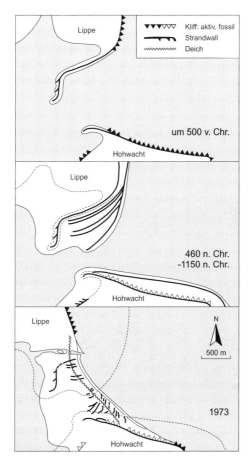

Abb. E 5.6: Entwicklungsstadien der Nehrung des Großen Binnensees zwischen Lippe und Hohwacht (nach Ernst 1974).

Nehrung von der Ostsee abgeriegelt. Es handelt sich um eine noch weitgehend im natürlichen Zustand befindliche, verlandende Brackwasser-Lagune ohne Deich und Sielbauten, die mit einem kleinen Gewässerlauf, dem Broeck, mit der Ostsee verbunden ist. Bei Hochwassersituationen strömt Ostseewasser in den Binnensee, der samt seiner Umgebung unter Naturschutz steht.

Im Raum Hohwacht-Lütjenburg gibt es eine Vielzahl geschützter archäologischer Denkmäler. Einige davon sind mit der Küstenentwicklung eng verbunden. Die um 700 n. Chr. gebaute Burg Hochborre (s. Abb. E 5.3), deren durch Beackerung stark abgeflachter Ringwall von der Bäderstraße Hohwacht-Sehlendorf durchschnitten wird, lag strategisch günstig am „Naturhafen" des Sehlendorfer Binnensees und könnte eine der slawischen Operationsbasen gegen die Dänen gewesen sein (vgl. E 2). Das gleiche kann für die „Alte Burg" über dem fossilen Kliff des Littorina-Meeres am Südufer des Großen Binnensees vermutet werden. Die Oldenburger Slawen (E 6) überfielen mit ihren Schiffen die dänischen Inseln noch bis in die 2. Hälfte des 12. Jahrhunderts hinein.

Etwa mit dem Bau der Burg Großer Schlichtenberg, ca. 750 m südwestlich von Hochborre gelegen (Abb. E 5.3), um 1200 n. Chr. setzte in diesem Gebiet die deutsche Kolonisation ein (Kramer 1989). Der Fund eines Bootshakens weist auf das hochmittelalterliche Ostsee-Ufer an der auf einem kleinen Moränenhügel errichteten Burg hin. Die benachbarte Turmhügelburg Kleiner Schlichtenberg (ca. 200 m nordwestlich der Burg Großer Schlichtenberg) wurde nach der dendrochronologischen Datierung der hierfür verwendeten Eichenpfähle in den Jahren 1356/57 über einem aufgeschütteten Hügel gebaut. Beide Burgen waren sowohl durch die Ostsee bzw. den Sehlendorfer See als auch durch die vermoorte Mühlenau-Niederung gegen feindliche Angriffe geschützt. Um 1400 wurde die Burgherrschaft von der Gutswirtschaft abgelöst. Heute beherbergt das Gut Futterkamp eine landwirtschaftliche Lehr- und Versuchsanstalt der Universität Kiel. Nur 1 km nordwestlich des Gutes, auf dem Ruserberg, liegen die neolithischen Megalithgräber der ältesten Futterkamper Gruppe. Drei davon sind gut erhalten. Das größte ist mit 56 m genau so lang wie das rekonstruierte Megalithgrab von Karlsminde bei Eckernförde (s. E 3).

Für das östlich des Sehlendorfer Strandes angrenzende Friderikenhofer Kliff gibt es keine einheitlichen Rückgangszahlen. Gibt Kannenberg (1950) für den Zeitraum 1975–1950 28 cm/a an, so sind es bei Ziegler & Heyen (2005) für den Zeitraum 1956–1979 lediglich 12 cm/a. An allen im Exkursionsgebiet auftretenden Steilufern lassen sich analog zu Schwansen und dem Dänischen Wohld (E 3) zwei Geschiebemergel unterscheiden, zwischen denen streckenweise glazifluviatile und glazilimnische Ablagerungen eingeschaltet sind. Da der untere Geschiebemergel (qw2) und die hangenden Schmelzwasserablagerungen teilweise gestaucht sind und diskordant von dem oberen Geschiebemergel (qw3) überlagert werden, handelt es sich um Ablagerungen zweier verschiedener Gletschervorstöße (Prange 1991).

Am Friderikenhofer Kliff setzt nach Osten der Nehrungshaken des Weißenhäuser Strandes an, der den Oldenburger Graben gegen die Hohwachter Bucht abriegelt (Abb. E 6.1). Dem Strandwallsystem der Nehrung sind bis 9 m hohe Küstendünen aufgesetzt.

Landwärts wurde 1973 das Ferienzentrum Weißenhäuser Strand errichtet. Diatomeenanalysen von König (in Hoika 1986) zeigen, dass bereits vor etwa 4.500 ^{14}C-Jahren hinter der Nehrung ein brackischer Strandsee vorhanden war.

Sein rezentes Relikt ist der durch ein Siel entwässerte Wesseker See unmittelbar neben dem Ferienzentrum (Nr. 10 in Abb. E 5.1). Ab Weißenhaus verläuft die B 202 parallel zum Oldenburger Graben (E 6). Bei den flachen Kuppen an beiden Seiten der Niederung, die von Seifert (1954) für Drumlins gehalten wurden, handelt es sich größtenteils um aus Schmelzwassersanden aufgebaute Kames.

E 6: Wagrien und Fehmarn

Die Wagrische Halbinsel, im Westen von der Hohwachter Bucht (E 5) und im Osten von der Lübecker und der Mecklenburger Bucht begrenzt, wird durch den 23 km langen und zwischen 200 m bis 3,8 km breiten Oldenburger Graben in einen nördlichen und einen südlichen Abschnitt geteilt (Abb. E 6.1). Obwohl letzterer schon im Alttertiär als tektonische Senkungszone angelegt wurde, ist er kein tektonischer Grabenbruch, sondern eine rinnen- bis talförmige Gelände-Depression. Der Oldenburger Graben erhielt seinen vorletzten „morphologischen Schliff" von Schmelzwässern des Mecklenburger (W3-)Vorstoßes und seinen letzten vom Littorina-Meer des Holozäns. Eine durchgehende natürliche Meeresverbindung zwischen Hohwachter und Lübecker Bucht hat jedoch zu keiner Zeit bestanden. Der Oldenburger Graben ist mit einer Fläche von 37 km² und mit weiten, unterhalb des Meeresspiegels liegenden Bereichen, das größte zusammenhängende Niederungsgebiet an der schleswig-holsteinischen Ostseeküste. Ein Eindringen der Ostsee oder die Wiederausbreitung von Seeflächen wird durch Deiche, deren Bau nach dem großen Sturmhochwasser von 1863 erfolgte (Hartz & Hoffmann-Wiek 2003), sowie durch die künstliche Absenkung des Grundwasserspiegels verhindert. Innerhalb der Niederung ist das Relief weitestgehend ausgeglichen. Die Höhen liegen zwischen +1 m und -3,28 m NHN im Gruber-See-Koog, dem tiefsten Punkt des Oldenburger Grabens (Jakobsen 2004). Der Verlauf der Isobathen in der nordwestlich anschließenden Hohwachter Bucht lässt erkennen, dass sich der Oldenburger Graben in diese Bucht hinein fortsetzt. Für die Mecklenburger Bucht zeichnet sich das nicht ab. Das Grundwasser in dieser Niederung ist stark versalzen. Im küstennahen Bereich wird dies auf den Einfluss der Ostsee zurückgeführt, weiter landeinwärts auf den Aufstieg von Solen durch Salzauslaugung aus dem Salzkissen Cismar (Johannsen 1980).

Der Hauptvorfluter, der eigentliche „Oldenburger Graben", durchzieht die gesamte Niederung von Weißenhaus im Nordwesten bis Dahme im Osten. Sein Wasserspiegel wurde durch verschiedene Entwässerungssysteme schrittweise auf -1,6 m NHN am Schöpfwerk Weißenhaus und auf -1,9 m NHN am Schöpfwerk Dahme abgesenkt. Durch diese Entwässerung wurden Seen mit einer Gesamtfläche von 768 ha trockengelegt. Als Folge traten Setzungen der Sedimente bis zu 1 m auf. Ausbaggerungen der Vorfluter und weitere Grund-

168 Exkursionen

wasserabsenkungen auf bis zu -3,8 m NHN führten zu einer Sicherung der landwirtschaftlich genutzten Flächen, aber auch zu einer fortschreitenden Sedimentsetzung (Jakobsen 2004). Im Sinne des Natur- und Artenschutzes wird heute in einigen Bereichen der Grundwasserspiegel wieder angehoben, womit eine Wiederausbreitung (Renaturierung) von Vernässungs- und Seenflächen herbeigeführt wird.

Stephan (2003) führt die Entstehung glazialer Hohlformen, wie den Oldenburger Graben, auf subglaziale Schmelzwassererosion und aktive Erosion an der Gletscherbasis zurück. Er widerspricht damit den gängigen Vorstellungen, dass der Oldenburger Graben durch eine vorrückende, schmale Gletscherzunge entstanden ist (Gripp 1964). Am Ende der Vergletscherung werden Rinnen und Hohlformen durch längliche Toteiskörper bis zu deren endgültigem Abschmelzen konserviert. So führen Toteislöcher zu einer morphologisch unruhi-

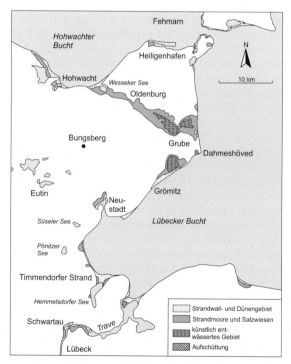

Abb. E 6.1: Küstengeologische Übersichtskarte der Hohwachter und Lübecker Bucht (nach Köster 1961, verändert).

gen Oberfläche des pleistozänen Untergrundes des Oldenburger Grabens. Über diesem Untergrund liegt eine bis 20 m mächtige holozäne Schichtenfolge aus limnischen und marinen Sedimenten. Der Transgressionsverlauf des Littorina-Meeres im Neolithikum ist durch sorgfältige archäologische Grabungen besonders am steinzeitlichen Wohnplatz Rosenhof bei Grube (s. Abb. E 6.1) und durch eine Vielzahl in den vergangenen Jahren neu abgeteufter Bohrungen (Jakobsen 2004) und weiterführender geoarchäologischer Untersuchungen (Hartz et al. 2004) eindeutig belegt. Die Ostsee drang von der Hohwachter Bucht und der Mecklenburger Bucht in das glazial geformte Tal ein. Es bildete sich ein westlicher Meeresarm zwischen Weißenhaus und Oldenburg und ein östlicher zwischen Dahme und Göhl, ohne dass es zu einer durchgehenden Verbindung von der Hohwachter bis zur Mecklenburger Bucht, vergleichbar dem rezenten Fehmarn-Sund, gekommen ist. Es lagerten sich zunächst mächtige Abfolgen von Ostseeschlick ab, bevor es durch den Abschluss der Niederungen von der Ostsee bei Meeresspiegelständen um -1,5 m NHN um ca. 2.900 B.C. (cal.), d. h. vor ca. 5.000 Jahren, zum Übergang von marinen zu limnischen Sedimentationsbedingungen kam (Seifert 1963, Schwabedissen 1976, Schüttrumpf 1976, Hoika 1986, Hartz & Hoffmann-Wieck 2000).

Die Kulturschichten der frühneolithischen Rosenhof-Gruppe, die neben vielen Resten von Wildtieren auch Knochen von Haustieren (Rind, Schwein, Hund) und Pollenkörner von Getreide enthalten und somit den Beginn einer bäuerlichen Lebensweise belegen, konnten vom Wohnplatz auf einer Moränenkuppe bis zur „fossilen Müllkippe" in den angrenzenden Meeresablagerungen verfolgt werden. Demnach hatte der rasch ansteigende Ostseespiegel bereits um 3.800 v. Chr. ein Niveau von 3 m unter NHN erreicht.

Die Stadt Oldenburg i. Holstein (Nr. 11 in Abb. E 5.1) liegt an einer nur 200 m breiten Engstelle des „Grabens", die schon im Neolithikum für den N-S-Fernverkehr genutzt wurde. Die vorliegende Rinne ist subglazial entstanden. Das Hangende der dort in -20 bis -30 m NHN liegenden Geschiebemergeloberfläche bilden bis zu 14 m mächtige Schmelzwassersande, die wiederum von limnischen Mudden und Torf überlagert werden (Jakobsen 2004). Über der Stadt erhebt sich der größte Burgwall des nordwestlichen Siedlungsraumes der Slawen: Starigard („Alte Burg"), die am Ende des 7. Jahrhunderts gegründete und im Jahre 1149 von den Dänen zerstörte große Fürstenburg der Wagrier. Ein Spaziergang über den bis 18 m hohen Ringwall vermittelt einen Eindruck von den imposanten Dimensionen sowohl der Burg als auch des Oldenburger Grabens.

Adam von Bremen hat Starigard als Seestadt bezeichnet. Offensichtlich hat der 1 m unter NHN liegende Wesseker Restsee im Frühmittelalter noch bis nach Oldenburg gereicht und eine Verbindung zur Ostsee hergestellt. Noch um 1850 lag sein Ostufer zwischen Dannau und Oldenburg (Achenbach 1988). Deshalb hieß er damals Dannauer See. Bei dem extremen Sturmhochwasser vom 12./13. November 1872 wurde der gesamte Oldenburger Graben unter Wasser gesetzt und somit kurzfristig zu einem Sund umgewandelt. Achenbach's historische Wirtschaftskarte des östlichen Schleswig-Holstein um 1850 weist den Oldenburger Graben, abgesehen von zwei großen Binnenseen, als Moor- und Bruchwaldgebiet aus, in dem damals der sommerliche Torfstich eine regional bedeutende wirtschaftliche Rolle spielte. An der Form einiger kleiner Teiche und Tümpel sind im Niederungsbereich ehemalige Torfstiche zu erkennen. Aus Gründen der Wirtschaftlichkeit und des Naturschutzes wurde der Torfabbau eingestellt. Mit dem 1990 eröffneten Wallmuseum hat Oldenburg einen landeskundlichen Museumshof von internationalem Rang aufgebaut (www.oldenburger-wallmuseum.de).

Nördlich von Oldenburg wird auf der E 47 die flachwellige Grundmoränenlandschaft der Wagrischen Eisscheide durchfahren. Letztere wurde bereits in der Saale-Eiszeit angelegt. In der Weichsel-Hochglazialzeit begrenzte sie die großen Gletscherloben der Lübecker und Hohwachter Bucht. Im Westen erkennt man die NE-SW streichenden, bis 68 m hohen Bergrücken zwischen Wandelwitz und Johannisthal. Die Wandelwitz-Formation umfasst die nur selten zu findende, vollständige Abfolge der Sedimente des „Jungbaltischen Vorstoßes" (Stephan 2001), die sich aus den Ablagerungen eines ersten Gletschervorstoßes (Sehberg-Phase) und nach einer Stagnation und Niedertauphase eines zweiten, weniger weit ausgreifenden Vorstoßes (Warleberg-Phase) zusammensetzt (s. a. Kap. 3). Sehr wahrscheinlich sind dort an einen Kern aus Seitenmoränen des Hohwachter Bucht-Lobus von Osten her Stauchmoränen der Mecklenburger Phase angelagert und teilweise drumlinisiert worden. Diese Seitenmoränen wurden ebenso wie diejenigen der schleswig-holsteinischen Fördegletscher (s. Abb. E 2.4) quer zur Vorstoßrichtung der Gletscherzunge gestaucht. Nach flachseismischen und sonographischen Aufnahmen von Niedermeier-Lange & Werner (1988) setzen sich die Seitenmoränen im Küstenvorfeld der Hohwachter Bucht fort. Südlich von Heiligenhafen gehen sie in einen WNW-ESE streichenden, vermutlich in der Pommerschen Phase (W2) aus NNE zusammengeschobenen Stauchmoränenkomplex über, der während des Mecklenburger Vorstoßes ebenfalls vom aus Osten vorrückenden baltischen Eis überfahren und drumlinisiert worden ist. Drumlins sind durch Gletschererosion entstandene, in Eisströmungsrichtung längsgestreckte, stromlinienförmige Hügel, oft mit steiler Luv- und flacher Leeseite. Mehrere Befunde deuten auf örtliche glazitektonische Verformung, z. B. Stauchung und Mylonitisierung, der verschiedenen Drumlin-Sedimente unter dem Gletschereis hin (Piotrowski 1992).

Heiligenhafen, ein reizvolles Fischerstädtchen aus dem 13. Jahrhundert, dessen heutiges Bild vom Tourismus geprägt wird, liegt an der NW-Küste der Wagrischen Halbinsel (Nr. 12 in Abb. E 5.1). Von den Parkplätzen des Ferienzentrums auf dem Steinwarder erreicht man über die Warder-Nehrung und ent-

Wagrien und Fehmarn

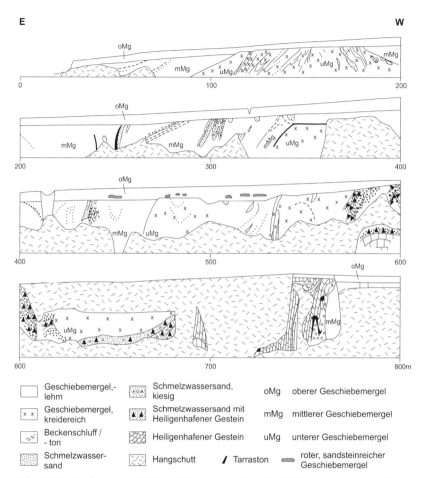

Abb. E 6.2: Geologisches Kliffprofil des Hohen Ufers bei Heiligenhafen (nach Kabel 1982, verändert).

lang der Eichholzniederung in ca. einer halben Stunde das 1.700 m lange und bis auf 15 m ansteigende Kliff „Hohes Ufer" (Abb. E 6.2), an dem die modellhaft entwickelten Nehrungshaken von Heiligenhafen ansetzen (Abb. E 6.3). Dieses Kliff, das seit fast 150 Jahren geologisch und paläontologisch untersucht wird, gilt als das am besten erforschte Steilufer in Schleswig-Holstein. Es zeigt eine Reihe von Details der tertiären und quartären Landschaftsgeschichte der nördlichen Wagrischen Halbinsel. Entsprechende Veröffentlichungen sind bei Stephan (1985, 2002) und van der Wateren (1999) aufgelistet. Das geologische Kliffprofil (in Abb. E 6.2 ist der Ostteil dargestellt) zeigt einen glazitektonischen Falten- und Schuppenbau aus tertiären und eiszeitlichen (pleistozänen) Sedimenten, der mit einer scharfen Diskordanz von einer geringmächtigen Deckmoräne (oberer Geschiebemergel/oMg) überlagert wird. An der Diskordanzfläche liegen einzelne, in das Liegende eingedrückte Geschiebeblöcke mit E-W streichenden Gletscherschliffen. Der kleinstückig zerklüftete oMg erreicht nur am östlichen Kliffanfang eine Mächtigkeit von über 2 m. An seiner Basis findet sich dort eine Kalkanreicherung (Ca-Horizont). Zwischen den Kliffmetern 450 und 530 enthält er einige glaziologisch nur schwer erklärbare rötliche Schlieren ohne Flint- und Kreidekalkgeschiebe. Die rote Farbe stammt aus Anreicherungen von eokambrischen Sandsteinen des südöstlichen Ostseegebietes (Kabel 1982), von denen Bruchstücke im Geschiebemergel zu finden sind.

Diese und andere Merkmale kennzeichnen den oberen Geschiebemergel, der auf den Kuppen oft auskeilt, als typische Grundmoräne, sehr wahrscheinlich ein „lodgement till" (Absetztill), der Rosenthal/Sehberg-Staffel der Mecklenburger Phase. Die Faltungen und Verschuppungen im Kliff wurden größtenteils von diesem Gletschervorstoß geschaffen, überfahren und abgeschliffen. Die Gefügemessungen zeigen, dass die größeren Sättel im gesamten Profil etwa N-S streichen und nach W überschoben und überkippt sind. Diese Messergebnisse und die E-W streichenden Drumlins im Nordteil der Wagrischen Halbinsel und auf der Insel Fehmarn dokumentieren einen generell E-W gerichteten Eisvorstoß, der in der Lübecker und Hohwachter Bucht sowie in der Kieler Förde nach Süden abbog. Die älteren, glazitektonisch gestörten Schichten lassen im östlichen Kliffabschnitt (etwa 0–700 m) zunächst flachere, dann steilere Sättel und Mulden erkennen. Die Sattelkerne bestehen größtenteils aus relativ harten und standfesten Geschiebemergeln (mMg und uMg) und treten deshalb als Küstenvorsprünge in Erscheinung. Zwischen 600 und 700 Küstenmetern entdeckte Stephan (1992) im Liegenden des uMg einen noch älteren Geschiebemergel (uuMg), der in der Abb. E 6.2 fehlt. Van der Wateren (1999) zweifelt die Existenz eines im Liegenden von uMg auftretenden Tills an.

Früher wurden allgemein alle Geschiebemergel im Kliff der Weichsel-Eiszeit zugeordnet. Petrographische Feinkiesanalysen von Kabel (1982) sowie Untersuchungen von Stephan (1998) und van der Wateren (1999) deuten aber eher darauf hin, dass der obere Geschiebemergel der Mecklenburger Phase (qw3) dort diskordant die Geschiebemergel im Liegenden überlagert. Der mMg besitzt ein baltisches Geschiebespektrum mit viel paläozoischem Kalkstein, etwas devonischem Dolomit und wenig Flint. Auch die auffällig vielen gotländischen Korallen- und Beyrichienkalke auf dem Strand stammen aus dem mMg. Stärkere Oxidation und Verwitterung in der Nähe der Geländeoberfläche führen zu einem kräftigen, rotstichigen Braun. Dieser Geschiebemergel enthält stellenweise Linsen oder Bänder aus pleistozänem Sand, Kies, Schluff oder auch eozänem Ton. Auffallend ist die ausgeprägte Klüftung. Sein Gletscher durchfloss das südöstliche Ostseegebiet; die Fließrichtung bei Heiligenhafen war E-W. Der kreidereiche und daher stark kalkhaltige uMg wurde von einem aus NE kommenden Gletscher abgelagert.

Im mittleren Kliffabschnitt (etwa 700–1.200 m) ist ein steiler Schuppenbau entwickelt, der auch im Westteil von Faltenstrukturen flankiert wird. Auffällig ist das Vorkommen tertiären Materials. Insgesamt sind 7 Eozän-Schollen aufgeschlossen. Am markantesten treten die Schollen aus mitteleozänem „Heiligenhafener Gestein" in Erscheinung. Es handelt sich um glaukonitische, grüngraue Mergel- und Tonsteine mit unterschiedlich stark verkieselten (opalisierten) Bänken. Makrofossilien sind darin selten. Umso artenreicher ist die Mikrofauna aus Foraminiferen und die Mikroflora aus Coccolithen (Rexhäuser 1966, Martini 1991). Hinzu kommen an einigen Stellen Schlieren eines fetten, grünlichen, gelegentlich auch braunen Tons aus dem Untereozän, der in Ostholstein „Tarraston" genannt wird. Wo dieser Ton ansteht, treten vorzugsweise Rutschungen und Grundbrüche auf. Das Nachsacken des Hangenden lässt dabei oft listrische Flächen und mehrere Meter tiefe Nischen entstehen. Bei Begehungen in 2008 und 2009 zeigten sich zwischen 650–700 m weitere Bereiche, in denen ebenfalls das Heiligenhafener Gestein und der Tarraston aufgeschlossen waren. Am Seegrund ausstreichende tertiäre Sedimente konnten in Seitensicht-Sonaraufnahmen stellenweise auch noch einige hundert Meter vor dem Kliff beobachtet werden. Bei 950 m (fehlt in Abb. E 6.2) treten in einer aus der Ostsee verschleppten eiszeitlichen Scholle schwarze, stark humose und verfaltete Glimmersande und Tone des Miozäns auf.

Ist die stratigraphische Einstufung der einzelnen Eisvorstöße weitestgehend gesichert, so wird deren Anzahl jedoch kontrovers diskutiert. Rechnet Stephan (1995b, 2002) den mMg und uMg jeweils einzelnen Vorstoßphasen zu, so hält Van Wateren (1999) den mMg und uMg aufgrund von strukturgeologischen und sedimentpetrographischen Analysen zu einem Vorstoß zugehörig.

Vermessungen des Küstenverlaufs seit 1872 zeigen, dass der westliche Abschnitt des Hohen Ufers im Durchschnitt um 0,5 m/a zurückversetzt wurde, der östliche sogar um 1 m/a. Der durchschnittliche Küstenrückgang über die gesamte Kliffstrecke hat sich in den letzten Jahrzehnten leicht verringert. Ziegler & Heyen (2005) geben für einen 28jährigen Messzeitraum einen Wert von 0,33 m/a an, Maximalwerte über die gesamte Kliffstrecke liegen bei 1,16 m/a. Das Heiligenhafener „Hohe Ufer" zählt damit zu den aktivsten Steilufern nicht nur der schleswig-holsteinischen (Stephan 1985, 1986, Schrottke 2001), sondern der gesamten deutschen Ostseeküste.

Ein Blick vom „Hohen Ufer" zeigt deutlich, dass das Kliff, die Nehrungshaken des Stein- und Graswarders und die von ihnen abgeschnürten Strandseen einen geologisch-morphologischen Zusammenhang besitzen (Abb. E 6.3

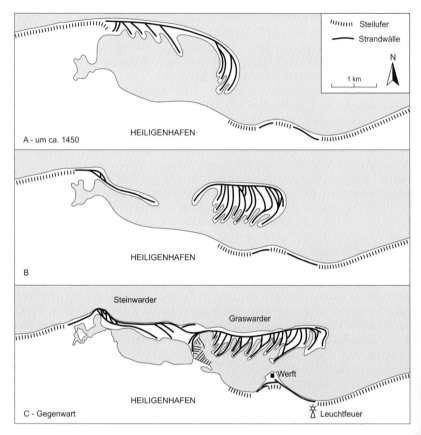

Abb. E 6.3: Die Entwicklung der Warder-Nehrung bei Heiligenhafen (nach Köster 1955, Klug 1969; s. a. Abb. E 6.4, im Farbteil).

u. E 6.4/Farbteil). Mit dem ansteigenden Meeresspiegel setzte ein Küstenrückgang an den Steilufern und damit eine Materialverlagerung im Küstenlängstransport ein. Jüngere C^{14}-Datierungen aus der Warderzone und dem Küstenvorfeld vor der Eichholzniederung belegen, dass die Wardergenese bereits vor ca. 3.000 Jahren und damit wesentlich früher begonnen hat, als es bisher von Schmitz (1953) und Seifert (1954) angenommen wurde. Im Zuge des Küstenrückgangs erreichten Abrasionsprozesse und Sedimenttransporte im Vorfeld der Heiligenhafener Kliffküste eine Stärke, dass sich zunächst an einem südwärts zurückversetzten Küstenabschnitt ein Höftland aufschüttete. Daran anschließend bildete sich eine Nehrung aus Riffsanden, die sich, überlagert von gestaffelten Strandwallhaken, nach Osten vorbaute.

Um das Jahr 1250 erreichte der Nehrungskopf vermutlich die Höhe des heutigen Steinwarder-Graswarder Übergangs (Abb. E 6.4, s. Farbteil). Bis zum Jahr 1400 schob sich ein weiterer Haken nach Osten vor, an den sich in dichter Folge weitere Strandwallstaffeln anlagerten. Die von den Strandwallbögen eingeschlossenen Lagunen verschlickten zunächst und verlandeten zunehmend. Als Folge von Sturmhochwässern in der Zeit zwischen 1450 und 1600 wurde der Nehrungshals durchbrochen und teilweise aufgearbeitet. Der heutige Graswarder wurde dadurch zur Insel (s. Abb. E 6.3), baute sich aber dennoch unter fortgesetzter Anlagerung hakenförmiger Strandwälle weiter nach Osten vor. Der küstenparallele Materialstrom über die Sandriffzone von dem westlich liegenden Steilufer einschließlich der vorgelagerten Abrasionsgebiete, aber auch die Sedimentzufuhr aus dem vorgelagerten Seebereich, blieben nach dem Strandwalldurchbruch in den Grundzügen bis heute bestehen. Bei östlichen Winden verfrachtete Sedimente formten am westlichen Graswarderansatz zudem einen west- bis südwestlich ausladenden Strandhaken. Er markiert heute die Nahtstelle Steinwarder – Graswarder.

Die Entfernung vom Steinwarder zum Graswarder verringerte sich zusehends, so dass in den 1930er Jahren vom Steinwarderkopf zu einer nördlich angelandeten Sandbank eine Buhne vorgebaut werden musste. Durch sie sollte die drohende Versandung der wirtschaftlich wichtigen Hafeneinfahrt „Fischerrinne" zwischen den Wardern durch Abfangen des Sandes aus dem küstennahen Sedimenttransport und durch die Leewirkung der Buhne verhindert werden. Ausgebrachtes Hafen-Baggergut und ein anhaltend starker Sedimenteintrag von See her bewirkten eine rasche Anlandung im Luv der Buhne und ein ostwärtiges Wachstum des Sandhakens über den Buhnenkopf hinaus (Abb. E 6.5, s. Farbteil). Die „Fischerrinne" zwischen Steinwarder und Graswarder verengte sich dadurch immer stärker. Im Winter 1952/53 bildete sich dort eine neue Sandbank, die innerhalb eines Jahres über das mittlere Hochwasserniveau aufwuchs und eine feste Verbindung mit dem Sandhaken erreichte. Im Winter 1954/55 wurde die Rinne durch den starken Küstenlängstransport geschlossen. Seit über 50 Jahren gibt es dadurch wieder ein geschlossenes Transportsystem. Seither setzt sich auch das Hakenwachstum am östlichen Graswarderkopf, das zu keinem Zeitpunkt vollständig unterbrochen war, verstärkt fort. Der westlichste Haken des Graswarders resultierte dabei aus einem Transport von Ost nach West. Gegenüber allen anderen Haken zeigt er eine konvex nach Westen gebogene Form (Abb. E 6.4, s. Farbteil).

In den 1960er und 1970er Jahren schuf man über den westlichsten Graswarderhaken die Straßenanbindung zur Stadt Heilgenhafen. Teilbereiche des Steinwarders wurden durch Baggergut aus dem neuen Yachthafen aufgehöht. Die Nahtstelle zwischen Steinwarder und Graswarder ist weiterhin durch Sedimentanlandungen charakterisiert. Von 1984 bis 1990 wurden davon rund 43.000 m³ als Füllmaterial für Buhnenfelder im inneren (westlichen) Steinwarder, die im selben Zeitraum vorgebaut wurden, verwendet. Hohe Transport- und Anlagerungsraten glichen die Materialentnahme rasch wieder aus. Die ehemalige Durchbruchsrinne hat sich in ein Akkumulationsgebiet umgekehrt.

Das gesamte Wardersystem erstreckt sich heute von West nach Ost über eine Länge von 5,6 km. Gegen Sturmhochwässer aus NE werden Kliff und Warder-Strandwallebene durch die Insel Fehmarn geschützt. Umso länger ist die maximal 75 km erreichende Windwirklänge (Fetch) über der Hohwachter und Kieler Bucht bei Stürmen und Starkwinden aus W und NW. Bei solchen Stürmen wandert das vom Kliff und aus dem Küstenvorfeld erodierte Material über die vor der Eichholzniederung ausstreichenden limnischen Sedimente hinweg.

Im Küstenvorfeld bildete sich ein Riffsandsockel, über dem sich Strandwall-, Lagunen- und Dünensedimente des Wardersystems ablagerten. Dieser Riffsandsockel reicht heute weit nach Norden in das Seegebiet hinaus. Von den überlagernden Strandwall-Fächern sind noch Relikte im seewärtigen Bereich zu beobachten. Basierend auf einer Vielzahl von Sondierungen und Vibrations-Kernbohrungen unterscheidet Schrottke (2001) 4 Bildungsphasen des Riffsandsockels und der überlagernden Strandwälle. Perioden mit geringer Sturmtätigkeit bauen einen bis auf -1 m NHN aufragenden Riffsandsockel auf. Die überlagernden Strandwälle erreichen Mächtigkeiten von lediglich 1,5 m. Demgegenüber liegt der Riffsandsockel für Phasen mit erhöhter Sturmtätigkeit in Wassertiefen von lediglich -2,5 m NHN, jedoch erreichen die Strandwälle dann Mächtigkeiten bis zu 3 m. Schrottke (2001) korreliert diese Daten mit den von Schumacher (1990) auf dem Rustwerder/Insel Poel (s. E 8) ermittelten Anwachszyklen, wonach sich sturmaktivere Phasen mit -inaktiveren Phasen bei einer Periodizität von 250–300 Jahren abwechseln.

Es ist bemerkenswert, dass sich die Relikte noch heute formstabiler Strandwallkomplexe im vorgelagerten Seegrundbereich bis zu einer seewärtigen Entfernung von 330 m verfolgen lassen. Eine derartige, enge Staffelung stabiler, etwa 3 m mächtiger Strandwälle reicht am westlichen Ansatz des Graswarders weit in die Vorstrandzone hinaus (Abb. E 6.4, s. Farbteil). Dadurch wird der Küstenerosion ein starker Widerstand entgegengesetzt.

Auf der Oberfläche des Riffsandsockels verlaufen im Seebereich bis zu 4 nahezu küstenparallele, hochmobile Sandriffkörper. Sie erreichen eine Mächtigkeit bis zu 2,5 m. Im Übergangsbereich Steinwarder – Graswarder erstreckt sich die Sandriffzone küstennormal über mehr als 500 m. Das dominierende Sedimenttransportband liegt ca. 300–375 m vor der Küste.

Sedimenttransportraten entlang des Küstenabschnittes vor Heiligenhafen werden von Schwarzer et al. (2000) für den Zeitraum 1991–1998 mit 41.000 m³/a nach Westen und 118.000 m³/a nach Osten angegeben. Dieses zeigt deutlich, dass phasenweise auch ein Transport nach Westen stattfindet und es erklärt auch, warum nach dem Durchbruch der losgelöste Warderteil nach Osten, aber auch nach Westen wachsen konnte. Basierend auf diesen Transportraten wird der Warder derzeit pro Jahr um 2–3 m länger. Er stellt, wie die in den nachfolgenden Exkursionen an der mecklenburgisch-vorpommerschen Ostseeküste behandelten Strandwallsysteme, insbesondere Rustwerder/Insel Poel (E 8), Darss-Zingst (E 10) und Bessin/Insel Hiddensse (E 11), ein Modell für junge bis jüngste Meeresspiegel-gesteuerte siliziklastische Küstensedimentation dar.

Von Heiligenhafen fährt man in einer Viertelstunde auf der E 47 bis zur 1963 eröffneten, 963 m langen Fehmarnsund-Brücke, dem Wahrzeichen der transeuropäischen Vogelfluglinie (Nr. 1 in Abb. E 6.6). Von der 23 m hohen

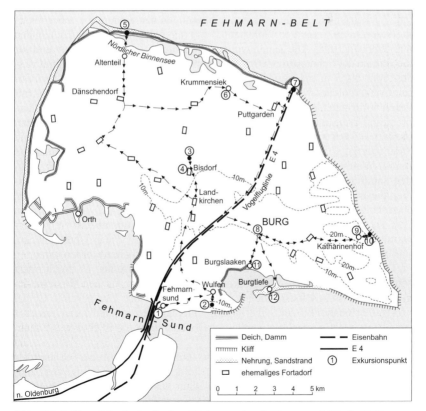

Abb. E 6.6: Übersichtskarte der Insel Fehmarn (nach Stremme & Wenk 1969).

Brücke schweift der Blick weit über die flache Grundmoränenplatte Fehmarns. Die 185 km² große Insel mit einer Küstenlänge von 78 km stellt quartärgeologisch die nördliche Fortsetzung der von Drumlins geprägten Exarationslandschaft Nordwagriens dar, die vom aus Osten vordringenden baltischen Eis der Mecklenburger Phase geschaffen wurde. Dort liegt auf erodiertem saalezeitlichen Untergrund stellenweise nur eine wenige Meter bis gelegentlich wenige Dezimeter starke „Haut" aus Weichsel-Grundmoräne (Stephan 1998, 2003). Ein typischer Drumlin ist der 20 m hohe Wulfener Berg am Nordufer des Fehmarn-Sundes (Nr. 2 in Abb. E 6:6). Der 2 km lange Drumlin streicht E-W. Seine östliche Schmalseite (Luv) ist steiler und kürzer als die westliche (Lee). Die südliche breite Seite wird vom Kliff angeschnitten, das mit 46 cm/a zurückweicht (Ziegler & Heyen 2005).

Aufgeschlossen ist eine in sich stark gefaltete und verschuppte Sattelstruktur mit einem weichseleiszeitlichen Geschiebemergel sowie Schmelzwasser- und Beckensanden. Saalezeitliche Ablagerungen des Kuden-Vorstoßes (Warthe-Stadium im Sinne von Woldstedt 1954) ragen dort bis in Oberflächennähe auf (Stephan 1998). Die Sande wurden in mehreren Gruben abgebaut und für die Rampe der Fehmarnsund-Brücke benutzt. Die gestauchten Sedimente werden vom bis 3 m mächtigen, durch eine dünne Sandlage zweigeteilten Geschiebemergel der Mecklenburger Phase diskordant überlagert. Dieses aus Osten vordringende Eis hat die etwas ältere Stauchmoräne des NE-Eises überprägt und drumlinisiert sowie den nur 4 m tiefen Fehmarn-Sund ausgeschürft (Seifert 1954, Ruck 1955, Kabel 1982). Bei SW-Wind wird im Fehmarn-Sund Sandmaterial vom Wulfener Kliff nach Osten transportiert. Umgekehrt erfolgt bei SE-Wind ein Sandtransport vom Kliff bei Staberhuk nach Westen. Die beiden Sandtransportbänder begegnen sich vor dem Burger Binnensee und dämmen diesen vom Fehmarn-Sund ab. Erfolgreiche Strandvorspülungen auf dem 3 km langen östlichen Nehrungshaken begünstigten in den 1970er Jahren den Bau des Ferienparks Burgtiefe (Nr. 12 in Abb. E 6.6). Wie überall ist die Verweildauer von Sandvorspülungen jedoch endlich und so gibt es Überlegungen, wie der Sand künftig auch dort länger an der Küste gehalten werden kann.

Die Staberhuk, der östlichste Punkt Schleswig-Holsteins, ist durch einen sehr blockreichen Geröllstrand gekennzeichnet; auf dem flachen Vorstrand lagern Gerölle bzw. Blöcke mit bis zu 2 m Durchmesser. Das gesamte Gebiet von Katharinenhof bis zur Staberhuk mit einer Größe von 1.657 ha ist heute bis zur -10 m NHN-Tiefenlinie gemäß der EU-Richtlinie als FFH-(**F**lora-**F**auna-**H**abitat) Gebiet ausgewiesen.

An der West- und Nordküste Fehmarns fehlen aktive Kliffs als Sedimentlieferanten für den Aufbau einer Küstenmorphologie bzw. Faziesabfolge aus Sandriff, Strand, Strandwall und Düne. Trotzdem haben sich auch dort typische Nehrungsküsten entwickelt. Das Material für die Strandwälle stammt von der Abrasionsfläche des vorgelagerten Flügge-Sandes, einer bis zu 15 km breiten

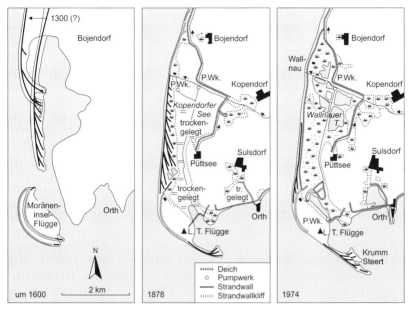

Abb. E 6.7: Küstenentwicklung im Südwest-Teil der Insel Fehmarn seit dem Mittelalter (nach Hingst & Muuss 1978).

Flachwasserzone vor der Westküste Fehmarns. Erst 3,5 km westlich von Flügge werden 5 m Wassertiefe erreicht. Es handelt sich um eine große, weitestgehend aus Geschiebemergel aufgebaute Abrasionsplatform, die bei den vorherrschenden Westwinden aufgearbeitet wird. Sande und Kiese werden dabei Richtung Küste transportiert, Blöcke verbleiben zumeist ortsfest am Seegrund zurück. Ton- und Schluffanteile gelangen mit den entsprechenden Strömungen in die tieferen Bereiche der Kieler Bucht bzw. den Fehmarn-Belt und Fehmarn-Sund. Im Küstenlängstransport gelangen die Sande um die SW-Ecke Fehmarns herum bis in die Bucht der Orther Reede. Dort bauen sie die Sandbänke der Untiefe des „Breiten Barg" auf, aber auch das am Leuchtturm Flügge ansetzende Hakensystem des Krummsteert (Abb. E 6.7). Der 37 m hohe, seit 1916 betriebene Leuchtturm wurde errichtet, um die Schiffe vor den Untiefen „Breiter Barg" und „Flüggesand" zu warnen; heute dient er als Besucherplattform. Der 298 ha umfassende Krummsteert hat sich in den letzten 120 Jahren um ca. 500 m nach SE verlängert. Er ist als Naturschutzgebiet ausgewiesen, das ganzjährig nicht betreten werden darf. Während der winterlichen Ostseestürme werden Teilbereiche des Krummsteert häufig überflutet.

Die Abb. E 6.7 zeigt die küstenmorphologische Entwicklung der SW-Ecke Fehmarns in den letzten ca. 400 Jahren. Um 1600 war Flügge eine Moräneninsel mit einem kleinen aktiven Kliff. Über einen von Norden auf die Insel zuwachsenden Nehrungshaken wurde vor 250 bis 300 Jahren der Anschluss an Fehmarn hergestellt. Der vom Nehrungshaken abgedämmte Kopendorfer See wurde nach der Bedeichung zunächst trockengelegt und landwirtschaftlich genutzt, um 1900 jedoch zwecks Fischzucht teilweise erneut unter Wasser gesetzt. 1975 erwarb der Deutsche Bund für Vogelschutz (heute Naturschutzbund Deutschland NABU e.V.) das ca 300 Hektar große Gelände des ehemaligen Teichgutes Wallnau. Mit seinen ausgedehnten Teichen, Schilfwäldern und Wiesen bietet das Naturschutzgebiet Wallnau für Wasser- und Sumpfvögel ideale Brut- und Lebensbedingungen. Nach dem Sturmhochwasser am 01./02.11. 2006 musste der damalige Überlaufdeich Wallnau (heute Regionaldeich) aufgrund starker Böschungsausschläge (durch Druckschlag brechender Wellen entstandene Deichschäden) verstärkt werden. In den Jahren 2002 und 2003 erfolgte eine Deichverstärkung zwischen Westermarkelsdorf und Bojendorf. Bei dieser Maßnahme wurde durch Anlage eines neuen Landesschutzdeiches die Deichlinie begradigt und um 145 m verkürzt. Der alte Landesschutzdeich wurde jedoch in seiner Lage belassen. Die betroffenen Flächen umfassen ca. 10 ha. Sie werden heute als Schafweide genutzt. Eine Verstärkung des Deiches in der bestehenden Linie ist aus Kostengründen und um den Eingriff in Natur und Landschaft so gering wie möglich zu halten, unterblieben.

Vom NSG Wallnau gelangt man mit dem Auto über Petersdorf (bis dahin reichte das Sturmhochwasser vom 13. November 1872), Dänschendorf und Altenteil in einer halben Stunde zum Parkplatz am Nördlichen Binnensee (Nr. 5 in Abb. E 6.6). Wer direkt von der Fehmarnsund-Brücke dorthin fährt, dem sei von Landkirchen aus ein kleiner kulturhistorischer Abstecher nach Bisdorf empfohlen (Nr. 4 in Abb. E 6.6). Es handelt sich um ein typisches altfehmarnsches Fortadorf aus der mittelalterlichen Kolonisationszeit. Die „Forta" oder „Forthe" ist der von privaten Bauernhöfen umgebene rechteckige Anger, der Eigentum der Dorfgemeinschaft war. Die Fehmarnschen Landrechte leiten sich bis auf das Jahr 1326 zurück (Achenbach 1988, Stremme & Wenk 1969).

Die Fehmarnbelt-Küste wird von einem System von Strandwällen gebildet, die zu einer Nehrung zusammengewachsen sind und teilweise vermoorte Binnenseen abgeschlossen haben. Das Nährgebiet der Strandwallsande liegt im Nordteil des Flügge-Sandes (Feldens et al. 2009). Die Abb. E 6.8 zeigt die Strandwall-Landschaft des Nördlichen Binnensees zwischen der Markelsdorfer Huk und der Schleuse bei Altenteil. Es handelt sich um mehrere Strandwallsysteme. Die jüngeren haben die älteren erosiv zurückgeschnitten. Das älteste und innerste ist stark podsoliert und mindestens 2.000 Jahre alt. In der Gegenwart wachsen die Strandwälle dort nur in begrenztem Umfange weiter.

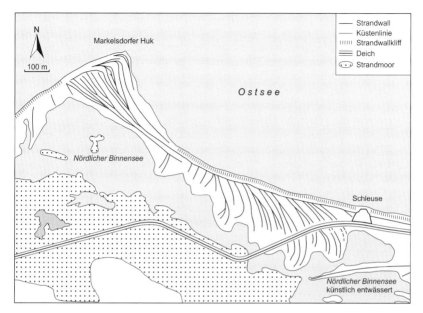

Abb. E 6.8: Die Strandwall-Landschaft am Nördlichen Binnensee, Insel Fehmarn (nach Köster 1961).

Im 1963 fertiggestellten Fährhafen Puttgarden (Nr. 7 in Abb. E 6.6) versäume man nicht, auf die 600 m lange Mole zu gehen. Deren Findlinge wurden von deutschen und dänischen Steinfischern aus der Ostsee gefördert. Die Steinfischerei wurde kurz vor ihrem Verbot 1976 wegen Unrentabilität eingestellt. Von der Mole aus erhält man auch einen Eindruck von den Kaianlagen und dem regen Fährverkehr über den 19 km langen Fehmarn-Belt nach Rødbyhavn auf der dänischen Nachbarinsel Lolland. Durch die Realisierung des Verkehrsprojektes „Fehmarn-Belt-Querung", das im Jahre 2007 zwischen der Bundesrepublik Deutschland, dem Land Schleswig-Holstein und Dänemark vereinbart wurde, sollen die Transportwege nach Skandinavien optimiert werden. Entsprechend den derzeitigen Planungen sind der Baubeginn für 2012 und die Fertigstellung für 2020 geplant. Seismische Untersuchungen (Novak & Björk 2004) und Erkundungsbohrungen für die nun in Angriff genommene Fehmarn-Belt-Querung ergaben größtenteils gute Baugrundverhältnisse auf standfestem Geschiebemergel. Nur auf der deutschen Seite der Insel Fehmarn müssen besondere Maßnahmen getroffen werden, um eine hochaufragende Stauchfalte mit untereozänen Tarrastonen zu überbrücken. Diese enthalten einen hohen Anteil quellfähiger Tonminerale der Montmorillonit-Gruppe. Bei Wasseraufnahme werden sie weichplastisch und neigen dann zum Fließen. Aufgrund dieser Eigenschaften stellen sie einen sehr schwierigen Baugrund dar. Neben den Baugrundverhältnissen sind es aber vor allem die Auswirkungen dieses Großprojektes auf die marine Umwelt, die in umfassenden Untersuchungen dokumentiert wurden (Dynesen & Zilling 2006).

Der Name „Tarras" stammt von Fehmarn. Die Tarrastone treten jedoch im Untergrund der gesamten Ostseeküste zwischen der Lübecker Bucht und den südöstlichen dänischen Inseln auf. Auf Fehmarn bilden sie ab einer Tiefe von 25–70 m das Liegende des unteren Geschiebemergels. Am bis zu 16 m hohen Kliff bei Katharinenhof (Nr. 10 in Abb. E 6.5) steht olivgrüner bis grünlichgrauer Tarraston an. Er wurde dort, ebenso wie am Kliff bei Heiligenhafen, vom Gletschereis in den Geschiebemergel eingeschuppt und enthält pyritisierte Fossilien (Muscheln, Schnecken, Seeliliengliedern, Hölzer usw.). Die grünliche Farbtönung des unteren Geschiebemergels beruht auf der Einmischung von Tarraston. Auf diesem tonigen, staunassen Geschiebemergel hat sich ein besonderer Bodentyp entwickelt: Die „Fehmarner Schwarzerde". Bei Niederschlagsmengen von lediglich 500–550 mm/a könnte es sich um den Übergang zu einer Steppen-Schwarzerde handeln. Allerdings ließ sich eine Steppenphase pollenanalytisch nicht nachweisen. Vielmehr scheint eine pseudovergleyte Parabraunerde mit hoher Basensättigung vorzuliegen. Die tiefgründige Umlagerung von Tonhumuskomplexen könnte durch eine von der Gischt beeinflusste Natrium-Belegung begünstigt worden sein (Schimming & Blume 1993).

E 7: Lübecker Bucht

Auf der Rückfahrt von der Insel Fehmarn zweigt man vor Heiligenhafen von der Vogelfluglinie auf die Bäderstraße ab, die entlang der Küste der äußeren Lübecker Bucht nach Neustadt/Holst. verläuft. Bei Rosenhof und Grube wird erneut der Oldenburger Graben gequert (E 6). Nach dessen Abschluss durch den 6 km langen Dahmer Deich wurde 1930 der 10 km lange Gruber See abgepumpt und der landwirtschaftlich nutzbare Gruber Seekoog angelegt (Abb. E 6.1). In der Dahmer Bucht gab es eine erteböllezeitliche/frühneolithische, ganzjährig genutzte Siedlung (Jakobsen 2004), die nach neueren Datierungen von 4.700 bis 4.300 cal. BC bestand (Hartz 2004). Der Deichabschnitt Dahme – Rosenfelde wurde ab 2010 mit einer Erhöhung um 50 cm verstärkt, um auch den künftigen Belastungen durch Ostseehochwässer standhalten zu können.

Der Küstenknick von Dahmeshöved südöstlich von Grube markiert die Grenze zwischen der offenen äußeren Mecklenburger Bucht und der geschlossenen inneren Lübecker Bucht. Nordoststürme sind hier bestimmend für den Sedimenttransport an der Küste. Der mittlere Küstenrückgang am niedrigen

Kliff bei Dahmeshöved beträgt 40–45 cm/a. Das abgetragene Material baut das Strandwallsystem zwischen Grömitz und der Klostersee-Schleuse auf. Hinzu kommen Sande von einer breiten Abrasionsplattform, die sich von Großenbrode im Norden bis nach Dahmeshöved im Süden erstreckt. Im Unterschied zur Hohwachter Bucht setzt sich der Oldenburger Graben dort nicht als Rinnensystem im Küstenvorfeld fort (Jakobsen 2004; s. E 5).

Der Nehrungshaken vor der Cismarer Klosterseeniederung wurde gleichzeitig mit seinem südwärtigen Wachstum über Torf und Seesedimente hinweg landeinwärts verlagert. Die Winterhochwässer 1835/36 beschädigten das kleine Fischerdorf Schlüse auf dem Nehrungshaken so stark, dass man es aufgab und die Einwohner nach Grömitz umquartierte. Der Klostersee war vor etwa 4.000 Jahren aus einer bis in die Gegend von Cismar reichenden Meeresbucht hervorgegangen. Er wurde in den Jahren 1862–1864 eingedeicht, trockengelegt und in einen eigenen ertragreichen Gutsbezirk im Amt Cismar umgewandelt. Im Bereich der 6,5 km² umfassenden Niederung liegen heute einige Bereiche unterhalb -2 m NHN. Das Amt Cismar ist aus einem Mönchskloster der Benediktiner hervorgegangen, das 1245 wegen „Verwilderung der Sitten" aus Lübeck ausgelagert worden war (Achenbach 1988). Neben dem Benediktinerkloster ist in Cismar auch ein Besuch des „Hauses der Natur", mit einer sehenswerten, mehr als 10.000 Objekte umfassenden Muschel- und Schneckenausstellung, zu empfehlen.

Die Entwicklung zum Seebad begann in Grömitz um 1900. Heute sind weite Teile der ehemaligen Strandwall- und Dünenlandschaft bebaut. Wie in vielen anderen Ostseebädern, ziert eine Seebrücke den Strandbereich. Am 1966 eröffneten, durch eine Findlingsmole geschützten und in den Seebereich vorgebauten Yachthafen beginnt das bis 14 m hohe Grömitzer Kliff, das neben der vorgelagerten Abrasionsplattform Liefergebiet für die Strandwälle bei Pelzerhaken östlich von Neustadt ist (Abb. E 6.1). Unmittelbar hinter dem Yachthafen beträgt der Steiluferrückgang auf einer 460 m langen Strecke 73 cm/a. Dies ist derzeit die höchste in Schleswig-Holstein gemessene Kliff-Rückgangsrate; weiter südwestlich nimmt sie auf 23 cm/a ab (Ziegler & Heyen 2005). Die Auswirkung des Hafens auf den Kliffrückgang ist offensichtlich. Im Grömitzer Kliff fanden Brückner und Rust im Jahre 1953 4 m unter der Kliffoberfläche im W3-Geschiebemergel (Mecklenburger Vorstoß) 13 Artefakte der „Hamburger Kultur" (Kap. 3). Sie weisen kaum Abrundungsspuren auf, düften also im Gletschereis eingeschlossen und nicht weit transportiert worden sein (Seifert 1972).

Der Pelzerhaken zeigt einen ähnlichen sedimentologischen Aufbau wie das Wardersystem vor Heiligenhafen bzw. der Rustwerder auf der Insel Poel (vgl. E 8). Ein bis zu 18 m tiefes, langgestrecktes Becken, das wohl als Vorfluter für die Kremper Au und den Niederungsbereich des heutigen Neustädter Binnensees fungierte, ist zunächst durch organikreiche Schluffe gefüllt worden. Darüber hat sich ein Riffsandsockel abgelagert, der als Basis für die bis zu +3 m

NHN aufragenden Strandwälle des Pelzerhakens und die vorgelagerten Sandriffe dient. Das Hakenwachstum hat dadurch das Kliff von Rettin und Pelzerhaken inaktiv werden lassen (Haders et al. 2005).

Auch die Verbindung der durchschnittlich nur 1,3 m tiefen Brackwasserlagune des Neustädter Binnensees (Abb. E 6.1) zur Ostsee wurde durch küstenparallelen Sandtransport eingeengt. Die Versumpfung der unter Naturschutz stehenden Salzwiesen ist nur flachgründig und erst in den letzten 2.000–3.000 Jahren erfolgt, als die Ostsee einen entsprechenden Meeresspiegel erreicht hatte. Niedermoortorf unterlagert in weiten Bereichen die rezenten Sedimente. Das Binnenwasser hatte zu keiner Zeit den gleichen Salzgehalt wie die Ostsee. Rezente Wasseraustausch-Vorgänge werden durch episodische Niveauveränderungen der Ostsee gesteuert. In der Kontaktzone Süßwasser/Brackwasser kommt es im Bereich der Hafenzufahrt bei Einstrom von Ostseewasser zu verstärkter Schlicksedimentation. Dort fanden sich auch Anreicherungen von Schwermetallen (Schwarzer & Brunswig 1992).

Im Neustädter Vorhafen befindet sich ein mesolithischer Fundplatz in nur 3–4 m Wassertiefe. Dicht gepackt liegen dort scharfkantige Flintartefakte, Tierknochen, Keramikscherben, Haselnussschalen, Holzkohlen sowie bearbeitete und angebrannte Hölzer eng beieinander. Die fundführenden Schichten sind teilweise von bis zu 2 m mächtigen Sedimenten bedeckt, die sich in den letzten 6.000 Jahren über diese Kulturschicht gelegt haben. Das absolute Alter der Siedlung wird auf 6.400–5.800 ^{14}C-Jahre v. h. eingestuft (Hartz & Glykou 2008). Bei weiteren Untersuchungen zeigte sich, dass auch hölzerne Schiffsreparaturstücke wie Spanten- und Plankenteile sowie Werkzeuge und Kulturspuren im heutigen Vorhafenbereich auftraten. Sie sind Zeugnisse des mittelalterlichen Warenverkehrs und der Handelsgeschichte dieses Platzes.

Der Neustädter Binnensee liegt im Zentrum eines Gletscherzungenbeckens des Mecklenburger Vorstoßes, dessen westlich angrenzende Endmoränen im Gömnitz-Berg eine Höhe von +94 m NHN erreichen. Bei guter Sicht erkennt man am nordwestlichen Horizont den Bungsberg, mit 167 m die höchste Erhebung Schleswig-Holsteins (s. Abb. E 6.1). Er wurde während der Brandenburg/Frankfurter Phase aufgebaut und blieb während des Pommerschen und Mecklenburger Vorstoßes zwischen der Preetz-Plöner und der Eutiner Eiszunge als Nunatak stehen. Sein Hochgebiet ist mit Plateau-Kames (ehemalige „Hochbecken") durchsetzt (Stephan 2003). Auf dem großen Binnensander östlich von Eutin (Abb. E 6:1) gibt es keine Ablagerung einer jüngeren Eisüberdeckung mehr. Wahrscheinlich handelt es sich um einen Sander der Rosenthal/Sehberg-Staffel des Mecklenburger Vorstoßes (Prange 1992).

Zwischen den Toteisformen des Süseler und Pönitzer Sees bei Haffkrug (Abb. E 6.1) fächert sich der dort bis 64 m hohe, küstenparallele Endmoränenzug der Rosenthal/Sehberg-Staffel in bis zu 5 Eisrandlagen mit vorgelagerten Binnensandern auf (Strehl 1976, Schenck & Strehl 1981). Die Schmelzwässer

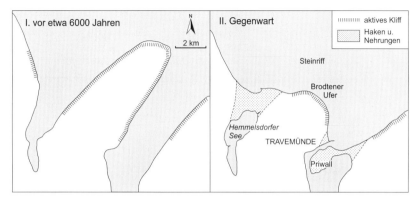

Abb. E 7.1: Entwicklung der Ausgleichsküste beiderseits des Brothener Ufers (nach Gripp 1952).

flossen über das Tal der Schwartau in den Lübecker Eisstausee ab (Abb. E 6.1). Bei der Süseler Schanze handelt es sich um den plateauförmigen Rest einer slawischen Burg auf einer Halbinsel im Süseler See. Der Wall wurde größtenteils im 19. Jahrhundert abgetragen. 1993 wurden auch im Pönitzer See Reste einer slawischen Siedlung entdeckt (s. Abb. E 6.1).

Der gesamte innere Teil der Lübecker Bucht südlich von Sierksdorf bis Timmendorfer Strand ist hinsichtlich seiner Sedimentbilanz recht ausgeglichen. Das Bild ist von flachen Sandstränden mit teilweiser Dünenbildung geprägt. Im Küstenvorfeld befinden sich durchgängig Sandriffsysteme. Ihre bogenförmige Struktur („crescentic bars") im inneren Teil deutet auf eine ausgeprägte küstennormal ausgerichtete Sedimenttransportkomponente hin. Das ehemalige Steilufer der Kammer ist inaktiv. Die Bundesstrasse 76 verläuft dort in einigen Bereichen, z. B. nahe der Ostseetherme, teilweise auf dem alten Klifffuß. Dass an einer offenen Küste ein Kliff inaktiv wird, zeugt von ausgeglichener bis positiver Sedimentbilanz.

Die den Anforderungen eines modernen Küstenschutzes entsprechenden Anlagen gegen Überflutungen der hinter den Stränden liegenden Niederungen sind heute so naturnah in die Landschaft integriert, dass sie dem nicht sachkundigen Besucher kaum noch auffallen. Diese Bauwerke, die ein Hochwasser von 4 m über dem normalen Wasserstand abwehren, befinden sich unter teilweise künstlich angelegten Dünen oder sind, wie bei Haffkrug, in die Promenade integriert.

Zwischen Timmendorfer Strand und Niendorf/Ostsee verläuft die Küstenstraße auf einem bis 2 m hohen Strandwallfeld zwischen der Ostsee und dem 460 Hektar großen Hemmelsdorfer See. In dessen Südteil liegt bei -44,5 m

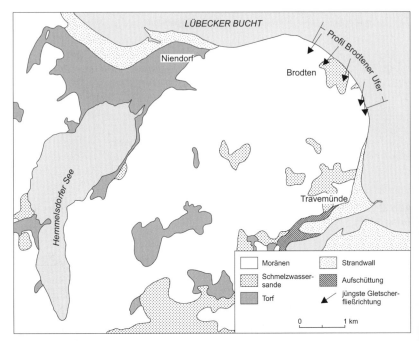

Abb. E 7.2: Geologische Karte des Gebietes zwischen dem Hemmelsdorfer See und der Untertrave mit Lage des Kliffprofils Brothener Ufer in Abb. E 7.3 (nach Kabel-Windloff 1986).

HNH der zweittiefste Punkt Deutschlands[1]. Die Hemmelsdorfer Niederung ist ein von einer elstereiszeitlichen Schmelzwasserrinne vorgezeichnetes Gletscherzungenbecken des Mecklenburger Vorstoßes. Vor 7.000–7.500 ^{14}C-Jahren wurde das Becken vom Littorina-Meer überflutet und zu einer Förde umgestaltet (s. Abb.en E 6.1, E 7.1 und E 7.2).

Spätestens vor 6.500 ^{14}C-Jahren gelangte das damals über 6 km seewärts reichende Brodtener Ufer in den Einflussbereich anbrandender Meereswellen. Beim Zurückschneiden des Kliffs, dessen geologischer Aufbau in Abb. E 7.3 dargestellt ist, entstand die Abrasionsplattform des in Seekarten als Steinriff bezeichneten Bereichs. Flachseismische Untersuchungen belegen, dass nicht

---

1 Der tiefste Punkt Deutschlands liegt bei -50 m NHN im 72 m tiefen Schaalsee (Biosphärenreservat) an der Grenze zwischen Schleswig-Holstein und Mecklenburg-Vorpommern. Er wurde am Außenrand der Weichsel-Vereisung vom Lübecker Bucht-Gletscher während des Frankfurter Vorstoßes ausgeschürft (Duphorn 1983).

Lübecker Bucht 187

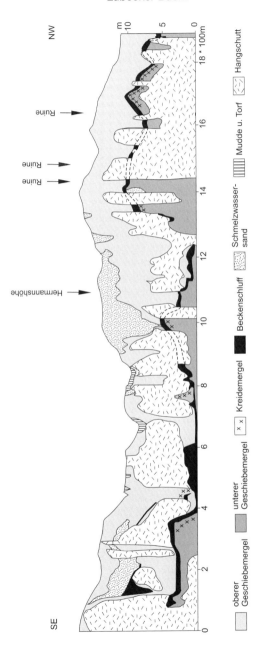

Abb. E 7.3: Geologischer Profilschnitt des Kliffs des Brothener Ufers bei Travemünde (Profilanfang Ortsrand; nach Kabel-Windloff 1986, verändert).

das gesamte abradierte Material in den küstenparallelen Sedimenttransport eingespeist wurde, sondern dass sich erhebliche Mengen teilweise unmittelbar an den Flanken des Steinriffs ablagerten. Das übrige Material gelangte zusammen mit dem vom Steilufer erodierten Sediment in den Küstenlängstransport und baute die Basis für das Strandwallsystem auf, auf dem sich heute der Ort Timmendorfer Strand befindet.

In Abhängigkeit von der jeweils vorherrschenden Windrichtung wurde das aus dem Kliffrückgang und der Abrasion der submarinen Hochflächen bereitgestellte Sediment sowohl in die Trave- als auch in die Hemmelsdorfer-Förde verfrachtet. Weitere submarine Hochflächen im Küstenvorfeld vor Niendorf/Timmendorfer Strand dienten als zusätzliche Sedimentlieferanten für den Aufbau der gegenwärtigen Strand- sowie der Unterwasserfazies. Die im Küstenlängstransport verfrachteten marinen Sande reichen in Form eines über 2 km langen und bis zu 800 m breiten Nehrungshakens bis 500 m weit in die Hemmelsdorfer See-Niederung hinein. Sie liegen dort in einer Tiefe von etwa -2 m NHN. Auch dort ist davon auszugehen, dass es sich analog dem Wardersystem bei Heiligenhafen oder dem Pelzerhaken um Sedimente eines Riffsandsockels handelt, dem später die Strandwälle aufgesetzt wurden. Die Aufhöhung des Niendorf-Timmendorfer Strandwallfeldes setzte in der ersten Hälfte des nachchristlichen Jahrtausends ein. Es riegelt, wie alte Karten zeigen, seit über 200 Jahren die Hemmelsdorfer Niederung von der Ostsee ab (Köster 1961, 1974, Bayerl et al. 1992). Dass dieses Sedimenttransportband auch heute noch aktiv ist, zeigt Abb. E 7.4 (s. Farbteil). Material aus dem Kliffrückgang wird über das Sandriffsystem nach Westen in die Bucht verfrachtet und im Bereich der Hafeneinfahrt Niendorf nach Norden in tieferes Wasser abgelenkt. Um eine sichere Einfahrt in den Hafen zu gewährleisten, wird die Zufahrt in regelmäßigen Abständen ausgebaggert. Beinahe wäre der Hemmelsdorfer See auch in die Kriegsgeschichte eingegangen, denn Napoleon wollte ihn als Hafen für seine Ostseeflotte ausbauen. Die Geschichte überholte aber seine Pläne, die 1812 fertig waren.

Aufgrund der ausgeprägten Windwirklängen bei NE-Stürmen und den daraus resultierenden hohen Wellenenergien laufen die Prozesse des fortschreitenden Küstenausgleiches im innersten Teil der Lübecker Bucht besonders intensiv ab. Dies gilt auch für die Überflutungen selbst. In Travemünde erreichte das NE-Sturmhochwasser am 13. November 1872 3,30 m über dem Normalwasserstand (s. a. Tab. 6.1 in Abschn. 6.3). In Lübeck wurden alle zur Trave hinführenden Straßen überflutet. Die Hochwassermarken an der Holstenbrücke erinnern daran. Eine Steinplatte am Haus Vorderreihe 7 in Travemünde zeigt den Hochwasserscheitel von 1625 nur 25 cm unter dem von 1872 (s. a. Hupfer et al. 2003, S. 113). Bei diesen Angaben ist aber zu berücksichtigen, dass gesicherte Daten für eine statistische Auswertung der Scheitelwasserstände von Sturmhochwässern für die schleswig-holsteinische Ostseeküste erst seit

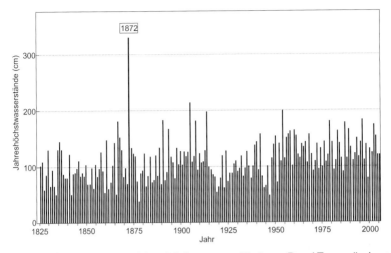

Abb. E 7.5: Entwicklung der Jahreshöchstwasserstände am Pegel Travemünde seit 1828 (Hofstede 2008).

dem Sturmhochwasser von 1872 vorliegen. Die Entwicklung der Jahreshöchstwasserstände an der Ostseeküste zeigt einen nur geringfügig ansteigenden Trend in der Größenordnung des mittleren Meeresspiegelanstieges (Abb. E 7.5). Das Sturmhochwasser aus dem Jahre 1872 hebt sich deutlich als singuläres Ereignis ab, weshalb es als Grundlage für die Bemessung der Landesschutzdeiche an der Ostseeküste gewählt wurde. Die Zahl der leichten und der mittleren Sturmhochwasser hat in der zweiten Hälfte des letzten Jahrhunderts leicht zugenommen, die Häufigkeit schwerer Sturmhochwasser hat sich dagegen nicht geändert. Der generelle leichte Anstieg bei den Jahreshöchstwasserständen resultiert aus dem säkularen Meeresspiegelanstieg.

Das etwa 5 km lange, bis 22 m hohe und konvex nach NE exponierte Kliff des Brodtener Ufers wurde von 1957–1979 im Mittel um 0,37 cm/a zurückverlegt (Ziegler & Heyen 2005); längerfristige Untersuchungsreihen nach 1979 liegen nicht vor. Aufgrund des langen Windstriches bei NE-Stürmen und der daraus resultierenden hohen Wellenenergien und Sedimenttransportkapazitäten (Schwarzer et al. 2000) sind dort die Abtragungs- und Umlagerungsprozesse besonders effektiv. Das Brodtener Ufer stellt von allen Steilufern Schleswig-Holsteins mit 5,5 m³/lfd. m Kliffküste die höchsten Sedimentmengen für den Küstenlängstransport zur Verfügung, gefolgt von den Steilufern Schönhagen (Kieler Bucht, s. hierzu E 2) mit 4,76 m³/lfd. m Kliffküste und Dän. Nienhof-Alt-Bülk (s. hierzu auch E 3) mit 4,11 m³/lfd. m Kliffküste. Die Strandwälle bei

Travemünde werden aus Sanden vom Steilufer und des vorgelagerten Steinriffs, diejenigen des Priwall aus Sanden vom Warnkenhagener Kliff aufgebaut. Um die Fahrrinne nach Lübeck und Travemünde frei zu halten, wird die auf beiden Seiten stark eingeengte Travemündung durch Molen und Ausbaggerungen vor weiterer Versandung bewahrt (Abb.en E 6.1, E 7.1 und E 7.2).

Das Brodtener Ufer bei Travemünde ist geologisch erheblich eintöniger als das „Hohe Ufer" bei Heiligenhafen (Abb. E 7.3, E 6). Dafür handelt es sich um den interessantesten Geschiebefundplatz der schleswig-holsteinischen Ostseeküste (Eichbaum u. a., o. J.). Er sollte aber nur bei ablandigen Winden aufgesucht werden, denn bei Ostwind ist der im Mittel nur 14 m breite, flach geneigte (1:10) Strand überflutet. Eine Ausnahme bildet die östliche Steiluferflanke: Sie wird ab der Uferpromenade von Travemünde von dem küstenparallel verlaufenden Sörmanndamm vor marinem Abtrag geschützt. Die Findlinge für die Anlage dieses Bauwerkes resultieren aus der damals noch erlaubten Steinfischerei.

Das Kliffprofil (Abb. E 7.3; s. a. Kabel-Windloff 1986) zeigt die für weite Bereiche der schleswig-holsteinischen Ostseeküste typische Dreigliederung in zwei weichseleiszeitliche Geschiebemergel, die durch eine Bank aus Beckenschluff voneinander getrennt sind. Der untere Geschiebemergel ist fest, grau, mitunter leicht rotstichig und mit wenigen, bis zu 2 cm mächtigen Sand- und Schluffbändern durchzogen. Westlich der Hermannshöhe (Abb. E 7.3 bei 1.100 m) wird er vom „Brockenmergel", einem weichen, zum Teil Schluffbrocken enthaltenden und geschiebearmen Mergel unterlagert. Im oberen Bereich des unteren Geschiebemergels befindet sich ein markantes, bis zu 50 cm mächtiges, rein weißes Geschiebemergelband, das schlecht gerundete Schreibkreide- und Flintbruchstücke enthält; es wird als Kreidemergel bezeichnet. Über diesem Band lagert 50–100 cm mächtiger Beckenschluff mit Sedimentgefügen, darunter Rippel- und Schichtungsformen sowie Scherflächen mit Harnischbildungen. Kreidemergel und Beckenschluff lassen sich je nach Aufschlussverhältnissen als Leithorizonte über die gesamte Brodtener Kliffstrecke verfolgen (Stephan in Grube et al. 1992).

Der obere Geschiebemergel ist fest, an der Basis grau und zum Hangenden rötlich. Er enthält einzelne Schlufflagen und besitzt z. T. eine ausgeprägte Schichtung im cm-Bereich. Zwischen 0–330 Kliffmetern (Abb. E 7.3) geht er im oberen Bereich in eine Wechsellagerung von 10 cm mächtigen Sand- Schluff- und Geschiebemergelbändern über, weitere fazielle Differenzierungen treten auf (z. B. bei 160 m Vorkommen von 5 m mächtigen Beckenschluffen mit Sandlagen unter ca. 5 m mächtigen Beckensanden mit Schlufflagen). Diese Folge ist im Kliff von zahlreichen Abschiebungen durchsetzt. Im Bereich der Hermannshöhe wird der Geschiebemergel von ungestörten Beckensanden und Schluffen überlagert. Sie werden als Kamesablagerungen interpretiert. Bei den Kliffmetern 440, 680 und 830 folgen über dem oberen

Abb. E 7.6: Die Haupteisrandlage der Pommerschen Phase (W2) in Ostholstein und Westmecklenburg sowie die Eisrandlage der Rosenthal-Sehberg-Staffel und die Verbreitung der vorgelagerten Eisstau-Sedimente im Lübecker Becken (nach Schulz in Grube et al. 1992).

Geschiebemergel Mudden, Torfe und reine Seekreiden der Älteren Dryas und des Alleröd-Interstadials. Der obere Geschiebemergel unterscheidet sich zwar geschiebekundlich nicht vom unteren, wird aber aufgrund der regionalgeologischen Situation auch dort dem Mecklenburger Vorstoß (W 3) zugeordnet (s. u.). Weitere Kliffprofile und ausführlichere Beschreibungen findet man bei Ehlers (1990) und Stephan (in Grube et al. 1992).

Bei Ivendorf, 3 km südlich von Travemünde, wird die Endmoräne der Rosenthal/Sehberg-Staffel gequert (Abb. E 7.6). Nach Stephan (in Grube et al. 1992) besteht sie dort aus einer Stauchmoräne mit aufgesetzter Aufschüttungs-Endmoräne. Von ihr aus wurde der Kücknitzer Sander in den Lübecker Eisstausee hinein vorgebaut (s. u.). Die Schmelzwassersande und -kiese dieses Sanders werden seit langem abgebaut. Sie sind bei den Fossiliensammlern wegen der vielen aufgearbeiteten Tertiär-Mollusken sehr beliebt. Demgegenüber sind sie und andere ostholsteinische Kiessand-Lagerstätten bei den Betonbauern wegen des hohen Anteils von Heiligenhafener Kieselgestein gefürchtet, denn dessen amorphe Kieselsäure ist im alkalischen Milieu löslich und verursacht durch sog. „Alkalitreiben" Schäden im Beton.

Das Lübecker Becken wurde zuerst von einem bei Schlutup 150 m und unter dem Priwall 250 m tiefen Tunneltal der Elster-Eiszeit vorgeprägt. Das Saale-Eis hat dann diese präexistente Schmelzwasserrinne zu einem flacheren und breiteren Gletscherzungenbecken umgeformt. In der Eem-Warmzeit wurde daraus eine etwa 30 km lange Förde. Bohrungen für die geologische Landesaufnahme südlich von Lübeck, zwischen Blankensee und Groß Weeden, haben eemzeitliche marine Schillanhäufungen aus einem Flachwasserbereich einer Bucht bei heute ca. -28 m NHN nachgewiesen. Dort ist also der tiefere Untergrund abgesunken. Der jährliche Absenkungsbetrag liegt unter 1,0–0,5 mm/a (Stephan 2003). Durch diese große Hohlform gelenkt, stieß der Lübecker Bucht-Gletscher des Frankfurter Vorstoßes (W1F) bis in die Außenbereiche des heutigen Stadtgebietes von Hamburg vor. Der sich in dieser Tiefenzone herausbildende Gletscherlobus hat auch eine entscheidende Rolle bei der Entstehung der Seenplatte der „Holsteinischen Schweiz" gespielt (vgl. Stephan 2003). Seinen letzten glaziären Schliff erhielt das Lübecker Becken durch den Pommerschen Eisvorstoß (W 2). Die Pommersche Hauptendmoräne umrahmt es lobenförmig im Osten, Süden und Westen, im Norden wird es von der Ivendorfer Endmoräne der Rosenthal/Sehberg-Staffel begrenzt (Abb. E 7.6).

Im Lockarp-Interstadial schmolz das Gletschereis aus diesem Zungenbecken bis in den küstennahen Ostseeraum zurück und dämmte dort den Lübecker Eisstausee ab. In ihm haben Mollusken und an seinen Ufern hat der Riesenhirsch von Schlutup gelebt (Guenther 1960). Durch den nachfolgenden Mecklenburger Vorstoß, als die reaktivierte Eisfront bei Ivendorf lag, war der Eisstausee etwa 250 km^2 groß. Deutliche Terrassen zeigen die Seeufer bei +20 und +23 m NHN. Daraus kann man ableiten, dass ein Teil des Schmelzwassers nach Süden über die etwa 20 m hohe Hauptwasserscheide bei Mölln zum Urstromtal der Elbe hin abfloss (Abb.en 3.1. u. E 7.6).

Im Lübecker Eisstausee kam es über Toteisplatten der Pommerschen Phase zum Absatz der eingeschwemmten Gletschertrübe. Nach Stephan (1973) folgen in einer Gesamtmächtigkeit von etwa 15 m vom Hangenden zum Liegenden: Oberer Staubeckensand, oberer Staubeckenton, unterer Staubeckensand und unterer Staubeckenton. Das Liegende bilden Schmelzwassersande und -kiese sowie der Geschiebemergel der Pommerschen Phase. Im oberen Staubeckenton wurden mehr als 300 Warven gezählt (Range 1938). Bei einem Drittel davon handelt es sich nach Beobachtungen in der ehemaligen Ziegeleigrube Rothebek und an Stechrohr-Bohrkernen um sogen. Tageswarven. Somit bleiben etwa 200 Jahreswarven übrig. Dies entspricht etwa der halben Zeitdauer der Mecklenburger Phase. Die glazilimnische Schichtenfolge im Liegenden des oberen Staubeckentons gehört demnach in die Abschmelzphase des Pommerschen Gletschers und in das Lockarp-Interstadial.

In der Spätglazialzeit schmolz das Eis bis in das Gebiet der zentralen Ostsee zurück (Kap. 3). Nach dem Trockenfallen des Lübecker Eisstausees bildete sich das heutige Flussnetz heraus. Aus flachseismischen Messungen geht hervor, dass sich noch im Altholozän alle Flüsse und Bäche zwischen der Trave und der Kremper Au weit von der heutigen Küstenlinie entfernt in der Mecklenburger Bucht vereinigten. Im Zuge des holozänen Meeresspiegelanstiegs gerieten die Täler im Lübecker Becken in den Rückstau der ansteigenden Ostsee und vermoorten.

Die Staubeckentone und -schluffe des Lübecker Eisstausees werden seit dem Hochmittelalter zur Herstellung von Ziegeln und Terrakotta abgebaut. Dabei wurde zunächst aus der Not eine Tugend gemacht, denn nach dem Stadtbrand von 1276 ordnete der Rat an, die Grund- und Außenmauern der Gebäude in Lübeck fortan nur noch aus Stein zu errichten. Seither beherrscht das warme Rot der Ziegel das architektonische Bild der im Jahre 1143 von Graf Adolf II. von Schauenburg gegründeten Altstadt. 1987 hat die UNESCO dieses städtebauliche Ensemble in ihre Liste des „Kultur- und Naturerbes der Welt" aufgenommen.

Neben dem einheimischen eiszeitlichen Beckenton spielte für das mittelalterliche Lübeck das Zechsteinsalz aus Lüneburg eine große wirtschaftliche Rolle. Im Spätmittelalter waren in der Saline über dem Salzstock Lüneburg bis zu 500 Mann beschäftigt und pro Jahr wurden bis zu 25.000 Tonnen Steinbzw. Kochsalz produziert. Der Hauptanteil davon gelangte über die Alte Salzstraße und seit 1398 über den Stecknitz-Kanal, den Vorgänger des heutigen Elbe-Lübeck-Kanals, in die Salzspeicher nach Lübeck. Von dort aus wurden das Salz und die gesalzenen Heringe per Schiff über die Ostsee in ganz Europa vertrieben. Für die norddeutschen Historiker sind Lübeck und Lüneburg ein mittelalterliches Synonym für Salz, Reichtum, Macht und bürgerliche Kultur.

Von der Aussichtsplattform der Kirche St. Petri in 50 m Höhe lassen sich das Lübecker Becken und die Stadt der fünf großen mittelalterlichen Kirchen gut überblicken. Alles wird überragt von St. Marien, Inbegriff der norddeutschen Backsteingotik und Vorbild für die meisten Hauptkirchen der Hansestädte des Ostseeraumes. Alle fünf Kirchen gründen sich auf den oberhalb des Grundwasserspiegels relativ standfesten oberen Staubeckenton bzw. auf den Staubeckensanden. Als Fundamente dienen Packungen aus eiszeitlichen Findlingen. Beim „schiefen Dom von Lübeck" mussten jedoch ebenso wie beim Holstentor, das auf Torf und Mudde der Trave steht, zusätzliche Widerlager aus Beton unter die schweren Türme geschoben werden.

Die Abb. E 7.7 zeigt die baugrundgeologische Problematik in den zur Trave und zur Wakenitz herabreichenden Randbezirken der Altstadt. Das Plateau der Halbinsel zwischen den beiden Flüssen war bereits im 12. Jahrhundert besiedelt. Der obere Staubeckenton („Lehm" in der Abb. E 7.7/1), der das Plateau einnimmt, stellt kein Baugrundproblem dar. Im ersten Drittel des 13. Jahrhun-

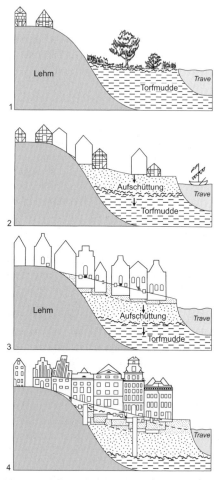

Abb. E 7.7: Baugeologische Verhältnisse in der Großen Petersgrube der Lübecker Altstadt (nach Blume et al. 1993).

derts wurden jedoch die vermoorten Talauen der Trave und der Wakenitz mit Müll und Bodenaushub bedeckt und mit Holzhäusern bebaut (Abb. E 7.7/2). Seit dem Ende des 13. Jahrhunderts kamen immer mehr Backsteinhäuser hinzu (Abb. E 7.7/3). Deren Auflast und Entwässerungsmaßnahmen bewirkten weitere Torfsackung. Die Keller mussten verfüllt werden und die Erdgeschosse wurden zu Kellern. Bei Neubauten wurde der Baugrund bis in das 20. Jahrhundert hinein erneut erhöht. Auch das Straßenniveau wurde angehoben. Hinzu kamen Pfahlgründungen, zuerst aus Eichenstämmen, in jüngster Zeit aus Zement. Demzufolge bestehen manche Böden Lübecks und anderer Städte aus mehrere Meter mächtigen Aufträgen natürlicher und technologischer Substrate sowie Mischungen derselben (Aey 1990, Blume et al. 1993). Beim Stadtbummel wird ein Besuch des Museums für Natur und Umwelt der Hansestadt Lübeck empfohlen. Es bietet vielfältige Informationen zur überregionalen und regionalen Erdgeschichte Schleswig-Holsteins und speziell der Lübecker Bucht. Mit dem Wal-Schausaal hat das Museum eine weitere besondere Attraktion erhalten. Darin werden geborgene und präparierte Walskelette aus dem obermiozänen Glimmerton von Pampau im Großherzogtum Lauenburg ausgestellt. Hinzu kommt die Rekonstruktion eines 15 m langen Bartenwals.

Liubice bzw. Alt-Lübeck, der um 1000 n. Chr. an der Mündung der Schwartau in die Trave errichtete und 1138 zerstörte slawische Vorgänger der Hansestadt, ist auch von quartärgeologischer Bedeutung, denn eine Uferbefestigung an der Trave, unterhalb des gut erhaltenen Ringwalles, deutet nach Köster (1961) auf einen relativen Anstieg des Meeresspiegels von mehr als 1 m in den letzten 900 Jahren hin. Diese Interpretation stimmt mit Grabungsergebnissen vom Kleinen Kiel (E 4) und mit den Pegelmessungen von Travemünde überein. Hofstede (2009) ermittelte auf der Basis von Peguntersuchungen verschiedener, schleswig-holsteinischer Ostsee-Küstenstädte einen Anstieg von 13–14 cm/100 a. Lübeck zeigt damit für die vergangenen 100 Jahre ähnliche relative Meeresspiegelanstiegsraten wie andere norddeutsche Städte.

E 8. Wismar – Bucht und Umgebung

„Die Quartärformation des norddeutschen Tieflandes ist naturgemäß in je nördlicher gelegenen Gegenden umso charakteristischer und reiner ausgebildet und es liefert daher Mecklenburg dem reisenden Geologen äußerst günstige Aufschlüsse über Natur und Gliederung dieser jüngsten Formation der Erdentwicklung (E. Geinitz 1880; S. 5)"

Östlich von Lübeck führt die Exkursionsroute entlang der B 105 durch Mecklenburg-Vorpommern mit seinen vorherrschend NW-SE-verlaufenden Endmoränenzügen (Abb. E 8.1) zunächst südlich der fördenähnlichen Zungenbeckenlandschaft am Südufer der Lübecker Bucht (Trave, Pötenitzer Wiek, Dassower See) mit teilweisem Nehrungscharakter (Priwall) in das Gebiet des Klützer Winkels. Die Endmoränen des Pommerschen (W2) und Mecklenburger Eisvorstoßes (W3) verlaufen im Gebiet des Klützer Winkels, einem ca. 150 km^2

großen und durch seine fruchtbaren Äcker bekannten Areal mit der Kleinstadt Klütz, anfangs über z. T. blockreiche Erhebungen bei den Ortschaften Johannstorf, Wieschendorf, Wilmsdorf und Tankenhagen (Abb. E 8.1). Als günstige Aussichtspunkte für einen landschaftlichen Überblick bieten sich die Geschiebemergelkuppe des Hohen Schönbergs (+92 m NHN) sowie der Iserberg (+101 m NHN) und der Heidberg (+113 m NHN) an. Ersterer weist ausgeprägte Lagerungsstörungen der pleistozänen Sedimente auf und bildete während des letzten weichselzeitlichen Eisvorstoßes in Mecklenburg (W3/Mecklenburger Vorstoß) ein Hindernis, das nicht überwunden wurde. Beleg dafür sind im Norden angelagerte W3-Stauchwälle. Die Pleistozänmächtigkeit im Bereich des Klützer Winkels mit z. T. über 100 m erschien bereits Geinitz (1922) als bemerkenswert hoch.

Von Kalkhorst, dem nördlichen Schnittpunkt des Lübecker und Wismarer Endmoränenlobus (Endmoränengabel) mit Erhebungen um +50 m NHN, erstrecken sich die überwiegend gestauchten Endmoränenablagerungen dann mit ansteigenden Höhen über Grevenstein und Hamberge (+100 m NHN) bei Grevesmühlen nach SE, wobei generell ein großer Blockreichtum weiterhin kennzeichnend ist. An den Endmoränenlobus grenzen in südwestlicher bis südlicher Richtung Schmelzwassersedimente (Sander) an, deren Potenzial an oberflächennahen Kiesen bzw. Kiessanden dem Landkreis Nordwest-Mecklenburg seit den 1990er Jahren eine Spitzenposition bei der Förderung von Steine-Erden-Rohstoffen in Mecklenburg-Vorpommern zuweist. Ca. 5 km östlich von Grevesmühlen im Everstorfer Forst bei Naschendorf befindet sich eine neolithische Begräbnisstätte mit zahlreichen Megalithgräbern, wobei das sog. „Riesengrab" aus dem 3. Jahrtausend v. Chr. mit 50 m Länge und 10 m Breite besonders eindrucksvoll ist (s. Schuldt 1972, Wurlitzer 1992). Die zum Grabbau verwendeten Steinblöcke entstammen der an Geschieben sehr reichen Gegend um die Pommersche Hauptendmoräne.

Vom Hohen Schönberg bei Elmenhorst aus verläuft die Exkursionsroute dann nach Norden an die Südküste der Mecklenburger Bucht mit ihren beiden markanten Kliffvorsprüngen Kleinklützhöved und Großklützhöved. Mit 13 km befindet sich zwischen Priwall und Boltenhagen die drittlängste Steilküstenstrecke Mecklenburg-Vorpommerns. Der Strand ist schmal und steinig mit zahlreichen (überwiegend granitischen) Geschiebeblöcken, die dazu beitragen, den Rückgang abtragsgefährdeter Steilufer auf natürliche Weise zu verlangsamen. Das von W nach E ansteigende Kliff mit Höhen bis zu 40 m (Kleinklützhöved; Durchschnittshöhe: 25–30 m) biegt am Großklützhöved nach SE um und wird in Richtung Boltenhagener Bucht flacher. Saisonal ausgeprägte Ausbruchs- und Zerfallserscheinungen an beiden Steilufern dokumentieren eine intensive Küstendynamik und geben durch die stets wechselnden Aufschlussverhältnisse immer neue Einblicke in die pleistozäne Sedimentabfolge. Demgegenüber ist die zwischen den Klützer Hövels liegende

Wismar – Bucht und Umgebung

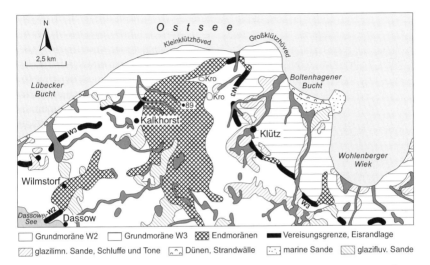

Abb. E 8.1: Weichselglaziale Bildungen im Bereich des Klützer Winkels (nach ÜKQ 200 2001a).

Steinbecker Bucht weniger erosionsexponiert, wie der teilweise starke Bewuchs des Steilufers ausweist. Diese Kleinbuchten im Bereich des generell als „Großbuchten-Küste West-Mecklenburgs" klassifizierten Gebiets verdanken ihre Entstehung vom Hauptgletscher abzweigenden Eisströmen sowie den lokalen geologischen bzw. morphologischen Gegebenheiten des ausgehenden Weichsel-Hochglazials (u. a. Gesteinsuntergrund, Geländerelief, Eismächtigkeit).

Die Kliffs der Klützer Hoveds sind vor allem durch das Vorkommen von Interglazialsedimenten bekannt geworden. Wegen der durch starke glazigene Störungen unsicheren stratigraphischen Abfolge am Großklützhöved lohnt sich vor allem das Studium des i. d. R. gut aufgeschlossenen Profils am Kleinklützhöved (Abb. E 8.2). Nach Lagerungsverhältnissen, Klein- und Leitgeschiebezählungen lassen sich dort fünf Geschiebemergelhorizonte (Lokalbezeichnung: M_{I-V}) unterscheiden, die bis einschließlich M_{III} durch sandige Zwischenmittel getrennt werden (I_I, I_{II}; am Großklützhöved ist über M_{III} auch ein I_{III} ausgebildet; u. a. Ullerich 1991, Strahl, U. 2004). Ein teilweise starker glazitektonischer Stauchungsprozess führte zu einem Faltenbau der sandigen Zwischensedimente und der Geschiebemergel. Das älteste aufgeschlossene Sediment ist ein rotbrauner bis grüngrauer plastischer und geschiebearmer Tillhorizont (M_I-Geschiebemergel; qsWA) des Warthe-Vorstoßes der späten

Saale-Kaltzeit. Seine Mächtigkeit beträgt weniger als 5 m und ein ostbaltisches Geschiebespektrum dominiert. Die jüngeren Tilldecken der Weichsel-Kaltzeit (M_{II} bis M_V) werden zum Hangenden zunehmend sandiger. Dabei enthält insbesondere der hochweichselzeitliche M_{II}-Mergel ($qw1_B$) des Brandenburger Vorstoßes (Mächtigkeit 2,5 bis 4,0 m) oberhalb der Sedimente des Eem-Interglazials zahlreiche Leitgeschiebe wahrscheinlich überwiegend südschwedischer Herkunft mit kambrischen Stinkkalken. Außerdem kommen darin Rhombenporphyre und miozäne Turritellensandsteine sowie zahlreiche Oberkreideschollen mit sehr vielen Calcisphaeren, weiterhin Seeigeln (*Cardiaster granulosus*) und Schwämmen in Coelestin-Erhaltung vor. Auch rotbraune Schlieren von Eozän-Ton treten auf, die Gleitbahnen für gravitative Kliffdynamik (Hangrutschungen) darstellen (s. u.).

Von besonderem Interesse war und ist am Kleinklützhöved das Interglazial-Vorkommen von marinem Eem in den I_1-Ablagerungen (Mächtigkeit ca. 5 m). Die vorkommenden limno-organogenen Sedimente (z. B. Torfe und Mudden) sowie Kiese, Feinsande und Schluffe enthalten klimastratigraphisch einstufbare Pollenspektren und belegen gemeinsam mit einem Eiskeilhorizont und zwei Würgeböden (Kryoturbationen) den phasenhaften Wechsel kälterer und wärmerer Intervalle der Klimakurve zwischen Saale- und Weichsel-Kaltzeit. Das eemzeitliche Klima-Optimum ist durch marine Sedimente als Taschenfüllung in dem unteren Würgeboden-Horizont überliefert (vgl. Strahl et

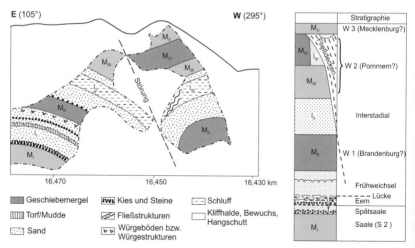

Abb. E 8.2: Aufschluß von fünf Grundmoränen und marinem Eem am Kleinklützhöved (Strahl 2004, Aufnahme 1998) und stratigraphisches Normalprofil (Ullerich 1991).

al. 1994; Abb. E 8.2). Das I_{II} ist demgegenüber sehr heterogen ausgebildet und wird über weite Strecken von einem Fließerde-Komplex vertreten, der sich aus jüngeren Sedimenten gebildet hat.

Über das Ostseebad Boltenhagen folgt man am besten der an der Wohlenberger Wiek, einem postglazial „ertrunkenen" Seebecken, vorbeiführenden Landstraße in Richtung der Hansestadt Wismar. Allerdings sollte zuvor auf dem Weg zum Boltenhagener Kirchberg Paulshöhe ein Granitblock Beachtung finden, der durch eine Wasserstandsmarke an die „Jahrhundertflut" vom November 1872 erinnert. Seinerzeit flüchteten zahlreiche Einwohner mit ihrem Vieh auf diese „rettende Insel".

Das Küstensenkungsgebiet der Wismar-Bucht mit den Untiefen Lieps (-1,3 m NHN) und Hannibal (-2,7 m NHN) als Reste untergetauchten Landes (Küstensenkung zwischen 0,4 mm und 2,5 mm/a; Niedermeyer & Schumacher 2004; Lampe et al. 2005) erhielt seine geologische und morphologische Prägung durch relativ weit nach Süden bis Fichtenhusen und Hoppenrade in Nähe des Schweriner Sees vordringende Gletscherzungen des Wismarschen Lobus.

Über Moltow im SE erstrecken sich die Endmoränen anschließend nordwärts über Zurow, Goldebee, Züsow und Bäbelin, wobei z. T. kleinere Auslappungen mit Unterbrechungen durch Moore im SE auftreten. Außerdem kennzeichnen zahlreiche Drumlins die binnenwärtige Buchtumrandung (z. B. bei Höhendorf, Groß-Stieten, Krassow, Schmakentin, Clausdorf, Garvenstorf, Zarfzow und Ravensberg). Die Pleistozänsedimente über dem liegenden Miozän schwanken in ihren Mächtigkeiten, dürften aber lokal bis in Teufen von -60 m NHN (Zirow) reichen. Die eingeschalteten und teilweise recht mächtigen Sandkomplexe im Süden Wismars sind wichtige Grundwasserleiter. Ein in Wismar und Umgebung vorkommender glazilimnischer Bänderton des Mecklenburger Vorstoßes (Wismar-Ton) wurde in mehreren lokalen Ziegeleigruben abgebaut und enthält nach älteren Angaben z. T. miozäne Mikrofossilien, u. a. Foraminiferen und Schwammnadeln. Durch den Bau der Bundesautobahn A 20 (Bauzeit 1992 bis 2005), die auf ca. 280 km durch Mecklenburg-Vorpommern verläuft, konnten durch den Geologischen Landesdienst temporäre Aufschlüsse im küstennahen Hinterland der Stadt Wismar zur Erweiterung des regionalen Kenntnisstandes genutzt werden (u. a. Müller et al. 1997). Außerdem sind im Zusammenhang mit dem Autobahnbau viele archäologische Funde gelungen, wie z. B. die Entdeckung neolithischer Siedlungsspuren bei Triwalk (Jöns et al. 2005).

Die Exkursionsroute verläuft von Wismar aus nach NE in Richtung Groß-Strömkendorf, wo sich am Ufer der Wismar-Bucht die frühmittelalterliche Siedlung mit Gräberfeld Reric befand, die 808 u. Z. zerstört wurde. Das umfangreiche Fundmaterial belegt die herausragende Stellung dieses Seehandelsplatzes, wobei das zugeschwemmte L-förmige Hafenbecken den Küstenrück-

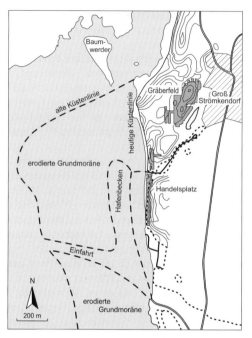

Abb. E 8.3: Lage des Hafens, des Handelsplatzes und des Gräberfeldes der frühmittelalterlichen Siedlung Reric in Groß-Strömkendorf (Jöns 1998).

gang seit Einsetzen der jungsubatlantischen Transgression erahnen lässt (Abb. E 8.3).

Weiter geht es zur 37 km² großen Insel Poel, die man über einen seit dem Jahre 1760 existierenden und wiederholt erneuerten (1858, 1927) Damm erreicht, der die 7,5 km lange und 1 km breite sundartige Breitling-Rinne quert und die Insel dauerhaft mit dem Festland verbindet. Beiderseits des Dammes können prieldurchzogene Salzwiesen mit reicher Vogelfauna beobachtet werden. Von geologischem Interesse sind auf Poel das 1,3 km lange aktive Westkliff sowie das holozäne Hakensystem des Rustwerder, das sich südlich an die gestauchte Grundmoränenplatte anschließt. Auf ihr kommen als Böden – neben Pseudogleyen und Parabraunerden – verbreitet auch Schwarzerden (Tschernosem) vor, speziell im Gebiet um Kirchdorf sowie südlich bzw. südwestlich von Timmendorf im Bereich des Westkliffs (Albrecht & Kühn 2003, BÜK 200, Blatt Rostock 2006). Diese sehr fruchtbaren Schwarzerde-Böden, auf der Insel Fehmarn (E 6) in weit größerer Verbreitung anzutreffen, haben auf Poel Humusmächtigkeiten von 40 bis 50 cm und stellen eine bodenkundliche Besonderheit an der südwestlichen Ostseeküste dar.

Das Westkliff erreicht man von Kirchdorf (dort neben der Kirche Sternschanze aus dem 16. Jh.) aus über Timmendorf. Es ist zwischen 2 m und 10,5 m hoch, wobei seit Mitte des 19. Jahrhunderts durchschnittliche Rückgangsbeträge von 24 bis 50 cm/a beobachtet wurden (Meyer 1940, Rühberg et al. 1992). Die auf Grund der starken Klifferosion ständig wechselnden Aufschlussverhältnisse legen eine Sedimentabfolge frei, die aus 3 Geschiebemergelhorizonten mit zwischengelagerten Schluffen und Feinsanden besteht und sich mit den Normalprofilen vom Kleinklützhöved und der Stoltera korrelieren lässt (Abb. E 8.4). Der 2 bis 3 m mächtige grünliche untere Geschiebemergel (Lokalbezeichnung: Mu) des ersten Pommerschen Eisvorstoßes ($qw2_{max}$) wird von Beckensanden unterlagert und durch einen jüngeren Komplex aus Feinsanden, Schluff und rotbraunem Schluffton mit der Kaltwasser-Ostrakodenart *Limnocythere [Leucocythere] baltica* überdeckt. Darauf folgen der braungelbe, feste und ca. 10 m mächtige mittlere Geschiebemergcl (Mm) des Pommerschen Hauptvorstoßes (qw2) sowie der sandige, bräunlichgelbe, geschiebearme und bis zu 2,5 m mächtige obere Mergel (Mo) des Mecklenburger Gletschervorstoßes (qw3). Diese jüngste Moräne zeigt starke Stauchungen und überlagert diskordant den mittleren Geschiebemergel (Mm). Die glazialen Deformationen deuten auf kräftige, nach Süden gerichtete Gletscherbewegungen, wobei die Beckensedimente in den Mm eingepresst und teilweise zerschert wurden. Die Aufschlüsse um die Wismar-Bucht belegen, dass nach einem ersten Vorstoß des Pommerschen Gletschers (W2) das Eis bis in die Ostseesenke zurücktaute, der Abfluss der Schmelzwässer aber behindert war, so dass sich verbreitet Schmelzwasserstauseen bildeten. Nach dem Abschmelzen des Eises konnten die Schmelzwässer offenbar ungehindert abfließen. Beim Vorstoß des Mecklenburger Gletschers (W3) bis nahe an die Pommersche Hauptrandlage bildeten sich vor seiner Stirn Eisstauseen, in denen bis 20 m mächtige Feinsedimente, der sogenannte Wismar-Ton, abgesetzt wurden.

Das aktive Westkliff Poels war und ist als Sedimentlieferant für das holozäne Hakensystem des Rustwerder (Fläche 20 ha, Naturschutzgebiet mit Salzgrünland/Betretungsverbot) von großer Bedeutung. Seine phasenhafte Entwicklung (Schumacher 1990, 1991) beginnt mit der Überflutung des Raumes vor 7.800 Jahren, wobei ein an der Grundmoräne von Poel ansetzender Haken mit einer ehemaligen Insel im S-Teil des Rustwerder zusammenwuchs (Lampe et al. 2005, Abb. E 8.5). Der heute ca. 2 km lange Haken umschließt mit seinen drei Strandwallfächern und ca. 900 Jahre alten Decktorfen von W und S den Faulen See (Naturschutzgebiet). Das Unterwassergebiet nördlich und westlich der Insel Poel weist zahlreiche Vorkommen spät- und endmesolithischer Fund- bzw. Siedlungsplätze auf (u. a. am Jäckelgrund), die im Zuge des postglazialen Meeresspiegelanstiegs in der Wismar-Bucht „ertrunken" sind (s. Lübke 2005).

202 Exkursionen

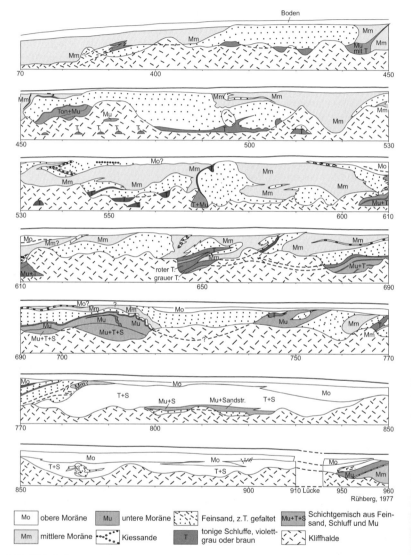

Abb E 8.4: Sedimentfolge und Lagerungsverhältnisse am Westkliff der Insel Poel (nach Müller et al.1997, verändert).

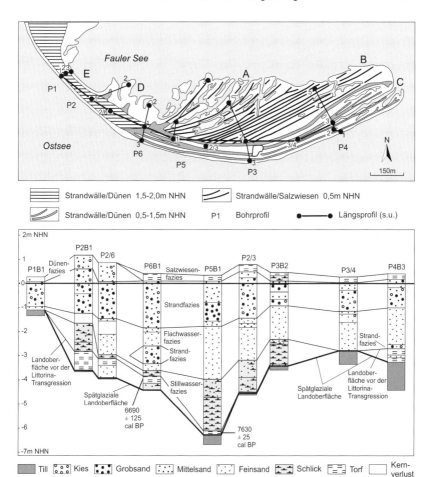

Abb. E 8.5: Das Rustwerder Strandwall-System und seine morphogenetischen Einheiten (A – älterer Strandwallfächer; B – mittlerer Strandwallfächer; C – jüngerer Strandwallfächer; D – Schwemmfächer eines Sturmflutdurchbruchs; E – Hakenhals; nach Schumacher 1991b) sowie der lithologisch-fazielle Aufbau (Lampe et al. 2005).

Von der Insel Poel zurück, verläuft die Exkursion dann in nordöstlicher Richtung nach Rerik, einer seit dem frühen Mittelalter existierenden Siedlung. Dem Ort ist im SW zwischen Ostsee und Salzhaff als flacher, lokal bis +20 m NHN auffragender und mit dem Festland durch Küstenausgleichsprozesse verbundener Geschiebemergelrücken die Halbinsel Wustrow (ehemalige Pleistozäninsel) mit holozäner Sandhakenbildung (Kieler Ort) vorgelagert. Das Salzhaff (Fläche: 27,3 km^2, mittlere Tiefe: 2,3 m) stellt eine postglazial überflutete Niederung dar, mit vereinzelten Moorablagerungen (z. T. mit Baumstammresten) und zahlreichen Geschieben am Grunde. Der Haken Kieler Ort zeigt wegen eines zwischen 1937 und 1940 vor dem Wustrower Kliff errichteten 800 m langen Uferlängswerkes (Stahlspundbohlen mit vorgelegter Blocksteinpackung) hinsichtlich des Sandhaushalts Stagnations- bis Rückgangstendenz. Interessant ist besonders ein Durchbruch am Hakenhals, der zwischen 1969 und 1986 entstanden ist und sich infolge des Sandmangels nicht mehr schließt.

Weiterhin ist auf den Küstenabschnitt ca. 5 km nordöstlich von Rerik zwischen Meschendorf und der markanten Bukspitze hinzuweisen. Etwa 300 m südwestlich des Ortes Meschendorf am Zeltplatz befindet sich am Kliff ein Rutschungsgebiet, das durch Grundbrüche, teilweise als Rotationsrutschungen, Gleitungen und Erdfließen erkennbar, auf geogenes Gefahrenpotenzial hinweist (Abb. E 8.6, s. Farbteil). Hauptursache für die Abgleitmassen des Grundbruchs am Zeltplatz sind Schulz (1988) zufolge die Lagerungsverhältnisse mit von der Hochfläche nach NW einfallenden pleistozänen Schichten und zwischengeschalteten Wasserstauern sowie die früher unzureichende Abwasserdrainage im Bereich des Campingplatzes. Aus unter dem Strandniveau liegenden Sanden artesisch über Klüfte aufsteigendes Grundwasser durchfeuchtet und destabilisiert den Geschiebemergel; dementsprechend kommen am Strand Grundwasseraustritte (Quellen) vor. Am Strand ist auch eine glaziäre Scholle aus Beckenschluffen zu beobachten, deren weiche Konsistenz ebenfalls zu den Rutschungen des hangenden Geschiebemergels beiträgt. Ferner sind am Kliff zwischen Meschendorf und dem Kägsdorfer Bach auf mehreren hundert Metern Länge drei flache Einsenkungen in der Oberfläche des Geschiebemergels zu erkennen, in denen Quellkalke mit reicher Molluskenfauna, zwischengeschalteten Organogenbändern und auflagerndem jüngeren Torf sowie Kliffranddünen aufgeschlossen sind (Jaeckel 1948, s. auch E 9). Im gesamten Abschnitt zwischen Rerik, Bukspitze und Kühlungsborn kommt es in besonderem Maße zur Abrasion auf der Schorre. Weiss (1989) gibt Seegangsenergien (in 10^3 MWh pro km und Jahr) von 6,3 vor Rerik sowie von 5,7 vor Kühlungsborn an.

Den Abschluss der Exkursion im Gebiet um die Wismar-Bucht bildet das nordöstlich von ihr liegende ca. 4 km breite und 20 km lange Hochgebiet (+ 60 bis +130 m NHN) der Kühlung als Typuslokalität einer Vollform mit überwiegend glazitektonischer Genese. Bereits von Heerdt (1966) als Stauchmoräne interpretiert, zeigt dieses isolierte, hochliegende und zweifelsfrei glazigen deformierte Pleistozän-Massiv mit z. T. präquartären (tertiären) Durchragungen oder Schollen keine eindeutigen Bezüge zu Eisrandlagen (Abb. E 8.7). Die intensiven Lagerungsstörungen im Raum der Diedrichshäger Berge (sehr gute

Wismar – Bucht und Umgebung

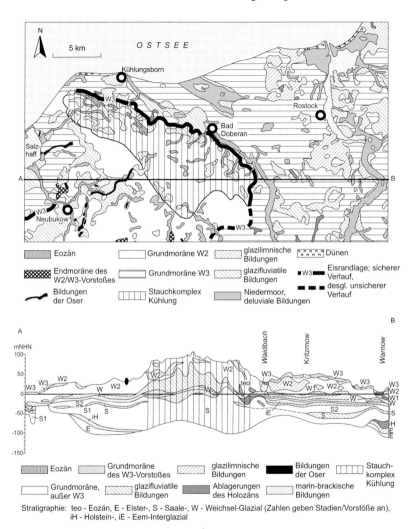

Abb E 8.7: Geologische Karte der oberflächennahen Bildungen des Raumes Rerik-Kühlungsborn-Rostock und geologisches Profil durch den Stauchmoränenkomplex der Kühlung entlang der Linie A-B in der Karte (nach ÜKQ 200 1996, vereinfacht).

Aussicht) und der Ivendorfer Höhen wurden durch das Eis des Pommerschen Vorstoßes bewirkt, das diese vielleicht schon älter angelegte Vollform überwand. Danach umfloss das Eis der Mecklenburger Phase die Kühlung und presste seine aus Stauchwällen bestehende Endmoräne an das ältere Hochgebiet des Pommerschen Vorstoßes an (Müller 2007), wobei diese Stauchungen durch die W3-Gletscherstirn die ältere Bezeichnung „Stirnstauchmoräne" begründeten.

Der hohe Grad der glazigenen Überprägung wird in diesem Gebiet insbesondere durch Falten- und Schuppensättel, Schichtwiederholungen bis in Teufen von -137 m NHN (Müller 2004) sowie durch Einpressungen großer, nach NNE einfallender Tertiärschollen (Eozän), z. B. am NE-Abhang der Diedrichshäger Berge, belegt (alte Ziegeleigruben zwischen Bastorfer Leuchtturm und Jennewitz). Hingewiesen sei ferner auf die markanten Oszüge Kröpelin-Westenbrügge und Zweedorf-Roggow mit z. T. vermoorten randlichen Sandflächen (wahrscheinlich Osgräben) im südwestlich anschließenden Grundmoränengebiet, die glazifluviatile Spaltenfüllungen im Toteis des Pommerschen Gletschervorstoßes darstellen. Weitere relativ deutlich ausgeprägte Wallberge (Oser) finden sich bei Neuburg, Alt- und Neubukow (Geburtsort von Heinrich Schliemann/1822) sowie bei Parchow. In der Umgebung von Neubukow kommen Heidesandflächen mit lokaler Binnendünenbildung (z. B. bei Biendorf) vor.

Hydrogeologisch bedeutungsvoll sind die Glashäger Mineralquellen bei Bad Doberan, wo seit 1908 Mineralwasser abgefüllt wird. Bis 1981 lieferten ausschließlich die Brunnen in einer Schlucht mit eisenreichen Moor- sowie liegenden Wiesenkalkablagerungen („Glashäger Quellental") das Mineralwasser. Seitdem wird es auch aus dem bedeckten Grundwasserleiter („Mineralwasserleiter") des Einzugsgebietes Hohenfelde gefördert. Dort befinden sich die Mineralwasser führenden weichselglazialen Schmelzwassersande und -kiese in Tiefen zwischen ca. 40 bis 70 m unter Gelände.

E 9: Kühlungsborn – Rostocker Heide

Das Exkursionsgebiet weist entlang der Küste zwischen der Kühlung und dem Beginn des Fischlandes aus geologischer Sicht eine Dreigliederung auf. Dessen Westteil zwischen dem Zeltplatz Meschendorf und dem Breitling bildet die zumeist ebene Grundmoränenlandschaft der Mecklenburger Phase mit Steilufern und zwei zwischengeschalteten Strandseeniederungen, dem Rieden und der Conventer See-Niederung. Ostwärts zwischen Warnowmündung und Rostock-Markgrafenheide folgt eine ca. 5 km lange Nehrung, die den Breitling, eine als Haff zu bezeichnende Meeresbucht, seewärts abschließt. Bis Neuhaus erstreckt sich das Beckensand-Gebiet der Rostocker Heide mit eingebetteten

Strandseen (Heiliger See) und Mooren (Abb. E 8.7). Die Küste bildet auf reichlich 50 km Länge bei geradlinigem bis schwach geschwungenem Uferverlauf mit nur wenig meerwärts exponierten Vorsprüngen, z. B. der Buk-Spitze seewärts des Rieden, bei Kühlungsborn-Ost und am Geinitzort am Westende der Stoltera eine typische Ausgleichsküste (s. Kap. 6.1). Dabei schließen in ihrem Verlauf Pleistozän- und Holozänabschnitte zumeist nahezu ohne Richtungsänderungen ihrer Uferlinien aneinander an.

Die Ausgleichsküste unterliegt mit Ausnahme des Abschnitts zwischen dem Ostrand der Stoltera und Warnemünder Westmole fast durchweg der Abtragung, wobei der mittlere jährliche Uferrückgang z. B. an der Stoltera 0,5 m und im Bereich der Rostocker Heide zwischen Rostock-Markgrafenheide und westlich Graal-Müritz 0,5–0,7 m/a beträgt.

Der einzige Küstenabschnitt mit Uferzuwachs erstreckt sich auf ca. 2,4 km Länge zwischen dem Ostrand der Stoltera und der heute 533 m langen und bis 280 m seewärts der Uferlinie reichenden Warnemünder Westmole. Deren Bau und mehrfache Verlängerung ist die Hauptursache für die hohe, in Richtung Gegenwart zunehmende und östlich Haus Stoltera besonders starke Zuwachsgeschwindigkeit (Abb. E 9.1). Ebenfalls akkumulationsfördernd wirkten die zwischen Rostock-Warnemünde und Stoltera ab 1889 bestehenden Buhnenfelder. Dabei dehnte sich im Verlaufe der letzten ca. 400 Jahre die Westgrenze des Zuwachsabschnittes weiter in Richtung Stoltera aus, unterbrochen durch die Folgen von Extremhochwässern (z. B. 1872 und 1913), die vorübergehend zu Rückverlegungen der Uferlinie führten. Während sich die Warnemünder Uferlinie im Jahre 1661 nur 14 m nördlich der Einmündung der Georginenstraße auf den Alten Strom befand, waren es 1988 schon 413 m und der Kopf der heutigen Westmole liegt sogar 692 m seewärts jener Uferlinie.

Ein weiterer Teil der Sandfracht verfängt sich im Seekanal und muss regelmäßig ausgebaggert werden. Als Folge des Molenbaus, aber auch submariner Sandentnahme, wird die natürliche Sandzufuhr in die ostwärts anschließenden Küstenabschnitte ab Hohe Düne über Rosenort bis zum Fischland zusätzlich reduziert, was zu verstärkter Abrasion entlang der gesamten Rostocker Heide führt. Auch der der Ostmole direkt vorgelagerte Schorrebereich ist „Lee-Erosion" ausgesetzt. Ein im Vergleich zum Warnemünder Küstenabschnitt zwar kleinräumiger, zurzeit jedoch schnell voran schreitender Küstenzuwachs kann sowohl an der Ost- als auch verstärkt an der Westflanke des im Jahre 2002 fertig gestellten Kühlungsborner Yachthafens mit seiner 960 m langen Mole beobachtet werden.

Die heutigen Werte des Küstenrückgangs an der Stoltera sind in etwa nur noch halb so hoch wie der von Geinitz (1903) für die Zeiträume 1830–1874 und 1874–1903 auf der Grundlage von Vermessungen der Diedrichshagener Feldmark durch das Rostocker St. Georg-Hospital mit durchschnittlich 1 bzw. 0,86 Metern ermittelte jährliche Uferverlust. Die gegenwärtig geringeren Be-

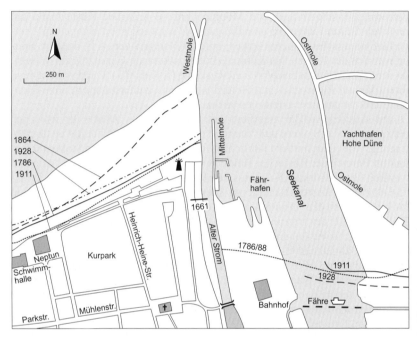

Abb. E 9.1: Verlauf ehemaliger Uferlinien im Stadtgebiet von Rostock-Warnemünde.

träge dürften auf das Bestehen der Buhnenfelder sowie auf die abrasionsreduzierende Fernwirkung der Warnemünder Westmole zurückzuführen sein.

Die West- und Südwestgrenze des Exkursionsgebietes wird dort gezogen, wo die ebene bis höchstens flachwellige und in Küstennähe fast durchweg weniger als +20 m NHN erreichende Grundmoräne der Mecklenburger Phase an die großflächig über +50 bis +128 m NHN im Diedrichshäger Berg der Kühlung ansteigende, stark wellige bis kuppige Pommersche Hauptendmoräne grenzt. Erstere besitzt in diesem Gebiet keine eigene Endmoräne, lässt sich aber durch den unterschiedlichen Reliefcharakter, die geringe, nicht geschlossene Grundmoränendecke und vor allem geschiebestatistisch von der Pommerschen Phase abgrenzen. Diese Trennlinie ist fast überall deutlich ausgeprägt. Sie verläuft zunächst von Meschendorf an der Ostsee über südlich Kühlungsborn und Vorder Bollhagen entlang des Nord- und Ostrandes der Kühlung in Richtung Bad Doberan. Sie findet ihre südliche Fortsetzung über Parkentin und Stäbelow in Richtung westlich Schwaan und Güstrow. Auf große Erstreckung begleitet diese Zäsur eine mehrere hundert Meter breite und vermoorte SE-NW verlaufende Talrinne mit dem Waidbach (heute Südabfluss) und dem Althofer sowie zum Teil auch dem Fulgenbach.

Exkursionsschwerpunkte im Westteil bilden das Stoltera-Kliff 3,5 km westlich des Warnemünder Stadtzentrums, der Küstenabschnitt Kühlungsborn-West bis Zeltplatz Meschendorf und die Conventer Seenniederung mit der Jemnitz-Schleuse ca. 2 km östlich des Ostseebades Heiligendamm. Das 7–18 m hohe und 1,2 km breite Kliff der Stoltera gehört zu den bestuntersuchtesten Quartäraufschlüssen der gesamten deutschen Ostseeküste. Kliffkartierungen erfolgten durch Geinitz (1907), Schuh (1923), Köster (1952), Rogge (1956/57), Ludwig (1964a), Heerdt (1965), Cepek (1973) und Schütze & Strahl von 1988–1990 (s. Steinich 1992a, Strahl 2004b).

Am Stolterakliff stehen in stark gestörter Lagerung die Geschiebemergel von der Warthe-Phase der Saale-Vereisung (S2) bis zur Mecklenburger Phase (W3) an, durchsetzt von Steinsohlen und zum Teil mächtigen interglazialen (I1 = Eem) und interstadialen (I2 = W0-W1) Sandfolgen. In Tabelle E 9.1 sind auf Grundlage der Abbildung 4.5.4.-1 bei Strahl (2004b) die unter guten Aufschlussbedingungen anzutreffenden Schichten und deren Verbreitung am Stoltera-Kliff zwischen Wilhelmshöhe im Osten und Geinitzort im Westen (Profilabschnitte E bis O) aufgeführt (Abb. E 9.2). Besonders auffallend ist die SSW-NNE streichende Sattel-Muldenstruktur zwischen G und M, an welcher der Brandenburg/Frankfurter Till und mit hoch aufragenden Luftsätteln die I2-Sande beteiligt sind. Zwischen I und I' ist in geringer Mächtigkeit in Muldenlage außerdem m2 erhalten. Katzung et al. (2004d) zufolge handelt es sich im Zentrum dieser Struktur (H bis I') um „eine bivergente Großstruktur" mit nach außen gerichteten Vergenzen, die gegenüber ihrer Umgebung pilzförmig herausgeschoben ist. Auf beiden Seiten treten Fließerden auf, die sich offensichtlich bei dem „Aufstieg" gebildet haben. Den Autoren zufolge entstand diese genetisch als syn- bis postsedimentäre Deformationsstruktur zu bezeichnende „Sediment-Ausquellung" vor Ablagerung der Mecklenburger Grundmoräne (qw3) in einem „nach oben offenen" System bei ESE-WNW-Kompression. An der Kliffoberkante und im angrenzenden Waldgebiet sind mehrerenorts Flugsanddecken und geringmächtige Kliffranddünen ausgebildet. Die Sedimente der Sandmulden wurden binnenwärts des Kliffs in lokalen Abgrabungen zur Rohstoffgewinnung genutzt.

Zwischen Geinitzort und dem Jägerbach (1 km westlich Geinitzort) dominieren Geschiebemergelküsten, die aus den Grundmoränen des Frühpommerschen, Pommerschen Haupt- und Mecklenburger Vorstoßes ($qw2_{max}$, qw2, qw3) bestehen; sie werden durch zentimeter- bis dezimetermächtige Sand-, Kies-, Geröll- bzw. Geschiebelagen voneinander getrennt (Schulz & Peterss 1989). Die W2-W3-Schichtenfolge setzt sich in nur wenig gestörter Lagerung an den Geschiebemergel-Kliffküsten bis Kühlungsborn fort, wobei die Oberfläche der den W2-Eisvorstößen zuzuordnenden Grundmoränen

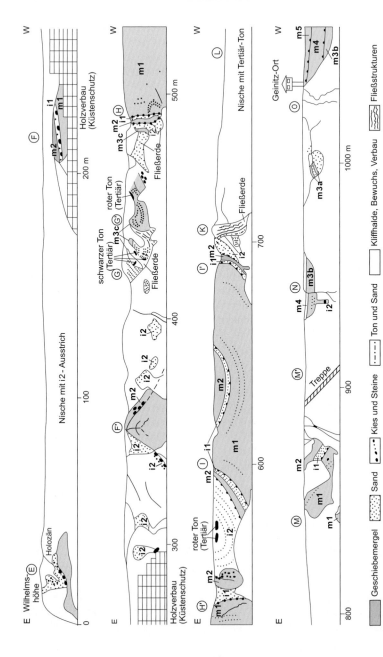

Abb. E 9.2: Kliff-Ansicht der Stoltera (Strahl 2004b nach unveröff. Aufnahmen von Schütze und U. Strahl 1988/89).

($qw2_{max}$, $qw2$) abschnittsweise bis unter die Strandoberfläche abfallen kann. Westwärts Heiligendamm enthält der untere Geschiebemergel vereinzelt westvergente Schuppen mit eingeschlossenen Beckensedimenten bzw. Tonen des Eozäns; östlich Kühlungsborn war zeitweise auch eine Scholle marinen bis limnischen Holstein-Interglazials und westlich Heiligendamm ein weiteres warmzeitliches Vorkommen (Holstein?) aufgeschlossen (Rühberg 2004).

Der zweite Exkursionsabschnitt führt entlang der Küste von Kühlungsborn-West zum Zeltplatz Meschendorf. Er verläuft zunächst entlang eines Küstenschutzwaldes mit Dünen- und Flugsand („Dünenwald") über Geschiebemergel. Westwärts folgt die 2 km lange Küstenniederung des Rieden mit dem gleichnamigen, maximal 2 m tiefen Strandsee (NSG, 0,9 km² groß). Er wird seewärts von einem Strandwall umgeben, über dessen Schwachstellen bei starkem Hochwasser auch der bei ± NHN gelegene See erreicht wird. Zu Ostseewasser-Einstrom kam es – so weit bekannt – während der Sturmfluten von 1904, 1949 und 1995. Den in einer Pleistozänsenke gelegenen See unterlagern bis zu 4,6 m mächtige „salzbeeinflusste Seggen- und Seggenschilftorfe, die mit einem Bruchwaldtorf" (Jeschke et al. 2003) abschließen. Sie stehen infolge des Küstenrückgangs auch im Flachwasserbereich der Ostsee an. Den See umgeben limnische schluffige Feinsande, die auf eine energiearme Sedimentation in einem einst größeren Becken hinweisen und in Richtung Kägsdorfer Bach einen zunehmenden Anteil körniger Seekreide aufweisen (Schulz 1988).

Das Steilufer zwischen Kägsdorfer Bach und Meschendorf weist einen hohen jährlichen Küstenrückgang auf, der im Mittel 0,3 bis 0,5 m/a erreichen dürfte. Das Kliff besteht in seinem unteren Bereich aus Geschiebemergel der Pommerschen Phase (Schulz 1988). In dessen Senkenbereichen verlaufen zwei kurze, zur Ostsee entwässernde, in der Gegenwart verrohrte Bäche, in deren Umland über dem Geschiebemergel zum Teil Mollusken führende Kalkmudde bis Seekreide, örtlich auch limonitreiche Ablagerungen, anstehen (Abb. E 9.3, s. Farbteil). Das Profil beginnt mit geringmächtigen Torfen des Meiendorf-Intervalls sowie des Übergangszeitraumes von der Jüngeren Dryas zum Präboreal. Kleinräumig kann eine unterste allerödzeitliche Kalkmudde zwischengeschaltet sein. Die Hauptkalkmudde umfasst das Präboreal und nach einem Hiatus im Boreal das Atlantikum und Subboreal und endet spätestens im beginnenden Subatlantikum mit dem Abfallen des Wasserspiegels infolge Anschneidens durch die landwärts vordringende Ostsee. Aufgrund ihrer terrestrischen Molluskenfauna ist sie vorwiegend als Hangquellkalk (Jaeckel 1948) am Rande eines ehemaligen Flachgewässers ausgebildet. Die Seekreide- bzw. Quellkalk- sowie auch die Geschiebemergel-Oberflächen im Kliffbereich werden, abhängig von ihrer Lage zu NHN, von Organomudden mit Schalen terrestrischer Mollusken, Torf oder einem Boden, zumeist einem Humus- bis Podsolgley, überlagert.

Den Profilabschluss (Abb. E 9.3, s. Farbteil) bilden von humosen Lagen und Bändern durchsetzte Kliffranddünensande, deren Ablagerung erst nach der deutschen Ostkolonisation einsetzte. Besonders auffallend ist dabei eine den beiden untersten Flugsandlagen zwischengeschaltete humusreichere Lage von mehreren Dezimetern Mächtigkeit. Deren Mollusken-, Pollen- und Diatomeengehalt belegt für jene Zeit ein staunässebeeinflusstes, im Jahresverlauf zumindest längerzeitig bestehendes Flachgewässer mit starkem Seggenbewuchs. Die beschriebene Schichtenfolge klingt westlich des Dorfes aus, wobei die Flugsande sich bis zum Meschendorfer Zeltplatz weiter westwärts verfolgen lassen. Dort kommen z. T. kleine Primärdünen (Kupsten) sowie Deflationspflaster vor.

Westlich Meschendorf sind zwei größere Grundbrüche zu beobachten (s. a. E 8). Ersterer am Westrand des Ortes im Bereich der „Tränke" erfolgte beiderseits eines Hangtales über Geschiebemergel sowie über bis oberhalb NHN ansteigendem Eozänton, die als wasserstauende Gleitkörper wirken; zum Teil kommen Kamm-Wülste vor. Außerdem treten dort über dem Geschiebemergel in kleinräumigen Depressionen in holozänen limnischen bis fluviatilen Sedimenten natürliche Wasseranreicherungen auf. Im Bereich des Zeltplatzes finden sich kleinräumig sowohl ein oberer, dem Pommerschen Geschiebemergel auflagernder und ein unterer, diesen unterlagernder Sand als auch eine Schluff-Scholle innerhalb des Geschiebemergels oberhalb NHN. Außerdem entwässern zwei kurze Hangbäche das Gebiet.

Nicht unerwähnt bleiben sollen die einstigen Meeresbuchten im Bereich des Conventer Sees zwischen Heiligendamm und Börgerende sowie des Breitling, denen seeseitig Nehrungen bzw. Strandwallsysteme vorgelagert sind. Der heute nur noch 0,8 km^2 große Conventer See (-0,25 m NHN, mittlere und größte Wassertiefe 1,0 bzw. 1,7 m; NSG) ist eine frühere Meeresbucht. Er und die ihn umgebende Conventer Niederung, zusammen 11,6 km^2 groß, werden von einem nach der 1872er Sturmflut angelegten und in Richtung Gegenwart immer weiter verstärkten Küstenschutzwall umgeben, der vor bis zu 2,8 m hohen Sturmhochwässern schützt. Er wird von einem 2,5 km langen und 1–3 m mächtigen Geröllstrandwall, dem namengebenden „Heiligen Damm", unterlagert, der teilweise bis -1,7 m NHN reicht. Darunter folgen Torf und anschließend Meeressande sowie Littorinaklei bzw. molluskenreicher Schlick. Letztere stehen beiderseits der Jemnitz-Schleuse und in Teilen des Sees mit Mächtigkeiten von zumeist 1–3 m in Tiefen unterhalb -2,9 bis -4,3 m NHN an. Ihre Basis liegt zwischen -4,8 bis -8,4 m NHN. Diatomeenanalytische Untersuchungen durch Heiden (1900, 1902) erbrachten für den marine Mollusken mit *Littorina littorea* führenden Littorinaklei sowohl des Conventer Sees als auch des Warnemünder Neuen Hafens (s. u.) eine Diatomeenflora mit einem merklichen Anteil von „Nordsee"-Arten, die dem Salinitätsmaximum der Littorinatransgression entspricht. Der Klei wiederum wird von dem so genannten

Tab. E 9.1: Zeitliche Einordnung der Schichtenfolge an der Stoltera (zusammengestellt entspr. Strahl 2004b).

Sedimentkörper	Bezeichnung entspr. Normal-profil	Bezeichnung entspr. Kap. 3, Abb. 3.3 bzw. chrono-stratigraphisch	Verbreitung, Loka-litäten entspr. Abb. E 9:1. (z. B. Geinitz-Ort = O)	Besonderheiten
Grundmoräne der Mecklenburger Phase	m5	W3 bzw. qw3	nur westwärts O	sehr sandig, tief entkalkt, bröckelig, unregelmäßiges Scherflächengefüge, keine signifikanten Einregelungen
Sand-/Geschiebelage			westwärts O	
Grundmoräne des Pommerschen Hauptvorstoßes	m4	W2o bzw. qw2	N bis westwärts O	schluffig-tonig, hoher Kreide- u. Flintanteil
Sand-/Geschiebelage			westwärts O	
Grundmoräne des Frühpommer-schen Vorstoßes	m3b	W2u bzw. qw2$_{max}$	N, westwärts Geinitz-Ort	sandiger, geschiebeärmer, oft schichtiger Geschiebe-mergel = „Sandmoräne"
Geschiebepflaster			westwärts O	
Grundmoräne der Brandenburger Phase?	m3a	W1 bzw. qw1$_B$	N bis O	rostbraun, sandig, reich an paläozoischen Schiefern
I2-Sandkörper zwischen Warnow- u. Brandenburger Grundmoräne	i2	W0-W1 bzw. qw0-qw1$_B$	Mulde H'-I; F'-G; I'-K	zumeist > 10 m mächtig, Luftsättel zwischen H-I'; Foraminiferen; zweite marine Beeinflussung
Grundmoräne des Warnow-Glazials	m2	W0 bzw. qw0	F; F'; H; Mulde H'-I; westl. M	1,2–1,6 m mächtig, intensiv geklüftet, reich an Feuer-stein.
I1 Zweiteilung in gröberen Auf-bereitungshorizont und darüber schluffigen Feinsanden	i1	S2-W0 bzw. qs2-qw0 mit Eem	E; F; H; H'-I'; westl. M	der Aufbereitungshorizont enthält außer m1a auch darüber abgelagerte marine Sedimente (wahrscheinlich Eem) mit *Mytilus* u. Foraminiferen
Grundmoräne der Warthe-Phase	m1a-c	S2 bzw. qs2	E; F; H-H'; I-I'; M	Ostbaltisches Spektrum ohne Flint, grüne Rinde. Luftsättel zwischen H-I'.
Aufgearbeiteter Geschiebemergel der Drenthe-Phase?	m1Kd	S1 bzw. qs1		

Basistorf (s. Kap. 4.1) oder direkt von Geschiebemergel und dessen Aufbereitungsprodukten unterlagert. Im Vergleich zum Heiligen Damm im Gelände weniger auffallend ist der das Fulgental östlich Kühlungsborn auf 400 m Länge meerwärts abschließende Geröllstrandwall.

Nach der in den 1960er Jahren durchgeführten Intensivmeliorierung der gesamten Conventer Niederung sanken Moor und Seewasserspiegel um bis zu 80 cm ab. Der Strandsee verlandete zunehmend und die Oberfläche des stark entwässerten Moor-Grünlandes liegt heute infolge intensiver Meliorationsmaßnahmen teilweise unter NHN. Bis zu Beginn der Eingriffe waren für diesen See schwimmende Schilfbülten und -inseln, die an die Ufer drifteten und dort das seewärtige Schwimmröhricht mitaufbauten, charakteristisch. Um den Verlandungs- und Eutrophierungsprozess aufzuhalten, erfolgten 1968 ein Neubau der Jemnitz-Schleuse und der Bau eines See und Meer verbindenden Kanals zwecks Gewährung eines ständigen Wasseraustausches. Von der Jemnitz-Schleuse aus lohnt ein Abstecher in das älteste deutsche Seebad, das Ostseebad Heiligendamm, u. a. auch wegen des in den dortigen Kuranlagen aufgestellten 4,8 m langen und breiten sowie 3 m hohen und 36 m^3 großen Kristallin-Findlings. Dieses 110 t schwere Gneis-Geschiebe wurde im Jahre 1843 aus Anlass des fünfzigjährigen Bestehens des Seebades von Elmenhorst westlich Warnemünde an seinen heutigen Standort gebracht.

Die zwischen den Rostocker Stadtteilen Hohe Düne und Markgrafenheide sich erstreckende Nehrung lag natürlicherseits maximal nur wenige Dezimeter über NHN und war mehrerenorts durchbruchsgefährdet. Sie wird meerseitig vor allem aus ufernahen Meeres- und Flugsanden aufgebaut, haffseitig aus schlickigem Anmoor bis Torf. Ähnlich wie auch das Diedrichshagener Moor am Südweststrand von Warnemünde wurde die Nehrung noch bis zu Beginn des 20. Jahrhunderts extensiv als Salzgrasweide genutzt. In Kartenwerken des 18. und 19. Jahrhunderts wies sie auf ihrer Binnenseite noch einen stark gegliederten Küstenverlauf auf. Sie wurde seit 1901 mehrfach – zunächst durch beim Ausschachten des Neuen Stromes anfallende Sandmassen, später vor allem durch Baggergut aus dem Breitling – um 0,5 bis über 2 m aufgehöht und in ihrem Ostteil merklich verbreitert. Sie ist heute dadurch nahezu überflutungssicher.

Der Breitling als ehemalige Meeresbucht bildet heute ein von der Warnow durchflossenes Haff mit einer größten Wassertiefe von 2,5 m und im Bereich der Schiffsanleger und -fahrrinnen von 5–13 m. Er hatte in historischer Zeit außer der Warnow noch 2 weitere Verbindungen zur Ostsee. Eine 2 km östlich des Neuen Stromes befindliche Durchfahrt war bis zu ihrer künstlichen Schließung im Jahre 1487 die gegenüber der seichten Warnow bevorzugte Schiffsverbindung. Sie lag im Bereich des Ollen Deep zwischen dem heutigen Ostende des Marinehafens und Taterhörn entlang des Westrandes der Warnemünder Wiesen. Ab 1487 verläuft der Schiffsverkehr ausschließlich über die Warnow.

Eine dritte Verbindung zur offenen See verlief über die einstige NE-Fortsetzung des Breitling, die Wollkuhl, zur Insel Lütt Priwerder westlich Markgrafenheide (vgl. Neuendorff 1823).

Beide historischen Mündungen waren in die frühe Neuzeit hinein durch „Kisten" (= Kastenbuhnen) geschützt. Auch der Küstenschutz vor der Hohen Düne setzte schon im 16. Jahrhundert ein. So erhielt im Jahre 1587 ein Wasenmeister die Aufgabe, Dünen durch Auflage von Grassoden zu erhöhen und zu befestigen. 1807 entstand aus zwei Zaunreihen, die mit Tang und Seesand gefüllt wurden, eine künstliche Düne, im Jahre 1872 wurde zwischen Markgrafenheide und Rosenort parallel zur Düne eine Pfahlwand gerammt. Heute schützen Pfahlbuhnen die Außenküste.

Der Breitling reichte zu Zeiten seiner Maximalausdehnung westwärts über die Warnow hinaus bis weit in das heutige Warnemünde hinein, wie dort in Bohrungen ermittelte Vorkommen von Mollusken führenden Meeressanden und Littorinaklei belegen. Die Westgrenze des Breitling dürfte im Stadtgebiet von Warnemünde entlang einer vom Meeresbrandungsbad (Westende der Seestraße) ausgehenden und westlich der Schiller- und Richard-Wagner-Straße in Richtung Neues Land (u. a. Standort der Warnemünder Werft) folgenden Linie verlaufen sein. An dessen Stelle befand sich zwischen dem Werfthafen der Warnemünder Werft, der Bahnlinie und der Mündung des Laak-Kanals in die Warnow am Nordrand des Stadtteiles Groß Klein bis zum Beginn des 20. Jahrhunderts die bis zu 1.000 m breite Laak-Bucht (vgl. älteste Messtischblattaufnahme von 1879), die letztmalig im Zeitraum 1950–1957 auf +1,5–2,0 m NHN aufgehöht wurde. Die westwärts bis an den Ortsrand von Rostock-Diedrichshagen sowie ostseewärts fast bis an die Warnemünder Parkstraße sich anschließenden Moorniederungen mitsamt dem Diedrichshagener Moor waren bis zu jener Zeit schlickreiche, von Prielen durchzogene Überflutungsmoore. Noch bis zum Jahre 1970 befand sich in der Küstenmoorniederung östlich Diedrichshagen ein in N-S-Richtung 850 m langer, von der Laak durchflossener See.

Mit dem Bau des Warnemünder Hafenbeckens 1888 und der Anlage des Neuen Stromes 1899–1902, der Nutzungsintensivierung im Nehrungsbereich zur Zeit des 2. Weltkrieges, dem Bau der Warnowwerft ab 1946 und dem Bau des Überseehafens ab 1956 vollzogen sich zwischen Groß Klein, der Warnow-Mündung und Hohe Düne/Markgrafenheide umfangreiche landschaftliche Veränderungen, besonders durch Gewinnung von Bauland und Hafenerweiterung. Durch großflächiges Aufspülen von Baggergut zwischen Ostmole und Markgrafenheide wurden z. B. in den Jahren 1917/18 die Nordostecke des Breitlings und um 1940 die benachbarte Wollkuhl landfest, außerdem die Warnemünder Wiesen auf verbreitet über +2 m NHN sowie 1956/57 die Breitlingwiesen westlich Rostock-Peez aufgehöht (Rogge 1959a, b). Durch Schließung der Laakbucht zwischen Groß Klein und Warnemünde entstanden auf dem

Neuen Land Industrie- und Verkehrsanlagen, und im Stadtteil Hohe Düne erfolgte die Auffüllung des 1459 entstandenen Sturmhochwasserdurchbruches Olle Deep. Auch die Umverteilung des Dünensandüberschusses der Warnemünder Außenküste trug wesentlich zur sturmflutsicheren Aufhöhung von großen Teilen des Warnemünder Stadtgebietes bei.

Im Bereich der Nehrung und der einst fördenartigen Warnowmündung ist der Littorinaklei auf mindestens 3 km Breite zwischen Meeresbrandungsbad im Westen sowie Hoher Düne und Taterhörn auf der Ostseite der Warnow durchgehend verbreitet. Im Zentralbereich der Warnowrinne kommt er zwischen -4 m NHN und maximal -10 m NHN flächendeckend vor und ist in der gesamten Unterwarnow bis hin zum Rostocker Stadthafen nachweisbar. In den zentralen Teilen des Breitling reichen die marinen Sedimente einschließlich Littorinaschlick bis -15 und maximal sogar -20 m NHN. Typisch ist folgende Schichtenfolge, vorgestellt am Beispiel der Bohrung „neuer Ostmolenkopf" östlich des Neuen Stromes (Geinitz 1902):

- 0,0–3,8 m   Wasserfläche
- 3,8–6,6 m   grünlicher Sandboden, Seesand
- 6,6–8,0 m   „Klei", „Muschelboden", schwarze, stinkende, sandig-thonige Moorerde mit Muscheln
- 8,0–8,4 m   muschelreicher, mooriger Sand mit großen Steinen
- 8,4–9,35 m   grünlicher Sand mit Muscheln
- unterhalb 9,35 m   grauer, magerer Geschiebemergel.

Stärker zu den Flanken des Warnow-Mündungstrichters hin tritt unterhalb der Littorinaabfolge – ähnlich wie beim Conventer See – gebietsweise ebenfalls ein geringmächtiger „Basistorf" und oberhalb über marinen Sanden bis zur Oberfläche reichender Verlandungs- bzw. schlickiger Überflutungstorf auf.

Ostwärts der Warnemünder Nehrung und des Breitling schließt zwischen Rostock-Markgrafenheide und Neuhaus ein ausgedehntes Beckensandgebiet an. Es umfasst die Rostocker Heide (Kommunalwald der Hansestadt Rostock) und die Gelbensander Forst. Es handelt sich um ein Feinsandgebiet mit Podsol als Hauptbodentyp, das stark von Mooren und vergleyten Feuchtniederungen durchsetzt ist. Das Gelände steigt von der Küste binnenwärts bis auf Höhen um +10 m NHN und örtlich – insbesondere nördlich und nordwestlich Rövershagen – bis auf +16 m NHN an. Vor Anlage der Küstenschutzdeiche konnten Sturmhochwässer häufig und an verschiedenen Stellen weit in das Gebiet der Rostocker Heide eindringen, vor allem im Bereich von tiefliegenden Mooren, so zwischen Rostock, Markgrafenheide und Rosenort sowie östlich Graal-Müritz.

Die Rostocker Heide wie auch die Beckensandgebiete von Fischland, Altdarß, Barther, Lubminer und Ueckermünder Heide entstanden als spätglaziale

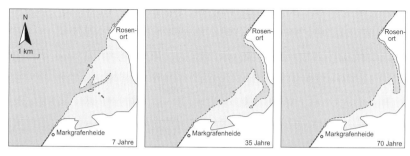

Abb. E 9.4: Zu erwartende Entwicklung des Renaturierungsgebietes NSG „Heiligensee und Hütelmoor" 7, 35 und 70 Jahre nach erfolgtem Deichrückbau (nach Pflege- und Entwicklungsplan NSG „Heiligensee und Hütelmoor"; LUNG-Archiv NS-WV-HO88, StAUN Rostock).

Stau- bzw. Sammelbecken vor dem nordwärts zurückweichenden Eisrand bzw. zwischen zerfallenden Eisfeldern (Kap. 3). In sie mündeten wasserreiche Flüsse mit ihren Mündungsdeltas, so auch das Warnow- und Grenztal (Brinkmann 1958). Die oberen feineren und relativ homogenen Sande fallen nach E und NE ein und kamen aus dem Einzugsgebiet der Warnow, in deren Talverlauf bei +8 bis +5 m NHN mehrerenorts ebenfalls entsprechende Terrassenflächen nachgewiesen wurden, z. B. bei Bützow und bei Rostock-Gehlsdorf. In diese homogene Sandfolge sind im Kliffbereich örtlich allerødzeitliche Torfe eingeschaltet, z. B. zwischen Wiedort und der Mündung des Stromgrabens nordwestlich Graal-Müritz (Geinitz & Weber 1904, Engmann 1939, Ludwig 1964b).

Die spätglaziale Genese der Rostocker Heide verlief analog jener der anderen Beckensandgebiete des Küstenraumes mehrphasig und ist noch nicht völlig geklärt. Die insgesamt reliefierte Sandoberfläche, die im Bereich der Torfmoore zum Teil erst einige Meter unter NHN erreicht wird, spricht dafür, dass die Fluss- und Beckensandsedimentation noch über Resttoteis erfolgte. Nach H. Schulz (1961) war auch der äolische Einfluss, der wahrscheinlich der Jüngeren Dryas zuzuordnen ist, auf die spätglaziale Oberflächenformung bedeutend. Der obere Sandkomplex wird von gröberen Sedimenten unterlagert, die im Raum Körkwitz nach NW einfallen und Brinkmann (1958) zufolge dem Schmelzwasserabflusssystem des Grenztales angehören.

Den Küstenraum zwischen Rostock-Markgrafenheide und dem Ostseebad Dierhagen gliedern vier Moorgebiete. Es sind dies die NSG „Radelsee", „Heiligensee und Hütelmoor", „Ribnitzer Großes Moor" und „Dierhäger Moor". Erstere drei erreichen die heutige Uferlinie und fallen bei Küstenwanderungen als bis in den Flachwasserbereich hineinreichende Strandmoore auf. Anderenorts bilden vom Meer bloßgelegte Ortstein- bzw. Gleyoxydationshorizonte von Podsolen bzw. Gleyböden tennenartig verfestigte Strandabschnitte.

Vorgesehen ist im Nordwesten der Rostocker Heide die Renaturierung des Küstenabschnittes Markgrafenheide - Rosenort (Abb. E 9.4) mit dem 4,9 km^2 großen NSG Heiligensee und Hütelmoor. Das benachbarte Markgrafenheide wird durch einen hochwassersicheren Ringdeich geschützt.

Ribnitzer Großes Moor und Dierhäger Moor – auch Großes und Kleines Moor genannt – sind zwei in ihren zentralen Teilen einst uhrglasförmig gewölbte Küstenhochmoore/Regenmoore mit Beteiligung atlantischer Pflanzenarten (Glockenheide/*Erica tetralix*, Gagelstrauch/*Myrica gale*, Königsfarn/ *Osmunda regalis*) und borealer Vertreter (Sumpfporst/*Ledum palustre*, Rauschbeere/*Vaccinium uliginosum*, Krähenbeere/*Empetrum nigrum*) sowie seltenen Tierarten. Zu ihnen gehören z. B. Glattnatter, Kreuzotter, Moorfrosch und Kranich. In beiden Mooren wurde vom 19. Jahrhundert bis 1918 bzw. 1950 Torf gestochen, verbunden mit deren starker Entwässerung (Jeschke et al. 2003). Das Ribnitzer Große Moor kann vom Ostrand von Graal-Müritz aus auf einem Naturerlebnispfad küstenwärts durchwandert werden. Konsequente Wiedervernässung äußert sich jetzt schon in einer Zunahme regenmoorspezifischer Flächen sowie in einem Waldrückgang. Um das Dierhäger Moor als Regenmoor zu regenerieren, wäre eine Anhebung des Wasserspiegels auch der umgebenden Niedermoorflächen erforderlich.

Ergänzende Informationen zu Aufgaben und Erhaltungszustand der neun meeresnahen Naturschutzgebiete innnerhalb des Exkursionsbereichs enthält das vom Umweltministerium Mecklenburg-Vorpommern im Jahre 2003 herausgegebene Handbuch „Die Naturschutzgebiete in Mecklenburg-Vorpommern" (s. Jeschke et al. 2003). Eine ausführliche landeskundliche Darstellung der Rostocker Heide gibt Kolp (1957b). Informationen über die Nutzungsgeschichte der Rostocker Heide erhält man unter anderen am zur Hansestadt Rostock gehörenden und an Rövershagen angrenzenden Forst- und Köhlerhof Wiethagen mit in Betrieb befindlichem Teerschwelofen und mit einem 1,3 km langen Lehrwanderweg. Außer der Holzgewinnung diente das Forstgebiet zeitweise auch der Waldweide, Torf-, Holzkohle-, Teer- und Harzgewinnung. Man erfährt dort auch, dass im Jahre 1989 über 50 % des Rostocker Kommunalwaldes militärisches Sperrgebiet waren und dass Teilflächen davon renaturiert werden konnten, die nach Absprache mit dem Stadtforstamt auch zu besichtigen sind.

Zu empfehlen sind des Weiteren ein Abstecher in das Quellental zwischen Glashagen und Hohenfelde, dem Herkunftsgebiet für das im Jahre 2008 eine 100 Jahre währende Produktion aufweisende Glashäger Mineralwasser (vgl E 8), sowie in den Hütter Wohld (NSG Hütter Klosterteiche) südöstlich Bad Doberan an der relativ schnell auf über +80 m NHN ansteigenden Nordflanke der Pommerschen Hauptendmoräne. Der Hütter Wohld weist entlang des Bachlaufes der Kanbeck 14 kettenartig aufeinander folgende Fischteiche in unterschiedlichen Nutzungs- und somit Vegetationszuständen, z. B. trockenfallender Teichbodenflora, sowie faunistischen Besonderheiten (u. a. Rotbauchunke, Laubfrosch, Kammmolch, Fledermäuse) auf. Die Anlage der Teiche erfolgte im 13. Jahrhundert durch Zisterziensermönche des Bad Doberaner Klosters.

E 10: Fischland – Darß – Zingst

Die Halbinsel Fischland-Darß-Zingst (-Bock) bildet zusammen mit der Darß-Zingster Boddenkette das westlichste Glied der vorpommerschen Boddenausgleichsküste. Die Halbinsel besitzt die Form eines stumpfen, ca. 120° geöffneten Winkels, dessen westlicher Schenkel SW-NE verläuft und vom Ostseebad Dierhagen bis Darßer Ort 25 km lang ist, während der andere, W-E orientierte, sich zwischen Westdarß und Pramort auf etwa 29 km Länge erstreckt. Ihre östliche Fortsetzung bilden der Große Werder und die drei Kleinen Werder-Inseln, die „Halligen der Ostsee", sowie der Bock, die mit 9 km Länge durch mehrere Strömungsrinnen (Seegatts) voneinander getrennt sind und eine Zunahme der Landfläche aufweisen (Abb. E 10.1, s. Farbteil). Letztere sind – wie auch der Ostteil der Halbinsel Zingst und Teile des Darß – Bestandteil der Kernzone des Nationalparks Vorpommersche Boddenlandschaft. Auf Grund ihrer landschaftsspezifischen, hydrographischen und ökologischen Besonderheiten werden die Gewässer der Darß-Zingster-Boddenkette insbesondere im Hinblick auf ihre anthropogenen Belastungen mit organischen Schadstoffen, Nährstoffen und Schwermetallen (Hildebrandt 2005, Bachor 2005) sowie Eutrophierungsprobleme, Wasser- und Stoffaustauschprozesse mit der offenen Ostsee und Wechselwirkungen in der Nahrungskette langjährig und systematisch untersucht (zusammenfassend dargestellt im Band 16 (2001) der Schriftenreihe Meer und Museum des Deutschen Meeresmuseums Stralsund sowie im Heft 2 (1994) der Rostocker Meeresbiologischen Beiträge).

Das Exkursionsgebiet besteht aus einer Abfolge von spätweichselzeitlichen Beckensand- und Moränenkernen und diese verbindenden Meeressandebenen, ehemaligen Haken und Nehrungen. Wichtigste Pleistozänkerne dieses Raumes sind (Abb. E 10.2):
– der im Bakelberg +18,8 m NHN erreichende Fischlandkern mit dem Hohen Ufer zwischen Wustrow und Ahrenshoop,
– flache, nur +1 bis +6 m NHN inselartig aufragende und im Landschaftsbild wenig auffallende, von geringmächtigen Meeressedimenten und jungholozänen Transgressions- und Hochmooren umgebene Kerne im Raum Körkwitz-Dändorf-Dierhagen. Sie bilden die östlichen Ausläufer der Rostocker Heide und bestehen vorwiegend aus Heidesanden (s. E 9), kleinräumig auch aus Geschiebemergel (bei Dändorf),

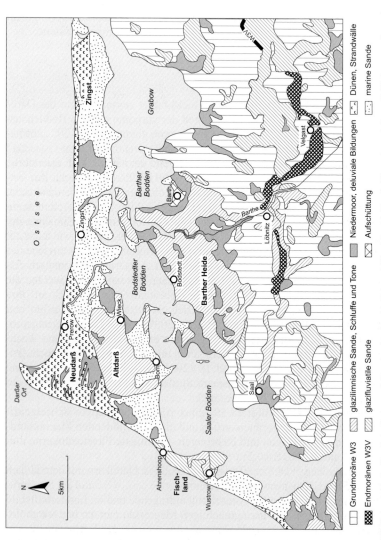

Abb. E 10.2: Landschaftseinheiten und Geologie der Halbinsel Fischland-Darß-Zingst und des südlich vorgelagerten Festlandes (nach ÜKQ 200 1996, vereinfacht).

- der weitaus kleinere, maximal 14,1 m hohe Schifferberg im NE von Ahrenshoop mit einer hangenden Geschiebemergeldecke,
- der +1 bis +9,1 m NHN gelegene, aus spätglazialen Staubeckensanden und daraus hervorgegangenen Dünen bestehende Kern des Altdarß,
- der nur geringmächtig von Meeressanden überdeckte, SSW-NNE streichende Geschiebemergelkern zwischen Kavelhaken und Sundischer Wiese auf der Halbinsel Zingst (Hurtig 1954) und
- ein vermuteter Pleistozänkern (Hurtig 1954) nur wenig unterhalb NHN auf dem Westteil des Großen Werders und in Anlehnung an Otto (1913) im SW des Bock.

Zwischen diesen genannten Pleistozänkernen erstrecken sich folgende Meeressandebenen:
- die Ribnitzer Stadtwiesen zwischen Mecklenburger Bucht und Saaler Bodden einerseits sowie zwischen den Spätglazialsandkernen südlich und südwestlich Dierhagen und dem Fischland (s. o.) andererseits. Durch diesen Raum floss wahrscheinlich vor Einsetzen der Littorina-Transgression die Recknitz in Richtung Mecklenburger Bucht. In der nördlichen Nehrungshälfte sind die Meeressande und -schlicke nur 4–6 m mächtig. Der Permin südlich Wustrow, eine ehemalige Verbindung von der Ostsee zu den Boddenhäfen, wurde 1394 im Bereich des Alten Hafens durch Versenkung von drei Schiffen künstlich geschlossen, die jüngsten Sturmhochwasserdurchbrüche erfolgten 1872 und 1875 (Kolp 1955),
- der Vordarß zwischen der mecklenburgisch-vorpommerschen Grenze (Grenzweg in Ahrenshoop) und dem Seegatt der Hundsbeck mit der Loop inmitten von Ahrenshoop unmittelbar nördlich des Fischlandkernes und südlich des Schifferberges, der als „Darßer Kanal" noch 1455 offen war, später versandete und durch das 1625er Sturmhochwasser bis ca. 1650 letztmals reaktiviert wurde. Der 1872er Durchbruch erfolgte ca. 240 m nördlich der mecklenburgisch-vorpommerschen Grenze,
- der SW-Darß mit der Wils zwischen der Hundsbeck und den Rehbergen, dem ältesten Reff-Riegen-Fächer im NW des Altdarßes,
- der Neudarß von den Rehbergen und dem Altdarß nordwärts bis zum Darßer Ort bzw. bis zum Prerowstrom ostwärts,
- die Meeressandebene des Zingst zwischen Prerowstrom und Pramort, die auf 18,5 km Länge zwischen der Prerower und dem Westrand der Pramorter Hohen Düne eine Abtragsküste darstellt, und
- die 1.600 ha große Meeressandebene des Bock, ein in Richtung Vierendehl-Rinne wachsendes Schaar, das insbesondere auf seinem Süd- und Ostteil seit 1906 durch Aufspülungen aus den benachbarten Fahrrinnen künstlich aufgehöht und aufgeforstet worden ist. Bei ablandigem Wind und Niedrigwasser fallen ausgedehnte Flachwasserbereiche zwischen

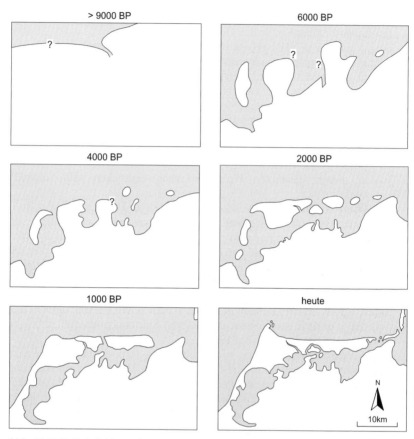

Abb. E 10.3: Entwicklung der Halbinsel Fischland-Darß-Zingst infolge des holozänen Meeresspiegelanstiegs und Küstenausgleichs (nach Lampe 2002).

Großem Werder und Vierendehl-Rinne trocken und lassen zeitweise einen wattenmeerähnlichen Eindruck entstehen („Windwatt", s. Abb. E 10.1/ Farbteil).

Eine Vorstellung von der Herausbildung der heutigen Halbinsel durch Meeresspiegelanstieg sowie Abrasion, Umlagerung und Akkumulation von Sedimenten vermittelt Abb. E 10.3.

Exkursionsschwerpunkte im Bereich der Halbinsel Fischland-Darß-Zingst sollten vor allem die Außen- und Binnenküsten mit ihrer unterschiedlichen

Prozessdynamik und ihren Küstenschutzbauwerken sein. Besonders empfohlen werden Wanderungen
- entlang der Steilküste des Hohen Ufers des Fischlandes (s. u.),
- entlang der West- und Nordküste des Neudarßes (Rehberge – Darßer Ort – Prerow sowohl mit starkem Uferrückgang als auch mit den flächenmäßig größten und am schnellsten wachsenden Zuwachsbereichen an der deutschen Ostseeküste zwischen Darßer Ort und Prerowstrommündung),
- von Born aus über den Alt- und Neudarß in Richtung Darßer Ort bzw. Prerow mit dem fossilen Littorina-Kliff auf der Höhe des Mecklenburger Weges an der Nordflanke des Altdarßes und der Reff-Riegen-Abfolge auf der Meeressandebene des Neudarß (s. u.),
- zum nur 1.000–2.000 Jahre alten und gegenwärtig im Rückgang befindlichen ca. 600 m langen Nadelhaken südlich Bliesenrade mit Salzgrasland und Prielen,
- zur Hohen Düne östlich von Prerow (+13,7 m NHN) im Übergangsraum zwischen Zuwachs- und Abtragsküste mit Blick auf den großen Mäander des Prerowstromes und auf die dort einsetzenden, in Richtung Zingst verlaufenden Küstenschutzanlagen der Außen- (Pfahlbuhnen, künstlich profilierte Düne, Schutzwald, Seedeich) und Boddenküste (Boddendeich),
- von Zingst ostwärts in Richtung Straminke (ehemaliges Seegatt), durch den Osterwald und auf der Straße nach Pramort – teilweise entlang der Mitteldüne – zur Hohen Düne von Pramort (maximal +13,3 m NHN) mit Blick auf die Werder-Inseln und Teile des Bocks (die Straße vom Jagdschloss Müggenburg nach Pramort ist nur für Fahrradfahrer und Fußgänger zugänglich).
- am Südrand der Darß-Zingster Boddenkette einerseits zu deren aktiven (Dahmser Ort nördlich Saal) und fossilen Kliffabschnitten (z. B. bei Fahrenkamp und Dabitz östlich von Barth sowie bei Barhöft), andererseits zu Küstenniederungen ehemaliger Meeresbuchten mit sie durchziehenden littorinazeitlichen bis subrezenten fossilen Strandwällen, insbesondere zwi-

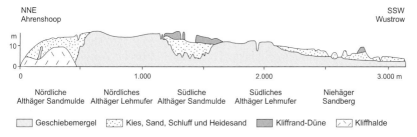

Abb. E 10.4: Lagerungsverhältnisse des Fischland-Kliffs („Hohes Ufer", nach Ludwig 2004b).

schen Saal und Neuendorf sowie westlich und östlich Barth (ehemaliger Katharinensee und Umland, Trebbin, Graue Wiese, Neues Land bei Dabitz), außerdem zum fossilen Strandwallgürtel zwischen Kinnbackenhagen und Wendisch Langendorf sowie zu den großenteils verdünten Beckensandgebieten der Barther Heide mit ihren zumeist nur geringmächtig vermoorten Boddenflachküsten (s. a. Janke 2005).

Kultur- und weiterführende Informationen zur Landschaftsentwicklung und Landeskunde vermitteln das Darßer Heimatmuseum in Prerow, die Heimatstube in Ahrenshoop, das Bernsteinmuseum in Ribnitz-Damgarten, das Vineta-Museum in Barth, das Nationalparkzentrum in Born sowie eine ständige Ausstellung am Leuchtturm Darßer Ort (s. a. Billwitz & Porada 2009). Auf drei Exkursionsrouten wird im Folgenden näher eingegangen.

Hohes Ufer des Fischlandes
Das Fischland-Kliff wird geologisch in 5 Teilabschnitte untergliedert (Abb. E 10.4). Es sind dies vom Grenzweg in Ahrenshoop nach SW: die Nördliche Althäger Sandmulde, das Nördliche Althäger Lehmufer, die Südliche Althäger Sandmulde, das Südliche Althäger Lehmufer und der bis Nehrungsbeginn am Nordrand von Wustrow reichende Niehäger Sandberg. Wie aus den Bezeichnungen zum Teil ablesbar, wechseln Abschnitte, in denen der Geschiebemergel bis zum oberen Kliffrand aufsteigt, mit solchen ab, in denen dessen Oberfläche zum Teil bis unter das Strandniveau abfällt und Beckensedimente sowie junge Flugsandfelder und Kliffranddünen das Hangende bilden. Gelegentlich sind diapirartig aufsteigende Einpressungen des liegenden Geschiebemergels in die Sande zu beobachten.

Die Sedimentfolge der Südlichen Althäger Sandmulde (Abb. E 10.5, s. Farbteil; Ludwig 1963, 2004b, Pietsch 1991, Kaiser 2001, Lampe & Janke 2002) ist folgende:
– bis über 2 m mächtige Kliffranddünen mit Lockersyrosem oder Regosol als Bodentypen und vielfältigen Deflations- und Akkumulationsformen, z. B. Windrissen und Kupsten (1);
– „Heidesand", kalkfreier Feinsand mit horizontaler Schichtung, im Top mächtiger Eisenhumuspodsol (Podsol-Gley) mit verfestigtem Bhs-Horizont, der die auffällige dunkle Verebnungsfläche im Ausblasungsbereich zwischen den Kliffranddünen bildet und auf der verstreut Flintabschläge spätpaläolithischen und mesolithischen Alters auftreten und dem Heidesand ein Mindestalter von Jüngerer Dryas/Alleröd zuweisen (2);
– schluffig-feinsandige, schwach kalkhaltige und etwa 1 % organische Substanz enthaltende Silikatmudde mit limnischen, boreal-subarktischen Mollusken, Ostrakoden, Fischresten sowie Resten von Zwergsträuchern, die palynologisch in die Chronozonen Meiendorf (*Salix*- und *Hippophaë*-Ma-

ximum) bis Allerød gestellt wird (3). Ein ^{14}C-Datum aus dem an Pflanzenresten reichen oberen Teil ergab Allerød (11.543 ± 200 BP bzw. 13.445 ± 224 J. v. h.);
- sandig-kiesiges Mischsediment mit Geschiebelagen, Wechsellagerungen und Verzahnungen von Schluffen, Sanden und Kiesen mit Übergängen in den liegenden Geschiebemergel (4);
- weichselzeitlicher grauer Geschiebemergel des Mecklenburger Eisvorstoßes, mit zahlreichen Schreibkreide- und Flintgeschieben (5).

Die fossilführende Silikatmudde deutet auf ein flaches, wassergefülltes Toteisbecken, das durch äolisch und fluvial transportierte Feinsande aufgefüllt wurde. An den Beckenrändern könnten rein subaerische Ablagerungsbedingungen geherrscht haben. Schichtneigungen, die im unteren Teil bis 35° betragen, zum Hangenden immer geringer werden und am Übergang zu den Heidesanden subhorizontal verlaufen, weisen auf synsedimentäres Tieftauen des begrabenen Toteises hin. Der Podsol entstand erst nach der Entkalkung des pleistozänen Substrates. Die Entwicklung des erhalten gebliebenen Bsh/rGo-Horizontes setzte entsprechend palynologischer Datierungen im frühen Atlantikum ein (Lampe & Janke 2002).

Jederzeit interessant sind Studien zur Küstendynamik. Das Nördliche Althäger Lehmufer ist eine Abbruchküste mit konkaven Steilhängen und staffelförmigen Abgleitschollen, während z. B. an der Südlichen Althäger Sandmulde Prozesse des inneren Küstenzerfalls, Abrutschungen sandiger Sedimente sowie äolische Umlagerungen ufergestaltend wirksam sind. Der Küstenrückgang beträgt im langjährigen Mittel 0,75 m/a (Janke & Lampe 1998), schwankt aber zeitlich und räumlich beträchtlich. Infolge des Baus von zwei Wellenbrechern bei Wustrow und einem bei Ahrenshoop, die die Randbereiche des Hohen Ufers, an dem die Meeressandebenen ansetzen, sichern sollen, hat sich der Charakter des Küstenrückganges stark verändert. Uferseitig der Wellenbrecher sind partielle Tombolos als Akkumulationsformen entstanden, durch deren seitliches Wachstum längere Kliffabschnitte inaktiviert wurden. Der zentrale Teil des Fischlandes unterliegt jedoch weiter einer ungebremsten Abrasion. Ein beredtes Zeugnis dafür sind zwei auf die Schorre gestürzte Bunker aus der Zeit des 2. Weltkrieges nördlich von Wustrow. Weiss (2006) unterbreitete den Vorschlag, der Buchtbildung am Hohen Ufer durch einen weiteren Wellenbrecher etwa in der Mitte zwischen Wustrow und Ahrenshoop zu begegnen.

Neudarß

Der Neudarß ist Teil des Nationalparks Vorpommersche Boddenlandschaft und als schützenswertes Geotop eingestuft (s. a. Reinicke 2007b). Er gilt – auch in der internationalen Literatur – als Musterbeispiel einer dreieckigen Strandwallebene (Höftland – cuspate foreland), die durch Sandablagerung aus zwei unterschiedlichen Transportrichtungen entstanden ist. Ausgangspunkt seiner Bildung war das heute fossile Kliff am Altdarß entlang des Mecklenburger Weges. Vor diesem 3 bis 6 m hohen Kliff, das vor höchstens 3.500 Jahren entstanden sein soll (Fukarek 1961, Kolp 1982b), wurden bei nachlassender Anstiegsgeschwindigkeit des Meeresspiegels flachmarine Sedimente in relativ einheitlicher Mächtigkeit von 10–12 m abgelagert (Tiarks 1999), die oberhalb des Meeresspiegels in Strandwälle und Dünen übergehen.

Dominierend war und ist dabei der Sandtransport entlang der Westküste, mit dem Material der Rostocker Heide und des Fischlandes nach Norden transportiert wird. Allerdings erreicht nach Weiss (2006) nur etwa ein Sechstel der zwischen Warnemünde und Darßer Ort abradierten Sandmenge den Darßer Ort, die restlichen fünf Sechstel gehen durch ufernormale Transporte der Küste verloren. Da infolge der starken Seegangsexposition des Darßer Weststrandes die westlichen Enden der älteren Strandwälle bereits wieder aufgearbeitet werden, führt das erst am Darßer Ort akkumulierte Material zu einem schnellen Längenwachstum des Höftlandes (derzeit um 2 m/a). Außerdem wird ein erheblicher Teil des Materials um die Spitze herum in die Prerower Bucht geführt.

Die hohe Wachstumsgeschwindigkeit des Neudarßes wird dadurch deutlich, dass der 5,5 km lange, zwischen Esper und Darßer Ort gelegene Teil des Neudarßes während der jüngsten 1.200 Jahre gebildet wurde. Gleichzeitig unterliegt die Darßer Westküste südlich des Leuchtturms einem zeitlich variablen Rückgang, der zwischen 1695 (Aufnahme der schwedischen Matrikelkarte) und 1835 (Preußisches Urmesstischblatt) im Mittel 1,68 m/a betrug, zwischen 1885 (Preußisches Messtischblatt) und 1937 (Deutsche Luftbildkarte) auf 0,55 m/a zurückging und seitdem wieder auf knapp einen Meter anstieg. Die für die gleichen Zeiträume ermittelten Zuwachsraten am Darßer Ort zeigen einen direkt entgegengesetzten Trend, was auf die zeitliche Variabilität der vorherrschenden Windrichtung und die Anzahl von Sturmhochwässern sowie die daraus resultierenden Sedimenttransporte zurückgeführt wird (Tiepolt & Schumacher 1999).

Der zweite Transportweg führt entlang des Zingst bis in die Prerower Bucht, wobei hinsichtlich der Herkunft des Sandes von größeren ehemaligen Inselkernen nördlich der heutigen Halbinsel auszugehen ist. Die Akkumulation des Sandes erfolgte im Schutze der zunehmend nach Norden vorgeschobenen Höftlandspitze und führte zur Ausbildung des sehr breiten, feinsandigen Strandes und zur Ablagerung progradierender verdünter Strandwälle. Der Neudarß ist deshalb durch zwei ineinandergreifende Strandwallfächer gekennzeichnet. Der westliche ist nur reliktisch erhalten und wird nach Osten ständig weiter zurückgeschnitten, bei gleichzeitiger Entstehung immer neuer Strandwälle im Norden, während der östliche in großen, vollständig erhaltenen Bögen die Prerower Bucht auffüllt (Abb. E 10.6). Im Mittel der letzten 300 Jahre wurde die westliche Uferlinie dabei 2 m/a seewärts verlagert (Tiepolt & Schumacher 1999). Basierend auf historischen Kartendarstellungen und dem daraus ables-

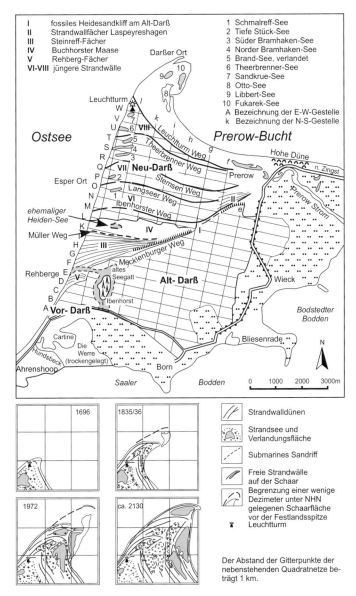

Abb. E 10.6: Reliefeinheiten des Darß (nach Hurtig 1954 und Kolp 1982b, verändert).

baren Trend der Uferlinienentwicklung hat Kolp (1982b) eine Prognose der zukünftigen Entwicklung am Darßer Ort abgeleitet (Abb. E 10.6).

Bei Prerow laufen die Strandwallbögen zusammen (Wurzel des östlichen Strandwallfächers) und verschwinden östlich der Ortschaft, wo das Akkumulations- in ein Abrasionsregime übergeht. Der Sandtransport aus Richtung Zingst hat dort zu einer Verlagerung der Prerowstrom-Mündung nach Westen (nach der Sturmflut von 1872, künstliche Schließung 1874) und zur Entstehung der Hohen Düne geführt. Das nach Norden abnehmende Alter der Dünenwälle des Neudarßes lässt sich auch durch den Entwicklungsgrad und die Mächtigkeit der Dünenböden dokumentieren. Während man im Bereich der Rehberge, der ältesten Strandwälle am Weststrand (ca. 4.000 J. v. h., Kolp 1982b), bis zu 1,2 m mächtige Eisenhumuspodsole mit ausgeprägten Bleich- und Ortsteinhorizonten (Braundünen) antrifft, werden die Böden in Richtung Darßer Ort immer geringmächtiger und entsprechen den Gelb-, Grau- oder gar Weißdünen (s. Kap. 4). Der Bodentyp der Graudünen ist Regosol bis initialer Podsol mit Bleich-Quarzkörnern und geringmächtigem Es/C-Horizont.

Die auf weiten Strecken mehr oder weniger parallel zueinander verlaufenden Strandwälle sind in der Regel von langgestreckten Dünen (Walldünen), nicht selten zusätzlich auch von Parabel- und Haufendünen des späten Mittelalters (Bodentyp Regosol), bedeckt, wodurch zusätzliche Aufhöhungen bis auf 2,5 m, vereinzelt gar bis zu +10,6 m NHN erreicht werden. Auf ihnen stocken Kiefern-Eichen-Buchenmischwälder in unterschiedlichen Entwicklungsstadien (Jeschke & Succow 2001). Die unterschiedlich breiten Riegen sind zum Teil geringmächtig vermoort und enthalten in Westküstennähe mehrfach langgestreckte Strandseen, z. B. Norder und Süder Bramhakensee und Tiefer Stücksee mit sie umrahmenden Erlenbruchwäldern. Die meisten sind heute verlandet, z. B. Langer See, Heidensee, Schmalreffsee und Brandsee bzw. von der Brandung angeschnitten wie der Theerbrennersee. Dem Besucher von Prerow fällt auf, dass die Häuser innerhalb des alten Ortskerns zeilenartig auf W-E verlaufenden Reffen errichtet wurden, zwischen denen sich breite, von Wiesen, Weiden oder Gärten eingenommene Riegen befinden.

Der Zingst

Der Zingst war bis zur Schließung des Prerowstromes im Jahre 1874 eine Insel und von Prerow aus nur per Fähre erreichbar. Die folgende Route kann in ihrer ganzen Länge nur per Fahrrad bewältigt werden, zwischen Prerowstrom und Jagdschloss Müggenburg ist auch eine Pkw-Nutzung möglich. Ausgangspunkt ist die Hohe Düne westlich von Prerow (+13,7 m NHN, Aussichtsturm), von der man einen informativen Blick über den Prerowstrom, die Meeressandebene des Zingst, die Küstenschutzsysteme an Außen- und Binnenküste und den Bodstedter Bodden bis nach Barth hat.

Die zumeist nur ein bis fünf Dezimeter über Mittelwasser gelegene Meeressandebene ist in Außenküstennähe meist sandig ausgebildet und wird in Richtung Bodden, wo die Meeressande weniger hoch anstehen, von einer Torf- und Schlickdecke überzogen. Es handelt sich dabei um Transgressions- bzw. Überflutungsmoore, deren Wachstumsursache der Meeresspiegelanstieg ist und die mit diesem mitwachsen. Sie erreichten vor Einsetzen landwirtschaftlicher Entwässerungen bis zu 80 cm Mächtigkeit. Gliedernde Elemente sind vereinzelt auftretende, die Umgebung nur wenig überragende Strandwälle (im Osterwald, im Forst Straminke sowie am Kavelhaken). Sturmflutrinnen (Papenwasser, Ellerbeeke, Schlossriege nahe der Herthesburg, Neues Tief, Altes Tief oder Butterwiek und Hundetief, alle zwischen Prerowstrom und Ostseebad Zingst gelegen), Alte und Neue Straminke östlich von Zingst sowie Flieder-Riege und Breite Riege südwestlich von Pramort zeugen von den einst häufigen Überflutungen. Eine Besonderheit des Ostzingst ist die „Mittel-Düne", ein 1–2 m hoher, zum Teil verdünter Strandwall, der östlich des ehemaligen Mittelhofs ansetzend unmittelbar nördlich der Straße über 2 km ostwärts verläuft und sich nach einer Unterbrechung auf dem Großen Werder fortsetzt. Das Entstehungsalter ist noch unbekannt (Janke & Lampe 2006).

Im Bereich des Müggenburger Forstes befinden sich ausgedehnte, ursprünglich bis über einen Meter mächtige Moorflächen. Mindestens seit 1745 bis 1844 wurde in ihnen auf Grund des allgemeinen Holzmangels Torf gestochen. Die Moorentwässerung erfolgte durch ein Grabensystem, welches zurückgebaut werden soll. Der Anlage der Boddendeiche seit dem Jahre 1874 folgte boddenseitig ein erster Ausbau der Grabenentwässerung vor allem im Interesse der Land- und Forstwirtschaft. Die 1963 einsetzende und 25 Jahre währende intensive Grünlandwirtschaft mit Schöpfwerksentwässerung führte auf dem Ostzingst südlich der Straße zu starker Moordegradierung, -sackung, Vermullung und Überdüngung, wodurch bis 300 dt/ha Grünmasse geerntet werden konnten. Die Oberfläche sank zum Teil bis mehrere Dezimeter unter den Meeresspiegel ab. Würde deren Acker-, Wiesen- bzw. Weidenutzung eingestellt, gewännen im Verlaufe von nur wenigen Jahren das Schilf bzw. auf stark verdichteten, etwas höher gelegenen Standorten ein an Erlen reicher Bruchwald die Oberhand. Das träfe auch auf die wenigen noch erhaltenen Salzgrasländer mit den sie durchziehenden Prielen und Röten zu, z. B. auf den Inseln Großer Kirr und Barther Oie (NSG) sowie auf dem Nadelhaken bei Bliesenrade. Zur Zeit der Aufnahme des Urmesstischblattes Zingst im Jahre 1835 kamen Priele unterschiedlicher Länge noch entlang der gesamten Boddenküste des Zingst vor. Naturnahe Schilfröhrichte sind in der Gegenwart nur noch kleinflächig an den Flanken der Bodden anzutreffen, vor allem im Umland der Meiningen-Brücke und entlang der fördenartigen Barthe-Mündung zwischen Planitz und den Hintersten Bergen.

Fast die gesamte Außenküste des Zingst – ausgenommen die beiden Enden mit den „Hohen Dünen" – ist eine Flachküste mit Materialdefizit. Der mittlere jährliche Küstenrückgang beträgt im Gebiet des Ostseebades Zingst 0,3–0,4 m und ohne verschiedene, einander unterstützende Küstenschutzmaßnahmen würde sich bei weiterhin steigendem Meeresspiegel die Nehrung in mehrere Inseln auflösen. Küstenschutzbestrebungen setzten aus diesem Grund schon frühzeitig ein. Bereits um 1848 wurde Zingst erstmals eingedeicht, 1874 entstand nach den Zerstörungen durch die 1872er Sturmflut der 18,5 km lange Seedeich Prerow-Pramort, der seitdem mehrfach nachgebessert wurde. Da infolge des Meeresspiegelanstiegs die Breite des Vorlands von rund 200 m im Jahr 1874 auf heute etwa 100 m abgenommen hat, erfolgten zwischen 1965 und 2002 in 2–7 jährigen Abständen 11 künstliche Strandernährungen, bei denen insgesamt 1.850.000 m³ Sand aufgespült wurden. Auf Grund der dominierenden Ostströmung wird dieser durch den Küstenlängstransport vorwiegend in das Gebiet des Windwatts verfrachtet und hat dort zur weitgehenden Schließung des Pramorter Seegatts und damit zur Verminderung des Wasseraustausches zwischen Ostsee und Bodden geführt.

Eine besondere Herausforderung für Natur- und Küstenschutz war und ist die Gestaltung des Sturmflutschutzes im Gebiet östlich von Zingst. Einerseits genügt das bestehende Schutzsystem nicht mehr den heutigen Sicherheitsanforderungen, andererseits gehören große Teile des Ostzingst zur Nationalpark-

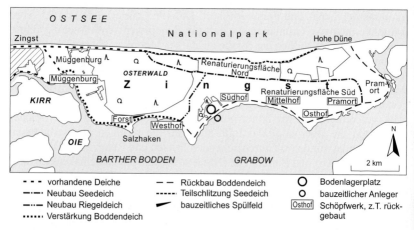

Abb. E 10.7: Umgestaltung des Hochwasserschutzsystems und Wiederherstellung des natürlichen Überflutungsregimes auf dem Ostzingst (nach StAUN Stralsund u. NPA Vorpommern).

Kernzone, in der sich ein natürliches Überflutungsgeschehen wieder einstellen soll. Diesem Konflikt begegnet das Land Mecklenburg-Vorpommern mit dem Umbau des gesamten Schutzsystems: Herzstück ist ein neuer, rund zehn Kilometer langer Seedeich, der mittig auf der Halbinsel gelegen, sie in ihrer ganzen Länge durchzieht (Abb. E 10.7).

Im Anschluss an den Deichbau werden 1.550 ha des Ostzingst renaturiert, indem der alte Seedeich geschlitzt, die Boddendeiche eingeebnet werden und so das natürliche Überflutungsregime weitgehend wieder hergestellt wird. Sechs Kilometer Straße und vier Schöpfwerke sollen zurückgebaut werden. Die Ortschaft Zingst erhält einen Riegeldeich, der den Schutzring um das Seebad schließt. 2012 soll das Vorhaben abgeschlossen sein.

E 11–14: Die Inseln Hiddensee und Rügen – ein einführender Überblick

Zwischen der Halbinsel Fischland-Darß-Zingst im Westen und der Odermündungsinsel Usedom im Osten liegen die Inseln Hiddensee (Fläche: 19 km^2) und Rügen (960 km^2) im Zentrum der vorpommerschen Boddenausgleichsküste. Obwohl räumlich durch die westrügenschen Boddengewässer voneinander getrennt, haben diese Inseln sowie auch die Insel Usedom (s. a. E 16) eine gemeinsame jungpleistozäne und holozäne geologische Entwicklungsgeschichte. Die folgende Einführung ist, insbesondere aufbauend auf den Informationen der Kapitel 3 und 4, als Klammer zu den Exkursionen E 11–14 gedacht, die sich Einzelräumen mit zum Teil speziellen Themenschwerpunkten und lokalen Exkursionsobjekten widmen.

Für den Besucher besonders auffallend ist zum einen der Reliefkontrast zwischen der Küstenlandschaft mit ihren Boddenketten, Buchten, Haken und Nehrungen sowie Strandseen und den angrenzenden Pleistozänhochlagen. Zum anderen bestehen aber auch ebenso markante Höhenunterschiede innerhalb des Pleistozänreliefs, so zwischen den ebenen bis flachwelligen, nur kleinräumig bis über +20 m NHN ansteigenden lehmig-mergeligen Grundmoränengebieten im Südwesten und Westen der Insel Rügen und hügelig-kuppigen Reliefhochlagen (s. Profilschnitt A–B der Abb. E 11–14.0). Zu ihnen gehören außer dem Dornbusch auf der Insel Hiddensee im Osten und Norden von Rügen die Granitz, das zentralrügensche, von Putbus über Bergen bis an den Großen Jasmunder Bodden bei Ralswiek verlaufende Höhengebiet, die Halbinsel Jasmund und in abgeschwächtem Maße auch der Nordteil der Halbinsel Wittow. Diese morpho- und geologische Zweiteilung der Insel, deren Ursache auch die präquartären Untergrundstrukturen mit einschließt (z. B. Kreide-Hochlagen; s. a. Kap. 2), zeigt sich auch in der Nutzung. Während im westlichen Rügen Acker- und Weideflächen dominieren, herrschen auf

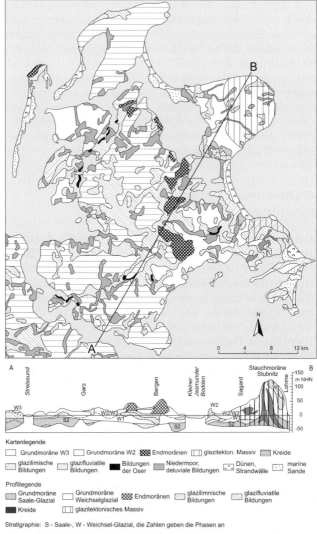

Abb. E 11–14.0: Verbreitung und Lagerung von oberflächennahen Quartär- und Kreide-Ablagerungen im Gebiet Rügen – Hiddensee (nach ÜKQ 200, 1995). Der geologische Profilschnitt (A–B) zeigt sowohl den SW-NE gerichteten morphologischen Geländeanstieg als auch den in gleicher Richtung zunehmenden glazitektonischen Stauchungsgrad vom vorpommerschen Festland über Süd- und Mittel- bis nach Nordrügen.

den reliefstärkeren und abwechslungsreichen, von Boddengewässern durchsetzten Moränenlandschaften Ostrügens Laubwälder mit Buchen-Dominanz vor.

Der jüngste, die Pleistozängebiete beider Inseln gestaltende Prozess war der Inlandeis-Vorstoß der Mecklenburger Phase (W3; Kap. 3), wobei dessen geringmächtige Grundmoränendecke (qw3) auf dem Dornbusch und den Rügener Hochgebieten zumeist nur noch lückenhaft erhalten ist. Sie wird kleinräumig von Sedimenten der Eisabbau-Phase, z. B. glazifluviatilen Schüttungen (darunter Kames) sowie Beckensedimenten, überlagert oder durchsetzt. In den Hochgebieten kommen verbreitet Auf- und Durchragungen älterer Sedimente vor, wobei letztere vor allem auf Nordrügen durch die hohen und steilen Kreidekliffs markant hervortreten.

Ein besonders gut untersuchtes Beispiel für glazifluviatile (rinnengebundene) Schüttungsvorgänge in der Eiszerfallslandschaft der Mecklenburger Phase bildet der Sedimentkörper von Trent – Zessin als Bestandteil eines größeren NE-SW gerichteten Abflusssystems, in dessen Umgebung zum Teil osartige Bildungen zwischen Lebbiner und Kubitzer Bodden auftreten. Diese im Mittelrügener Gebiet verbreiteten glazifluviatilen Ablagerungen (Kiese und Sande) sind überwiegend in verwilderten Stromsystemen („braided rivers") aus NE geschüttet worden. Rinnen-Gabelungen sowie Os- und lokale Deltaschüttungen, z. B. im Raum Neuenkirchen – Trent, weisen auf sehr dynamische Strömungs- bzw. Sedimentationsverhältnisse während der jung-weichselzeitlichen Eisabbauprozesse hin (Niedermeyer et al. 1999). Als weitere mit Schmelzwasserabflussbahnen verbundene Strukturen können in diesem Zusammenhang die Oser von Zirkow, Garz und Drigge genannt werden.

Umstritten ist die Ausweisung der Endmoränen: Nach der GÜK 500 (2000a) sowie durch Katzung & Müller (2004) wird die Auffassung vertreten, dass es auf den Inseln Hiddensee, Rügen und Usedom keine Endmoränen gibt und der jüngste, in Deckenlage vorkommende W3-Geschiebemergel der Grundmoräne der Mecklenburger Phase entspricht (s. a. Kap. 3). Die ostrügenschen Hochgebiete werden demnach als Vollformen ohne Bezug zu Eisrandlagen interpretiert, wobei nicht auszuschließen ist, dass der W3-Gletscher bei seinem Vorstoß die Bereiche stark bewegten Reliefs zunächst selbst geschaffen und sie beim weiteren Vordringen nach Süden überfahren hat. Im Unterschied dazu fassen andere Autoren Teile der reliefstarken Räume als Endmoränen auf, so den Dornbusch auf Hiddensee sowie Höhengebiete Mittel-, NE- und SE-Rügens (u. a. Kliewe 1975, ÜKQ 200 1995).

Jedes der vier nachfolgend beschriebenen Exkursionsgebiete stellt andere Schwerpunkte der Küstenentwicklung vor. Das Kliff im NW des Dornbusch-Hochlandes (E 11) zeigt einen typischen glazitektonischen Schollenbau aus pleistozänen Sedimenten mit senkrecht bis spitzwinklig verlaufenden Störungen, die sowohl Küstenabbrüche als auch -abgleitungen bewirken. Dabei prägen häufig Grundbrüche das Bild. Außerdem ist die Flachküste der Insel Hiddensee mit ihrer den Hauptwindrichtungen gegenüber stark exponierten Westseite einerseits sowie dem Gellen-Schaar im Südosten und dem schnell wachsenden Haken des Neuen Bessin im Nordosten andererseits ein sehr gutes Beispiel für jüngste sedimentäre Abtragungs- und Akkumulationsprozesse einer siliziklastischen Küste, einschließlich der verschiedenen Methoden des Küstenschutzes.

Im Unterschied dazu stellen die markanten Steilküsten-Aufschlüsse der Halbinseln Wittow und Jasmund (E 12) geologische Typusgebiete für mehrphasige (polygenetische) glaziäre Sediment-Deformationen dar. Hierbei wurde der hochliegende und übertage ausstreichende präquartäre Untergrund (Schreibkreide des Untermaastrichtiums) nahezu modellhaft in die glazitektonischen Deformationsprozesse einbezogen. Die daraus resultierenden komplizierten sedimentären Lagerungsverhältnisse bewirken spezielle geologische Gefährdungen, z. B. durch Hangrutschungen. Schwerpunkt der Exkursion 13 bildet die spätglaziale und holozäne Entwicklung der Nord- und Ostrügener Boddenküste mit den Nehrungen Schaabe und Schmale Heide. Dabei werden einst ufernahe jungmesolithische (Ertebølle-/Lietzow-Kultur) und slawische Siedlungsstandorte in der Diskussion zur Küstenentwicklung mit berücksichtigt. Die Südost-Rügen-Exkursion (E 14) widmet sich hingegen vor allem der Genese der dortigen „Inselkerne" und der sie umgebenden Meeressandebenen. In diese Exkursion mit aufgenommen wurde ein kurzer Überblick zur Geologie der Greifswalder Oie.

Hauptkraft der Inselgestaltung Hiddensees und Rügens war, ist und bleibt das Meer. An den der offenen Ostsee ausgesetzten Küstenstrecken dominierten während der jüngsten 5.000 Jahre Küstenausgleichsprozesse mit durch aktive Kliffs gekennzeichneten Abtrags- sowie Anlandungsküsten mit Haken und Nehrungen (s. Kap. 4). Letztere sind vornehmlich durch küstenparallelen Materialtransport entstandene und nachfolgend überdünte Strandwallsysteme bzw. -fächer. Die Nehrungskörper – vor allem in Verzahnungsbereichen mit See-, Moor- und Boddensedimenten – bilden ein wichtiges Archiv zur Erforschung der jüngeren Entwicklungsgeschichte der Ostsee-Küstenräume. Die Binnenküsten hingegen sind vorwiegend durch Verlandung (Schilfröhrichte, Küstenmoore), Schlickablagerung und Gewässerverflachung gekennzeichnet, wozu auch Schaarbildungen in den Übergangsbereichen zu den Außenküsten, z. B. im Bereich des Geller Hakens und des Libben, beitragen. Bei einem angenommenen jährlichen Meeresspiegelanstieg von 1 mm/a befindet sich das Exkursionsgebiet nördlich der isostatischen Nulllinie (s. Abb. 4.4). Während für den Pegel Sassnitz der relative Meeresanstieg 0,7 mm/a beträgt, erreicht er infolge stärkerer isostatischer Senkung in der Mecklenburger und Lübecker Bucht (Pegel Warnemünde und Travemünde) Werte von 1,2 bzw. 1,7 mm/a (Kap. 4). Unter der Annahme gleicher Einflussfaktoren könnte dieser Fakt für die Inseln Rügen und Hiddensee von Vorteil sein und der Küstenrückgang etwas langsamer verlaufen.

E 11: Hiddensee

In einer Entfernung von max. 5 km zur Insel Rügen zieht sich Hiddensee (Fläche:18,6 km^2) von seinem nördlichsten Punkt, dem Enddorn, auf ca. 17 km Länge bei einer durchschnittlichen Breite von 800 m wie ein großer natürlicher Wellenbrecher nach Süden und endet in der Südspitze des Gellen (Abb. E 11.1). Im Nationalpark „Vorpommersche Boddenlandschaft" gelegen, wird Hiddensee in vier Teilgebiete gegliedert, die sich hinsichtlich ihrer geologischen und geomorphologischen Merkmale als natürliche Landschaftseinheiten abgrenzen lassen:
– Das pleistozäne Kernland (Dornbusch, +72 m NHN) mit den Ortschaften Kloster und Grieben;
– das Hiddenseer Flachland (Süderland mit Dünenheide, Alt- und Neu-Gellen sowie der submarin gelegenen Gellen-Schaar) mit den Ortschaften Vitte und Neuendorf-Plogshagen;
– die beiden Haken Alt- und Neu-Bessin und die submarin gelegene Bessiner Schaar;
– die Fährinsel.

Die geologische Entwicklung der Insel Hiddensee vollzog sich in einer hoch- bis spätpleistozänen (Weichsel-Kaltzeit) sowie einer holozänen Phase, wobei während letzterer insbesondere die beiden markanten Hakenbildungen im Süden (Gellen) und im Norden (Bessine) entstanden. Die quartären Sedimente lagern diskordant auf Oberkreide-Sedimenten in Schreibkreide-Fazies, die in Bohrungen bei ca. -50 m NHN (Raum Vitte-Kloster) sowie bei ca. -70 m NHN (Enddorn) angetroffen wurde (Möbus 2000). Das Geschiebemergelgebiet des Dornbuschs ist glazialgenetisch als nach NW offener Stauchmoränenkomplex anzusehen.Nach Ludwig (2004a) wurde er in zwei Deformationsphasen am Ende des Weichsel-Glazials durch das M_3- und das M_4-Eis geschaffen; Möbus (2004) geht nur von einem glazigenen Deformationsereignis aus. Die glazitektonische Beanspruchung der Endmoränen zeigt sich in deutlicher Stauchungsintensität (Falten, Schuppen), die im N und NW am ausgeprägtesten ist.

Die aufgeschlossene pleistozäne Schichtenfolge des Dornbuschs (Swantiberg; Hucke; Kiesgrube Grieben) umfasst zwei oder drei altersverschiedene weichselzeitliche Geschiebemergeldecken, eine vierte – wohl saalezeitliche – ist aus Bohrungen bekannt (Abb. E 11.2). In der jüngsten Interpretation durch Ludwig (2005b) treten nur der M_{1o} (S2 entspr. Abb. 3.3) und M_3 (W2) unter Ausfall des M_2 in Abweichung von der Normalfolge von Rügen auf, die durch

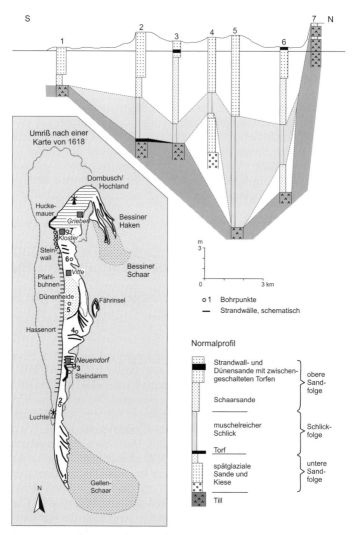

Abb. E 11.1: Landschaftseinheiten der Insel Hiddensee mit den wichtigsten Küstenschutzbauten sowie einem geologischen N-S-Schnitt entlang von Bohraufschlüssen. Der Umriss von 1618 basiert auf der Darstellung der Insel in der Karte von Eilhardus Lubin (1565–1621). Obwohl offensichtlich stark verzeichnet, gehen daraus doch der Rückgang an der Außenküste und das Anwachsen des Neu-Gellen hervor. Bemerkenswert ist die Lokalisierung der „Luchte"; s. a. schwedische Landvermessung von 1692–1709 (Matrikelkarte).

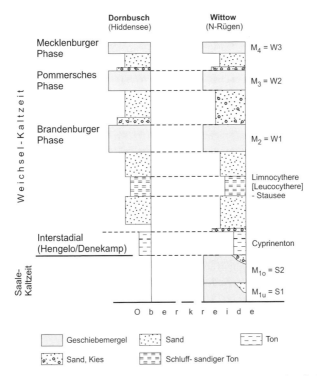

Abb. E 11.2 Stratigraphie und Sedimentabfolgen des Pleistozäns im Gebiet Hiddensee – Nordrügen (nach Möbus 2000). Diskutiert wird, ob bei Ausfall des W1 und damit verbundener Uminterpretation der nachfolgenden Tilldecken der M_4 einem spätglazialen Fehmarn-Vorstoß zugerechnet werden kann.

Kies- und Sandkomplexe des I1 voneinander getrennt sind. Nur an den Rändern der Hochgebiete Hiddensees und NE-Rügens (Jasmund, Wittow; s. E 12) tritt der sandige M_4-Till auf (Ludwig 2005a, b). Er wird von einigen Bearbeitern einem letzten Eisvorstoß aus dem Ostseebecken zugeschrieben, der mit dem „Fehmarn-Vorstoß" parallelisiert wird (u. a. Möbus 2000). Diese verschiedenen Interpretationen weisen darauf hin, dass der Stand der stratigraphischen Bearbeitung keineswegs als abgeschlossen angesehen werden kann.

Von besonderem Interesse ist der z. B. im Bereich des Tietenufers nordöstlich der Hucke aufgeschlossene graugrüne marine Cyprinenton, da dieses Sediment als Leitschicht regional von Bedeutung ist. Seine stratigraphische Einstufung war lange umstritten. Von Cepek (1968) ursprünglich einer saalezeitlichen „Rügen-Warmzeit" zugeordnet, ist nach dem gegenwärtigen Stand des Wissens dieses Foraminiferen führende Sediment Hiddensees einer mittelweichselzeitlichen marinen Ingression innerhalb der I1-Folge zuzuordnen (Steinich 1992b). Der Cyprinenton wurde im 18. Jahrhundert in Stralsund für Töpfereizwecke (Fayence) genutzt.

Vom Hafen in Kloster kommend und an der Gerhart-Hauptmann-Gedenkstätte vorbeiführend, kann als geologische Exkursionsroute im Gebiet des Hochlandes von Hiddensee folgende Wanderung zunächst am Strand mit Ausgangspunkt am Heimatmuseum in Kloster (ehemaliger Rettungsschuppen im strandnahen Übergangsbereich zwischen Hoch- und Flachland) in nördliche Richtungen vorgeschlagen werden (s. Abb. E 11.3):

– Uferschutzmauer am Kliffvorsprung Hucke sowie nordöstlich davon (Tietenufer) anstehender blaugrauer Cyprinenton in Nachbarschaft mit weichselzeitlichen Sedimenten (Geschiebemergel, glazifluviatile Bildungen) sowie dem Steilufer aufgesetzte, z. T. bis 4 m mächtige Kliffranddüne (1);
– im Kliffbereich nahe der Gaststätte „Klausner" Blockansammlungen im ehemaligen Stirnbereich einer Schollenabgleitung im März 1979 als Folge eines Grundbruchs (Abb. E 11.4) sowie weichselzeitliche Geschiebemergel mit überlagernden glazifluviatilen Kiesen, Schottern und Sanden (z. T. mit zahlreichen primären Sedimentgefügen) (2);

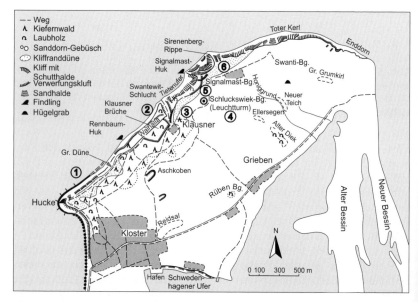

Abb. E 11.3: Das Dornbusch-Hochland mit ausgewählten Exkursionpunkten.

- Aufstieg vom Strand zum Hochland über die Klausner-Treppe durch die Swantewitschlucht und dabei Durchqueren eines staffelförmigen Bruchsystems mit Phänomenen von Schollenabgleitungen (3);
- Rundblick vom Leuchtturm (1888 erbaut und 23 m hoch) mit eindrucksvollem Panorama des Süderlandes, der Bessiner Haken sowie der Westrügener Boddenküste, das bei guter Sicht auch Stralsund, selten sogar die dänische Insel Møn mit ihren Kreidekliffs erfasst (4);
- Leuchtturmverwerfung, entstanden 1907, als Beispiel einer gravitativ ausgelösten Großschollen-Abgleitung (5); in der Regel können an den oberen Kliffrändern initiale Anzeichen für Dehnungen, Abgleitungen und Rutschungen beobachtet werden;
- holozäne Kliffranddüne in Leuchtturmnähe (Sirenenberg) mit liegendem subfossilem Bodenhorizont und meso- bis neolithischen Siedlungsresten (u. a. altmesolithische Feuersteinwerkzeuge, Keramikreste der neolithischen Trichterbecher-Kultur) (6).

Sowohl die exponierte Lage von Hiddensee als auch die skizzierte besondere geologische Situation im Gebiet des Dornbuschs begünstigen den Küstenrückgang. Dabei spielen die erwähnten Schollenabgleitungen als destabilisierende Vorgänge für die Standsicherheit des Steilufers gemeinsam mit den recht hohen Seegangsenergien um den Dornbusch die entscheidende Rolle. Gegenwärtig beträgt der Landverlust am Dornbusch etwa 1.250 m²/a oder 50.000 m³/a bei Rückgangsraten zwischen 0,2 und 0,6 m/a (Möbus 2000). Abtragungsmengen von ~ 900 Mill. m³ wurden für den Dornbusch seit Beginn der Littorina-Transgression geschätzt, wobei die ehemalige Uferlinie ca. 2 km seewärts bei einer heutigen Wassertiefe von -18 m NHN lag (Reinhard 1956). Nach Berechnungen von Barthel (2002) umfasst das Volumen der holozänen Sedimente im Flachland von Hiddensee jedoch nur etwa 270 Mio m³, was einer Schüttung von 34.000 m³/a seit Eintreffen der Littorina-Transgression entspricht. Die Differenz zu dem obigen Wert deutet an, dass infolge des Meeresspiegelanstiegs gegenwärtig die Abrasion deutlich über dem langfristig mittleren Wert liegt.

In den zurückliegenden Jahrzehnten erfolgten verschiedene Küstenschutzmaßnahmen, die sowohl die Steil- als auch die Flachufer umfassten (s. Weiss 1989, Möbus 2000): z. B. Errichtung der Hucke-Schutzmauer von 1937–1939; Bau eines ca. 1 km langen Steinwalles aus Lausitzer Granodiorit südlich der Hucke-Mauer in den Jahren 1963–1964 und dessen Verlängerung bis zum Küstenpunkt Harte Ort zwischen Kloster und Vitte im Zeitraum zwischen 1973 und 1978; Deichschüttungen an der Boddenseite zwischen Kloster und Vitte von 1963–1965 sowie an der Seeseite südlich Vitte von 1979–1985; Holzpfahlbuhnen-Schlag an der Außenküste zwischen Kloster und Vitte von 1967–1970 sowie zwischen Vitte und Neuendorf 1970–1972 und am Gellen 1993; Errichtung eines Rauhdeckwerkes aus Bruchstücken Lausitzer Granodiorits mit Bitumen-

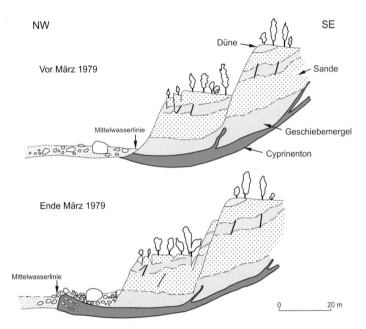

Abb. E 11.4: Geologische Situation am SW-Ufer des Dornbuschs im Bereich eines sich Ende März 1979 ereigneten ausgedehnten Grundbruchs (nach Möbus 1981).

einbettung auf der Seeseite südlich Harte Ort (1971–1980); zahlreiche Strandaufspülungen seit 1962; Sanierung der Hucke-Mauer 1998/99 und schließlich die Ringeindeichungen Neuendorf und Vitte 1998/99. Durch diese Maßnahmen konnte die seeseitige Uferlinie zwischen Hucke und Neuendorf stabilisiert und ein dauerhafter Hochwasserschutz gewährleistet werden.

Das Flachland von Hiddensee mit dem Gellen und der im NE an das Pleistozängebiet (Dornbusch) in südlicher Richtung anschließende Bessin mit der Bessiner Schaar repräsentieren das geologisch jüngste (holozäne) Entwicklungsstadium der Insel. Dies sind hinsichtlich der Küstendynamik ebenso wie das pleistozäne Kernland auch in der Gegenwart ausgesprochen aktive Räume. Die holozänen Hakenbildungen des Alten und Neuen Bessins (letzterer ist nicht öffentlich zugänglich) sind Anlandungsräume, die im Verlaufe der letzten Jahrhunderte gewachsen sind und junge Dünenbildungen aufweisen (Abb. E 11.5, s. Farbteil). Im N an das pleistozäne Hochland anschließend erreicht die Mächtigkeit der marinen Sedimente an den Hakenenden bis zu 18 m. Die oberhalb NHN lagernde Sedimentmenge beider Bessiner Haken beläuft sich auf ca. 1,15 Mill. m^3; für die Aufschüttung des Hakensockels waren auf einer Fläche von 8 km^2 ca. 40 Mill. m^3 Sediment erforderlich (vgl. Timm 1968, Zwenger 1975). Das größte Wachstum erfolgte mit ca. 630 m im Zeitraum 1695–1829 (Reinhard 1956). Nachdem Mitte des 19. Jahrhunderts das Hakenwachstum des Alten Bessins von zunächst knapp 3 m/a (1842–1863) auf ca. 1 m/a (1863–1885) zurückgegangen war, setzte gegen 1860 an dessen nördlichem Ende die Entstehung des Neuen Bessins ein. Nach einem Vergleich historischer Karten sowie von Literaturdaten (vgl. Zwenger 1975) erfolgte diese junge Hakenbildung des Neuen Bessins relativ schnell, wobei in nur 25–30 Jahren von Mitte des 19. Jahrhunderts bis 1885 bereits eine Länge von 425 m erreicht wurde, die sich dann während der stärksten Wachstumsphase von 1910–1928 um 1.250 m auf 1.850 m erhöhte. Nach einer Zeit geringerer Sedimentakkumulation von 1936–1953 (ca. 25 m/a) nahm das Hakenwachstum zur Gegenwart mit mittleren jährlichen Zuwachsraten zwischen 30 m und 73 m wieder zu und führte zu einer heutigen Gesamtlänge von etwa 4 km (entspricht im Mittel der Ablagerung eines subaerischen Sedimentvolumens von 2.900 m^3/a).

Auf dem Weg vom Bessin über Grieben nach Kloster liegt östlich des letztgenannten Ortes, im Schwedenhagen, ein Binnenkliff, das wahrscheinlich littorinazeitliches Alter hat und durch Sedimentakkumulation (Hakenwachstum) sowie nachfolgende Verlandungsprozesse vom Bodden abgeschnitten wurde (Abb. E 11.3). Von Vitte und Neuendorf aus bietet sich die Möglichkeit, den mittleren und südlichen Teil von Hiddensee zu erschließen. Das Flachland dieses Raumes entwickelte sich im Ergebnis der Littorina-Transgression und des postlittorinen Küstenausgleichs im Verlauf einzelner Stadien der Schaar-, Strandwall-, Haken- und Nehrungsbildung.

Außer dem des Dornbuschs existierten zwei weitere pleistozäne Geschiebemergelkerne im Bereich des heutigen Flachlandes, die noch während der Littorina-Transgression als Inseln aus dem Meer ragten und danach als Folge vorwiegend N-S gerichteten Materialtransports eingeschliffen und miteinander verbunden wurden. Die aufgearbeiteten Sedimente sind teilweise in Strandwällen akkumuliert, worauf Strandwallsysteme in der Umgebung von Neuendorf (Strandwallfächer südlich der Gaststätte „Heiderose", vgl. Abb. E 11.1) sowie auch auf der Fährinsel (vgl. Jacob 1987; die Insel ist nicht öffentlich zugänglich) hinweisen. Der Ort Neuendorf ist auf Strandwällen erbaut und die Anordnung der Häuser folgt ihrem W-E-Verlauf (Schütze 1931). Zu empfehlen sind ein Abstecher in das NSG „Dünenheide" (Fläche: 75 ha) nordwestlich der Gaststätte mit Phänomenen äolischen Sandtransports und Kriechweiden-Zwergstrauch-Heiden (s. a. Jeschke et al. 2003) sowie ein Besuch im 1998 eröffneten Nationalparkhaus Vitte (www.seebad-hiddensee.de).

Das Anlandungsgebiet im Südteil der Insel, der Gellen (z. T. Kernzone des Nationalparks mit Betretungsverbot), ist durch hohe Sedimentdynamik gekennzeichnet und erst im Zuge des vor etwa 1.200 Jahren erneut einsetzenden

Meeresspiegelanstiegs entstanden. Die Südspitze Hiddensees befand sich noch um 1300 in Höhe des Karkensees, wo die 1302 errichtete Gellenkirche mit dem 1306 gebauten Feuerturm „Luchte" den Schiffen den Weg nach Stralsund wies (s. a. Abb. E 11.1). Das schnelle Wachstum des Gellen führte zur Verlagerung des Schiffsweges nach Süden und zu seiner zunehmenden Versandung. Umfangreiche Baggerungen sind bis heute notwendig, das Fahrwasser passierbar zu halten. Rund 5 Mio m^3 Baggergut wurden zwischen 1906–1944 auf dem Bock aufgespült, wodurch dieser sich zu einer neuen Insel entwickelte (Reinhard 1953).

Das Flachland von Hiddensee wurde in der Vergangenheit mehrfach von Sturmhochwässern durchbrochen, die vor allem in den Jahren 1864, 1867 und 1872 erhebliche Schäden verursachten und zu Landverlusten führten. Auf diese Weise verschwand auch die Ruine der Gellenkirche in der Ostsee, von der um 1870 noch Mauerreste existierten und deren teilweise erhaltene Feldsteinfundamente inzwischen auf der Schorre liegen (Ebbinghaus 1969). Auch heute noch sind südlich von Kloster, bei Neuendorf-Plogshagen und am Karkensee im besonderen Maße durchbruchsgefährdete Stellen von nur wenigen hundert Metern Breite erkennbar. Von den Mühen, einen bei Sturmflut entstandenen Durchbruch zu schließen, zeugt der Schwarze-Peter-Damm südlich von Neuendorf. Mehrfach ist versucht worden, den am 24. August 1864 erstmals entstandenen Durchbruch zu schließen, immer wieder rissen Sturmhochwässer die zu schwachen Bollwerke weg. Erst 1868 konnte die Lücke als dauerhaft geschlossen gelten. Die Sicherung wurde 1875–1878 mit dem Bau eines 1.490 m langen Erddammes mit Steinabdeckung vollendet, über den heute ein Fußweg führt.

E 12: Jasmund und Wittow (Rügen)

Seit langem sind die beiden Rügenschen Halbinseln Jasmund (Nationalpark/ ca. 30 km^2, davon ca. 25 km^2 großes Waldreservat Stubnitz; Piek-Berg: +161 m NHN) und Wittow auf Grund ihrer überregionalen Bedeutung vor allem für die Geologie der Kreide und des Quartärs im südwestlichen Ostseeraum von besonderem wissenschaftlichem und geotouristischem Interesse. Obwohl die weithin als „Wahrzeichen" Rügens bekannten Kreideklippen der „Wissower Klinken" (Halbinsel Jasmund) im Februar 2005 Opfer eines Kliffabbruchs wurden, gehören die Küstenstrecken von Sassnitz bis Arkona zu den markantesten und landschaftlich schönsten Abschnitten an der gesamten Ostseeküste (s. Titelbild). Sie beeinflussten auch die Kunst der deutschen Romantik, speziell das Werk des Landschafts- und Porträtmalers Caspar-David Friedrich (1774–1840; s. Schnick 2006).

Sowohl Jasmund als auch Wittow zeigen hinsichtlich ihrer erdgeschichtlichen Entwicklung die gleichen Grundzüge. Beide Halbinseln sind einem ein-

Jasmund und Wittow (Rügen) 243

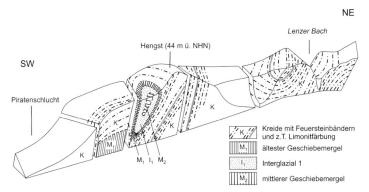

Abb. E 12.1: Lagerungsverhältnisse von Kreide und Pleistozän am Kliff ca. 1 km nordöstlich von Sassnitz (nach Steinich 1972).

heitlichen glaziären Entwicklungs- und Formgebungsprozess (jüngeres Mittel- bis Jungpleistozän) zuzuordnen, der präquartäre Kreidehochlagen erfasste und komplizierte geologische Lagerungsverhältnisse schuf. Hierbei wirkten wahrscheinlich präquartäre, endogen-tektonisch geprägte Untergrund- bzw. Reliefverhältnisse sowie vor allem pleistozäne glazialdynamische Prozesse zusammen (Abb. E 12.1). Diese Gemeinsamkeit spiegelt auch der für beide Halbinseln (Stauchmoränengebiete) charakteristische Höhenanstieg von der Bodden- zur Außenküste wider. Besonders Jasmund wirkte als Strompfeiler, der sich dem vor reichlich 13.000 bis 14.000 Jahren letztmalig in dieses Gebiet vorgedrungenen Eis des Mecklenburger Vorstoßes als Hindernis in den Weg stellte.

Die pleistozänen Normalprofile von Jasmund (z. B. Kliffaufschlüsse nördlich und südlich Sassnitz) und von Wittow (insbesondere Arkona/Klüsser Nische und Kleiner Klüsser), aber auch von Hiddensee (Dornbusch/E 11), sind weitgehend parallelisierbar (vgl. Ludwig 1964a, 2005b, 2006, Panzig 1991, Steinich 1992 a, b, Müller & Obst 2006; Abb. E 11.2, E 12.2, E 12.4). Sie zeigen eine Abfolge von mehreren (4 bis 5) Grundmoränen-Paketen (Geschiebemergeln/M) der Saale- und Weichsel-Kaltzeit, die durch Schluff-, Sand- und Kiesablagerungen während eisfreier Intervalle (I-Zwischensedimente) getrennt sind. Auf anstehender Oberkreide (Unter-Maastrichtium) lagert der älteste, Saale-zeitliche Geschiebemergel (M_1/Bezeichnung nach Jaekel 1917), in dem von Panzig (1997) noch eine M_0-Moräne ausgegliedert wird (s. Kliff Glowe). Das M_1-Schichtpaket ist mehrere Dekameter mächtig und wird in zwei faziell sowie stratigraphisch unterschiedliche Einheiten unterteilt: Das untere Schichtpaket (M_{1u}) ist bräunlich-grau gefärbt, hat einen Kalkgehalt von ca. 20 %, ein von nordischem Kristallin (NK) dominiertes Geschiebespektrum und wird als Grundmoräne (qs1 entspr. Abb. 3.3) dem älteren

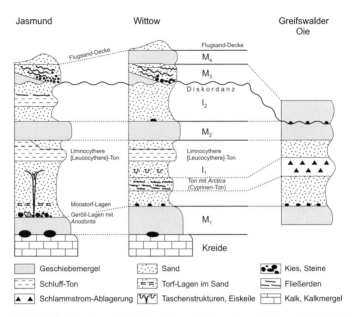

Abb. E 12.2 Pleistozäne Schichtenfolgen („Normalprofile") auf Oberkreide der Halbinseln Jasmund und Wittow sowie deren Korrelation mit der vorgelagerten Ostseeinsel Greifswalder Oie (Katzung et al. 2004b).

Eisvorstoß der Saale-Kaltzeit zugeordnet (Drenthe-Vorstoß). Das direkt auflagernde obere Schichtpaket (M_{1o}) hat eine graue bis bräunlich-graue Farbe und rötlich-braune Schlieren, eine von paläozoischen Kalksteinen (PK) und Dolomiten (D) gekennzeichnete Geschiebezusammensetzung und wird als Grundmoräne (qs2) des jüngeren saalekaltzeitlichen Gletschervorstoßes (Warthe-Vorstoß) interpretiert. Darauf folgen eine bis zu 0,2 m mächtige Geröll-Lage, max. 3 m mächtige Schmelzwassersande und Schluffe mit Einlagerungen von Pflanzenresten (Torf, Holz) sowie Beckentone mit der Ostrakodenart *Limnocythere [Leucocythere] baltica*. Diese als I_1 (Jaekel 1917) bezeichneten, mehr als 12 m mächtigen Sedimente der mittleren Weichsel-Kaltzeit lagerten sich vor ca. 25.000 bis 50.000 Jahren ab (^{14}C-Daten). Sie enthalten auf Jasmund keinen Cyprinenton, im Unterschied zur nördlich gelegenen Halbinsel Wittow (Klüsser Nische, Vitt, Goor) sowie der Rügen westlich vorgelagerten Insel Hiddensee (Dornbusch-Hochland, E 11). Die eem- bis mittelweichselzeitliche (= Weichsel-Frühglazial 2) I_1-Folge NE-Rügens, die von Ludwig (2006) als mehrphasige Füllung einer etwa 200 m breiten Schmelzwasserrinne auf saale-(warthe-)zeitlicher Grundmoräne des M_1-Komplexes mit nachfolgender Ingression des Cyprinentonmeeres interpretiert wird (speziell Kleiner Klüsser/ Arkona), zeigt eine ausgeprägte fazielle Variabilität. Das I_1-Profil wird zum Hangenden weitestgehend konkordant von fluviatilen bis limnischen Sanden und Schluffen sowie dem glazilimnischen *Lymnocythere*-[*Leucocythere*]-Ton (kaltes Klima) abgeschlossen und von der nächstjüngeren W1-Grundmoräne überdeckt (M_{2a}/Brandenburger Phase). Obwohl (fragliche) eemzeitliche Ablagerungen überliefert sein könnten (Ludwig 2006), bleibt eine mehrere Jahrtausende umfassende stratigraphische Lücke für den Zeitraum Eem-Interglazial bis Mittel-Weichsel bestehen. Dass Ablagerungen aus dieser Zeit, speziell der Interstadiale Hengelo und Denekamp, auf NE-Rügen vertreten sein können (Steinich 1992a, Ludwig 2006), wird gestützt durch den Nachweis einer zeitgleichen Grundmoräne (qw0) des Warnow-Vorstoßes (W0) in zahlreichen Bohrungen NW-Mecklenburgs und durch stratigraphische Korrelation mit äquivalenten Schichten (Sassnitz-Interstadial) zwischen oberem Bereich des M_1-Komplexes und der I_1-Abfolge auf Rügen (Müller 2004a).

Der ca. 10 m mächtige, ton- und schluffreiche mittlere Geschiebemergel (M_2) des Weichsel-Glazials zeigt im Vergleich zum älteren M_1-Mergel eine auffällige Geschiebearmut sowie im oberen Bereich eine eher grobklastische Fazies (Gerölle, Sande). Offenbar wurde ein bedeutender Teil von I_1-Sedimenten in diese weichselzeitliche Grundmoräne (qw1) des Brandenburg/Frankfur-

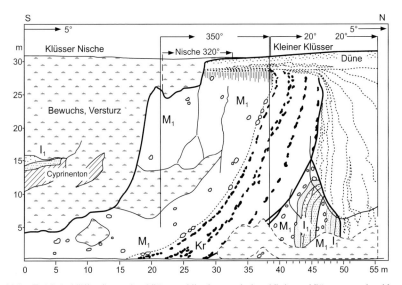

Abb. E 12.4: Kliffaufbau der Klüsser Nische und des Kleinen Klüssers nahe Kap Arkona (Nordrügen; nach Steinich 1992b).

ter Vorstoßes aufgenommen. Die zwischen M_2- und M_3-Mergel vorkommende, bis 20 m mächtige jüngere I_2-Folge besteht aus Schmelzwassersedimenten (Schluffe, Sande, Kiese) sowie limnischen Tonen und aus Fließerden, welche insgesamt tundrenartige Klima- und Landschaftsbedingungen repräsentieren. Der sehr sandige und geschiebereiche, 10 bis 15 m mächtige jüngere M_3-Geschiebemergel wird als Ablationsmoräne (qw2) dem Pommerschen Gletscher-Vorstoß zugeordnet. Der M_3-Mergel überdeckt, in den Kliffaufschlüssen Jasmunds besonders gut erkennbar, in gestörter Lagerung (glazitektonische Diskordanz) die älteren Sedimente. Darüber lagern geringmächtige Schmelzwassersande und -kiese, lokal reich an Feuerstein-Geröllen, des jüngsten Zwischensediments (I_3-Folge) sowie eine 6 m mächtige, grau (unverwittert) bis braungrau bzw. hellbraun (verwittert) gefärbte M_4-Grundmoräne (qw3) des jüngsten weichselzeitlichen Gletschers (Mecklenburger Vorstoß). Hohe Kalkgehalte zwischen 25 und ca. 50 % sowie der Reichtum an Feuerstein- und Kreidegeröllen zeigen eine ausgeprägte abschürfende Wirkung des W3-Eises auf höher gelegenen Kreidesätteln an.

Die auffällig gestörten Lagerungsformen von Schreibkreide und eiszeitlichen Sedimenten, besonders gut entlang der Steilküstenstrecken Jasmunds sichtbar, sind das Ergebnis wiederholter Gletscherüberfahrungen und glazitektonischer Stauchungs- und Stapelungsvorgänge, die zu einem Sattel- (Schreibkreide) und Muldenbau (eiszeitliche Ablagerungen) geführt haben (Abb. E 12.1, E 12.3/s. Farbteil, E 12.6). Auf der Rügen gegenüber liegenden dänischen Insel Møen treten diese glazigenetischen Strukturen ebenfalls auf und wurden dort als „Imbrikations-Fächer" bezeichnet (Pedersen 2000).

Sowohl Steinich (1972), Groth (1967) und Pedersen (2000) erklären den Wechsel der Kreide-Komplexe und Pleistozän-Streifen durch Ein- und Auswirkungen wiederholter mittel- und jungpleistozäner Eisvorstöße (Imbrikationsfächer und Schollenstapelung), wobei von Steinich und Pedersen eine Beteiligung endogener Tektonik nicht ausgeschlossen wird; Groth sieht dafür keine Anhaltspunkte. Feinstratigraphisch ist nachweisbar, dass die einzelnen Bruchschollen der Kreide-Komplexe horizontal und vertikal generell aus einander entsprechenden Baueinheiten bestehen, wobei in Abhängigkeit von ihrem tektonischen Neigungswinkel unterschiedlich alte Profilabschnitte aufgeschlossen sind. Insbesondere der im NE von Sassnitz gelegene Küstenabschnitt des Wissower Ufers (Kreide-Komplexe IV-VII, Pleistozän-Streifen 4-7) macht mit diesen Lagerungsverhältnissen bekannt. Die lagerungsgestörten Kreide- und Pleistozänsedimente Jasmunds werden durch den jüngeren weichselzeitlichen M_3-Geschiebemergel (Typ: Ablationsmoräne) überdeckt, so dass das Deformationsalter eingrenzbar ist. Nach Steinich (1992a) hat die großdimensionale Deformation in einem jüngeren weichselzeitlichen Interstadial (I_2) begonnen und wird als Resultat der erwähnten mehrphasigen tektonischen, glazialdynamischen und/oder gravitativ-sedimentären Prozesse interpretiert.

Bei der tektonischen Strukturierung der Kreidesedimente NE-Rügens können Ferneinwirkungen der alpidischen Gebirgsbildung eine Rolle gespielt haben (s. o.), wodurch die pleistozänen, eistektonischen und glazialdynamischen Struktur- und Bewegungsmuster eine Vorprägung erhielten. Die resultierenden Lagerungsformen sind Stau-, Stauch- oder Stapelmoränen, wobei die äußerlich scharfe Separierung von Kreide und Pleistozän deren tatsächlich gemeinsame Verformung durch glazitektonische Faltungsvorgänge verdeckt (vgl. Steinich 1972, 1992a, Pedersen 2000). Sie bewirkten mit teilweise bruchtektonischer Verformung den Muldenbau der Pleistozän-Streifen sowie die diapirartige Sattelstruktur der Kreide-Komplexe. Dass die unterschiedlich alte bruchtektonische Verformung der Kreide- und Quartärsedimente Jasmunds, aber auch Wittows, von entscheidender Bedeutung für die heutige Reliefgestaltung war, zeigt sich unter anderem auch an dem auffälligen Höhenabfall Hoch-Jasmunds nach SW, der mit einer vor der Ablagerung des ältesten Geschiebemergels (M_1) angelegten und NW-SE verlaufenden Bruchstörung korrespondiert (s. a. Kap. 2).

Als Beispiel ungestörter Lagerungsverhältnisse im Bereich Jasmunds ist das Kliffprofil von Sassnitz-Dwasieden im SE mit einer horizontal auf Oberkreide (Unter-Maastrichtium) lagernden Pleistozänfolge (M_1-I_1-M_2-I_2-M_3) von speziellem geologischen Interesse (s. Ludwig 1954/55, Panzig 1997). Besonders auffällig ist eine bis zu 4 m mächtige, nach SW auskeilende, sandige Schotterbank auf dem M_2-Geschiebemergel. Sie wird als eisrandnahe Schüttung im Bereich eines glazilimnischen Staubeckens angesehen. Diese Interpretation wird u. a. gestützt durch im Profil vorkommenden Bänderton bis -schluff. Auch das Kliffprofil von Glowe (NW-Jasmund) zeigt in konkordanter Lagerung eine vollständige Pleistozän-Folge mit dem ältesten, ca. 2–3 m mächtigen Geschiebemergel Rügens (M_0), der im Westen auf hochliegender Kreide (Ostflanke des „Glower Sattels") lagert (s. Panzig 1991, 1997, Ludwig 2005a); das präweichselzeitliche Alter des M_0 ist unklar (Saale-1 bis ? Elster). Die dort aufgeschlossenen Geschiebemergel (M_0 bis M_3) und eingeschalteten Zwischensedimente (I_1 bis I_3) entsprechen, trotz fazieller Besonderheiten, dem oben skizzierten Bild der pleistozänen Normalprofile NE-Rügens (s. Abb. E 12.2). Im östlichen Glower Kliffabschnitt sind in lokaler Beckenlagerung ca. 3,5 m mächtige, weichselspätglaziale bis holozäne Seensedimente in wechselnder organogener und klastischer Fazies aufgeschlossen (Kalkmudde, Torf, Schluff, geschichteter Feinsand).

Mit den stark gestörten geologischen Bauformen NE-Rügens, speziell der Halbinsel Jasmund, hängen Steilküstenabbrüche bzw. -abgleitungen („Bergstürze") zusammen, die oft nach niederslags- und schmelzwasserreichen sowie durch wiederholte Temperaturwechsel (Frost- bzw. Auftauwirkungen) charakterisierten Herbst-/Wintermonaten vorkommen. Diese Schwerkraft getriebenen Um- und Verlagerungen von Lockergesteinsmassen erregten besonders zu

Beginn des Jahres 2005 auf Rügen und darüber hinaus große Aufmerksamkeit, als am 24. Februar die berühmten „Wissower Klinken" nördlich Sassnitz einstürzten und kurze Zeit später am 19. März in der Ortschaft Lohme die scheinbar inaktive Steilküste oberhalb des Hafens abrutschte (ca. 100.000 m^3 Sedimentmaterial; u. a. Krienke & Koepke 2006, Obst & Schütze 2006, Grosse & Tiepolt 2006; Abb. E 12.5, s. Farbteil). Dadurch mussten in Lohme in Hangnähe stehende Gebäude temporär evakuiert und gesperrt werden, wobei deren weitere Nutzung erst nach geotechnischen Sanierungsarbeiten (u. a. Hangfußentwässerung) wieder möglich ist. Bei Exkursionen und Wanderungen an Rügens Steilküstenstränden ist deshalb – nicht nur in den Herbst-/Wintermonaten – besondere Aufmerksamkeit bzw. Umsicht geboten, um Gefahren durch von Kliffs abstürzende Gesteinsmassen zu erkennen! Das gilt besonders im „Nationalpark Jasmund", zu dem die einen Schutzstatus als Geotop besitzende Kreideküste Rügens zählt. Seit dem Jahr 2006 ist die Rügener Kreideküste als „Nationaler Geotop" anerkannt und gehört somit zu den bedeutendsten Geotopen Deutschlands (Krienke & Schnick 2006).

Von Sassnitz aus (z. B. Waldparkplatz Buswendestelle am nordöstlichen Ortsende oberhalb des Strandes) sollte die Exkursion am Strand beginnen und nach NE führen, wobei die quartären und kreidezeitlichen Sedimente mit ihren charakteristischen Lagerungsformen und -deformationen aus unmittelbarer Nähe studiert werden können. Bei Fortsetzung bis Glowe sind östlich des Ortes am Kliff, wie oben näher erläutert, der Übergang von Oberkreide zum Pleistozän und Holozän in nahezu ungestörter Lagerung aufgeschlossen. Ein Aufstieg vom Strand zur Kliffoberkante nahe der Gaststätte „Waldhalle" existiert nicht mehr, so dass die Route ausschließlich am Klifffuß verläuft. Entlang dem Hochuferweg gewähren Aussichtspunkte eindrucksvolle Küstenan- und -aussichten. Um das Kliff Sassnitz-Dwasieden zu erreichen, folgt man am besten dem Hinweis „Kriegsgräberstätte" (von der Hauptstraße abbiegend) bis zu einem kleinen Sportplatz und durchquert auf einem Wanderweg das angrenzende Waldgebiet (ca. 15 Minuten) und steigt ab zum Kliffstrand (auch für Geschiebesammler lohnend!).

Mehrere Hoch-Jasmund in E-W-Richtung durchziehende, z. T. flache Muldentäler mit überwiegend in Richtung Ostsee abfließenden Bächen, wie z. B. Lenzer, Kieler, Wissower, Brisnitz-, Kollicker oder Stein-Bach, verdanken ihre Form insbesondere spät- bis postglazialen erosiv-akkumulierenden Massenströmen (Sedimentrutschungen, Solifluktion). Sie kommen aus flachen und vermoorten Niederungen des Hochflächenbereichs, enthalten verbreitet rezente Kalkablagerungen (Kalksinter) und sind in Kliffnähe kerbtalförmig in die Kreide eingeschnitten. Das ausgeprägte Torfwachstum in diesen Senken begann in Abhängigkeit von den lokalen spätglazialen Grundwasserspiegeln z. T. bereits im Alleröd. Das betrifft z. B. das ca. +125 m NHN gelegene Hertha-Moor mit dem huminstoffreichen und ca. 11 m tiefen Hertha-See (Größe

0,02 km²), wobei dort vor allem ab dem frühen Atlantikum ausgeprägtes Moorwachstum einsetzte (vgl. Strahl 1991, Endtmann 2002). Die am Kliff Glowe aufgeschlossenen limnischen Sedimente repräsentieren diesen lokalen Typ weichselspätglazialer bis holozäner Seenbecken. In der Kreide vorhandene Wegsamkeiten für den Eintritt von Oberflächenwasser führten im Plateaubereich Jasmunds seit dem frühen Holozän zu initialen Karstphänomenen (z. B. ponorähnliche Versickerungsstellen, Bachversickerungen und Dolinen; Schnick & Schüler 1996).

Eine weitere Besonderheit des klimatisch stark maritim mit hohen Niederschlagswerten (2007: 955 mm, im Mittel 770 mm/a für den Zeitraum 1993–2010; frdl. Mitt. M. Weigelt, Nationalpark Jasmund 2011) geprägten Hoch-Jasmund ist die Verbreitung von waldbestandenen Rendzina-Böden auf dem Kreideuntergrund, speziell sichtbar z. B. an den Kanten der hohen Kreidekliffs vom Strand aus (Fernglas!). Charakteristisch für Rendzina ist die Zweiteilung in einen dunklen, sehr humusreichen Oberboden (A-Horizont) und das Anstehende (Kreide als C-Horizont); der sog. Auswaschungshorizont (B) fehlt. Die größte Verbreitung auf Jasmund haben jedoch Parabraunerden und Pseudogley-Parabraunerden (ca. 80 %; s. a. BÜK 200 2006b). Darauf stehen im Plateaubereich die charakteristischen Buchenwälder sowie an den Bachläufen Erlen-Eschen-Auenwälder.

Auf den Blockstränden der Halbinseln Jasmund und Wittow kommen zahlreiche geschützte Granit-Großgeschiebe (Geotope) vor (vgl. Svenson 2005; darin auch 58 farbige Gesteinsfotos als Bestimmungshilfen): Findlinge Nardevitz (Volumen: > 71,0 m³), Blandow (54,5 m³), Schwanenstein (54,0 m³), Uskam (40,5 m³) auf Jasmund; Findlinge Siebenschneiderstein (> 32,5 m³), Schwarbe (25,0 m³), Varnkevitz-West (16,0 m³), Kosegartenstein (15,0 m³), Varnkevitz-Ost (12,0 m³) auf Nord-Wittow (Gebiet Kap Arkona).

Die Rügener Kreideablagerungen (Schreibkreide; s. u. a. Nestler 2002, Reich & Frenzel 2002, Herrig 2004) werden biostratigraphisch in das Obere Untermaastrichtium gestellt (s. a. Kap. 2.4.). Diese Einstufung basiert auf Untersuchungen von Belemniten, Brachiopoden, Ostrakoden und benthischen Foraminiferen. Die Sedimentation der Schreibkreide erfolgte pelagisch in einem im Mittel ca. 100 km breiten Schelfmeer-Bereich zwischen den Kontinentblöcken von Fennoskandien (N) und Zentraleuropa (S). Früher als „niederländisch-baltische Rinne" (Deecke 1923) bezeichnet, erstreckte sich dieses Meeresgebiet in der Oberkreide paläogeographisch, bezogen auf die Gegenwart, etwa zwischen Südschweden und dem Harz; seine Längsausdehnung reichte von England bis Südostpolen.

Die Kreide besteht bei einem Kalziumkarbonat-Gehalt (Kalzit/$CaCO_3$) von etwa 98 % zu ca. 75 % aus verkalkten Zelluloseschuppen von Coccolithophoriden (Coccolithen), untergeordnet kommen Foraminiferen, Bryozoen und Ostrakoden als Karbonatlieferanten vor. Da der von marinen Organismen produzierte Kalzit in Abhängigkeit von der Meerwasser-Temperatur auch Magnesium-Karbonat (Magnesit/$MgCO_3$) enthält, gibt der < 5 % betragende Magnesit-Anteil (i. e. low-magnesium-calcite) der Rügener Schreibkreide (Biomikrit) einen Hinweis auf deren Ablagerungsbedingungen: Wassertiefe 100 bis 250 m, Wassertemperatur ca. 20 °C (Nestler 2002, Herrig 2004). Die nichtkarbonatischen Bestandteile werden durch detritische Minerale (vor allem Montmorillonit-Muskovit-Mixed-Layer/ca. 70 %), aber auch durch solche vulkanogenen (z. B. Montmorillonit, Gesteinsglas) sowie authigenen (z. B. Opal-CT, Quarz, Klinoptilolith, Glaukonit) Ursprungs repräsentiert (Störr 1967).

Ein besonders auffälliges Merkmal der Kreidekomplexe sind die vielen und teilweise von oben nach unten eine Abstandszunahme aufweisenden Feuerstein- bzw. Flint-Bänder, die z. B. an der Ernst-Moritz-Arndt-Sicht mit 66 Lagen ausgezählt und zur lithostratigraphischen Korrelation verwendet wurden (Steinich 1972). Die aus fast reinem amorphen SiO_2 (Chalzedon) bestehenden, überwiegend schwarzen, splittrig brechenden Feuersteine sind Konkretionen und auf diagenetischem Wege durch Verdrängung des primären Kalziumkarbonats entstanden. Nach ihrer Form werden sie in Knollen- und Plattenfeuersteine unterschieden, wobei auch ringförmige auftreten, sog. „Sassnitzer Blumentöpfe". Ringförmige bzw. Loch-Feuersteine, in kleinerer Form als „Hühnergötter" allgemein bekannt, werden nach der Erstbeschreibung durch den englischen Geologen und Paläontologen William Buckland (1784–1856) auch als „Paramoudras" bezeichnet, s. a. Niedermeyer 1987). Außerdem kommen in der Schreibkreide gelegentlich Schwefeleisen-Konkretionen vor, die rost- bis schwarzbraune oxidische/hydroxidische Verwitterungshöfe zeigen und aus körnigem und strahligem Eisensulfid (Pyrit und Markasit/FeS_2) bestehen. Sowohl Feuerstein- als auch Schwefeleisen-Konkretionen entstanden frühdiagenetisch, d. h. im kaum verfestigten Kreideschlamm unter Beteiligung von absterbenden bzw. sich zersetzenden Organismen. Einzelne Bereiche der Kreide sind durch einen erhöhten Anteil an nichtkarbonatischen Bestandteilen (u. a. Eisenverbindungen und organische Reste) grau gefärbt (Bänderkreide). Bei der Entstehung der Bänderkreide können auch Bioturbationen, die insgesamt weite Verbreitung in der Schreibkreide haben, bedeutend gewesen sein (*Zoophycos, Chondrites, Thallassinoides, Taenidium*, seltener *Planolites*; s. Voigt & Häntzschel 1956, Reich & Frenzel 2002). Der für Sammler sehr ergiebige Fossilreichtum der Rügener Kreide wird durch folgende Organismengruppen geprägt: Anthozoa, Asteroidea, Bivalvia, Brachiopoda, Bryozoa, Cephalopoda, Cirripedia, Crinoidea, Echinoidea, Foraminifera, Gastropoda, Ophiuroidea, Ostracoda, Porifera, Serpulidae (vgl. Kutscher 1998, Nestler 2002, Reich & Frenzel 2002, Herrig 2004). Auf dem Geröllstrand kann auch der interessierte Laie zahlreiche der genannten Fossilien in verschiedenen Erhaltungszuständen finden, z. B. Seeigel-Steinkerne, Austern, Belemniten-Ros-

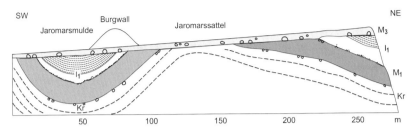

Abb. E 12.6: Glazitektonischer Sattel- und Muldenbau von Oberkreide (Kr) und Pleistozän (M_1, I_1, M_3) am Kap Arkona (Nord-Wittow; n. Ludwig 2006, vereinfacht).

tren („Donnerkeile"). Besonders empfehlenswert ist ein Besuch des Kreidemuseums Gummanz bei Sagard, in dem über die Geologie und die Fossilien sowie den Kreideabbau sehr anschaulich und informativ berichtet wird (www.kreidemuseum.de). Der Rohstoff Kreide, dessen erkundete Vorräte noch mindestens 40 Jahre reichen, wird u. a. für die Rauchgas-Entschwefelung in Kohlekraftwerken genutzt und dient somit auch dem Umweltschutz.

Die Kliffabschnitte Nord-Wittows haben außer der erwähnten Bedeutung für die Pleistozän-Stratigraphie (Abb. E 12.4, E 12.6) insbesondere auch als Sedimentlieferanten für das südwestlich der Ortschaft Dranske gelegene Akkumulationsgebiet der Halbinsel Bug Auswirkungen. Für den Wurzel- und Halsbereich dieser Hakenbildung wurde im Verlauf des letzten Viertels des 20. Jahrhunderts zunehmend Küstenrückgangstendenz mit Maximalwerten um 16 m z. B. für den Zeitraum 1970–1978 festgestellt. Vor allem ist die aus nördlichen Richtungen die Küste angreifende See, z. B. bei Rehbergort, die Ursache dafür, dass es trotz beträchtlichen Kliffabtrags wegen der hohen Brandungs- und Transportenergie auf natürlichem Wege kaum zur Sandakkumulation und Küstenstabilität kommt (Weiss 1981, Gurwell & Jäger 1983). Die Schüttung eines 1,5 km langen Geröllwalles (ca. 30.000 m^3, Kronenbreite 3,3 m) im Jahre 2003 ab Rehbergort nach S (Buger Hals) hält den Rückgang gegenwärtig auf, so dass keine weiteren Landverluste auftreten (frdl. Mitt. B. Gurwell, Staatliches Amt für Umwelt u. Natur Rostock 2007). Abschließend sei noch auf die Reste der slawischen Tempelburg (Jaromarsburg) am Kap Arkona verwiesen, die im 6. Jahrhundert als Kultstätte der Ranen für den Slawengott Swantevit errichtet und im Jahre 1168 von den nach Rügen vordringenden Dänen erstürmt wurde. Von der ehemaligen Fläche (ca. 300 x 350 m) und dem 13 m hohen Wallgraben der Jaromarsburg sind bereits mehr als zwei Drittel im Laufe der Jahrhunderte ein Opfer des Meeres geworden; allein in den letzten 200 Jahren betrug der Küstenrückgang 50 m.

Zuletzt rutschte am Kap Arkona nahe des Ortes Vitt am 19. Januar 2008 ein aus Pleistozän-Sedimenten bestehender Kliffbereich ab und führte auf 120 m

Strandlänge zur Bildung einer Schutthalde von ca. 25.000 m³. Der Abbruch erfasste auch Teile des inneren Wallgrabens der Tempelburg. Niederschlagsreiche Winter und der häufige Wechsel von Frost-/Auftauperioden im besonders wind- und wetterexponierten Nordteil der Halbinsel Wittow, ebenso wie an der Steilküste Jasmunds, werden auch zukünftig zu Gefahrensituationen führen, deren Ursachen wesentlich durch die komplizierten geologischen Lagerungsverhältnisse glazigen gestauchter Sedimente bestimmt sind. Deshalb sind bei Strand-/Kliffwanderungen örtliche Gefahrenhinweise unbedingt zu beachten!

E 13: Schaabe, Schmale Heide, Jasmunder Bodden (Rügen)

Tromper und Prorer Wiek sind zwei große Ostseebuchten im Nordosten und Osten von Rügen, die während der Eiszeit wiederholt Gletscherzungen aufnahmen. Exaration, austauendes Toteis und Auskolkung durch Schmelzwasser modellierten ihren Untergrund, aber auch den der ihnen vorgelagerten Hohlformen der heutigen Nordrügenschen Boddengewässer. Nach der Eisschmelze waren diese Geländedepressionen Teil eines Systems von Schmelzwasser-Stauseen. Mit der Rückverlagerung des Eisrandes liefen diese Becken weitgehend leer, wurden aber weiterhin von Schmelzwasser-Abflussbahnen durchzogen. Als glazifluviatile Ablagerung entstand dadurch im nördlichen Bereich der Tromper Wiek eine ausgedehnte Kies-/Sandlagerstätte.

In der Prorer Wiek – wie überhaupt in der westlichen Oderbucht – wurden zahlreiche Toteishohlformen gefunden, die während oder nach dem Austauen mit fossilführenden Feinsanden und Schluffen in Wechsellagerung gefüllt wurden. Datierungen an Muschelschalen der Gattung *Pisidium* ergaben Alter um 13.000 und 11.000 BP (= 16.000 bis 12.600 J. v. h.) und weisen bei den jüngeren Altersangaben auf Verbindungen zum Baltischen Eissee hin (vgl. Kapitel 4.1 sowie Lemke et al. 1998, Schwarzer et al. 2000, Möller 2005, Lampe 2005a). Der Ancylus-See hat nach neuesten Untersuchungen einen Stand von ca. -20 m nicht überschritten (Lemke 1998, Lampe 2005a) und ist lediglich in den damaligen Mündungsbereich der Oder östlich vor Rügen eingedrungen. Während der Littorina-Transgression wurden die beiden Wieken schnell überflutet, die Mächtigkeit der marinen Sande beträgt meist nur wenige Dezimeter, Schlickablagerungen in den tieferen Bereichen können mehrere Meter umfassen.

Schaabe und Schmale Heide sind die zwei größten Nehrungen Rügens, die in geschwungenem Verlauf an die Wieken grenzen und die Halbinseln Wittow, Jasmund und Südost-Rügen girlandenartig verbinden (Abb. E 13.1). Bei durchschnittlich 1 km und maximal 1,5 km Breite haben die Schaabe von Juliusruh bis Glowe 10,5 km und die Schmale Heide von Mukran bis Binz 9,5 km Längserstreckung. Mit ihren boddenwärtigen Rückseiten grenzen sie

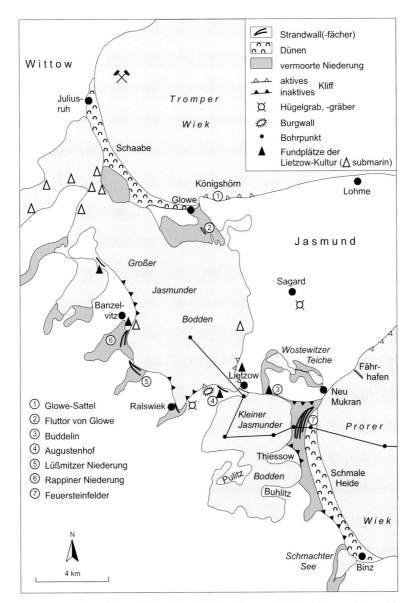

Abb. E 13.1: Lageskizze für den Bereich der Jasmunder Bodden und ihres Umlandes mit Profillinie (s. Abb. E 13.2).

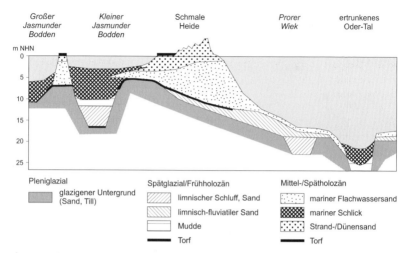

Abb. E 13.2: Geologischer Schnitt entlang der in Abb. E 13.1 dargestellten Linie mit generalisierter Faziesverteilung in den spätglazial-holozänen Ablagerungen.

an pleistozäne Hochgebiete mit fossilen Kliffen (so die Schmale Heide an die Halbinseln Thießow und Buhlitz) oder werden flach von ihnen durchragt (auf der Schaabe von Kegelinsberg und Wall). Wie durch Bohrungen nachgewiesen werden konnte, begann die Auffüllung der Hohlformen unter den heutigen Nehrungen bereits im Weichsel-Spätglazial durch die Ablagerung von Schmelzwasser- und Seesanden und -schluffen. Während des frühen Holozäns waren dann nur noch die tiefsten Bereiche der heutigen Bodden von flachen Seen eingenommen, in denen Kalk- und Organomudde sedimentierten.

Das Littorina-Meer fand bei seinem zunächst schnellen Anstieg (s. Kap. 4) vor 8.000 bis 7.000 Jahren eine in der Horizontalen und Vertikalen wesentlich stärker als heute gegliederte Moränen- und Küstenlandschaft vor und drang bis zu den Südwestseiten der Nordrügener Binnenbodden vor. Die exponierten Inselkerne waren zeitweise der Meeresbrandung ausgesetzt, so dass sich hohe und steile Kliffpartien besonders an den Nehrungsrändern der Schmalen Heide bildeten, z. B. bei Neu Mukran und entlang der Dollahner Uferberge, bzw. die alten spätpleistozänen Steilufer der Schmelzwasserseen zeitweise wiederbelebt wurden (Abb. E 13.1).

Der frühlittorinazeitlichen Archipel-Phase folgte im Bereich beider Nehrungen der lange Zeitabschnitt des Küstenausgleichs, der vor allem von den Nordflanken ausging. Im Bereich der Schmalen Heide lagern auf geringmächtigen frühatlantischen Regressionstorfen limnische Sande, die bei den Feuersteinfeldern bis 2 m mächtig sind. Diese Sande werden als früheste Anzeiger des erneut steigenden Wasserstandes angesehen, abgelagert im Oderästuar, dessen Mündungsbereich sich schnell südwärts verlagerte. Sie gehen in geringmächtige, teilweise nur unter den Nehrungsrückseiten verbreitete, muschelschalenreiche Mudden und schließlich fein- bis mittelkörnige Meeressande über, aus denen die insgesamt ca. 10 m mächtigen Sockel der Nehrungskörper aufgebaut sind (Abb. E 13.2).

Die marinen Nehrungssockel sind erheblich breiter als der sichtbare Überwasserteil und ragen mit weiten, flachen Schorren in die Boddengewässer hinein. Entstanden sind sie als mit dem steigenden Wasserstand aufwachsende Schaarflächen, wie sie heute am Südende von Hiddensee (Geller Haken) oder zwischen Hiddensee und dem Bug (vgl. Abb. E 11.4) noch aktiv sind. Durchsetzt wurden sie von steilwandigen, tiefen Rinnen, durch die der Wasseraustausch zwischen Ostsee und Bodden erfolgte. Angehängt an die Pleistozänkerne und auf die Nehrungssockel aufgesetzt entstanden Strandwälle, die die einzelnen Kerne miteinander verbanden und die hinter den Schaaren gelegenen Bodden zunehmend von der Ostsee isolierten. Mit dem Aufbau der ältesten Strandwallgeneration begann die Phase der Progradation. Die Sande und Kiese wurden nicht mehr über die Schaarflächen boddenwärts verlagert, sondern lagerten sich in den letzten etwa 5 Jahrtausenden über den liegenden Schaarsedimenten auf beiden Nehrungen in Form von Strandwallfächern ab. Der positive Materialhaushalt und der nur noch unwesentlich steigende Wasserspiegel führten zu einer seewärtigen Verlagerung der Uferlinie.

Der Bildungsbeginn der Braundünenwälle liegt vor 5–4 Jahrtausenden, derjenige der Gelbdünen vor ca. 1.200 Jahren (s. Kap. 4, Tab. 3 u. E 16). Die Dünensysteme erfuhren unterschiedlich starke Umlagerungen durch Küstenstürme. Auch auf den Nordrügener Nehrungen erweisen sich, wie anderswo in Vorpommern, die nur einige 100 Jahre alten küstennahen Graudünen als landeinwärts über ältere Dünensysteme (Gelbdünen) bewegte Wanderdünen (s. auch E 14). Im 17. bis 19. Jahrhundert trugen Waldbrände und kriegsbedingte Abholzungen, starke Entnahme von Nutz- und Brennholz sowie Überweidung – namentlich mit Schafherden – als unsachgemäße Eingriffe des Menschen in seine Umwelt zu verstärkten Sandbewegungen auf diesen Nehrungen bei (Kliewe 1979, Kliewe & Kliewe 1998). Durch mühsame Aufforstungen gelang es seit dem 19. Jahrhundert, diese wandernden Graudünen auf den Nehrungen wieder festzulegen.

Eine Besonderheit der beiden Nordrügener Nehrungen in Nachbarschaft der kreidereichen Halbinseln Wittow und Jasmund ist das massenhafte Auftreten von Feuersteinen in ihren Strandwällen. Diese bestehen im Nordteil der Schmalen Heide im NSG „Feuersteinfelder bei Mukran" (Abb. E 13.1 und E 13.3/s. Farbteil) in einem ca. 40 ha großen, 2.500 m langen und 300 m breiten Areal zu ca. 90 % aus Feuersteinen und zu nur ca. 10 % aus nordischen Geschieben.

Die 15–17 Geröllstrandwälle treten von der Boddenseite her an die Stelle der dortigen sehr niedrig gelegenen, von jüngeren Torfen überwachsenen Meeressandebene. Meerwärts wurden sie von der älteren Braundünengeneration überweht und schließlich von der jüngeren Dünenabfolge abgelöst. Die im nördlichen Teil des NSG bis über 4 m mächtigen Geröllwälle verflachen und verbreitern sich südwärts. Nachteilige Veränderungen erfolgten im 19. Jahrhundert durch die Entnahme großer Mengen von Flint als Mahlsteine für die Kugelmühlen der Keramikindustrie. Gruppenbestände von Wacholder, Bergahorn, Weißbuche, Wildapfel, Weißdorn, Wildrose und Brombeere sind als Übergangsstadium von Heide zu Wald besonders charakteristisch für den Bewuchs der Steinfelder. Ein zwischenzeitlicher Besatz mit Muffelwild, um die Wiederbewaldung aufzuhalten, wurde aufgegeben (Siefke 2002).

Die Feuersteinfelder der Schmalen Heide sind Hinterlassenschaften von Sturmhochwässern (Tempestite) aus dem Zeitraum von ca. 6.500–4.000 Jahren v. h. Auf den Strandwällen entdeckte Silex-Artefakte zeigen stets einen abgerollten, umgelagerten Zustand, so dass eine Zuordnung zur endmesolithischen Lietzow-Kultur (vgl. Fundplätze Buddelin, Augustenhof) unsicher ist. Ein kleiner Teil der Feuersteine mag aus der Aufarbeitung von Kreideschollen stammen, wie sie an den Truper Tannen anstehen. Entsprechend der relativ kurzen Bildungszeit sollte der größte Teil einer durch das Meer aufgearbeiteten glazifluviatilen Ablagerung entstammen, die sich vielleicht in der seewärtigen Fortsetzung der Niederung befand, in der heute die Wostewitzer Teiche liegen. Vergleichbare glazifluviatile Schotterkörper sind aus der Tromper Wiek bekannt, wo sich vor Juliusruh eine subaquatische Kieslagerstätte befindet. Ein weiterer liegt diskordant auf der Kreide von Komplex V an der Küste von Jasmund und auch der I_2-Schotterkörper am Gelben Ufer der Halbinsel Zudar des Greifswalder Boddens dürfte so entstanden sein (Herrig 1995). Die Schaabe besitzt namentlich im Nordteil und östlich der Hauptstraße analoge Geröllwälle. Jedoch sind auf ihr Anzahl, Höhe und Feuersteinanteil geringer. Sie sind auch stärker von Sand überweht als im Bereich der nördlichen Schmalen Heide.

Die völlige Abriegelung der vornehmlich von Norden gewachsenen beiden Nehrungen zu den Boddengewässern erfolgte erst in jüngerer Zeit und jeweils in ihren südöstlichen Bereichen, d. h. an der Rohrbäk südlich von Glowe und im Bereich des Schmachter Sees bei Binz. Gemäß Altersdatierungen von Torfen war die Schaabe in altslawischer Zeit (s. Tab. 4.1) südlich von Glowe zum Großen Jasmunder Bodden hin noch nicht abgeriegelt (Lange et al. 1986, Schumacher & Bayerl 1999). Das alte „Fluttor" von Glowe über die südlich angrenzende und heute nur +0,4 m NHN liegende, dünenfreie Meeressandebene (Abb. E 13.1) begann sich erst im 12. Jahrhundert zu schließen. Die von Rinnen und Gräben durchzogene, noch wiederholt überflutete Niederung wurde 1863/64 durch einen Boddendeich mit Schleuse und 1882/83 durch den

Chausseebau abgeriegelt. Danach blieb sie für militärische Durchstichprojekte interessant (Gellert 1992, Bokemüller 2003). Der Schmachter See am Südende der Schmalen Heide wurde durch einen breiten Dünengürtel ca. zwei Jahrtausende früher isoliert (Janke & Lampe 1982) und entwässert über die heute kanalisierte Ahlbek zur Ostsee.

Die gegenwärtige Entwicklung und Veränderung des Ostseestrandes dieser Nordrügener Nehrungen wird am Beispiel der Schaabe kurz erläutert. Der Sedimenttransport parallel zur Außenküste erfolgt von beiden Flanken her, also von den Nehrungsrändern zur Mitte hin bei entsprechender Abnahme der Gerölle und Verfeinerung der Strandsedimente (Gellert 1992). Gleichzeitig nimmt der Strand in derselben Richtung an Breite zu. Er lässt sich somit geomorphologisch und sedimentologisch in Längsrichtung in fünf Abschnitte gliedern. Die beiden Strandbereiche in Nähe der flankierenden Moränenkerne sind schmal und geröllübersät, die beiden Übergangsgebiete mittelbreit und noch kies- und geröllreich. Der seiner Länge nach besonders ausgedehnte Mittelteil ist über 50 m breit und aus Fein- bis Mittelsanden aufgebaut. In sturmärmeren Jahren gewinnt der Strand, in sturmreichen verliert er an Breite (Gellert 1985). Insgesamt scheint der Sandstrand eine ausgeglichene Materialbilanz zu besitzen. Beide Nehrungen befinden sich somit im Reifestadium ihrer Entwicklung (Kliewe & Janke 1991), die auch dadurch gekennzeichnet ist, dass im Mittel der Seegang senkrecht auf die Uferlinie trifft und Uferlängstransporte minimal werden. Einen solchen Uferlinienverlauf, der sich durch eine logarithmische Spirale beschreiben lässt, bezeichnet man als „swash-aligned" und die dabei geformte Bucht als Zeta-Bucht (Yasso 1965, Silvester 1985).

Für das besser als bei der Schmalen Heide zugängliche, ca. 13 km lange Boddenufer der Schaabe (s. Kap. 6) legt Gellert (1992) eine Gliederung in drei Teilbereiche vor. Er unterscheidet einen nördlichen wellengeschützten Abschnitt mit Schilfröhricht (*Phragmites*-Typ), einen mittleren mit schmalem, grobsandig-kiesigem Strand und reger Dynamik sowie einen überflutungsgefährdeten Südabschnitt im Bereich des tief gelegenen Seegatts von Glowe.

Großer und Kleiner Jasmunder Bodden als Teile der Nordrügener Boddenkette sind mit 20 km gemeinsamer Längserstreckung und durchschnittlich 5 km Breitenausdehnung typische Küstengewässer der vorpommerschen Boddenausgleichsküste (Kap. 4 und Abb. E 13.1). Durch die Nehrungen der Schaabe und der Schmalen Heide von den Ostseebuchten der Tromper und der Prorer Wiek abgetrennt, besitzen sie nur nach NW über Lebbiner, Breeger und Breetzer Bodden, Rassower Strom und Vitter Bodden hinweg eine Wasserverbindung zur offenen See. Der Kleine Jasmunder Bodden wurde 1869 durch die Schüttung des Straßen- und Bahndammes vor Lietzow (letzterer 1892) vom vorgelagerten Großen Jasmunder Bodden (Salzgehalt 6–8 PSU, eutroph) getrennt. Infolge des verbliebenen schmalen Verbindungskanals mit Stemmtor ist der Wasseraustausch äußerst eingeschränkt. Der Kleine Jasmunder Bodden ist deshalb stärker ausgesüßt (4 PSU) und durch die über Jahrzehnte erfolgte Belastung durch die Kläranlagen Bergen und Prora als poly- bis hypertroph einzuschätzen (Dahlke & Hübel 1995).

Die Uferregion der Jasmunder Bodden ist gegenwärtig überwiegend eine durch Schilfröhrichte mit je nach Standort unterschiedlicher Zusammensetzung, Breite und Wuchsform charakterisierte Niedrigenergieküste. Am Großen Jasmunder Bodden überwiegt der *Phragmites*-Typ der Schilfbestände, beim stärker ausgesüßten und eutrophierten Kleinen Jasmunder Bodden der *Typha*-Typ (Slobodda 1992). Die alten Littorina-Kliffs sind zumeist inaktiv. Räume stärkerer Dynamik bilden die nach NW exponierten Steilküstenstrecken mit Abbrucherscheinungen und aktiven Kliffpartien, insbesondere beiderseits von Lietzow und Ralswiek sowie entlang den Banzelvitzer Bergen am Großen Jasmunder Bodden. Die dazwischen gelegenen vermoorten Boddenniederungen, z. T. ehemalige Buchten des Littorina-Meeres, wurden überwiegend durch Einpolderung für Grünlandbewirtschaftung genutzt.

Von den ufernahen, ca. 1 km breiten, sandigen Flachwasserbereichen, z. B. des Großen Jasmunder Boddens, erfolgt ein steiler Abfall zum 6–8 m tiefen, schlickbedeckten Zentralbecken. Für dessen Mitte ergab eine Bohrung von Wasmund (1939) unter einer 7,3 m mächtigen Wassersäule 3,1 m rezenten bis subrezenten Schlick, darunter 4,4 m Mudde des Littorina-Meeres und eines präboreal/borealen Süßwassersees. Eine Bohrung im Kleinen Jasmunder Bodden erbrachte eine vollständige Spätglazial/Holozän-Stratigraphie mit Meiendorf-zeitlichem Torf, gefolgt von spätglazialen Schluffen, frühholozänen Kalk- und Organomudden und 8,5 m mächtigen brackisch-marinen Sedimenten (Lampe et al. 2002, Lampe et al. 2008, Abb. E 13.2).

Über die holozäne Genese der landseitigen Boddenumrandung geben besonders die Ostseeablagerungen in den kleinen und relativ flachen Becken der Rappiner, Lußmitzer, Ralswieker und Augustenhofer Niederungen an der Südwestküste des Großen Jasmunder Boddens weiterführende Auskünfte. In einer Bohrung im Röhrichtgürtel am Rappiner Restsee sind über einer allerødzeitlichen Schluffmudde und Solifluktionsschicht der Jüngeren Dryas Präboreal und Boreal durch Seekalke eines Süßwassersees vertreten. Im Atlantikum kam es zu einer kurzfristigen Verlandung, bis dann mit steigendem Ostsee- und Grundwasserspiegel erneut ein – allerdings stark marin beeinflusster – See entstand. Die Bildung des benachbarten Littorina-Strandwalles erfolgte bald nach 4.200 J. v. h. (Kliewe & Lange 1962).

Die Entwicklung von einer Niederung zur Bucht des Littorina-Meeres und über einen Strandsee hin zur vertorften Niederung lässt sich auch in der Augustenhofer Niederung nachvollziehen. Auf eine dünne Lage aus Bruchwald- und Niedermoortorf folgen marine Mudden als Sedimente einer geschützten Bucht, die von Schilftorfen eingeengt wurde, während sich seeseitig ein Strandwall davorlegte. Dieser schob sich mit steigendem Wasserstand seewärts vor, während der Strandsee aussüßte und Kalkmudden sedimentierten. Nach der Verlandung des Sees wuchs das Moor durch Süßwasserzufuhr von den umgebenden Höhen bis 1,6 m über den Meeresspiegel. Spätere Entwässerungen haben seine Oberfläche teilweise wieder tiefer sinken lassen.

Somit reichte der Einfluss des Littorina-Meeres bis vor rund vier Jahrtausenden noch bis hinter das heutige Südufer des Großen Jasmunder Boddens. Es lagerte in den kleinen, geschützten Ostseebuchten von Rappin bis Augustenhof eine feinkörnige, an organischen Resten reiche Mudde bzw. Feinsande ab. Die Nehrungsbildungen der Schaabe und der Schmalen Heide befanden sich damals noch in den Anfängen (vgl. Feuersteinfelder). Die hohen Moränenkomplexe der Umgebung bildeten Steilküsten, wovon zahlreiche fossile Kliffstrecken um die Bodden zeugen. Auch der Spitze Ort, ein von Lietzow nach Süden in den Kleinen Jasmunder Bodden gewachsener kleiner, höftlandähnlicher Haken, stammt aus jener littorinazeitlichen Phase, als die Schaabe und die Schmale Heide erst in Ansätzen existierten. Wahrscheinlich über einer alten Schmelzwasserrinne gelegen, sitzt die Hakenbildung mächtigen sandig-schluffigen Spätglazialsedimenten auf (Abb. 4.2, Abb. E 13.2).

Den sichtbaren Abschluss der littorinazeitlichen Ausgleichsprozesse vor den Niederungen an den Südwestseiten der Jasmunder Bodden und ihren damaligen Strandseen, die inzwischen nahezu verlandet sind, bilden modellartig geformte, bereits von Richter (1939) beschriebene hohe Strandwälle mit zahlreichen Schalenresten der namengebenden Schnecke *Littorina littorea* L. Ein oder zwei etwas jüngere, niedrigere Strandwälle legten sich bei späteren Hochwasserphasen fächerartig, bis zum heutigen Boddenwall reichend, davor. Auf allen diesen kleinflächigen Meeressandebenen mit Strandwällen fehlen Dünenaufwehungen (Kliewe & Janke 1991). Infolge der sukzessiven Isolierung durch die großen Nehrungen von der offenen See konnten sie über primäre Anlagen nicht hinauskommen. Die räumlich begrenzten Akkumulationsflächen sowie die Kleinheit der Liefergebiete und der Windwirklängen reichten offenbar für stärkere äolische Umlagerungsprozesse nicht aus.

Die littorinazeitliche Küstenlandschaft bot an geschützten Buchten der Bodden und in der Nähe von Bacheinmündungen ein günstiges Milieu für die Jäger, Fischer und Sammler der endmesolithischen Ertebølle-Kultur, die auf Rügen als Lietzow-Kultur bezeichnet wird (s. Kap. 4). Zahlreiche Spuren und Silex-Artefakte dieser Küstenkultur wurden insbesondere auf den Fundplätzen Augustenhof westlich und Buddelin östlich von Lietzow durch Gramsch (1978, 2002) geborgen und in Zusammenarbeit mit Kliewe hinsichtlich ihrer Bedeutung für die Ostseegeschichte interpretiert. Neuere Grabungen durch Terberger & Seiler (2005) und begleitende geowissenschaftliche und archäobotanische Untersuchungen (Lampe 2005b, Endtmann 2005) haben diese Erkenntnisse weiter präzisiert (Abb. E 13.4). So beweisen die ^{14}C-Daten von diesen sowie

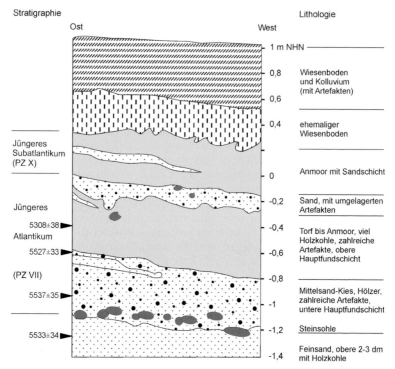

Abb. E 13.4: Schichtaufbau im Grabungsschnitt am spätmesolithischen Fundplatz Buddelin. Am linken Rand sind die pollenanalytische Alterseinstufung sowie die Ergebnisse von vier ^{14}C-Datierungen an Knochen- und Geweihproben dargestellt (nach Terberger & Seiler 2005, Endtmann 2005).

von weiteren, heute submarin liegenden Fundplätzen, dass der Littorina-Meeresspiegel im Gebiet von Rügen zur Zeit jener spätmesolithischen Küstenkultur vor etwa 6.500 bis 6.000 Jahren eine Höhe von etwa -1 bis -1,5 m NHN erreicht haben muss (Kliewe 1965, Lampe 2005b). Vergleichbare endmesolithische Siedlungen liegen in der Wismar-Bucht (Timmendorf-Nordmole, Lübke 2005) ca. 2–3 m tiefer und zeigen damit eine großräumig differenzierte Bewegung der Erdkruste an (vgl. Abb. 4.6).

In der Ralswieker Niederung hat auf einem hohen, inzwischen mit einer Häuserreihe bebauten Strandwall vom 8. bis ins 11. /12. Jahrhundert der bedeutende Handelsplatz der Slawen und Wikinger Ralswiek gelegen. Er wurde durch Kulturabfälle mehrerer Siedlungsschichten noch um einige Dezimeter erhöht (Abb. E 13.5). Bei den bisher umfangreichsten archäologischen Unter-

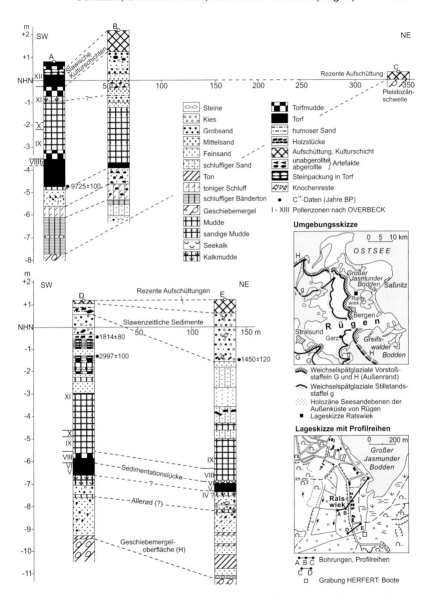

Abb. E 13.5: Bohrprofilreihen durch den Strandwallfächer der Ralswieker Niederung/Rügen (nach Kliewe & Lange 1971).

suchungen auf der Insel Rügen konnten seit 1972 große Teile dieser Siedlung, des zugehörigen Gräberfeldes in den Schwarzen Bergen und vier Bootswracks freigelegt sowie Geräte, Schmuckgegenstände und ein umfangreicher Münzschatz aus mehr als 2000 überwiegend arabischen Münzen geborgen werden (Herfert 1973, Warnke 1975, Herrmann 1978, 1997).

Mehrere Sandlagen gliedern die Siedlungsschichten und wurden als Anzeiger eines phasenhaft deutlich erhöhten Meeresspiegels interpretiert. Kurzzeitige Sturmflutereignisse können jedoch zu ähnlichen Bildungen führen und sollten deshalb berücksichtigt werden, weil sich weitere Indikatoren für einen langfristig höheren Wasserstand nicht haben finden lassen (vgl. auch Ruchhöft 2004). Neben diesen bedeutenden Ausgrabungen ist Ralswiek in den letzten Jahrzehnten durch die Rügen-Festspiele mit der Aufführung der Störtebeker-Ballade als Freiluftinszenierung vor dem Panorama und auf dem Wasser des Großen Jasmunder Boddens bekannt geworden.

Zu den wichtigsten Blickpunkten ringsum auf die Bodden und ihre Umrandung gehören der Rugard (+118 m NHN, Aussichtsturm) bei Bergen, der Jagdschloßturm (+145 m NHN) in der Granitz bei Binz und der Tempelberg (+50 m NHN) bei Bobbin. Markante Aussichtspunkte sind ferner der Hoch Hilgor (+43 m NHN) bei Neuenkirchen, die Banzelvitzer Berge (+45 m NHN) bei Rappin und der Mühlenberg (+25 m NHN) zwischen Buschvitz und Stedar sowie die künstliche Landbrücke am Kanal bei Lietzow. Außer Wanderungen auf Waldwegen von der Ostsee quer über den vorwiegend mit Nadelwald bestandenen Strandwall- und Dünenfächer der Schaabe zu deren Rückseite sind auch Besichtigungen ihrer Nehrungsrandgebiete lohnend. Diese gewähren einerseits im Bereich Juliusruh-Breege, andererseits von Königshörn bei Glowe gute Ausblicke auf die Schaabe und ihre Umgebung sowie Möglichkeiten zu Geschiebestudien. Der Glowe-Sattel zeigt mit 4 Geschiebemergeln über einer Kreideaufwölbung die umfassendste Pleistozän-Stratigraphie Rügens, wenige hundert Meter weiter östlich ist am Kliff das Profil eines verlandeten Sees angeschnitten. Ein Lack-Abzug und die Ergebnisse der palynologischen Bearbeitung sind im Pommerschen Landesmuseum in Greifswald ausgestellt (vgl. E 12). Als Exkursionen an den Nehrungsrändern der Schmalen Heide sind der Weg von Neu Mukran (Hülsenkrug) am markanten Littorina-Kliff entlang mit dort baumhohen Stechpalmen (*Ilex aquifolium* = Hülsen) zum NSG der Feuersteinfelder und/oder vom Westrand der Granitz bei Binz und am Schmachter See-Becken vorbei nach SW bis Pantow-Serams und weiter bis Nistelitz-Seelvitz zu empfehlen. Der Tannenberg (+52 m NHN) gestattet einen Blick auf die höhenumrandete Schmachter See-Niederung und die Ostsee, aber auch auf den Greifswalder Bodden und die Höhen zwischen Bergen und Putbus mit relativ breiten Grundmoränenflächen davor.

Zur Erfassung typischer Punkte und Objekte der Rückseiten der Jasmunder Bodden wird folgende – gegebenenfalls zweigeteilte Exkursion empfohlen:

Banzelvitzer Berge (Überblick) – Rappiner Niederung (Strandwälle, verlandeter Restsee) – Lußmitzer Niederung (Strandwälle) – Ralswieker Niederung (Schloß, Freilufttheater, Strandwälle) – Schwarze Berge (Gräberfeld, slawischer Burgwall) – Augustenhofer Niederung (Strandwälle, Lietzow-Kultur-Grabungen) – Spitzer Ort bei Lietzow (Höftland) – Buddelin am Saiser Bach (Lietzow-Kultur-Grabungen) – Hochuferweg entlang den Truper Tannen (Kreidescholle) am Kleinen Jasmunder Bodden – NSG Feuersteinfelder Schmale Heide – Neu Mukran (Littorina-Kliff, Hülsenbusch-Gruppe) – Fährhafen Mukran mit einer Mole aus Lausitzer Zweiglimmer-Granodiorit, am Eingang zum Hafengelände der 32,5 m^3 große Jastor-Findling (Hammer-Granit von Bornholm).

E 14: Südost-Rügen

Südost-Rügen besteht, von der Linie Binz–Groß Stresow gerechnet, aus zwei unterschiedlichen Teilräumen, dem kompakten bewaldeten Höhengebiet der Granitz (Fläche: 9,8 km^2), das bis zum Mönch-Graben am Nordausgang von Baabe reicht, und dem wesentlich stärker gegliederten Halbinselteil Mönchgut (Fläche: 29,4 km^2). Das Rückgrat der Granitz bilden eine SW-NE vom Westrand der Stresower Bucht bis Granitzer Ort sowie eine nahezu rechtwinklig (SE-NW) dazu und küstenparallel verlaufende, bis +107 m NHN erreichende Kuppenzone. Einen ersten Überblick sowohl über die Granitz als auch über die durch einen mehrfachen Wechsel von flachen Niederungen und über diese kräftig hinausragenden (reliefstarken) Pleistozänlandschaften der Halbinsel Mönchgut erhält der Besucher vom 38 m hohen Turm des Jagdschlosses Granitz. Es wurde auf dem 107 m hohen Tempelberg im Zeitraum 1836–1848 im Auftrag des Fürsten Wilhelm Malte I. zu Putbus erbaut. Mönchgut war von 1252 (Nordteil) bzw. von 1360 (Südteil) bis 1535 Landbesitz des Zisterzienserklosters Eldena bei Greifswald, dessen Außengrenze der Mönch-Graben, eine alte Landwehr mit Wall und Graben, bildete. Sie ist noch heute als Heckenreihe erkennbar und ein über der Hauptstraße am nördlichen Ortsausgang von Baabe errichtetes Holztor mit Rohrüberdachung erinnert gegenwärtig an diese historische Grenzlinie aus der Klosterzeit.

Südost-Rügen besitzt wie auch die anderen Halbinseln Nord- und Ostrügens (s. E 12 und 13) einen eigenen und besonderen geologischen und geomorphologischen Charakter (Abb. E 14.1). Das Gebiet erhielt seine heutige sedimentäre Lagerungsstruktur mit den entsprechenden Reliefformen vor allem durch die Prozesse zur Zeit des Zerfallens und Niedertauens des Pommerschen Inlandeises, außerdem durch den nachfolgenden stauchenden Vorstoß und Zerfall des Mecklenburger Inlandeises im Zeitraum zwischen 16.000 und 15.000 Jahren vor heute sowie durch die holozäne Küstenentwicklung.

Zur Genese der Reliefvollformen Südost-Rügens und ihrer Bauelemente bestehen unterschiedliche Auffassungen (s. a. Kap. 3). Richter (1937) zufolge gehören sie zu einer „deutlich als Toteisgürtel entwickelten Staffel H mit Stauchmoränenbau". Dwars (1960) fasst das Relief Mönchguts als End-, Stauch- und Mittelmoränen oszillierender Gletscherzungen des Mönchgut-Lobus sowie als Ergebnis jüngerer Meerestätigkeit auf. Kliewe (1975) charakterisiert die Hochlagen als Stauchendmoränen einer Nordostrügener Vorstoßstaffel und Schulz (1998) spricht von Stauchendmoränen des in Gletscherzungen aufgelösten Eisrandes der Mecklenburger Phase. Diesen Autoren zufolge findet die Endmoräne ihre östliche Fortsetzung in der Boddenrandschwelle des Greifswalder Boddens mit den Inseln Ruden und Greifswalder Oie.

Demgegenüber erklärt Eiermann (1984) die Reliefstrukturen auch Mönchguts als Eiszerfallsgebiete mit Spaltenfüllungen zwischen Toteiskörpern (s. Kap. 3). Katzung et al. (2004b) zufolge liegt auf Mönchgut eine Reliefumkehr vor, wobei heute die Spaltenfüllungen weitaus höher aufragen als die einst dazwischen befindlichen Resteisfelder des Pommerschen Inlandeises. Demzufolge fand das Inlandeis der Mecklenburger Phase bei seinem Vorstoß dort, wo sich die heutigen Boddenbuchten Having, Hagensche Wiek und Kaming/Zickersee sowie die Becken der Zickerniss und Thiessnitz befinden, noch ausgedehnte Toteisfelder des abschmelzenden Pommerschen Inlandeises vor und die Grundmoräne der Mecklenburger Phase konnte sich oberhalb NHN nur auf den zwischen ihnen aufgeschütteten Sandkörpern der Spaltenfüllungen bzw. Kames erhalten. Das ausgedehnte Hochgebiet der Granitz könnte nach Katzung et al. (2004b) „aus einer besonders groß dimensionierten Sedimentfalle im niedertauenden Pommerschen Gletscher hervorgegangen sein (Groß-Kames?)".

Die durch den Mecklenburger Vorstoß überfahrenen Sedimentkörper der Älteren Beckensande sind demnach als Kames mit Grundmoränendecke aufzufassen. Deren Sande wurden sowohl während der Niedertauphasen der angrenzenden Pommerschen Resteisfelder als auch beim Überfahren durch das jüngste Inlandeis zum Teil stark deformiert und weisen verbreitet Stauchungsstrukturen und Einschuppungen auf. Krienke (2003) spricht von einer vom Inlandeis der Mecklenburger Phase überfahrenen Stauchmoräne.

Ludwig (2004a) hält für Südost-Rügen Deformationen pleistozäner und älterer Sedimente am Kontakt zwischen den vom vorhergehenden Eisvorstoß verbliebenen Toteisfeldern und erneut aus dem benachbarten Ostseebecken vordringendem Eis für möglich. Das trifft auch auf die glazitektonischen Strukturen der älteren Beckensande der Halbinsel Mönchgut zu, die durch das M3-(= W2-) und das entsprechend Ludwig bis in Küstennähe vordringende M4-(= W3-)Eis mitbedingt sein könnten (vgl. Abb. 3.3).

Die pleistozäne Sedimentabfolge SE-Rügens oberhalb NHN besteht zusammengefasst aus den weichselglazialen Geschiebemergeln der Branden-

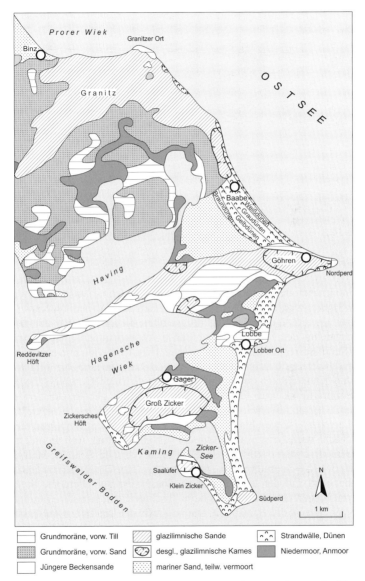

Abb. E 14.1: Geologische Karte von Südost-Rügen (Ausschnitt aus der Karte der quartären Bildungen 1:200.000 von Mecklenburg-Vorpommern, Blatt Stralsund, ÜKQ 200 1995), ergänzt durch Dünensignaturen im Bereich der Baaber Heide.

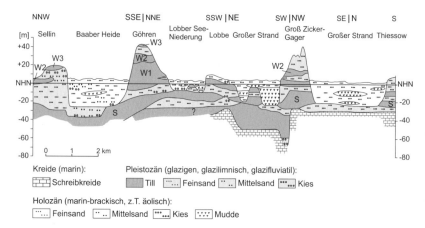

Abb. E 14.2: Geologischer Nord-Süd-Schnitt durch Südost-Rügen (nach Krienke 2003).

burg/Frankfurter, der Pommerschen und der Mecklenburger Phase (qw1, qw2 und qw3) mit zwischengeschalteten fossilfreien Sandkörpern (s. Kap. 3, Abb. 3.3). Der jeweils jüngsten Ablagerungseinheit dieser Abfolge, zumeist dem Geschiebelehm der Mecklenburger Phase, können außerdem gravitativ bedingte Sedimentkörper (z. B. umgelagerter Till), Kolluvien und abschließende Kliffranddünensande aufgesetzt sein. An der Basis dieser Folge sind am SW-Kliff von Klein Zicker oberhalb NHN zusätzlich den Geschiebemergel der Brandenburg/Frankfurter Phase (qw1) unterlagernde glazilakustrine und glazifluviatile Sande aufgeschlossen (Krienke 2003). Saalezeitlicher Geschiebemergel erreicht – soweit bisher bekannt – maximal -10 m NHN und die Kreideoberfläche wird zwischen -22 und -68 m NHN erreicht. Abb. E 14.2 zeigt in stark generalisierter Form die für SE-Rügen typische Schichtenabfolge am Beispiel des N-S-Schnitts Sellin–Thiessow.

Außer dem Till der Mecklenburger Phase sind vor allem die Sande der Spaltenfüllungen bzw. Kames aus dem Abschmelzzeitraum der Pommerschen Phase (qw2-qw3), die ebenso wie an den Kliffs der Usedomer Außenküste (s. E 16) als Ältere Beckensande bezeichnet werden, an fast allen Kliffküsten und Inselkernen des Exkursionsgebietes aufgeschlossen. Sie weisen zumeist eine Mächtigkeit von mehr als 10 Metern auf und können beachtliche Flächen einnehmen, so z. B. auch oberflächenbildend im Zentralbereich der Halbinsel Klein Zicker, auf den Zickerschen Bergen, dem Göhrener Inselkern mit dem Plansberg sowie zwischen den Ostseebädern Sellin und Baabe (Abb. E 14.1). Krienke (2003) zufolge wechseln in den Älteren Beckensanden die vorwiegend aus Feinsanden bestehenden sortierten Sedimente mit diamikten Ablagerungen. Fazies und Deformation der Ablagerungen weisen auf eine Entstehung während des Eiszerfalls hin. Dabei werden die feingeschichteten Sande als Ablagerungen aus Bodenströmungen innerhalb eines regionalen Beckens und auftretende Abschiebungen als Eiskollapsgefüge durch niedertauendes Toteis interpretiert, auf oder gegen das die glazilakustrinen Feinsande sedimentierten. Die diamikten Sedimente sind das Resultat von gravitativ induzierten Massentransporten und werden als Schlamm- und Schuttstromsedimente beschrieben.

Sande zwischen den Geschiebemergeln der Brandenburg/Frankfurter und der Pommerschen Phase (qw1-qw2) sind sowohl an der Halbinsel Klein Zicker, am Ostkliff von Lobbe und wahrscheinlich auch südlich des Göhrener Nordperds aufgeschlossen. Es sind dies bis zu 15 m mächtige, horizontal geschichtete Sande glazilakustriner Genese, die mehrfach von gröberen glazifluviatilen Bändern durchsetzt sind. Sie entstanden nach Krienke (2003) durch Sedimentation in einen Eisstausee zur Zeit des Rückzugs bzw. Niedertauens des Inlandeises der Brandenburger Phase. An deren Basis stehen am Kamikschen Ort/Klein Zicker außerdem 30 cm mächtige kiesige Mittel- bis Grobsande an, die als Aufbereitungsprodukt des liegenden Brandenburger Tills angesehen werden.

Der großenteils deformierte Sandkörper unmittelbar unterhalb des Brandenburger Geschiebemergels (s. o.) ist im unteren Teil fein-, im oberen mittelsandig bei nachweisbarer Horizontalschichtung. Es kann sich dabei um Vorschüttsande der Brandenburger Phase handeln.

Mönchguts Küsten zeigen die für Boddenausgleichsküsten typische Konfiguration. Vom nahezu begradigten Verlauf der Außenküsten mit zumeist schmale Ufer aufweisenden Steilküstenvorsprüngen (Quitzlaser Ort, Nordperd, Lobber Ort, Südperd) und sandigen Nehrungsufern unterscheiden sich die Binnenküsten durch große Vorsprünge der Kernländer, vermoorte Boddenniederungen mit Prielen sowie angrenzende Boddengewässer. Dieser Kontrast lässt sich an allen Küstenlandschaften Südost-Rügens beobachten, so z. B. am Kleinen Zicker mit aktivem Kliff an der Außenseite (Saalsufer) und bewachsenem an dessen Boddenseite bzw. an den Nehrungen Baaber Heide und Großer Strand, beide mit meerseitigen Dünen und boddenseitiger Vermoorung bzw. Anmoorbildung.

Die Nehrungen Südost-Rügens, bereits von Schütze (1931) kartiert, weisen oberhalb des jüngsten Geschiebemergels eine 10–25 m mächtige spätglazial-holozäne Sedimentdecke auf (Abb. 4.2; Kliewe & Janke 1978, 1982). Diese lässt sich verschiedenen, jedoch nicht in allen Profilen gleichermaßen ausweisbaren Entwicklungsabschnitten zuordnen: Die unterste Sedimentabfolge entspricht dem Zeitraum des Eiszerfalls der Pommerschen und Mecklenburger Phase mit groben Residualsedimenten von aufgearbeitetem Geschiebemergel, glazifluviatilen Sanden bis Kiesen, Sanden der Spaltenfüllungen und Beckentonen. Sie wird verbreitet von fluviatilen und limnischen, bis maximal -8 m NHN nachweisbaren Sedimenten des Weichsel-Spätglazials (Feinsande, Schluffe, Beckentone, Kalkmudden) und zum Teil auch des frühen Holozäns überlagert. Sie enthalten außer Süßwasserdiatomeen, z. B. vom Ancylus-Typ (Artenspektrum vgl. Bąk et al. 2006), vereinzelt auch Mollusken (*Pisidium* sp., *Ancylus fluviatilis, Acroloxus lacustris, Valvata piscinalis* u. *cristata, Radix ovata* u. a.), welche die Existenz von zum Teil durchflossenen Seen in den tieferen Nehrungsbereichen zu jener Zeit belegen. Diese Wasserflächen waren während ihrer größten Ausdehnung untereinander sowie mit denen innerhalb des Greifswalder Boddens verbunden und bestanden zeitgleich zum Baltischen Eissee (Kap. 4.1). Die tiefstgelegenen von ihnen konnten sich als Restseen, zum Teil mit einer abschließenden Kalkmudde- bis Seekreide-, Organomudde- bzw. Kalkschluffschicht bis in das trockenere Frühholozän hinein erhalten, z. B. in den Bohrungen Thiessow und Binz I (Abb. 4.2).

Die nächste Abfolge bilden Torfe des Boreals (Regressionstorfe) und Frühen Atlantikums (Kap. 4.1, Abb. 4.2). Letztere sind Vernässungstorfe bis -torfmudden aus dem Zeitraum unmittelbar vor Einsetzen der Littorina-/Transgression in diesem Gebiet. In der Baaber Heide wurde dieser den prälittorinen und marinen Sedimentserien zwischengeschaltete Torf mit 7.847 ± 100 Jahren BP (BLN 751; Kliewe 1973) datiert. Es folgt nach oben die marine Sedimentfolge. Diese lässt sich zumeist in eine ältere uferfernere und in eine jüngere ufernähere Fazies unterteilen. Erstere umfasst den Littorina-Schlick mit dem Salinitätsmaximum und/bzw. gut sortierte marine Feinsande. Meeres- und Strandwallsande aus der vorausgegangenen Frühphase der Transgression konnten in diesem Gebiet bisher noch nicht erfasst werden. Die jüngere, zumeist merklich gröbere Sedimentfolge mit einem höheren Mittelsand- und Grobsandanteil steht oberhalb -5 bis -3 m NHN an. Ihre Ablagerung dürfte schon vor 5.000–4.000 Jahren v. h. eingesetzt haben.

Überlagert wird diese Abfolge durch die Strand-, Strandwall- und Dünensandfazies der Außenküsten bzw. die Überflutungs- und Vermoorungssedimente der Boddenseiten. Ein in der schon erwähnten Bohrung der Baaber Heide zwischen zwei Braundünenphasen erbohrter Podsol ergab ein Absolutalter von 2.650 ± 100 Jahren BP (BLN 750), das sich der Braundünendatierung in der Swine-Niederung gut einfügt (s. E 16, Borówka et al. 1986). Die Aufeinanderfolge der Generationen von Braun-, Gelb-, Grau- und Weißdünen mit den zugehörigen Bodenprofilen ist in der Baaber Heide modellhaft ausgebildet (Abb. E 14.1). Eine zusammenfassende Übersicht über die Nehrungsentwicklung Mönchguts geben Hoffmann & Barnasch (2005).

Dass der Große Strand mit 5 km Länge als Nehrung eine wesentlich schmalere Gestalt und ein auch nur schwach ausgebildetes, nicht sehr breites Dünensystem besitzt, hat seine Ursache in einer geringeren Sedimentzufuhr von den flankierenden kleineren Kernländern. Dennoch zeigt sich der äolische Einfluss auf die rezente Strandmorphologie und -sedimentation vor allem nördlich des Thiessower Moränenkerns häufig in Gestalt rippelbesetzter Flugsanddecken und Dünen. Die noch von Schütze (1931) dargestellten kurzen Braundünenwälle hart westlich der Hauptstraße nach Thiessow sind infolge anthropogener Einebnung gegenwärtig kaum noch zu finden. Die Nehrung hat das Abbaustadium ihrer Entwicklung erreicht (Kliewe & Janke 1991). Die schweren Sturmhochwässer von 1872 und 1904 zerstörten ihre Dünen und überschwemmten die Meeressandebene der Zickerniss. Sedimentologische Untersuchungen entlang des Großen Strandes erbrachten eine auch für andere Flachküstenstrände Mecklenburg-Vorpommerns charakteristische granulometrische und sedimentdynamisch bedingte Fazieszonierung Vorstrand-Strand-Düne, die durch Feinsand, Mittelsand und wieder Feinsand gekennzeichnet ist (Niedermeyer 1980; Gusen 1983). Die Moränenkerne von Thiessow und Klein Zicker wurden boddenseitig durch die nur 1,5 km lange Nehrung „Der Haken" miteinander verbunden. Die teilweise heute noch in die Bodden wachsenden kleinen Haken bei Thiessow, Klein Zicker-Ort, Groß Zicker und Gobbin sind junge, nicht über 600 Jahre alte, sich teilweise mit der Küstendynamik und deren Strömungen zeitlich ändernde Gebilde. Ihre Entwicklung setzte erst nach Schließung der Nehrungen im Außenküstenbereich ein (Gomolka 1990).

Einsichten in die Wirkungsweise des Küstenschutzes gewähren unter anderen die Uferschutzmauern vor dem Nord- und dem Südperd sowie die Überreste der Stahlspundwände vor Lobber Ort (s. a. Kap. 6.3 und Genz 1990). Nach dem starken Küstenrückgang während des Sturmhochwassers von 1872 erfolgte 1885 der Bau einer 557 m langen Küstenschutzmauer aus Findlingen unmittelbar am Klifffuß des Nordperds (Schulz 1998). Durch das Sturmhochwasser von 1904 stürzte die Mauer auf ca. 400 m weitgehend ein. 1907/08 wurde etwa 30 m vor dem Kliff eine neue Mauer errichtet, die 1949 an mehreren Stellen erneut umstürzte. Die Lücken konnten 1979 mit Granodioritblöcken aus der Oberlausitz geschlossen werden.

Starke Sturmhochwässer, insbesondere die von 1872, 1904 und 1913, überfluteten auch in jüngerer Zeit noch große Teile der Küstenniederungen Mönchguts, so auch jene zwischen Großem Strand und Zickerniss (nordöstlich Gager) und die die Orte Thiessow und Klein Zicker verbindende Nehrung. Außerdem kann es vor den Kliffküsten SE-Rügens nach starken Eiswintern zur Zeit des Eisaufbruchs auf dem Greifswalder Bodden bei Starkwinden aus südlicher bis südwestlicher Richtung zu bis zu 10 m hohen Packeisaufschiebungen kommen, letztmalig im Februar 2003. Betroffen sind vor allem die Kliffküsten bei Thiessow und bei Klein Zicker sowie an der Südwestflanke der Zickerschen Berge (Abb. E 14.3, s. Farbteil).

Mehrfach wurden Teile der Küstenniederungen aber auch künstlich durch Aufschüttungen bzw. Aufspülungen verändert. Hierzu gehören u. a. die Schließung der Zickerniss im Zusammenhang mit dem Bau des Hafens von Gager und die Aufschüttung eines Teils der Thiessnitz mit Baggergut aus der Einfahrtsrinne in den Zickersee. Ein weiteres Beispiel dafür sind bis zu 2 m hohe Aufschüttungen mit Material von den Zickerschen Bergen im südlichen Winkel zwischen der Straße Lobbe-Thiessow und der Nebenstraße nach Groß Zicker für den nicht beendeten Bau eines Flugplatzes in den 1930er Jahren.

Von den waldfreien Höhenzügen Mönchguts trifft der Blick ostwärts über die Wasserflächen überall auf die Greifswalder Oie, deren Leuchtturm auch nachts die Sicht auf sich lenkt. In Genese und Relief ist die 12,5 km östlich Thiessow gelegene Insel (0,54 km^2, max. 1.550 m lang, 570 m breit und 17 m hoch; NSG) mit den Vollformen Ost-Rügens vergleichbar. Sie ist über eine submarine Schwelle, einem SW-vergenten Stauch- und Stapelkomplex (Katzung 2004e), sowohl mit SE-Rügen als auch mit der Insel Ruden verbunden. Die Insel war schnellem Küstenrückgang ausgesetzt, wovon auch das die Greifswalder Oie im SW submarin fortsetzende 3 km lange geschiebereiche Oier Riff mit nur 1–2 Metern Wassertiefe zeugt. Die zwischen 1893 und 1913 errichtete Uferschutzmauer bewirkte, dass ihre Steilküsten weitestgehend inaktiv wurden. Nur das Kliff der E-Flanke ist noch teilweise aktiv und geologischen Studien zugänglich.

Die Greifswalder Oie weist – ebenso wie die Halbinsel Jasmund – einen Stapel-/Schuppenbau der prämecklenburger Sedimentfolge auf, jedoch mit dem Unterschied, dass tertiäre Tone an die Stelle der Kreide treten. Die glazitektonisch gestörte Folge umfasst dabei außer tertiären Tonen den M_1-(qs) und M_2-(qw1)Geschiebemergel der Saale-Kaltzeit und der Brandenburger/Pommerschen Phase mit dem zwischengeschaltetem I_1-Sedimentkörper (vgl. Abb. 3.3 u. Abb. 12.2). Diesen Komplex kennzeichnen Stauchungen, Verfaltungen, Auf- und Überschiebungen sowie Schollen und Schlieren aus Kreide und Tertiär, letztere treten im am Kliff dominierenden M_2 gehäuft auf. Zumeist über einer Steinsohle folgt abschließend die diskordant aufliegende, 1 bis 2 Meter starke M_3-Grundmoräne (qw3) der Mecklenburger Phase. Der M_1 tritt schuppenförmig mehrerenorts am Klifffuß zutage. Er wird verbreitet von tertiären Tonen (mit untereozänem „Zementstein"/Moler) begleitet. Die I_1-Serie beginnt über einer Erosionsdiskordanz mit einer verbreitet limonitisierten Gerölllage, deren Zusammensetzung auf aufgearbeiteten M_1 hinweist. Darüber folgen glazifluviatile Ablagerungen, die von einem extrem heterogenen Sedimentkörper überlagert werden. Letzterer wird durch Knaust (1995a, b) mit der aus dem Niveau des I_1-Cyprinentones von Wittow beschriebenen Schlammstromablagerung korreliert (s. E 12). Den Abschluss der I_1-Serie bilden nochmals glazifluviatile Sande. Der Fund von Knochenresten eines Großsäugers (Riesenhirsch oder Elch), darunter ein ca. 25 cm langes, wahrscheinliches Schulterblatt-Bruchstück, in reinen Quarzsanden des I_1 im Jahr 2009 soll nicht unerwähnt bleiben (s. Obst 2010). Der M_2 der Greifswalder Oie wird Katzung (2004e) zufolge mit dem unteren Teil des M_2 von Jasmund und Wittow korreliert (Abb. 12.2).

Das Exkursionsgebiet gehört zum 235 km² großen, 1990 gegründeten Biosphärenreservat Südost-Rügen, wovon der größere Teil (126 km²) auf die angrenzenden Bereiche des Greifswalder Boddens entfällt. Es enthält folgende vier Naturschutzgebiete: „Quellsumpf Ziegensteine" (0,05 km²), „Granitz" (11,30 km²), „Neuensiener und Selliner See" (2,34 km²) sowie „Mönchgut" (23,40 km²), letzteres mit acht Teilgebieten.

Die große Landschaftsheterogenität Südost-Rügens regt zu einer Vielzahl von Wanderungen und Fachexkursionen an. Dies sind zum einen Rad- und Fußwanderungen entlang der Rügener Ostküste zwischen den Ostseebädern Sellin, Baabe, Göhren, Lobbe und Thiessow bzw. bei geeignetem Wasserstand der Ostsee auch Wanderungen zwischen den Ostseebädern Binz und Sellin am Fuß der Kliffküste oder auf ufernahen Höhenwegen der Granitz. Dabei sind die Prozesse des Küstenrückgangs mit Abrutschmassen vom Strand aus gut zu beobachten. Der Geröllstrand mit seinen ins Flachwasser reichenden, z. T. großen Blöcken ist dort – besonders im Bereich der markanten Kliffvorsprünge – eine Fundgrube für Geschiebestudien. Zum anderen sind folgende die Binnenbereiche und/bzw. die Boddenküsten erschließende Routen zu empfehlen:

1. Exkursionsrouten durch die Hoch-Granitz mit Ausgangspunkten in den Ostseebädern Binz und Sellin sowie in Lancken-Granitz oder mit Beginn an den dieses Höhengebiet umgebenden Kleinbahn-Haltepunkten bzw. am Ausgangspunkt des Binzer Jagdschlossexpresses. Ein Muss für jeden Erstbesucher sollte dabei ein Rundblick von der Aussichtsplattform des Jagdschlosses Granitz über gesamt Südost-Rügen sein.

   Zumeist weit über 10 Meter mächtige und auch an der Oberfläche dominierende „Ältere Beckensande" sind kennzeichnend für die Granitz und führen zu einem Sickerwasserregime bei fehlenden Fließgewässern. In Senken konnten sich zum Teil saure Zwischenmoore (Kesselmoore) mit Torfmoos, Sumpf-Blutauge, Wollgrasarten, Moosbeere und Sumpfporst entwickeln und sich aufgrund fehlender meliorativer Eingriffe bis zur Gegenwart erhalten. Angestrebt innerhalb des NSG „Granitz" werden eine nutzungsfreie Waldentwicklung und die Regenerierung von Kesselmooren. Je nach Ausgangspunkt lohnen sich ein Besuch des Porstmoores oder des Schwarzen Sees bzw. eine Hochuferwanderung, aber auch ein Abstecher zur Ostflanke des Schmachter oder zur Westseite des Selliner Sees. Nur 800 m unterhalb des Jagdschlosses unweit des Kleinbahn-Haltepunktes Garftitz befindet sich eine Informationsstelle „Biosphärenreservat Südost-Rügen".

2. Exkursion zum Tannenberg (50 m) bei Nistelitz mit Blick nach Norden auf die zungenbeckenförmig geprägte Schmachter See-Niederung und nach Süden auf den Höhenzug Putbus-Bergen. Weiter geht es über Groß Stresow (Denkmal Friedrich Wilhelm I. in Erinnerung an die Landung von 1715) an der Stresower Bucht entlang zum Quellsumpf Ziegensteine mit mehreren

druckwassergespeisten Sickerquellen und Erlenbruchwald (NSG) sowie zu dem benachbarten gleichnamigen Großsteingrab. Auf der Weiterwanderung in Richtung Lancken-Granitz (Backsteinkirche aus dem 15. Jhd.) sind weitere Megalithgräber zu besuchen. Die Fortsetzung der Route kann sowohl in Richtung Jagdschloss Granitz als auch über Seedorf nach Moritzdorf erfolgen. Für Interessenten ist auch ein Abstecher zum schmalen, in die Having hineinreichenden Gobbiner Haken, der von Neu Reddevitz aus erreichbar ist, zu empfehlen.

3. Exkursion von der Baaber Strandpromenade südlich des Ostseebades quer durch die Nehrung der Baaber Heide mit ihren gepflegten Weiß-, den kuppigen Grau- und den wallartigen Gelb- und Braundünen in Richtung Baaber Bollwerk über die zunächst noch flugsandüberzogene und in Richtung Baaber Bek schon anmoorige bis im Gebiet der Duchtenkoppel torfbedeckte Meeressandebene. In ihr erreichen verbreitet flache Strandwälle die Oberfläche. Der leeseitige Steilabfall der kuppigen Graudünen, ehemaliger Wanderdünen, ist jedoch am auffallendsten, wenn man die Nehrung in umgekehrter, also in W-E-Richtung entlang eines der Waldgestelle quert. Ausgangspunkt wären dann die B 196 bzw. die Kleinbahnstrecke unmittelbar südlich des Ostseebades Baabe, dort, wo diese eine Kurve nach links aufweisen.

Nach dem Übersetzen mit der Personen- und Fahrradfähre über die Baaber Bek nach Moritzdorf könnte die Weiterwanderung mit Rückblick auf die Baaber Heide und Ausblick auf große Teile von Mönchgut und den Greifswalder Bodden, z. B. von der Moritzburg (+37 m NHN) und vom Weißen Berg (+23 m NHN), entlang der Uferwege von Having und Lanckener Bek, bis Seedorf erfolgen. Tangiert wird das NSG „Neuensiener und Selliner See", das den „Erhalt und Schutz von Küstenüberflutungs- und Durchströmungsmooren sowie die Sicherung als Nahrungs-, Rast- und Brutgebiet zahlreicher Vogelarten und Lebensraum für Amphibien" zum Ziel hat (Jeschke et al. 2003).

4. Exkursion vom Göhrener Kleinbahnhof aus oder vom 57,8 m hohen Plansberg (Ältere Beckensande) im Nordwesten des Göhrener Pleistozänkerns nach Alt Reddevitz. Im letzteren Fall erfolgt der Abstieg zur Meeressandebene der Baaber Heide über das sie begrenzende fossile Kliff mit seinen kräftigen Hangrunsen und Schwemmkegeln, z. B. über die Wolfsschlucht. Begrabene Böden in deren Schwemmkegel weisen ein Alter von ca. 2000 Jahren auf (Amelang et al. 1983). Die Weiterwanderung erfolgt in Kliffnähe entlang des Südrandes der Baaber Heide bis fast an den Haltepunkt Philippshagen des „Rasenden Roland" und von dort nach Queren der B 196 auf markiertem Wanderweg weiter in südliche Richtung zu dem reichlich 4000 Jahre alten Herzogsgrab (Megalithgrab, s. Nilius 1968) im Forst Mönchgut. Dessen Lage auf der Meeressandebene unweit des fossilen Kliffs besagt, dass Nehrung und Littorina-Kliff dort bereits über 4 Jahrtausende existie-

ren. Die Fortsetzung der Exkursion erfolgt nach Anstieg auf die Pleistozänhochfläche am 44 m hohen Fliegerberg vorbei nach Alt Reddevitz mit einem der schönsten Rundblicke über die stark gegliederte Boddenküste SE-Rügens. Wandertüchtige können die Route bis zur Westspitze (Kasper Ort) der Alt Reddevitzer Halbinsel fortsetzen, deren oberstes Sediment Geschiebemergel der Mecklenburger Phase bildet.

5. Exkursion Göhren – Lobbe – Middelhagen – Alt Reddevitz. Eine vorherige Gesamtorientierung vermittelt der Ausblick vom Göhrener Kirchberg oder von der östlich vorgelagerten Höhe nach Süden. Das von Ruth Bahls (1909–1994) in Göhren mit vielen Ideen eingerichtete Mönchguter Museum mit seinen vier Teilobjekten (u. a. Dauerausstellung „Mönchgut-Geologie") sowie das Schulmuseum in Middelhagen gewähren ausgezeichnete Einblicke in die Natur- und Kulturgeschichte der Halbinsel (s. a. Bahls & Kliewe 1990). Wanderschwerpunkte dieser Route sind des Weiteren die Kliffküsten von Göhren und von Lobbe sowie die Lobber Niederung und der Schafberg (+34 m NHN, NSG) mit Kliff an der Hagenschen Wiek. Besonders lohnend ist ein Blick vom bis zu 46 m hohen Nordperd über die Küstenschutzmauer hinweg sowohl auf den „Buskam", den größten Findling Norddeutschlands mit einem Volumen > 200 m^3 (s. Obst 2005), sowie von benachbarter Stelle aus mit Sicht in südliche Richtung auf das zum Teil unbewachsene Kliff. Die heutige Strandentfernung des ca. 300 m seewärts in 7 m Wassertiefe befindlichen und die Wasseroberfläche 1,5 m überragenden Hammer-Granit-Geschiebes Buskam mit einem Umfang von 40 m gibt eine Vorstellung vom Küstenrückgang mindestens dieser Größenordnung seit Transgressionsbeginn. Hauptsediment der ca. einen Kilometer langen Kliffküste südwärts vom Göhrener Nordperd bilden bis zu 15 m mächtige qw1-qw2-Sande glazilakustriner bis glazifluviatiler Entstehung (s. o.), die von diamiktischen Sedimenten und jungen Kliffranddünen überlagert werden. Am Südende des Kliffs fallen sowohl diese Sandfolge als auch der sie überlagernde Pommersche Geschiebemergel unter NHN ab.

Von besonderem geologisch-geomorphologischen Interesse ist des Weiteren das bis 10 m hohe, nahezu senkrechte Geschiebemergelkliff des Lobber Ortes mit zwei Geschiebemergeln (Krienke 2003), einem subglazialen Till der Brandenburger und einem Ausschmelztill der Mecklenburger Phase bei einer zwischengeschalteten eistektonischen Diskordanz. Das dortige Flächennaturdenkmal enthält in das Kliff eingelagerte, heute schon fast völlig abgetragene Schollen aus dem Tertiär (Mittel-Oligozän) und der frühen Kreidezeit (Wealden; u. a. mit Fischresten, s. Niedermeyer 1981, Ansorge 1990). Gelegentlich erscheinen Brandungshöhlen oder -hohlkehlen entlang des Klifffußes sowie größere Geschiebe bis hin zu dem Geotop-Findling „Fritz-Worm-Stein" (Växjö-Granit/Småland mit 3 m Durchmesser und 12 m Umfang, Volumen ca. 21,5 m^3, Alter ca. 1,6 Mrd. Jahre; Svenson 2004) auf dem vorgelagerten Blockstrand. Schulz (1998) stellte für den Lobber Ort eine Überschiebung des oberen Geschiebemergels (qw3) über die westlich benachbarten Älteren Beckensande durch den Aufstauchprozess fest. Östlich der L 292 zwischen Lobbe und Middelhagen ist als Technisches Denkmal ein Windschöpfwerk erhalten und renoviert, dessen Betrieb wesentlich zur Entwässerung der Lobber Niederung und zum Verschwinden des Kleinen Lobber Sees beitrug. Westlich der Straße befindet sich dort eine von Prielen durchzogene Salzwiesen-Überflutungsküste (NSG).

Ein weiteres lohnendes Exkursionsobjekt bildet der Schafberg westlich Middelhagen mit Kliffaufschluss an der Nordflanke der Hagenschen Wiek. Das NE-SW-Streichen dieses Sedimentkörpers korrespondiert Krienke (2003) zufolge gut mit dem aus Nordosten vorstoßenden Gletscher der Pommerschen Phase (Kliewe 1975) mit Spaltenbildungen in seiner Fließrichtung. Diese füllten sich Os-artig während des Niedertauprozesses mit glazilakustrinen und glazifluviatilen Sanden sowie Sedimenten gravitativ induzierter Massentransporte auf. Die an den Flanken des Schafberges verbreitet auftretenden Diamikte werden ebenfalls dem Pommerschen Eiszerfall zugeordnet. Die Scherflächen und die Klüfte der Schlammstromsedimente hingegen sind auf Deformationen durch den Gletschervorstoß der Mecklenburger Phase zurückzuführen, der den Schafberg überflossen hat.

6. Wanderung von der Kirche von Groß Zicker (Parkplatz) entlang vorgegebener Wanderwege in die bis 66 m hohen Zickerschen Berge (Teil des NSG Mönchgut). In deren Zentralbereich stehen Kamessande aus der Zeit des Niedertauens des Inlandeises der Pommerschen Phase an, während an der Nord-, West- und Ostflanke Geschiebemergel der jüngeren Mecklenburger Phase oberflächenbildend ist. Die Zickerschen Berge zwischen Groß Zicker und Gager wurden bis in die 1960er Jahre hinein ackerbaulich genutzt und haben sich seitdem bei Niederschlagshöhen von nur 450–500 mm/a auf versickerungsintensiven Sanden zu einem artenreichen Trockenrasen regeneriert. Des Weiteren bieten sich periglaziäre Trockentäler, Reste ehemaliger Bauernwälder an der Westflanke, kleinflächig erhaltene Salzgraswiesen sowie an zeitweilig aktiven Kliffabschnitten der West- und Nordwestküste Einblicke in die Küstendynamik und in die Sedimentfazies an. An letzteren können Sedimentdeformationen, eingelagerte Kreideschollen, kleine Schichtquellen, als Hängetäler angeschnittene periglaziäre Trockentäler und Kliffranddünen beobachtet werden. Drei Großgeschiebe granitischer Herkunft befinden sich im Bereich des mit dem Bakenberg bis +66 m NHN hohen, von den Rändern her periglaziär zertalten Groß Zicker-Kernlandes. Einer davon, der „Breitenstein", aus rotem, grobkörnigem, serialporphyrischem Granit (Filipstad-Granit, Volumen > 9,0 m^3) liegt auf der Höhe des Pleistozänkernes mit dessen charakteris-

tischen Trockenrasenflächen, und zwar in Nähe des alten Kirchsteiges Gager-Groß Zicker mit der dort einzeln stehenden Rotbuche. Zwei weitere Großblöcke fallen auf, die inmitten zahlreicher kleinerer Geschiebe auf dem Strand vor dem Kliff des NSG „Zickersches Höft" liegen. Das von den Höftkliffs abgetragene Sandmaterial wurde und wird durch Strömungen teilweise ostwärts in Richtung Zicker See, Hagensche Wiek und Having transportiert und dort an windgeschützten Einbuchtungen der Kernländer als mit Strandwällen besetzte „Strandwiesen" oder als kleine Haken akkumuliert (Hoth 1990, Niedermeyer 1995). Unmittelbar nördlich Gager verläuft die Zickerniss als Rest-Seegatt zwischen der Mönchguter Binnen- und Außenküste.

7. Exkursion vom bis zu 36 m hohen Südperd des Thiessower Inselkernes im Südosten des Ostseebades über den Thiessower Haken und die Nehrung „Der Haken" zur bis +38 m NHN erreichenden Halbinsel Klein Zicker mit aktiven Kliffstrecken, dem in Richtung „Kirkenort" (Groß Zicker) und Zicker-See wachsenden Haken „Klein Zicker Ort" und einem fossilen Kliff an seiner gesamten Nordost- und Ostflanke. Während am Thiessower Kern ausschließlich „Ältere Beckensande" anstehen, sind auf Klein Zicker verbreitet auch der W2- und W3-Geschiebemergel am Kliff aufgeschlossen. Die Küstenschutzmauer vor dem Südperd und dem Südstrand entstand als Folge der Sturmhochwässer von 1872 und 1904. Überflutungsgefahr für das Ostseebad bestand bis zur Anlage eines Binnendeiches auch vom Zicker See her über die Thiessnitz. Die Größe und Existenz des Endhakens schwankt stark in Abhängigkeit von der aktuellen Sedimentzufuhr. In Eiswintern können zwischen dem Thiessower Süd- und Weststrand sowie auch vor dem Zickerschen Höft mehrere Meter hohe Eisaufpressungen beobachtet werden (Abb. E 14.3, s. Farbteil).

Weitere Empfehlungen für Exkursionen mit detaillierten Routenkarten und ausführlichen, vor allem geologischen Erläuterungen zur Halbinsel Mönchgut geben Hoth (1990) und Niedermeyer (1995).

8. Empfehlenswert ist ein Abstecher zur Greifswalder Oie. Die Insel, betreut durch den Verein Jordsand zum Schutze der Seevögel und Natur e. V., ist derzeit während der wärmeren Jahreszeit für eine begrenzte Besucherzahl per Fahrgastschiff von Gager, Freest und Peenemünde erreichbar. Für den Geologen dürften insbesondere die Kliffaufschlüsse an der SE-Flanke mit vorherrschender SW-Vergenz der Schuppen und der Geschiebereichtum der Insel von Interesse sein (s. a. Obst 2010). Weitere Sehenswürdigkeiten entlang einer Wanderung vom Anleger (Nothafen) im Süden zum 19 m hohen Hellberg mit Rügenblick am Inselnordende sind ein auf 4,1 Hektar erhaltener Eichen-Hainbuchen-Hude- und Niederwald (der „Busch") und an dessen SE-Ecke ein knapp 20 m breiter und mehrere Meter Sprunghöhe aufweisender „Graben", der als Toteissackung vor Ablagerung des Meck-

lenburger Geschiebemergels interpretiert wird (Katzung 2004e), sowie des weiteren der 38,6 m hohe, 1885 in Betrieb genommene Leuchtturm.

E 15: Südküste des Greifswalder Boddens

Der 512 km² große, zwischen dem Festland und der Insel Rügen gelegene und im Mittel ca. 6 m, maximal knapp 14 m tiefe Greifswalder Bodden reicht im Nordosten bis an die von Mönchgut über die Inseln Ruden (Fläche: 0,27 km²) und Greifswalder Oie (0,62 km²) verlaufende Boddenrandschwelle und ist zweigegliedert. Er besteht zum einen aus dem reliefstärkeren, kleinräumig mehrerenorts über 10 m tiefen Ostteil (ostwärts der Linie Vierow-Groß Stresow) mit Feinsand- und im Bereich der Boddenrandschwelle Mittelsanddominanz bei nur relativ kleinflächigen Schlickarealen. Die Untiefen werden Gründe genannt. Die am weitesten aufragende ist der sandig-kiesige Groß-Stubber. Er war 1845 noch eine strauchbestandene kleine Insel und erreicht in der Gegenwart als Folge des Steinzangens (vor allem für den Molenbau) und der im 19. Jahrhundert für die Stadt Greifswald erfolgten Sand- und Kiesgewinnung maximal -0,8 m NHN. Für den Boddenwestteil hingegen kennzeichnend ist bei 6–8 m Wassertiefe eine geschlossene Schlickbedeckung seines Zentralbereiches. An seinen Flanken ist der Greifswalder Bodden durch Buchten, z. B. die Schoritzer Wiek (Fläche: 5 km², Wassertiefe: max. 4 m), Stresower Bucht (5,1 km², max. 7,5 m), Having (7,9 km², 2–5 m), Hagensche Wiek (10,3 km², 2–5 m, Nordteil bis 7 m), Gristower Wiek, Kooser See und Dänische Wiek, stark gegliedert. Den südöstlichen Abschluss stellen die geringmächtig, vermoorten und zum Teil von Strandwällen besetzten Becken- und Meeressandebenen der Salzwiesen und der Insel Struck (NSG, 2,5 km²) dar. Beide werden voneinander durch den Freesendorfer See und dessen Verbindungsarme zu den benachbarten Bodden getrennt. Die schorreseitige Fortsetzung des Struck bilden die breiten schaarartigen Flächen des Freesendorfer Hakens und des Knaak-Rückens.

Östlich an den Struck schließt sich die Spandowerhagener Wiek an, ein aufgrund von Sedimentzuführungen aus dem Greifswalder Bodden und dem Peenestrom relativ schnell verflachendes und zudem durch letzteren besonders stark ausgesüßtes Becken von 5,4 km² Fläche. Mit den Nachbarbodden ist dieser Raum über die flussartig gewundenen, abschnittsweise malerische und in der Regel bewachsene Steilhänge aufweisenden Sunde, den Strelasund und den Peenestrom, verbunden.

Die spätglazial-holozäne Sedimentabfolge der tieferen sowie der durch holozäne Sedimentauffüllung verebneten Boddenbereiche umfasst über pleniglazialen und frühspätglazialen Sanden mit hohem Anteil umgelagerter Bestandteile lakustrine Sedimente, vorwiegend Kalkschluffe bis -tone, seltener Feinsande.

Die spätglazialen kalkhaltigen Sedimente enthalten zumeist Süßwasserdiatomeen. Darüber folgen Kalk- und Organomudden sowie Verlandungstorfe des Frühholozäns, deren Gesamtmächtigkeit zwischen nur wenigen Zentimetern bis über einen Meter schwanken kann. Diese werden von Transgressionstorfen sowie marinen Sedimenten überlagert. Es sind dies über geringmächtigen Sanden aus der Zeit des Transgressionsbeginns schillreiche Feinsande bis Schluffe und Tone (Littorinaklei) bzw. Organomudden aus der Zeit des Transgressionsmaximums und anschließend ein 2–4 m starker, bis zur Sedimentoberfläche reichender Brackwasserschlick (Lemke & Niedermeyer 2004).

Durch die Arbeiten von Verse et al. (1998, 1999), Verse (2003) sowie Bauerhorst & Niedermeyer (2004) gehört der Greifswalder Bodden im Hinblick auf Stratigraphie und Sedimentationsgeschichte zu den am besten untersuchten Randbecken der Ostsee und kann auch als Vergleichsgrundlage zur jungquartären Entwicklung in deren Hauptbecken dienen. Für die marine Abfolge konnten dabei feinauflösende Faziesanalysen, u. a. mit deepening-upward- und Tempestit-Abfolgen, durchgeführt und auf Grund der faziellen Merkmale eine Becken-, Rand- und Schwellenfazies ausgewiesen werden. Diatomeenflora und Molluskenfauna (Artenauswahl u. a. in Kliewe & Janke 1978, 1991) sprechen für einen Salzgehalt von maximal 16 PSU zur Zeit des Littorina- und somit Salinitätsoptimums. Isotopenuntersuchungen an kalkigen Mikrofossilien ergaben für den gleichen Zeitraum Salzgehalte intrudierender Tiefenwässer von 21 PSU (Samtleben & Niedermeyer 1999). Im Unterschied zu den kleineren Bodden setzte im Greifswalder Bodden der diatomeenanalytisch besonders gut erfassbare Aussüßungsprozess erst in historischer Zeit ein, verursacht vor allem durch die zunehmende Landwerdung der Gebiete beiderseits der Gellen-Rinne (vgl. E 11).

Auf Grund der starken Küstengliederung wechseln geschütztere und von Boddenröhrichten umgebene, z. B. Gristower Wiek, mit stärker dem Seegang ausgesetzten Küstenabschnitten ab. Vor letzteren sind in Abhängigkeit von der jeweiligen Expositition bei NW- bis E-Winden Windwirklängen von 10 bis über 25 km möglich. Auflandige Winde ab Windstärke 5 führen deshalb dort alljährlich zu stark erhöhten Wasserständen mit Uferrückgang, insbesondere an mehreren Stellen zwischen dem Großen Holz westlich Loissin und der Lubminer Heide, an der Nordflanke des Struck und der 1,6 km^2 großen Insel Koos. So betrug vor der Lubminer Ortslage und der im Durchschnitt 6 m hohen Kliffküste der Lubminer Heide der mittlere Küstenrückgang für den Zeitraum von 1909 bis 1988 0,43 m/a bzw. unter Einbeziehung des am Klifffuß 1,1 m hohen Strandes 3,2 m^3/m/a (Lampe 2000a). Um dem Küstenrückgang zu begegnen, erfolgte dort im Jahre 1988 auf 1.750 m Uferlänge eine Strandaufspülung im Volumen von 167.000 m^3, die 95 m^3 Sandzufuhr je laufendem Meter entspricht. Im Jahre 1999 waren vom Ausgangsvolumen der Strandaufspülung noch etwa 28 % bzw. unter Einrechnung der Dünen noch 37 % vorhanden. Deshalb erfolgte im Jahre

2003 auf 2,2 km Länge eine weitere Strandaufspülung, diesmal statt mit gröberen Meeressanden aus dem Greifswalder Bodden mit dem feinkörnigen Aushub vom Lubminer Hafenbau. Danach erfolgte auf 45.000 m^2 die Anpflanzung von Strandhafer. Seitdem hält sich ein relativ breiter Strand und das bis zu jenem Zeitpunkt großenteils aktive Kliff wurde inaktiv und konnte bewachsen. Einen wichtigen Bezugspunkt für die Intensität des Küstenrückgangs im Raum Lubmin bildet der „Teufelsstein" (34 m^3), ein am Westrand des Seebades 25 m seewärts der Mittelwasserlinie und 44 m seewärts des Klifffußes im Flachwasser gelegener Granit-Findling, der sich im Jahre 1906 aus dem Kliff löste.

Während kälterer Winter gefrieren der südliche Greifswalder Bodden und die Spandowerhagener Wiek – zumindest in Ufernähe – und es kann bei starkem Seegang zur Zeit des Eisaufbruchs zu mehrere Meter hohen Eisaufpressungen kommen, z. B. am Gahlkower Haken und westlich Loissin sowie an der Insel Koos (vgl. auch Abb. E 14.3, s. Farbteil).

Die Pleistozänmächtigkeit im südlichen Umland des Greifswalder Boddens schwankt zwischen 16–20 m an einigen Stellen des W-E streichenden Grimmener Walles (Quartärbasis bei Gustebin nur -5 m NHN) und 182 m (-140 m NHN) an der Flanke des Salzstockes Möckow-Berg, welcher der NNW-SSE verlaufenden Dargibell-Möckow-Kemnitzer Grabenstruktur angehört und in dessen Kernbereich der Gipshut des Zechstein-Salinars bis 400 m unter Flur aufsteigt (s. Kap. 2). In ihr konnten sich örtlich Jura- und Tertiär-Schollen, darunter Septarienton aus dem Unter-Oligozän, erhalten. An den Grimmener Wall gebunden sind die Salzstellen von Mesekenhagen und Greifswald (im Bereich des Renaturierungsprojektes An der Bleiche und im Rosental). Bis 1872 war das am nördlichen Stadtrand Greifswalds liegende Rosental Standort der Saline und diente darüber hinaus bis 1952 der Solegewinnung für das städtische Sol- und Moorbad. Das 1994 eröffnete Erdölmuseum Reinkenhagen (www.erdoelmuseum-reinkenhagen.de) gibt einen Überblick zur Geschichte und Technik der Erdöl- und Erdgasförderung in Nordostdeutschland für den Zeitraum 1961–2001, die den Grimmener Wall als regionale Lagerstättenprovinz für Kohlenwasserstoffe bis in die Gegenwart bekannt hält.

Die genetischen Hauptlandschaftseinheiten des Exkursionsgebietes bilden die Grundmoränenplatten der Mecklenburger Phase, die Velgaster Randlage (W3V) mit Sandergürtel sowie Talungen und Küstenniederungen (Abb. E 15.1). Erstere stellen ebene bis flachwellige, geringmächtige und verbreitet lückige Lehmplatten mit Söllen dar. Sie werden von kleineren, während der Zerfalls- und Abschmelzphase des jüngsten Inlandeises angelegten und heute zumeist geringmächtig vermoorten Tälern durchzogen. Einige von ihnen werden von Osern begleitet, so vom Schwingetal-Os im Raum Dargelin-Klein Zastrow-Pustow-Zarrentin und vom Bandeliner Os. Anderenorts sind den Grundmoränenplatten Beckensandareale oder Kames aufgesetzt.

Nördlich des Rycktales zwischen Greifswald, Horst und Jeeser stellt die Grundmoränenplatte auf mehreren Kilometern Breite eine zwar reliefarme, in Bezug auf Formen und Sedimentvielfalt jedoch äußerst heterogene Toteiszerfallslandschaft dar. Sie besitzt ein horizontal stark gegliedertes und einander durchdringendes Mosaik von netzartig miteinander verzahnten kleinen Tälern und Becken sowie etwas darüber hinausragenden ebenen Grundmoränenflächen. Zu ihr gehören ebene Beckensandareale, die Spaltenfüllungszone im Gebiet Wendorf – Bhf. Jeeser – Kirchdorf – Gristow mit Osern, Kames und Mooren (z. B. Jeeser Moor und Zwischenmoore am ehemaligen Forsthaus Jager) sowie größere Beckenmoore (z. B. Salinen- und Kuhlenmoor nördlich Greifswald). In einem der Beckensandareale liegt 4 km nördlich von Greifswald das derzeit in Renaturierung befindliche Kieshofer Hochmoor (Fläche: 26,7 ha, Naturschutzgebiet/NSG), das durch Torfabbau bis in die zweite Hälfte des 19. Jahrhunderts ca. ein Drittel seiner ursprünglichen Fläche verlor. Ein Lehr- bzw. Wanderpfad der Universität Greifswald an dessen Westrand ermöglicht auf 600 m einen ganzjährigen Zugang (s. a. Jeschke et al. 2003). Ein weiteres Häufungsgebiet von Kames- und Os-Bildungen ist das 422 ha große NSG Oldenburger und Karlsburger Holz, u. a. mit dem aus Schmelzwassersanden bestehenden Ulanenberg (+31 m NHN).

Die Grundmoränenlandschaft wird in nahezu W-E-Richtung von der Velgaster Randlage (Abb. E 15.1) durchzogen. Ihr Nordrand verläuft von Buggenhagen am Peenestrom über südlich Lassan, Pulow (Rauer Berg, +43 m NHN), Zemitz, Hohensee, Hohendorf, Katzow, Hanshagen, Weitenhagen, Dersekow und Neu Ungnade westwärts, wo sie als geschlossener Sandgürtel endet und sich wohl auf der Nordseite der Rycktal-Niederung in der erwähnten Spaltenfüllungszone von Wendorf-Gristow fortsetzt. Eine Stauchendmoräne an ihrem Nordrand fehlt im Greifswalder Umland ebenso wie ein eigener Grundmoränenkörper. Sie weist auf Südost-Usedom ihre größte Breite auf (s. E 16) und wird in Richtung Dersekow immer schmaler, reliefschwächer und geringmächtiger. Ihre reliefstärkste Ausbildung innerhalb des Exkursionsgebietes weist sie zwischen Buggenhagen und Pinnow einerseits sowie Hohendorf und Buddenhagen andererseits auf.

Das Charakteristische der Velgaster Randlage innerhalb des Exkursionsgebietes ist ein Sandergürtel, der im Ostteil bis zu 6 km und westwärts nur noch 0,5 km Breite aufweist und binnenwärts in Becken-Feinsand übergeht. Im 1 bis > 10 m mächtigen Sedimentkörper wechseln Sande mit deutlich erkennbarer Schichtung mit äußerst homogenen Becken-Feinsanden ab, wobei die gröberen und schlechter sortierten Sande südwärts an Häufigkeit und Korngröße abnehmen und im Übergang zur Grundmoränenplatte, z. B. im Raum Relzow und im Karlsburger Holz, fast ausschließlich nur noch aus Becken-Feinstsanden bestehen.

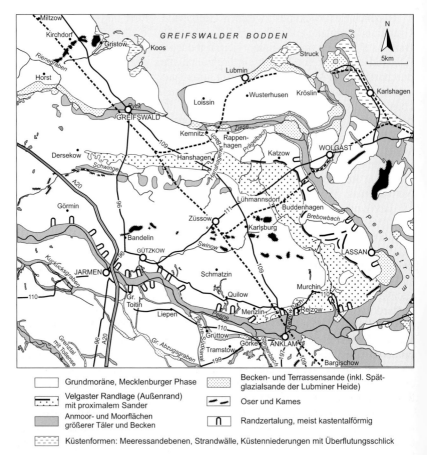

Abb. E 15.1: Genetische Landschaftseinheiten des Greifswald-Wolgast-Anklamer Raumes (nach Janke 1992, verändert, und Karte der quartären Bildungen 1:200.000 von Mecklenburg-Vorpommern, Blätter Stralsund (ÜKQ 1995, 2000) und Neubrandenburg/Torgelow (ÜKQ 2000, 2001b).

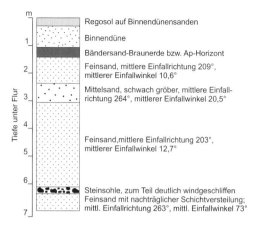

Abb. E 15.2: Schichtenfolge am Peenetalhang bei Menzlin, Kr. Ostvorpommern.

Die Sanderschüttung erfolgte sowohl über reliefierte Grundmoränenflächen als zum Teil auch auf und zwischen damals noch vorhandenen Resteisfeldern des Rosenthaler Vorstoßes. Einerseits durchbrechen Grundmoränenaufragungen die heutige Sanderoberfläche (z. B. im Raum Pinnow, Wahlendow und südlich Diedrichshagen), andererseits spricht ein von Moor- und Seesenken durchsetztes Kuppen-, Rücken- und Senkenrelief im Sander mit Reliefumkehr – die Resteisfelder ragten zum Teil höher auf als die Sanderschüttungen – für diese Interpretation. Wohl am eindrucksvollsten sind diese Reliefformen im Raum Lentschow (südlich Lassan) ausgebildet. Im Raum Murchin – Relzow – „Altes Lager" bei Menzlin erreichten die Schmelzwässer der Velgaster Staffel bei westlichem Abfluss das Peenetal. Der Aufschluss am nördlichen Peenetalhang beim Menzliner „Alten Lager" zeigte im Jahre 1980 die in Abbildung E 15.2 dargestellte Schichtenfolge: An der Basis sind mit einer Mächtigkeit von 1,5 m sehr steil einfallende (im Mittel > 70°) Feinsande aufgeschlossen, die von einer nahezu horizontal verlaufenden Steinsohle überlagert werden. Letztere wird als Residualsediment der Grundmoräne der Rosenthaler Randlage aufgefasst. Deren Geschiebe sind zum Teil windgeschliffen. Darüber folgen Sanderablagerungen der Velgaster Randlage. Den Abschluss bilden junge Binnendünensande mit Regosol, die auch die binnenwärts anschließenden Schiffsgräber der Wikingerzeit überlagern.

Unmittelbar südwärts an den Sander schließt sich zwischen Dargelin und Möckow-Berg in den Einzugsgebieten von Schwinge und Hanshäger Bach im 30 m-Niveau eine tiefer gelegene Beckenkette an. An deren Südrand im Raum Dargelin-Behrenhoff-Groß Kiesow-Gladrow-Lühmannsdorf erfolgt ein im

Gelände gut wahrnehmbarer, in der Regel mehr als 10 m betragender Anstieg der Grundmoränenoberfläche auf +40 m NHN und mehr, um wenige Kilometer weiter südlich in Richtung Peenetal auf nahe NHN abzufallen. Die zur Zeit der Ablagerung der Sandersand-/Beckensandfolge noch größtenteils von Rest- und Toteisfeldern ausgefüllte und heute verbreitet vermoorte Beckenkette ist durch eine Verzahnung und kleinräumige Vernetzung von glazilimnischen Beckensedimenten (Kalkschluffe bis -tone, kalkfreie Schluffe und Feinsande) und Geschiebemergel mit jungspätglazialen/holozänen Beckenausfüllungen im Hangenden gekennzeichnet.

Eine Besonderheit innerhalb des Exkursionsgebietes sind am Kliff von Lubmin aufgeschlossene und die Oberfläche der Lubminer Heide bildende spätglaziale Staubeckensande. Diese Feinsande, untergeordnet auch Fein- bis Mittelsande bzw. Feinsande bis Schluffe, sind in Oberflächennähe entkalkt und bei stark streuendem Einfallen nahezu horizontal geschichtet. Sie dürften etwa zur gleichen Zeit wie jene der Rostocker, Barther und Ueckermünder Heide sowie des Fischlandes und des Altdarßes (s. E 9, 10 u. 17) abgelagert worden sein. Die Lubminer Heide befindet sich im unmittelbaren westlichen Anschluss an die +1 bis +5 m NHN gelegenen Randterrassen des Peenestromes im Raum Spandowerhagen-Freest-Kröslin, an die sich binnenwärts ein fossiles, zur Pleistozänhochfläche überleitendes Spätglazialkliff anschließt. Die Staubeckensande der Lubminer Heide werden oberhalb des Kliffs verbreitet von geringmächtigen jungen Kliffranddünen und binnenwärts anschließend von Binnendünen überlagert. Letztere entstanden erst nach der mittelalterlichen Rodung als Folge unsachgemäßer Landwirtschaft auf küstennahen Sandstandorten sowie von Überbeweidung (Reifferscheid 1898, 1900, Janke 1971) und wurden erst im 19. Jahrhundert durch Aufforstungen festgelegt.

Ein auffälliges Landschaftselement sind die mehrere 100 bis über 1.000 m breiten, die Grund- und Endmoränenlandschaften durchschneidenden spätglazialen Schmelzwasserbahnen wie Ziese-, Ryck- und Peenetal, Peenestrom und Strelasund (Abb. E 15.1), zum Teil mit verhältnismäßig steil gewölbten Hängen. Ihre Erstanlage erfolgte wahrscheinlich schon vor der ausklingenden Mecklenburger oder gar der Pommerschen Phase. Sie waren im Hoch- bzw. Pleniglazial und Spätglazial der Weichsel-Kaltzeit zeitweise Abflussbahnen des Haffstausees (s. E 17). Zum anderen enthalten sie spätglaziale Staubeckensedimente, die im Ziesetal zwischen Kemnitz und Gustebin sowie im Rycktal westlich Wackerow größere terrassenartige Verebnungen einnehmen. Das Ziese- und Rycktal weisen in der Gegenwart bei Wüst Eldena bzw. Gustebin Bifurkationen (Fluss-Gabelungen) auf, von denen aus der Abfluss in östliche bzw. westliche Richtung erfolgt. Sie entstanden erst mit Anlage von Grenz- und Verbindungsgräben zwischen natürlicherseits kürzeren und in entgegengesetzte Richtungen sich bewegenden Fließgewässern. Die Verbindungsgräben sind fast gefällslos und verlanden ohne Pflegemaßnahmen schnell. Heute ist schwer vorstellbar, dass der Ziesebach zu herzoglich-pommerschen Zeiten (bis maximal zum Jahre 1637) zwischen Peenestrom und Greifswald mit kleinen Booten befahren werden konnte (Schwedische Matrikelkarte 1694, Arealausrechung zu Blatt Pritzier) und im ausklingenden 18. und beginnenden 19. Jahrhundert sogar dem Torftransport vom Pinnower Peenetalmoor zur Greifswalder Saline auf flachgehenden Ziesekähnen diente (Berghaus 1866).

Zu den Küstenlandschaften gehören vor allem littorinazeitliche Meeresbuchten, die heute vermoort und natürlicherseits überflutungsgefährdete gefällsarme Talmündungsbereiche darstellen. Hierzu zählen die Rycktalniederung unterhalb der Greifswalder Altstadt, die Mündungsgebiete der Ziese und der westlich Mesekenhagen in die Gristower Wiek mündenden Beek sowie das Peenetal unterhalb Görke. In der Gegenwart schützen Deiche die meisten dieser Küstenniederungen vor stärkeren Überflutungen. Im November 1872 zerstörte das schwere Sturmhochwasser die über den Ryck führende Eisenbahnbrücke und unterspülte den Bahnkörper im Gebiet zwischen Jeeser und Mesekenhagen und in den Jahren 1904 und 1913 drang das Ostsee-Hochwasser zwischen Kowall und Mesekenhagen bis über die Bundesstraße 109 landeinwärts vor.

Weitere Küstenlandschaften des Exkursionsgebietes sind Haken und Höftländer mit zum Teil kräftigen Strandwällen sowie schlickreiche Überflutungswiesen. Erstere kommen am Streng nördlich Wampen (Abb. E 15.3, s. Farbteil), im Bereich der Lanken und des Struck sowie in weitaus kleinerer Ausbildung z. B. an den Inseln Koos (Fläche: 1,49 km^2) und Riems (Fläche: 0,25 km^2, Standort des Friedrich-Löffler-Instituts für Tierseuchenforschung als Bundesbehörde) vor. Die Überflutungswiesen sind an zumeist vermoorte Boddenküstenabschnitte gebunden, die nicht eingedeicht sind und beweidet werden; mehrfach ist Salzwiesentorf ausgebildet. Auf ihnen findet sowohl natürliches Torfwachstum als auch bei Sturmhochwasserlagen Sedimentzufuhr aus dem Schorrebereich statt. Zu ihnen gehören der nördlichste Teil des Struck, die Kooser und die Karrendorfer Wiesen, Teile des West-Koos sowie der unmittelbar an die Dänische Wiek grenzende Teil des Ziesetales. Auf den Karrendorfer Wiesen erfolgte zwecks Renaturierung ab Herbst 1992 die Rückverlegung des Küstenschutzdeiches (Holz & Eichstädt 1993; Holz et al. 1996; Janke & Lampe 1996), wodurch sich auf 400 ha Fläche Überflutungsmoore und Salzgrünland wieder regenerieren können. Ein besonders typisch ausgebildetes Höftland mit dreieckigem Grundriss der marinen Anlandungsfläche bildet das NSG Lanken mit in Ufernähe zum Teil verdünten Reffen und Riegen, naturnahen Waldbeständen und Resten eines einstigen Hudewaldes.

In den Überflutungsschlicken des Gebietes treten verbreitet „Schwarze Schichten" auf (Janke & Lampe 2000). Es sind dies stärker humose und schluffig-tonige Zwischenlagen zwischen 30–65 cm unter Flur (Abb. E 15.4,

s. Farbteil, vgl. Kap. 4.2). Sie entstanden während der Kleinen Eiszeit, jüngeren Küstenniederungen fehlen sie. Dieses Alter belegt auch die ^{14}C-Datierung eines unmittelbar unterhalb der Schwarzen Schicht gelegenen Baumstammes aus der Uferzone des Kooser Sees (Abb. E 15.4, s. Farbteil). Die besterhaltenen, nicht eingedeichten Flachküstenabschnitte sind Bestandteil der NSG „Insel Koos, Kooser See und Wampener Riff", „Lanken" und „Peenemünder Haken, Struck und Ruden" und für den Besucherverkehr nicht geöffnet, außer auf Wanderwegen im Bereich der Lanken und der Karrendorfer Wiesen, dort mit Aussichtsplattform.

Außerdem wird ein Abstecher in das Landschaftsschutzgebiet „Unteres Peenetal" zwischen Loitz und Peene-Mündung (2.448 ha Fläche, vier NSG) empfohlen. Das Talinnere ist auf einer Breite von 0,6 bis > 3 km östlich Anklam vermoort, wobei der mäanderreiche Fluss auf seinen mündungsnächsten 80 km Lauflänge zwischen Kummerower See und Peenestrom nur ein Gefälle von 0,2 m aufweist. Dadurch sind sowohl von der Küste als auch nach hohen Niederschlägen bei binnenländischen Windrichtungen Aufstau und Überschwemmungen möglich. Der Moorkörper zwischen Talhang und Fluss gliedert sich in Hangquell-, Durchströmungs- und Überflutungsmoore (im Sinne von Succow & Jeschke 1986), letztere in Flussnähe. Erstere wurden größtenteils durch Entwässerungsmaßnahmen zerstört, während die den Hauptanteil bildenden Durchströmungsmoore gebietsweise noch in natürlichem Zustand bzw. regenerierbar sind. Bestehende Torfstiche und aufgelassene Polder verlanden aufgrund des geringen Talgefälles schnell. Die derzeit sich vollziehende Renaturierung der zu DDR-Zeiten angelegten und verbreitet bis -NHN entwässerten Polder verläuft nach zwei Verfahren (Hennicke 2000). Zum einen (z. B. Polder Murchiner Wiesen, Anklam West, Görke, Menzlin, Pentin, Priemen, Zeitlow) werden die Deiche abgetragen und die Polder geflutet und zum anderen überlässt man nach Schließung der Entwässerungsgräben die Moorflächen ihrer natürlichen Wiedervernässung und trägt die Deiche erst dann ab, wenn das Moor über das Flussniveau angewachsen ist (Polder Rustow). Durch Moorquellung und Torfwachstum steigt im letzteren Fall die Oberfläche jährlich um 3–5 cm an.

Vor allem die reliefstärkere Nordflanke des Peenetales weist verbreitet eine ausgeprägte Randzertalung auf und einige der einmündenden Täler sind ebenfalls einen Abstecher wert, so das der Schwinge (Os, im Unterlauf Kerbtal; NSG) und Swinow sowie des Quilower, Polziner, Libnow- und Stegenbaches, im Bereich des letzteren wird zwischen Butzow und Görke eine Talrenaturierung durchgeführt. Diese Täler besitzen in ihrem Mündungsbereich einen kastentalförmigen Querschnitt mit einer mehrere Meter mächtigen Torfdecke. Nach einem kürzeren Abschnitt mit Kerbtalcharakter setzen sie sich talaufwärts auf der reliefschwachen Grundmoräne als Sohlen- bis Sohlenkerbtäler mit unterschiedlich breiter Talaue und mäandrierenden Bächen fort.

Das untere, zwischen Loitz und Mündung W-E verlaufende Peenetal wird mindestens seit der ausklingenden Ältesten Dryas in östliche Richtung entwässert. Zuvor, zur Zeit des Haffstausees und auch der Velgaster Randlage, fand auf der gesamten Talbreite ein westwärts gerichteter Abfluss statt. Einer ersten Einschneidungsphase noch vor dem Meiendorf-Intervall folgte eine zurzeit noch nicht weiter differenzierbare Phase höheren, bis ca. -2 m NHN ansteigenden Talwasserspiegels, zwischen Meiendorf und ausklingender Jüngerer Dryas. Das Präboreal war wieder eine Einschneidungsphase. Zu Beginn des Atlantikums war das Relief der Taloberfläche zum Teil noch unausgeglichen und in den Tieflagen entstanden bei steigendem Grund- und Flusswasserspiegel verbreitet Flachseen mit Seekreideablagerung (Janke 2002). Weiter steigender Grundwasserspiegel und die Littorina-Transgression lösten die zunehmend flächenhaft werdende Talvermoorung aus.

Der Wanderführer „Abenteuer Natur im unteren Peenetal" (Vegelin & Heinz 2008) informiert über sechs Abstecher in das Peenetal zwischen Jarmen und Anklam; s. außerdem auch Jeschke et al. (2003). Besonders empfohlen wird ein Abstecher zum Standort einer ehemaligen Wikingersiedlung mit einem in das heute vermoorte Tal führenden Pflasterdamm jener Zeit und erhaltenen bootsförmigen Bestattungsanlagen sowie Resten eines Trockenrasens und einer Aussichtsplattform auf den gefluteten Polder Menzlin. Abb. E 15.2 informiert über die bis vor kurzem dort aufgeschlossene Schichtenfolge in einer Sandgrube unweit vom „Alten Lager".

Zu empfehlen sind des Weiteren ein Besuch des Pommerschen Landesmuseums in Greifswald (www.pommersches-landesmuseum.de) und der Geschiebesammlung im Institut für Geographie und Geologie der Greifswalder Universität (www.uni-greifswald.de/~geo). Außerdem lohnen ein Besuch des 1199 gegründeten Zisterzienser-Klosters Eldena sowie des unweit davon gelegenen Waldgebietes Elisenhain des NSG Eldena (Größe: 407 ha) mit artenreichem Laubwald, alten Naturwaldzellen sowie Verjüngungs- und Regenerationsstadien (s. a. Jeschke et al. 2003).

E 16: Usedom

Als südöstlich an den Raum Hiddensee/Rügen und den Greifswalder Bodden anschließende Einheit der Küstenlandschaft Vorpommerns wird in diesem Exkursionskapitel die 406 km² große Insel Usedom behandelt, die man über die beiden Peenestrom-Brücken in Wolgast (Bundesstraße B 111) bzw. östlich Anklam (Zecheriner Brücke; B 110) erreicht. Einen beeindruckenden Panoramablick über die Insel Usedom bietet bei günstigem Wetter die Besteigung des Turmes der im 14. Jahrhundert erbauten Wolgaster St. Petri-Kirche (Backstein-Gotik, dort auch Herzogsgruft mit Prunksärgen, „Wolgaster Totentanz").

Die Mächtigkeit des Pleistozäns auf der Insel schwankt zwischen 13 und 80 Metern. Es lagert Oberkreidesedimenten unterschiedlichen Alters auf, wie aus Bohrungen und dem Auftreten vom Inlandeis nicht weit transportierter Kreideschollen am Golm (Unter-Turonium), bei Garz (Coniacium und Campanium), Heringsdorf (Campanium) und Stagnieß (Unter-Maastrichtium) hervorgeht (Münzberger et al. 1992). Auf dieser durch Erhebungen und Einsenkungen geomorphologisch stärker differenzierten präquartären Kreideoberfläche formten insbesondere das Eis des Mecklenburger Vorstoßes mit seinen Randbildungen und die nachfolgenden Abschmelzprozesse sowie zwei Generationen von Schmelzwasserstaubecken das pleistozäne Relief der Insel (s. Abb. 16.1).

Nach dessen Ausbildung kann man Usedom in zwei unterschiedlich gestaltete Inselteile aufgliedern: Der Nordwest-Teil, zu dem auch das „Mittelusedomer" Gebiet zwischen Ostsee und Achterwasser gehört, besteht aus kleineren Pleistozänkernen (z. B. bei Peenemünde, Bannemin, Zinnowitz, Koserow und auf der Halbinsel Gnitz) und überwiegend aus holozänen marinen und äolischen Bildungen der Nehrungen. Er ist durch reliefschwache Grundmoränen und Niederungen mit einigen kleinen Seen und nur wenigen höheren Erhebungen wie dem Weißen Berg (+31 m NHN) auf der Halbinsel Gnitz und dem Kirchenberg bei Morgenitz (+49 m NHN) gekennzeichnet.

Der Südostteil ist demgegenüber reliefstark und wird von mehreren pleistozänen Erhebungen mit zwischengeschalteten Becken geprägt. Bestimmendes Element im Südost-Teil ist die Velgaster Randlage (W3V), die als Satz-, z. T. auch Stauchendmoräne, gabelförmig die Insel zwischen Neppermin, Pudagla und Kamminke durchzieht, zwischen letzteren in zwei deutlich voneinander abgesetzten Wällen. Ihr südlich vorgelagert sind der Mellenthiner und der Garzer Sander. Die Halbinseln am Peenestrom (Wolgaster Ort, Lieper Winkel, Usedomer Winkel) werden von Grundmoräne der Mecklenburger Phase eingenommen. Die rückwärtigen Gletscherzungenbecken des Thurbruchs, Gothensees und Schmollensees sind heute weitflächig von Niedermoor bedeckt. Nach Norden zur Ostsee bzw. nach Osten zur Swine-Niederung folgen als reliefreichste Einheit der Insel (auch „Usedomer Schweiz" genannt) – verbreitet unter W3-Geschiebemergel – Ältere Schmelzwassersande (Beckensande). Während und nach der Deglaziation wurden im 2–5 m-Niveau die Jüngeren Schmelzwassersande terrassenartig um Achterwasser und Gothensee abgelagert, die auch entlang des Peenestroms und bei Peenemünde verbreitet sind.

An den aktiven Kliffen der Usedomer Außenküste, am Weißen Berg der Halbinsel Gnitz und in einigen Aufschlüssen des Inselinneren werden die Lagerungsformen der pleistozänen Sedimente am besten sichtbar (Abb. 16.1). Krienke (2004) gibt folgendes vereinfachtes Normalprofil an:

- 0–2 m (max. 10 m) Kliffrand-Düne, Holozän
- 0–2 m (max. 4 m) Oberer Geschiebemergel, W3 bzw. qw3

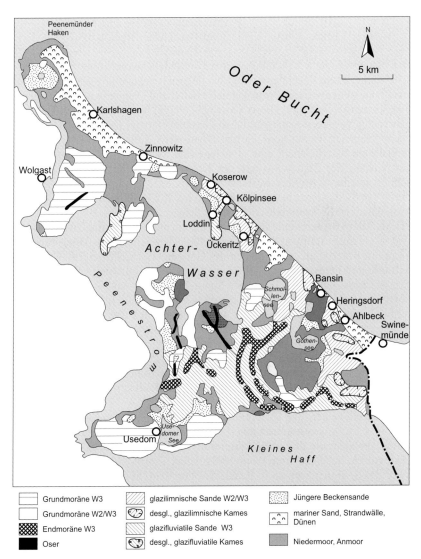

Abb. E 16.1: Geologische Karte von Usedom (nach ÜKQ 200 1996, 2001b und Krienke 2004).

- 20 m (10–50 m) Älterer Beckensand, W2 bzw. qw2 ?
- 0–2 m (max. 10m) Unterer Geschiebemergel, S bzw. qs ?

Der blaugraue, stark kalkhaltige Untere Geschiebemergel (über 50 % silurische Kalke, kaum Feuersteine) liegt bei ungestörter Lagerung unter NHN und spießt nur stellenweise in Form schmaler Sättel und Diapire in den überlagernden Älteren Beckensand. Dieser Geschiebemergel wird mit einem in Bohrungen nachgewiesenen Saale-zeitlichen Geschiebemergel parallelisiert, der flächendeckend in Tiefen von -15 bis -30 m NHN auftritt. Die Grundmoräne erreicht am Streckelsberg eine Hochlage und auch die Blockansammlungen der Vineta-, der Zinnowitz- und der Koserow-Bank dürften durch Auswaschung aus dieser Moräne entstanden sein (Kliewe 1957/58). Allerdings sind durch das Steinzangen in den Jahren 1818 bis 1823 zahlreiche Blöcke für den Molenbau von Swinemünde entfernt worden.

Als Ältere Beckensande werden bis zu 50 m mächtige Schmelzwassersande und -kiese mit auffälligen Schichtungsgefügen bezeichnet. Die Ablagerung beginnt mit Aufarbeitungssedimenten des Unteren Geschiebemergels. Es folgen Schluffe und Feinsande mit Schrägschichtung sowie climbing-ripple-Strukturen, die zum Hangenden in kiesige Sande mit Planar- und Schrägschichtung übergehen, womit ein Wechsel des Ablagerungsmilieus (glazifluviatil-glazilimnisch-glazifluviatil) angedeutet wird. Über die aus dem liegenden Mergel einspießenden schmalen Falten- und Schuppenstrukturen bestehen zwei genetische Auffassungen. Zum einen werden sie auf glazigene Stauchung während des Überfahrens durch das W3-Inlandeis zurückgeführt (Richter 1937, Kliewe 1960, Schulz 1959, 1998), zum anderen als durch die Auflast des W3-Gletschers (Rühberg 1995) oder rein gravitativ durch Mollisol-Diapirismus (Ruchholz 1979) verursacht.

Generell zeigen die Usedomer Steilufer auch zahlreiche Bereiche mit kleineren Störungsstrukturen innerhalb ehemaliger – maximal 2 m mächtiger – Auftauböden, die in Abhängigkeit vom periglazialen Relief durch Schlierentexturen, Taschen- und Tropfenbildungen, Einrollungen oder die Auflösung des Sedimentkörpers in Phakoide oder Xenolithe gekennzeichnet sind (Niedermeyer & Ruchholz 1992). Die Älteren Beckensande lagerten sich auf und zwischen Toteis eines niedertauenden (Pommerschen ?) Gletschers in einem Schmelzwasserstausee ab, wobei nördliche Schüttungsrichtungen überwiegen (Kohn 1974). Die Herkunft der Sande bleibt allerdings umstritten. Das Niedertauen des verschütteten Toteises führte zu einer Reliefumkehr der Beckensand-Ablagerungen, die mit gravitativ bedingten Deformationen einherging. Die nach der Reliefumkehr aus den Ablagerungen in den eisfreien Arealen hervorgegangenen Höhenrücken werden heute – je nach Sedimentinventar – als glazilimnische (Streckelsberg, Pagelunsberge, z. T. Langer Berg) oder glazifluviatile (Gnitz, Loddiner Höft) Kames i. w. S. betrachtet, um sie von den flacheren Aufeis-Ablagerungen des Stausees abzugrenzen (Krienke 2004).

Der hellere, sandige Obere Geschiebemergel, der unter 40 % silurische Kalke, 1–10 % Kreidekalke sowie wenig Feuersteine enthält (Schulz 1959), überlagert lückenhaft den Älteren Beckensand. Er wird dem W3-Eis (Mecklenburger Vorstoß) zugerechnet. Während er auf den Erhebungen häufig fehlt, ist er in den tieferen Lagen in größerer Mächtigkeit weit verbreitet. Analog dem M3-Mergel auf Jasmund (Rügen; s. E 12) ist der Obere Geschiebemergel von Usedom oft durch Bodenfließen innerhalb einer Solifluktionsschuttdecke deformiert (z. B. Kliffprofile bei Koserow, Ückeritz und Bansin, Malmberg Persson 1999). An den Kliffen wird das Profil zumeist mit einer mächtigen Kliffranddüne abgeschlossen, die durch Auswehung vor allem des Älteren Beckensandes entstanden ist. Ein während des ausgehenden Pleistozäns bis ins Holozän entstandener Podsol oder ein Ortsteinhorizont markieren den Übergang zwischen Beckensand und Düne.

Über die Kliffprofile hinaus hat Usedom im Inselinneren einige weitere charakteristische pleistozäne Bildungen aufzuweisen. Dazu gehören die pleniglazialen Eispaltenablagerungen der durch Reliefumkehr entstandenen Wallberge (Oser) wie das Mellenthiner Os und der Ubu östlich der Straße zwischen Liepe und Rankwitz. Morphologisch kaum in Erscheinung tritt der Jüngere Beckensand, der ausgangs der Eiszeit abgelagert worden ist und im Bereich zwischen 2 und 5 m NHN terrassenförmig die Niederungen des Peenestroms, Achterwassers und Gothensees umgibt (Kliewe 1960, Haack 1960). Er weist auf ein Entwässerungssystem aus dem Bereich der Oder und der Ueckermünder/Gollnower Heide hin (dort Terrassenniveaus von 20 bis 10 m NHN; Bramer 1964, Dobracka 1983), dessen Wasserspiegel phasenhaft absank und sich dabei auch in ältere Ablagerungen einschnitt. So finden sich auf Usedom (und darüber hinaus auf Rügen und im Raum Darß-Zingst) spätglaziale Beckensande in einem Niveau von -6 bis -12 m NHN in der Pudagla-, Swine- sowie in der Peenemünde-Zinnowitzer Niederung (s. u.). Damit werden einerseits der Übergang zu den wahrscheinlich miteinander kommunizierenden Becken der Oderbucht und der Falster-Rügen-Platte, andererseits die Wasserspiegelabsenkung während des Spätglazials/Frühholozäns angedeutet (Janke 1978, Lampe 2005a). In höher gelegenen isolierten Becken entstanden durch Toteisaustauen, mindestens seit dem Alleröd, Seen wie der Große und Kleine Krebssee.

Ein wichtiger spätpleistozäner Aufschluß existierte zeitweise am Kliff nordwestlich von Bansin, wo ein zwischen zwei Aufragungen des jüngsten Tills befindliches Sumpftorflager nach Pollenanalyse und ^{14}C-Datierung zeitlich in das Alleröd eingeordnet werden konnte (Hallik & Ludwig 1959). Die Schichtfolge war im liegenden Teil durch periglaziale Tropfen- und Würgebodenbildung erheblich verformt. Der Aufschluß wurde später erneut freigelegt

(Kliewe 1968, Kliewe & Schultz 1970, Helbig 1999), ist seit längerem aber wieder verschüttet.

Über die Verbreitung frühholozäner Bildungen ist wenig bekannt, da die Abtragungsgebiete der Erhebungen durch die dichter werdende Vegetation morphodynamisch stabilisiert wurden, die tiefer gelegenen Bereiche dagegen heute unter marinen Sedimenten verborgen sind. Bohraufschlüsse zeigen, dass in den Niederungen verbreitet flache Gewässer existierten, in denen vornehmlich Kalk-, untergeordnet auch Organomudden zum Absatz gelangten.

Eine gravierende Überprägung der frühholozänen Landschaft setzte vor ca. 8.000 Jahren ein, als die Littorina-Transgression den heutigen Küstenraum erreichte. Sie verlief prinzipiell wie in Kapitel 4 beschrieben. Überschlägige Kalkulationen lassen auf einen dadurch hervorgerufenen Küstenrückgang an den Pleistozänkernen von ca. 2–2,5 km schließen (Hoffmann & Lampe 2007), deren abradiertes Sedimentvolumen den Aufbau der Nehrungen ermöglichte. Viele Seen Usedoms, darunter Kleiner und Großer See bei Peenemünde, Kölpin-, Schloon- und Schmollensee sind als Strandseen aus ehemaligen Meeresbuchten hervorgegangen und durch die Nehrungsbildung vom Meer abgeriegelt worden. Die liegenden Bereiche ihrer Ablagerungen sind marin-brackige Sedimente, die erst seit ca. 1.500 Jahren durch limnische Mudden ersetzt werden. Der mindestens seit dem Allerød existierende, stärker isolierte Gothensee wurde nur im ausgehenden Atlantikum und im Frühen Subatlantikum durch den steigenden Meeresspiegel beeinflusst. Eine marine Ingression wie in den anderen Strandseen hat sich bei ihm nicht nachweisen lassen.

Küstendynamisch lässt sich die heutige Usedomer Außenküste in einen zentral gelegenen Abrasionsbereich zwischen Zempin und Bansin mit dem Streckelsberg als Hauptsedimentlieferanten und die zwei randlich gelegenen Akkumulationsbereiche der Peenemünde-Zinnowitzer und der Heringsdorf-Swinemünder Seesandebene teilen (Schwarzer et al. 2003b). Die auf Grund dieser Gegebenheiten schmalen und nur niedrige Dünen tragenden holozänen Niederungen des abrasiv geprägten Mittelusedomer Raumes waren seit altersher in besonderem Maße gefährdet. In den beiden Akkumulationsbereichen (Meeressandebenen) dagegen weisen größere Strandbreiten und höhere Dünen auf eine positive Sedimentbilanz hin. Der mit der Entstehung neuer Vordünen verbundene Flächenzuwachs in den Akkumulationsgebieten ist insgesamt größer als der durch den Kliffrückgang hervorgerufene Flächenverlust an den Inselkernen.

Entsprechend konzentrieren sich die Bemühungen des Küstenschutzes auf den zentralen Teil der Insel, wo mittels Wellenbrechern, Strandernährungen und Buhnenfeldern versucht wird, den Küstenrückgang aufzuhalten oder zu verlangsamen und notwendige Hochwasserschutzbauten zu sichern. Zu den Akkumulationsräumen hin fallen diese Eingriffe zunehmend weniger umfangreich aus und können schließlich auf den Hochwasserschutz allein konzentriert

Usedom

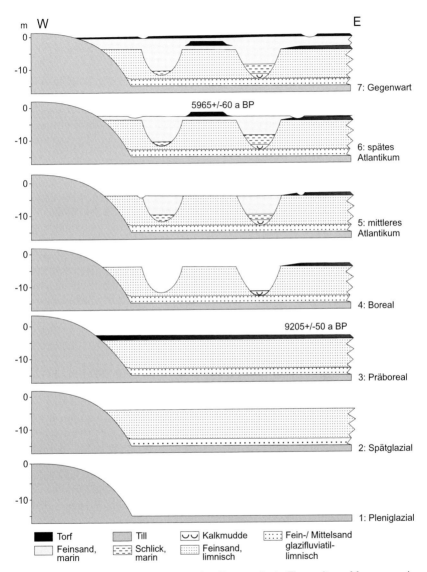

Abb. E 16.2: Entwicklungsphasen der Peenemünde-Zinnowitzer Meeressandebene (Hoffmann & Lampe 2002).

werden. Auf Besonderheiten soll in den folgenden Exkursionsvorschlägen eingegangen werden (s. a. Geotouristische Karte 1:200.000/GTK 200 2004).

1. Halbinsel Gnitz

In Zinnowitz nach Süden auf die Kreisstraße 29 abbiegend gelangt man über Ausläufer der Peenemünde-Zinnowitzer Meeressandebene zur Halbinsel Gnitz. Vom Zissberg hinter dem Zinnowitzer Friedhof hat man einen Überblick über den südlichen Teil der Meeressandebene mit der Sturmflutrinne des Strummin-Sees. Einen Eindruck von Genese und Aufbau der Meeressandebene vermittelt Abb. E 16.2.

Man erkennt, dass die W3-Moräne auf > -15 m absinkt oder ausgeräumt wurde. Danach wurden spätglaziale Schmelzwassersande bis ca. -6 m aufgeschüttet, die bei fallendem Wasserstand durch zwei tiefe Rinnen zerschnitten wurden, über die die Peene in die Oderbucht entwässerte. In den Rinnen existierten im Präboreal/Boreal Flachgewässer, die Mudde und Kalkmudde sedimentierten. Mit einsetzender Littorina-Transgression wurden erst die Rinnen, später der gesamte Raum überflutet. Durch den steigenden Wasserspiegel bildeten sich kurzzeitig Torfe auf den Schmelzwassersanden, die wenig später durch marine Sande überdeckt wurden. Diese Sande gehörten zu einem Schaar, das durch Strandwall- und Dünenbildung an der Außenküste zunehmend inaktiv wurde. Verstärktes Längenwachstum des Peenemünder Hakens und ein durch die jungsubatlantische Trangression seit ca. 1.200 Jahren schneller steigender Wasserspiegel führten zum Aufwachsen der hangenden Niedermoortorfe.

Die Polderung und Entwässserung dieser Flächen vor allem im 20. Jahrhundert haben zu Torfschwund und Absenkung der Oberfläche geführt, so dass heute weite Bereiche der Niederungen zwischen Zinnowitz, Bannemin, Trassenheide und Karlshagen unter dem Meeresspiegel liegen. Ein infolge des Klimawandels weiter (und schneller ?) steigender Meeresspiegel wird den Entwässerungsaufwand wachsen und den Flächenertrag sinken lassen (Kowatsch et al. 1998, Darsow et al. 2005). Die Wiederherstellung des natürlichen Überflutungsregimes durch Ausdeichung der landwirtschaftlichen Flächen und eine extensivierte Nutzung könnten die Niedermoore wieder zu einem mit dem steigenden Meeresspiegel Schritt haltenden Wachstum anregen und einen Beitrag zu einem nachhaltigen Hochwasserschutz leisten.

Der Straße weiter folgend wird die Ortschaft Lütow erreicht, wo man einen Eindruck von ehemaligen geologischen Erkundungsarbeiten auf Erdöl und Erdgas erhält, die im Jahre 1965 den Nachweis der bisher größten ostdeutschen Erdöllagerstätte in den Karbonatablagerungen des Zechsteins (Stassfurt-Karbonat) erbrachten (Erdölreserven 4,25 Mill. Tonnen; s. a. Kap. 2.4). Im Bereich der auch die Insel Görmitz einschließenden Struktur Lütow, die zu einem ehemaligen Barriere-Riff am NE-Rand des Germanischen Zechsteinbeckens (Grimmener Wall) gehört, wurden 13 Bohrungen erdölfündig. Das zu Beginn der Förderung infolge eigenen Lagerstättendrucks austretende Erdöl wurde später mittels Tiefpumpbetrieb gewonnen. Von einst 60 Fördersonden sind noch 6 verblieben. Knapp 3.000 Tonnen wurden 2009 bei Lütow aus der Erde gepumpt, im Spitzenjahr 1969 waren es 220.000 Tonnen. Die Förderung wird zunehmend schwieriger, da der Lagerstättendruck geringer wird. Weitere Kohlenwasserstoffvorkommen innerhalb des Stassfurt-Karbonats wurden auf Usedom bei Heringsdorf (Erdgaskondensatlagerstätte) sowie bei Krummin (Stickstoff-Helium-Gaslagerstätte) nachgewiesen (vgl. Münzberger et al. 1992, Schretzenmayr 2004, LBEG 2010).

Westlich von Neuendorf erstreckt sich bis zur Südspitze der Halbinsel Gnitz (NSG) ein markanter Höhenzug, der als glazifluviatile Bildung (Kame) interpretiert wird. Seine innere Struktur ist am Kliff an der Krumminer Wiek z. T. gut aufgeschlossen. Unterhalb des Naturcamp-Zeltplatzes (Ausgangspunkt der Rundwanderung) sind zwei Geschiebemergel erkennbar, die durch eine Steinsohle getrennt sind. Ihre stratigraphische Stellung ist noch unklar, doch sollte der obere Mergel dem W3-Gletschervorstoß entsprechen. Nach Süden taucht der untere Mergel ab und die Älteren Beckensande schieben sich zwischen die beiden Moränen. Der Obere Geschiebemergel ist allerdings im Bereich der Erhebungen nur äußerst lückig ausgebildet. Am Weißen Berg (30 m) sind am Strand bis +2 m NHN reichende feinsandige Schluffe mit climbing-ripple-Strukturen aufgeschlossen. Den größten Teil des Profils nehmen nach oben folgende, schräggeschichtete Feinsande ein. Die obersten Meter werden von planar geschichteten, kiesigen Sanden gebildet, die von einer Kliffranddüne überdeckt werden. Am Kliff finden ständig Rutschungen statt, deren Material von Wellen und Strömungen verfrachtet wird.

Im Süden der Halbinsel weist ein fossiles Kliff mit Höftland (Mövenort) auf die holozäne Küstendynamik hin. Es stellt den Ablagerungsraum für die vom Weißen Berg stammende Fracht dar. Die niedriger gelegene Ostseite der Halbinsel wird von W3-Grundmoräne eingenommen, über die man zum Zeltplatz zurück gelangt. Nördlich des Zeltplatzes ist das Kliff inaktiv und weitgehend vegetationsbedeckt. Auffällig sind kurze, steile Trockentäler, deren Basis nicht bis auf den Strand reicht. Diese Hängetäler werden auf periglaziale Randzerschneidungsprozesse am Abhang zur Krumminer Wiek zurückgeführt (Kliewe 1960), jedoch ist eine Reaktivierung zur Zeit der mittelalterlichen Entwaldung sehr wahrscheinlich.

2. Dünenquerprofil bei Trassenheide
Zwischen den Pleistozänkernen nördlich von Peenemünde und bei Zinnowitz, die jeweils bis an die heutige Oberfläche aufragen, bildete sich mit einsetzender Littorina-Transgression eine offene Bucht, die seitlich durch kleinere Hakenbildungen eingeengt wurde. Erst als die Anstiegsgeschwindigkeit des Mee-

resspiegels nachließ, wurde die Nehrung durch rasch wachsende Haken mit dahinter gelegenen Schaarflächen aufgebaut (Abb. E 16.3, s. Farbteil).

Die littorina- und postlittorinazeitlichen Sedimente unter dieser Meeressandebene (Mudden, Sande, Torfe) schwanken in ihrer Mächtigkeit um 10 m. Nach weitgehendem Nehrungsschluss entstanden progradierende (meerwärts sich verlagernde) Strandwall- und Dünensysteme (Kliewe & Rast 1979). Die Braun-, Gelb- und Graudünen zwischen Kiehnheide östlich Peenemünde und dem Glienberg bei Zinnowitz entwickelten sich während der letzten ca. 4–5 Jahrtausende aus ehemaligen Weißdünen. Sie erhielten ihre Bezeichnung aufgrund unterschiedlich langer Bodenentwicklung. Braundünen mit einem Bsh-Horizont sind die ältesten, Graudünen mit Regosol-Profil die jüngsten Bildungen. Braun- und Gelbdünen sind vorwiegend als uferparallele Walldünen ausgebildet, Graudünen in der Regel als besonders reliefstarke Kupstendünen. Letztere überwanderten gebietsweise einen Teil der älteren Walldünen. Zu ihrer Entstehung trugen auch Entwaldung und Überweidung bei (Janke 1971). Einen Überblick über die Zusammenhänge zwischen dem Bildungsalter der Dünen, den Stadien der Bodenbildung und der Vegetationsentwicklung gibt Abb. E 16.4. Der Dünengürtel kann auf mehreren, ihn querenden Wegen zwischen den Bahnhöfen Trassenheide und Karlshagen erwandert werden.

3. Küstenschutz und Kliffprofile zwischen Zempin und Ückeritz

Die Exkursion führt vom Ostausgang Zempins entlang einer besonders gefährdeten Niederung nach Koserow. Bei schweren Sturmhochwässern (insbesondere im 19. Jahrhundert) wurde diese kaum geschützte Küste an ihren schmalsten Abschnitten zum Achterwasser hin mehrmals durchbrochen. Der Rieck ist eine ehemalige Sturmflutrinne, an der sich die Ostsee und das Achterwasser auch heute noch auf ca. 250 m annähern. Bei der „Jahrtausendflut" im November 1872 wurde die kleine Ortschaft Damerow ein Opfer des Hochwassers. Ein Gedenkstein unmittelbar an der Straße, die von der B 111 in Richtung Koserow abzweigt, erinnert an das dramatische Ereignis von einst. Heute ist dieser sensible Abschnitt durch Boddendeich, Seedeich, Küstenschutzwald, eine künstlich aufgespülte Hochwasserschutzdüne und ein vorgelagertes Buhnensystem massiv befestigt. Bei Koserow folgt man am besten dem Steiluferweg auf den Streckelsberg, von wo man einen guten Überblick über das komplexe Schutzsystem zur Stabilisierung dieses zentralen Pfeilers der Insel Usedom hat.

Der ca. 60 m hohe und größtenteils aus Älteren Schmelzwassersanden aufgebaute Streckelsberg war wegen seiner exponierten Lage seit Jahrhunderten Hauptsedimentlieferant für die Nehrungen, aber auch Wegweiser für die Schifffahrt. Um sowohl die Versandung der Swinemündung zu mindern als auch zum Schutz von Seezeichen begannen schon früh Versuche, den Uferrückgang zu stoppen. Im Jahr 1860 wurde eine Steinpackung angelegt und mit dem Bau von Pfahlbuhnen begonnen. Nach den zerstörerischen Hochwässern

Usedom

Kennzeichen	Platte	Niederung	Braundüne	Gelbdüne	Graudüne	Weißdüne	Strand
Relief	schwach wellig	eben	Reff-Riegen-Relief, Riegen vermoort	Reff-Riegen-Relief, Riegen nicht vermoort	Unregelmäßiges Steilkuppen-Wannen-Relief	Längsrücken	Geneigte Platte
Boden	Salmtieflehm-Braunstaugley	Torfflachsand	Sand-Eisenhumus-Podsol	Sand- Humuspodsol	Sand-Ranker und Sand-Jungpodsol	Sand-Ranker	Sand-Syrosem
Bodenwasser-Haushalt	wechselfeucht, period. Stauwasser	feucht-naß, permanent Grundwasser	mäßig frisch, wechselfrisch, Sickerwasser	mäßig frisch, wechselfrisch, Sickerwasser	überwiegend trocken, wechselfrisch, Sickerwasser	überwiegend trocken, wechselfrisch, Sickerwasser	permanent Grundwasser
Vegetation	Acker, pot.: mittl. bis armer Eichen-Buchen-Wald	Saatgrasland pot.: nasser Eichen-Birken-Bruch oder Moorbirken-Erlen-Wald	eutrophierter Sauerklee-Blaubeer-Kiefern-Forst (Reffe), pot.: Zwergstrauch-Kiefern-Wald mit Feuchtheide in Riegen	Heidekraut-Hegemoos-Kiefern-Forst, z.T. eutrophiert, pot.: ärmerer Zwergstrauch-Heidekraut-Krähenbeer-Kiefern-Wald	Flechten-Kiefern-Forst, Silbergrasfluren, pot: Flechten- und Krähenbeer-Kiefern-Wald	Strandroggen-Strandhafer-Flur	Spülsaum, meist veg.-frei
Lockermaterial	Lehmsand über Sandlehm und Lehm	Torf ü. Sand	Sand	Sand	Sand	Sand	Sand
Rezente Prozesse	Materialumlag. durch Wind und Wasser, Bodenbildung, Verbraunung, Stauvergleyung	Techn. GW-Absenkung, Torfsackung, Verdichtung, Mulmbildung	Windbedingte Materialumlag., Podsolierung, Bsh-Horizont rostbraun, >20 cm, fest	Windbedingte Materialumlag., Podsolierung, Bh-Horizont gelb- graubraun, >20 cm, locker	Windbedingte Materialumlag., Rohhumusbild., beginnende Podsolierung, B-Horizont fehlt	Windbedingte Materialumlag., Devastierung, Umlagerung	Sortierung und Umlag. durch Wind und Wellen
Nutzung	Acker	Grasland	Forst, Siedlung	Forst, Tourismus	Forst, saisonal starke tourist. Nutzung	Küstenschutz	Saisonal starke tourist. Nutzung
Morphogenese	Grundmoräne mit periglazialer Lehmsanddecke	Meeressandebene mit Überflutungs- und Versumpfungsmoor	teilw. überdünte Strandwälle mit vermoorten Riegen	überdünter Strandwall	jüngere Düne über älteren Gelb- und Braundünen	Dünen, z. T. techn. fixiert	
Bildungszeitraum	W3 und spätglaziale Überprägung	littorinazeitl. Bildung (8000-2000 BP) mit nachfolgender Vermoorung	Jüngeres Atlantikum bis Subboreal (5000-2000 BP)	Kaiserzeit - Frühmittelalter 2000-1000 BP	durch mittelalterl. Abholzung initiiert, Festlegung seit 1840	Gegenwart	Gegenwart

Abb. E 16.4: Typische naturräumliche Merkmale einer südbaltischen Nehrung (Peenemünde-Zinnowitzer Meeressandebene; Billwitz 1997, verändert).

von 1864 und 1872 wurde 1895–1897 eine zunächst 150 m, später 320 m lange und 1914/15 schließlich auf 440 m ausgebaute Uferschutzmauer am Streckelsberg errichtet. Sie wurde allerdings bald nach ihrer Fertigstellung wieder von der Ostsee hinterspült und beschädigt. Der Meeresboden vor dem Bauwerk vertiefte sich um 1,5–2 m, gleichzeitig wichen die benachbarten Küstenabschnitte weiter zurück. Schließlich ragte der geschützte Abschnitt bis zu 40 m seewärts über die mittlere Küstenlinie hinaus. 1995/96 begannen daraufhin komplexe Sicherungsmaßnahmen, deren Kernstück drei uferfern angeordnete küstenparallele Wellenbrecher zur Verminderung der Seegangsenergie sind. Die Wellenbrecher sind 170–190 m lang und bestehen aus Granitsteinen von 3–7 t Gewicht. Die hinter den Wellenbrechern entstehenden partiellen Tombolos übernehmen den direkten Schutz des Steilufers. Die historische Ufermauer wurde rekonstruiert, die Ernährung der angrenzenden Strandbereiche erfolgte durch eine umfangreiche Strandaufspülung, ergänzt um ein Buhnensystem in der nordwestlichen bzw. südöstlichen Fortsetzung der Ufermauer.

Den etwa 50 m Beckensanden des Streckelsbergs ist eine ca. 10 m mächtige Kliffranddüne aufgesetzt, die stark nach Süden einfällt und von Keilhack (1917) deshalb als „Sturzdüne" bezeichnet wurde. Diese als „Witter Barg" bezeichnete Düne schob sich nach der Waldverwüstung im Mittelalter und in der frühen Neuzeit gefährlich gegen die Ortschaft Koserow vor. Erst dem Oberförster Schrödter gelang es 1818/19, die Düne durch Aufforstung mit Buchen und Kiefern festzulegen, woran ein Denkmal am südlichen Fuß des Streckelsbergs erinnert.

Am Kliff bei Stubbenfelde (Abb. E 16.5, etwa Kkm 24,4) ist der Beckensandkomplex geringmächtiger (13 m) und enthält tertiäre (miozäne) Braunkohlenbrocken sowie Bernstein eozänen Alters. Letzterer wurde durch das

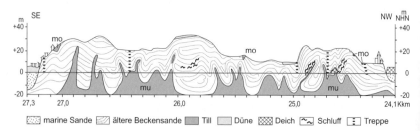

Abb. E 16.5: Lagerungsstrukturen an den Pagelunsbergen zwischen Ückeritz und Kölpinsee nach einer Aufnahme von Schulz (1987). Der Untere Geschiebemergel (mu) spießt mit schmalen, hohen Injektionen und Schuppen in die teilweise gefalteten und zerblockten Älteren Beckensande. Der Obere Geschiebemergel (mo) ist nur stellenweise erhalten, verbreitet ist auf den Beckensanden eine junge Kliffranddüne abgelagert.

transgredierende Oligozänmeer in seinem ostbaltischen Ursprungsgebiet aufgearbeitet und kam in der „Blauen Erde" (unteres Oligozän) zur Ablagerung. Nachfolgende Abtragungs- und Umlagerungsprozesse, speziell durch das pleistozäne Inlandeis und durch glazifluviatile Schmelzwässer, ließen Teile der bernsteinführenden Sedimente (Konzentration 0,375 kg/m^3) an die südliche Ostseeküste gelangen, wo sie sich in sekundärer Lagerstätte befinden (Schulz 1960). Das Bernsteinvorkommen lagert als ellipsoidale Glazialscholle eingeschuppt im Basisbereich der Schmelzwasser- und Beckensande oberhalb des Unteren Geschiebemergels und keilt nach SW aus. Von 1955–1957 wurde der Bernstein industriell gewonnen, obwohl nur ca. 23 % des gewonnenen Rohbernsteins eine Größe von über 1 cm erreichten. Die den Bernstein bildenden Harze entstammen verschiedenen Angiospermen (Coniferen) der Familien *Araucariaceae*, *Pinaceae* und *Taxodiaceae*, wobei die eozäne Bernsteinkiefer *Pinus succinifera* wohl am weitesten verbreitet war (s. a. Kap. 2).

Ausgehend von den Ostseebädern Ückeritz, Bansin, Heringsdorf oder Ahlbeck verlaufen die nachfolgend genannten Exkursionsrouten nach Süden zum Nordrand des Kleinen Haffs durch eine sehr wechselvolle, reliefstarke, seen- und waldreiche Landschaft. Deren Baueinheiten im Norden sind die glazilimnischen Kames des Streckelsbergs, der Pagelunsberge und des Langen Bergs sowie die Ausläufer der „Usedomer Schweiz" bei Ahlbeck, die überwiegend aus den Älteren Beckensanden aufgebaut werden. Zwischen diesen Vollformen liegen als holozäne Bildungen die Nehrung von Pudagla und – zwischen Usedom und Wollin – die Swine-Niederung. Nach Süden schließen sich die Gletscherzungenbecken des Schmollensees und des Gothensee-Thurbruchs an, die von den Endmoränenzügen der Velgaster Staffel (W3V) im Süden umrahmt werden. Nach Süden folgen glazifluviatile Schüttungen (Sander), die auf dem Usedomer Winkel ausklingen. Dort stehen Geschiebelehme der weichselzeitlichen Grundmoräne an. Auf den beiden nachfolgend beschriebenen Routen kann diese Glaziale Serie beobachtet werden.

4. Glaziale Serie und holozäne Meeressandebenen zwischen Ückeritz und Stadt Usedom

Diese etwas längere Route ist vor allem als Fahrradexkursion zu empfehlen. Von Ückeritz aus gelangt man auf der B 111 südöstlich fahrend nach wenigen Kilometern zum Forsthaus Neu Pudagla, wo einer der größten Geschiebegärten Nordostdeutschlands ausführlich Auskunft über Arten und Herkunft der im vorpommerschen Küstenraum gefundenen skandinavischen Gesteine gibt. Weiter auf der B 111 fährt man über die Meeressandebene von Pudagla. Ihre seeseitigen Strandwallfächer sind relativ niedrig, die nachträglichen Umwehungen zu Dünen gering. Lediglich an den küstennächsten Niederungsflanken zu den benachbarten Pleistozänkernen hin erreichen die Küstendünen kleinflächig Höhen von etwas über 5 m. Der sturmhochwassergefährdete, besonders niedrige Zentralteil dieses Außenküstenabschnitts wurde inzwischen durch einen Deich geschützt. Nach Süden Richtung Pudagla abbiegend führt die Straße entlang des durch die Nehrungsbildung entstandenen Strandsees, des Schmollensees, auf den man vom Glaubensberg (+39 m NHN) einen lohnenden Rundblick hat. Der Name Glaubensberg geht zurück auf die Mönche des 1307 von der Stadt Usedom dorthin verlegten Prämonstratenser-Klosters Grobe (s. u.), das im 16. Jh. aufgehoben wurde.

Hinter Pudagla ist östlich der Straße eine Bockwindmühle zu besichtigen, danach führt die Straße an mehreren, inzwischen teilweise aufgegebenen Kiesgruben entlang, in denen glazifluviatile Sande und Kiese des Mecklenburger Vorstoßes sowie abschnittsweise auch dessen Grundmoräne aufgeschlossen sind. Kurz danach eröffnet sich bei Neppermin einer der schönsten Ausblicke Usedoms über Nepperminer und Balmer See mit den Vogelinseln Böhmke und Werder hin zum Achterwasser. Zu erkennen ist auch ein am Nordostufer des Nepperminer Sees gelegener slawischer Burgwall. Im Anschluss an einen Abstecher nach Benz (Holländer-Windmühle mit Blick zum Schmollensee, Kunst-Galerie) und zum Kükelsberg (+58 m NHN, Endmoräne qw3V, Aussichtsturm mit Blick über das Gletscherzungenbecken mit Gothensee und Thurbruch) sollte das Dorf Mellenthin mit seinem Wasserschloss (erbaut 1575–1580), der Gutsanlage und dem nordöstlich davon gelegenen Os-Zug besucht werden.

Weiter auf der B 110 fahrend (Usedomer Stadtforst – Sanderschüttungen vor der Endmoräne; Binnendünen und Windkanter zeugen von nachfolgenden äolischen Periglazialprozessen), erreicht man die Stadt Usedom mit ihrem restaurierten Stadtkern sowie einer am Usedomer See gelegenen slawischen Wehranlage, dem Schlossberg. Ein Granitkreuz erinnert an die 1128 durch Otto von Bamberg erfolgte Christianisierung. Südlich der Stadt, am Eingang zum Usedomer See, wurden die Überreste des 1156 gegründeten und später verlegten Klosters Grobe gefunden, doch sind im Gelände keine obertägigen Zeugen überliefert. Die Exkursion endet in Karnin (Grundmoräne des Mecklenburger Vorstoßes), wo die 1945 teilweise gesprengte Eisenbahn-Hubbrücke der Strecke Berlin–Swinemünde (erbaut 1930–1932, technisches Denkmal) über die schmale Verbindung zwischen Stettiner Haff und Peenestrom führt. Der in seinem Südteil stark verbreiterte Peenestrom wurde im ausgehenden Pleistozän als Abflussbahn durch das beim Rückschmelzen des Eises anfallende Schmelzwasser geschaffen. Zusammen mit dem Achterwasser (85,5 km^2) und der Krumminer Wiek (14,9 km^2) bildet er heute die Westusedomer Boddenkette, deren zum Teil stark eutrophierte Gewässer auch Anteile der schadstoffbelasteten Oder-Schwebfracht in die rezenten Sedimente aufnehmen (Leipe et al. 1998, Lampe 2000b, Schernewski & Wielgat 2001, Bachor 2005).

5. Usedomer Schweiz und Seenlandschaft zwischen Ahlbeck und Kamminke sowie Swinepforte

Die Exkursion beginnt am Bahnhof Ahlbeck, an den unmittelbar südlich ein fossiles Kliff (Zirowberg, +59 m NHN) grenzt, das während des Meeresspiegelanstiegs der Littorina-Transgression zeitweise aktiv war. Mit nachlassendem Wasserspiegelanstieg hat sich nach Norden ein Strandwall- und Dünengürtel vor das Kliff gelegt, der nach Osten in die große Strandwallebene der Swine-Niederung überleitet. Diese stellt den größten Akkumulationsbereich der von den Kliffen der Inseln Usedom und Wollin abgetragenen und verfrachteten Sandmassen dar.

Über die Höhen der von Älteren Beckensanden aufgebauten „Usedomer Schweiz" gelangt man nach Korswandt mit dem Wolgastsee, der Teil der Ost-Usedomer Seenlandschaft ist. Die Wasserflächen der Ost-Usedomer Seenlandschaft mit Schmollensee, Großem und Kleinem Krebssee bei Sallenthin, Schloonsee, Gothensee, Kachliner See, Wolgastsee und Krebssee bei Zirchow sind an die vom Inlandeis hinterlassenen Hohlformen gebunden, für deren Entstehung und Erhaltung Toteiskörper und z. T. auch „totes Gewässereis" ausgefrorener Seen in der äußersten Randzone des Inlandeises (Ludwig 1992) gesorgt haben. Beckenrandstufen zeugen von den nachfolgenden Austau- und Thermokarstprozessen (Kliewe 1954/55). Die Seen sind randlich größtenteils von Verlandungsmooren umgeben. In kleinere geschlossene Hohlformen sind gelegentlich Hochmoore als Kesselmoore (Succow 1983) eingelagert, z. B. unmittelbar westlich der Straße Ahlbeck-Wolgastsee oder ein weiteres mit 14 m Moortiefe und einer Torfmoor-Wollgras-Verlandungsvegetation im NSG Mümmelkensee nordwestlich von Bansin.

Das westlich der Straße nach Zirchow angrenzende Thurbruch mit dem flachen Kachliner Restsee bildet als Verlandungsmoor den Südteil eines von der

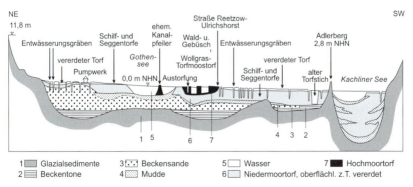

Abb. E 16.6: Profil durch das Thurbruch (nach Weller 2003).

Ostsee bis fast zum Haff reichenden Gletscherzungenbeckens (Abb. E 16.6). Seine südliche, in zwei Züge gegliederte Höhenumrandung ist der Velgaster Randlage zuzuordnen (Abb. E 16.1). Diese Endmoräne mit dem Garzer und dem weiter westlich gelegenen Mellenthiner Sander ist für den Reliefcharakter des Inselsüdteiles entlang der Haffküste entscheidend. Die Sandgebiete sind reliefschwächere, vom Oderhaff her zertalte, zumeist mit Nadelwald bestandene Sedimentschüttungen am ehemals stagnierenden Inlandeisrand.

Der Blick von den Höhen des grenznahen Fischerdorfes und Erholungsortes Kamminke am Kleinen Haff zeigt das typische Landschaftsbild der geschützten Haff- und Boddenküste. Die Aussicht nach Süden über das bis 15 km breite Kleine Haff lässt die Festlandsküste von Ostvorpommern mit dem großen Heidesand- und Nadelwaldareal der Ueckermünder Heide erkennen, bei bester Sicht sogar die Jatznicker Höhen dahinter.

Der Blick nach Westen entlang der Usedomer Südküste am Kleinen Haff, einem Bodden- und Restgewässer des ehemaligen Haffstausees, zeigt zumeist einen breiten Röhrichtstreifen (*Phragmites communis*) vor einem alten, heute überwiegend bewachsenen Kliff. Hinweise auf ehemals und – bei starken Südwestwinden und verstärktem Wellenanlauf – teilweise bis heute aktive Kliffstrecken sind einerseits meterhohe Kliffranddünen und andererseits winterliche Eispressungen, die beispielsweise im April 1970 zu mächtigen Eisbarrieren vor dem Kliff und zu starken Beschädigungen des Fischereihafens von Kamminke führten.

Der umfassendste Blick nach Osten eröffnet sich von den Höhen oberhalb von Kamminke oder des Golm (+59 m NHN, slawischer Burgwall sowie Gedenkstätte für die Opfer der Bombardierung Swinemündes am Ende des 2. Weltkriegs) auf die ca. 15 km breite Swine-Niederung bzw. über die deutsch/polnische Grenze hinweg zu den etwa spiegelsymmetrisch zu Usedom angeordneten Höhenzügen der Insel Wollin mit den höchsten Erhebungen (bis +115 m NHN) östlich von Misdroy/Międzyzdroje) bis zu den Kreidegruben (Großscholle) bei Lubin nahe der Haffseite (Kliewe 1961).

Die Swine ist wahrscheinlich seit der nordwärts gerichteten Laufverlegung der Oder (Keilhack 1899, Sirocko 1998) der zentrale Mündungsarm des Flusses gewesen. Im Holozän haben küstenausgleichende Prozesse viel Abtragungsmaterial von den beiderseits gelegenen hohen Außenküsten in die Swine-Mündung eingetragen. Starker Einstrom in das Oderhaff bei Hochwasser an der Außenküste und nur schwacher Ausstrom bei fallendem Außenwasserstand führten zum überwiegenden Transport des Sandes in Richtung Haff und haben so das eindrucksvolle Rückstrom-Delta geschaffen (Abb. E 16.7).

Bohrungen aus dem Gebiet der beiden Haffe wie auch der Swine-Niederung zeigen, dass die holozänen Bildungen etwa 10 m Mächtigkeit erreichen, wie dies generell für den vorpommerschen Küstenraum gilt. Allerødzeitliche Torfe aus dem zentralen Teil des Großen Haffs belegen, dass auch während des

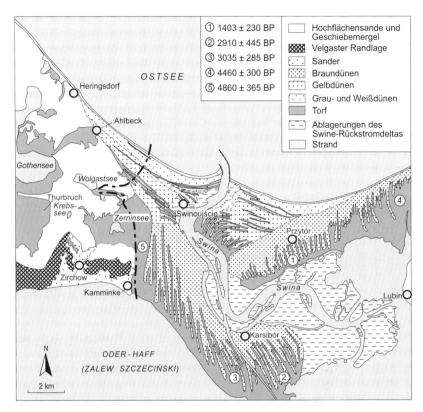

Abb. E 16.7: Morphogenetische Karte der Swine-Niederung (Borówka et al. 1986, verändert).

ausgehenden Pleistozäns die Oder nicht wesentlich tiefer eingeschnitten hat. Eine torfige Festlandbildung bei -9 m NHN aus der Zeit vor Beginn der Littorina-Transgression wurde in einer Bohrung nahe Kamminke mit 8.290 ± 140 J. v. h. (7.490 ± 150 BP) datiert (Kliewe 1960).

In den letzten fünf Jahrtausenden legten sich dann – ähnlich wie in den beiden übrigen „Pforten" der Insel (Pudagla und Peenemünde-Zinnowitz) oder entsprechend den Bildungen auf Rügen – die Strandwälle ehemaliger Uferlinien der jüngeren Ostsee fächerartig davor. Der Wind wehte sie in unterschiedlichem Maße zu Dünen um (Kap. 4). Von den Braundünen an beiden Rändern der Swine-Niederung gibt es Radiokarbon-Datierungen (Borówka et al. 1986), die ein Alter zwischen ca. 4.800 und 1.500 Jahren BP anzeigen. Im Anschluss an diese fast drei Jahrtausende während Braundünenphase setzte nördlich von diesem System, z. B. am Ostrand von Ahlbeck, die Gelbdünenbildung ein. Ihre Wälle sind – wie bei den übrigen Dünenfächern an Vorpommerns Küste – besonders regelmäßig, jedoch auffällig schmal und flach ausgebildet und bezeugen so die mittelalterliche Regressionsphase der Ostsee. Die vorgelagerten hohen Graudünen sind nur einige Jahrhunderte alt (E 13 und 14). Radiokarbon-Datierungen auf Rügens Nehrungen (Abb. 4.2, Tab. 4.1) bestätigen und ergänzen diese zeitliche Einordnung der Küstendünengenese. Alle diese bewaldeten Dünenfächer der Nehrungsaußenseiten gehen zu den Boddengewässern und Seen hin in weite, tischebene Meeressandflächen mit Grasland über.

E 17: Südküste des Kleinen Haffs

Im Unterschied zur Nordflanke des 277 km^2 umfassenden und nur bis zu 7 m tiefen Kleinen Haffs mit ihren röhrichtumsäumten, zumeist inaktiven Steilküsten (s. E 16) dominieren an seiner ca. 50 km langen Südküste zwischen Anklamer Stadtbruch und Neuwarper See Flachküsten, die westlich der Uecker-Mündung ausschließlich vertreten sind. Sie weisen zumeist breite mehrgliedrige Röhrichtgürtel mit binnenwärts verbreitet anschließenden Boddenwiesen, z. T. mit flachen fossilen Strandwällen, auf. Östlich Ueckermünde, z. B. östlich Neuendorf, treten fossile Kliffküsten mit vorgelagertem Röhrichtgürtel auf. Höhere aktive Kliffabschnitte fehlen. Die Sandstrände bei Mönkebude, Grambin, Ueckermünde und Bellin wurden sämtlich aufgespült. Sie sind jedoch „Fremdkörper" in den jeweiligen Küstenabschnitten und unterliegen laufenden Veränderungen durch Abtragung bei Nord- bis Nordostwinden oder durch Anreicherung von organogenreichem und schlickigem Feinmaterial aus dem Bodden sowie durch Auswehung von Feinsanden. Bei ausbleibender Pflege der Aufspülungsstrände ergreift das Küstenröhricht im Verlaufe nur weniger Jahre von ihnen Besitz. Das Kleine Haff sowie auf 1–8,5 km Breite auch sein südliches Umland mit den NSG Anklamer Stadtbruch sowie Altwarper Binnendünen, Neuwarper See und Riether Werder (beide zusammen ca. 30 km^2 Fläche) gehören zum Naturpark Usedom (s. a. Geotourismuskarte „Pomerania" 1:200.000/GTK 200 2004).

Das Hauptsediment des Kleinen Haffs bilden Organoschlicke aus dem Zeitraum von der Littorina-Transgression bis zur Gegenwart. Kleinräumig in Ufernähe treten als oberstes Sediment auch Feinsande, z. B. am Reppiner Haken, und „ertrunkene" Torfe auf. Unterlagert werden die Schlicke zumeist von den Sanden des Haffstausees und darüber kleinräumig auch von allerødzeitlichen Torfen. Verbreitet zwischen Haffstauseesedimenten und Schlick zwischengeschaltet sind organogenreiche Süßwasser-Seekreiden des Älteren bis Mittleren Atlantikums sowie *Cardien-[Cerastoderma-]*reiche Sande aus der Zeit des Einsetzens der Littorina-Transgression. Zu dieser Zeit bildete das Kleine Haff eine Meeresbucht mit über 14 km breitem Kontakt zur offenen See zwischen Kamminke und Lubin (Lebbin) im Bereich der heutigen Swine-Nehrung. Außerdem bestanden weitere Verbindungen zum Littorina-Meer über Pudagla-Nehrung, Achterwasser und Peenestrom (s. E 16). Es füllte fördenartig auch das in der Gegenwart vermoorte Uecker-Mündungsgebiet nordöstlich der Stadt Ueckermünde aus (Bramer 1978, Bremer 2004). *Cardien*-reiche Sand- und Schlickmudden der Littorina-Transgression, die eine merklich höhere Salinität (5–8 PSU) als heute anzeigen, sind in den Ablagerungen des Kleinen Haffs nahezu flächendeckend nachweisbar. Im Uecker-Mündungsgebiet belegen *Cardium lamarckii [Cerastoderma glaucum]* und das Auftreten einer Brackwasser-Diatomeenflora in ca. 2–4 m unter der heutigen Torfoberfläche das Salinitätsmaximum.

Sedimentologische sowie pollen- und diatomeenanalytische Befunde von Haffbohrungen (Müller et al. 1996, Borówka et al. 2002, Janke 2002b) belegen, dass die Schließung der Außenküstenverbindungen von Großem und Kleinem Haff auf in etwa heutige Dimensionen sich im Zeitraum zwischen ca. 2.000 bis 800 Jahren BP vollzogen hat. Die Folge war eine schnelle Aussüßung des Kleinen Haffs, das heute nur noch sehr schmale Verbindungsarme mit der offenen See besitzt und durch Oder, Uecker und Zarow Flusswasserzufuhr – z. B. 15 % des Oderwassers (Majewski 1964 in: Correns 1973) – erhält und somit nur noch einen Salzgehalt von 0,7–0,8 PSU aufweist. Dieses äußert sich sowohl in einer flächenmäßig stark ausgedehnten Unterwasservegetation als auch im Auftreten von einen geringen Salzgehalt vertragenden Süßwassermolluskenarten. Deshalb findet man im Flachwasser und angeschwemmt auf dem Ufer kaum noch die Charakterarten der Ostsee, sondern vor allem z. B. *Lymnaea stagnalis, Bithynia tentaculata, Theodoxus fluviatilis, Hydrobia ventrosa, Unio crassus, Anodonta cygnea* und die erst seit dem 19. Jahrhundert eingebürgerte *Dreissena polymorpha*. Aufgrund der geringen Größe und niedrigen Salinität gefriert das Kleine Haff schon bei kürzeren Frosteinbrüchen. Außerdem deponiert das Kleine Haff einen Teil der schadstoffbelasteten Oder-Schwebfracht in seinen an organischem Material reichen Schlicksedimenten und wirkt als „Pufferzone" zwischen Oder und Ostsee (s. a. Leipe 1986, Leipe et al. 1989, Lampe 1998, 2000b). Extremereignisse wie die Oder-Flut im Sommer 1997 fordern die „Pufferkapazität" des Haffs besonders stark.

Der wechselnde Wasserstand der beiden Hauptzuflüsse Uecker und Zarow wird in ihren Mündungsbereichen stark von den Wasserständen im Kleinen Haff beeinflusst. Vor Anlage flussparalleler Deiche stiegen die Flüsse insbesondere bei starken NE-Winden über ihre Ufer und überschwemmten größere Bereiche, u. a. häufig auch das Gebiet zwischen Ueckerlauf und Ueckermünder Bahnhof. Der Rückstau durch Hochwasser im Kleinen Haff macht sich in der Uecker flussaufwärts bis Torgelow bemerkbar; oberhalb dieser Stadt zeigt sie südwärts zunehmend ein völlig anderes Abflussverhalten mit stärkeren jahreszeitlichen Wasserspiegelschwankungen bei größerem Gefälle (Bramer 1979). Die Quartär-Untergrenze im Exkursionsgebiet bilden tertiäre Sedimente des Eozäns und Oligozäns (s. a. GÜK 500 2002). Sie verläuft zwischen ± NHN östlich des Randowbruchs (kleinräumig im Raum Mewegen und nördlich Rothenklempenow) und reichlich -100 m NHN in Richtung Anklam und in Küstennähe. Nur im Umland von Altwarp und Rieth sowie am Südrand der Brohm-Jatznicker Berge steht kleinräumig Oberkreide (Campan) als jüngstes Präquartärgestein an. Die Ablagerungen der Weichsel-Kaltzeit sind im Gebiet gegenüber denen des Saale-Glazials zumeist geringmächtig, dessen hoher Anteil an Präquartärschollen auf eine seinerzeit sehr starke Exarationsleistung hinweist. Die Grundmoräne der Mecklenburger Phase ist lückenhaft ausgebildet und maximal einige Meter mächtig.

Der südlich an das Kleine Haff anschließende Raum (Abb. E 17.1), die Ueckermünder Heide, ist Bestandteil des 1.150 km^2 großen spätglazialen Haffstausee-Gebietes (Keilhack 1899, 1928), das sich von östlich Anklam und Friedland bis östlich der Oder erstreckt und in NW-Polen – nördlich und nordöstlich Stettin/Szczecin – die Puszcza Wkrzańska und die Puszcza Goleniowska einnimmt. Im SE zwischen Plöwen und Pampow (nordöstlich Löcknitz) bzw. zwischen Jatznick und Galenbeck grenzt der Haffstausee an die Stauchendmoräne, im Raum Pasewalk-Löcknitz an die Grundmoränenplatte der Rosenthaler Staffel. Dabei hebt sich gebietsweise ein markantes fossiles Kliff heraus, z. B. westlich der B 109 zwischen Sandförde und Jatznick. Nordwärts dehnte er sich im Verlaufe seiner jüngeren Entwicklungsabschnitte über das Kleine Haff, den Peenestrom, das Achterwasser und die Krumminer Wiek bis NW-Usedom und weiter zum Greifswalder Bodden mit der Lubminer Heide aus (s. E 15 u. 16).

Der Haffstausee (Abb. E 17.1) entstand durch den Eisabbau der Mecklenburger Phase zwischen zurückweichendem Eisrand und Endmoräne. Er entwickelte sich von einem lokalen Stausee im 30 m-Niveau zu einem großen durchflossenen See mit Zu- und Abflüssen. Die Hauptzuflüsse erfolgten über die Täler der Oder, Ina, Randow und Uecker, die Abflüsse über das Grenztal, das untere Peenetal (umgekehrt zur heutigen Flussrichtung), den Peenestrom, das Ziesetal und den Strelasund (Klostermann 1963, Bramer 1964, Janke & Reinhard 1968, Janke 2002a). In diesen Tälern dominierte unter den damaligen gletscherrandnahen Bedingungen Seitenerosion. Dadurch und aufgrund ihrer zeitweise extrem hohen Wasserführung entstanden Talbreiten von 0,5 bis zu mehreren Kilometern, die von den heutigen Fließgewässern nur zu einem Teil genutzt werden können.

Über die Terrassen des Haffstausee-Zuflusses Randow zwischen Schwaneberg und Löcknitz berichtete erstmals Klostermann (1963). Während des ersten Entwicklungsabschnittes des Haffstausees entstanden Bramer (1964) zufolge

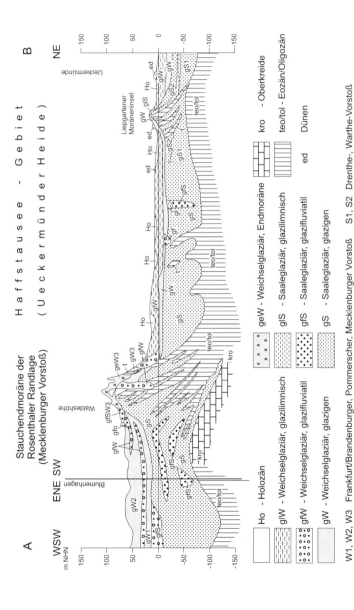

Abb. E 17.1: Geologisches Profil vom Vorland der Rosenthaler Randlage (Raum Strasburg-Blumenhagen) über deren Endmoräne im Raum Waldeshöhe-Jatznick und durch das Gebiet des Haffstausees bis zur Südküste des Kleinen Haffs bei Grambin (nach ÜKQ 200 2001b/Karte der quartären Bildungen, leicht verändert). Deutlich erkennbar sind die in die Stauchmoräne eingeschuppten Tertiärsedimente (Eozän/teo, Oligozän/tol).

nacheinander Randterrassen im 30-, 25-, 20- und 15 m-Niveau, die nicht mehr durchgehend zu verfolgen sind und heute nur kleinere Areale an dessen südlichem Beckenrand einnehmen. Nachdem das Inlandeis vom Festland zurückgewichen war, konnte sich die 10 m-Terrasse bilden, die Hauptterrasse, die den größten Teil der Ueckermünder Heide bedeckt. Ihre Becken- und Flusssedimente wurden über Gletscherrest- und Wintereis unterschiedlicher Mächtigkeit abgelagert, nachweisbar durch das Vorhandensein ausgedehnter Moor- und Seehohlformen über den Terrassensedimenten z. B. des Randowbruches, des Ahlbecker Seegrundes oder der Friedländer Großen Wiese. In die Hauptterrasse schnitten sich jüngere, bis -6 m NHN ausgebildete Flussterrassen-Niveaus ein. Diese beiden weichselspätglazialen Prozesse, das Toteisausschmelzen und Flusseinschneiden, führten zu einer starken Zergliederung insbesondere des Niveaus der Hauptterrasse. Wie Fremdkörper durchragen diese „Terrassenrelikte" mehrerenorts als „Moräneninseln" die weitflächig verbreiteten glazilimnischen W3-Ablagerungen, z. B. bei Heinrichshof-Lübs, Ferdinandshof und Liepgarten westlich Ueckermünde. Letztere weist Oligozäneinlagerungen auf und steigt im Apothekerberg bis +23,6 m NHN an (s. a. ÜKQ 200 2001b).

Charakteristisch für die Hauptterrasse sind zumeist gut bis sehr gut sortierte Fein- und Mittelsande. Gebietsweise, vor allem im Raum Ducherow-Rosenhagen sowie Ueckermünde-Bellin-Luckow sind massige bis gebänderte Schluffe bis Tone zwischengeschaltet, die größtenteils bereits durch Ziegeleien abgebaut wurden. In großen Teilen der Ueckermünder Heide treten über Terrassensanden des Haffstausees einzeln, in kleinen Gruppen, aber auch als ausgedehnte Vorkommen Binnendünen auf, z. B. großflächig auf der Altwarper Halbinsel (bis +33 m NHN!) und im Raum Hoppenwalde, aber auch gehäuft an den Flanken der Täler von Uecker und Randow sowie größerer Becken wie bei Gegensee am Ahlbecker Seegrund. Sie besitzen entweder spätglaziales oder – anthropogen bedingt – sehr junges Bildungsalter von nur 300 bis maximal 800 Jahren. Erstere dürften wohl sämtlich der Jüngeren Dryas zuzuordnen sein, bilden oft langgestreckte Walldünen mit einem mächtigen Podsol und werden mehrerenorts von allerødzeitlichen Torf- bzw. Anmoorlagen, z. B. östlich vom Bahnhof Jatznick (Abb. E 17.2, s. Farbteil), sowie dem Finowboden entsprechenden Verbraunungshorizonten unterlagert. Letztere wurden von Kaiser & Kühn (1999) sowie Kaiser et al. (2008) aus dem Gebiet von Hintersee und aus dem Forst Mützelburg beschrieben. Für die Dünen aus historischer Zeit sind insbesondere Haufen- und Parabeldünen mit Regosol bzw. initialem Podsol charakteristisch. Allerödtorfe zwischen der oberen Feinsandabfolge der Hauptterrasse südöstlich Ueckermünde beschreibt Bramer (1975).

Im Unterschied zu den Sedimenten der Haupt- und jüngeren Flussterrassen sind jene der Randterrassen in der Regel gröber und schlechter sortiert, und zwar umso ausgeprägter, je näher ihre Lage zum binnenwärtigen Staubeckenrand bzw. zu erodierbarem Anstehendem, z. B. Geschiebemergel, ist. Solche Gebiete fallen oft durch ihren Geschiebereichtum auf. Zu empfehlen ist ein Besuch der Findlingsgärten von Schwichtenberg, Lübs und Gehren.

Hauptbodentyp auf grundwasserfernen Sandarealen ist der eine Rohhumusauflage besitzende Podsol mit einem Auswaschungs- (Es-) und einem Anreicherungs- (Bs- bzw. Bhs-)Horizont. Im Übergang zu den Mooren treten zumeist Podsolgley und Gley auf, deren Go-Horizont in diesem Raum verbreitet zu Raseneisenerz verdichtet ist. Letzteres wurde vom 16. Jahrhundert bis 1858 abgebaut und bildete die Grundlage zur Errichtung der auch überregional bekannten Eisenhütten- und Gießereiindustrie (Torgelow) in der „Streusandbüchse" des Nordens. Weitere zeitweise abgebaute Bodenschätze waren Wiesenkalk bzw. Seekreide einstiger Seebecken sowie Torf.

Den südlichen Abschluss des Exkursionsgebietes bildet das reliefstarke, 23 km lange und 1–5 km breite Stauchendmoränengebiet der Rosenthaler Randlage (Schulz 1965) zwischen Brohm und Jatznick, das dort den Außenrand der Mecklenburger Phase bildet und im Bereich der Brohmer Berge bis zu +133 m NHN erreicht. Diese polygenetische glazialtektonische Großstruktur wurde durch das Saale-Inlandeis aufgestaucht und vom Eis der Brandenburger und Pommerschen Phase überfahren (Katzung et al. 2004d). Der saalezeitliche Endmoränenkörper ist, vor allem im Umland des ehemaligen Ziegeleistandortes Jatznick, reich an Tertiär-Schollen mit plastischen Eozän- und Rupel-Tonen, die verbreitet auch in den Endmoränenkörper hinein schuppenartig ausdünnen (Abb. E 17.1). Sie wurden im Endmoränenrückland durch das ausschürfende Saale-Eis aufgenommen und im Endmoränenbereich als Lokalmoräne abgelagert. Das heutige, E-W bis SE-NW streichende Relief mit seinen kräftigen Wällen und Senken entstand durch den Mecklenburger Vorstoß (W 3).

Die seit dem 18. Jahrhundert verstärkte landwirtschaftliche Nutzung von Mooren, z. B. der bis zu 8 km breiten und 110 km^2 umfassenden, bis zum 17. Jahrhundert kaum durchquerbaren Friedländer Großen Wiese, führte insbesondere durch langzeitige bzw. zu starke Entwässerung sowie bei ständiger Grünland- und Ackernutzung zu sehr ausgeprägten und großenteils irreversiblen Veränderungen ihres Naturhaushaltes. Sie stellt ein Durchströmungsmoor mit bis zu 12 m Torfmächtigkeit dar, dessen Wasserhaushalt vom Grundwasser der im Süden angrenzenden Brohmer Berge gespeist wird. Verbreitet liegt in der Friedländer Großen Wiese die Mooroberfläche gegenwärtig um 0,5–2 m tiefer als natürlich, so dass der in ihrem Südteil eingebettete, ursprünglich abflusslose Galenbecker See (ca. +8,7–9 m NHN, 5,9 km^2, NSG) sein Moorumland überragt und nur durch Einpolderung erhalten werden kann. Durch seine Entwässerung über den Weißen Graben zur Zarow fiel der Wasserspiegel des gegenwärtig nur 0,76 m tiefen und stark eutrophen Flachsees so weit ab, dass an seiner Südseite ein bis zu 200 m breiter Schwingmoorgürtel entstehen konnte.

Zwischen 2005 und 2007 erfolgten im Rahmen des EU-Life-Projekts „Naturraumsanierung Galenbecker See für prioritäre Arten" Sanierungsmaßnahmen mit dem Ziel, den Seespiegel auf 9,25 m NHN anzuheben, den Nährstoffeintrag zu reduzieren, die Lichtverfügbarkeit zu erhöhen sowie Tier- und Pflanzenwelt entsprechend den NSG-Entwicklungszielen (Jeschke et al. 2003, Mickel et al. 2007) zu optimieren (z. B. Regenerierung der Unterwasservegetation). Dazu erfolgten u. a. die Anlage eines 7,3 km langen deichförmigen Uferstreifens mit 3 m Kronenbreite, gut einsehbar von der Straße Heinrichswalde–Fleethof, sowie einer Schilfdurchströmungsanlage mit einem 9,5 ha großen Schilfbeet und 4,9 ha Sediment-Absetzfläche an der Einmündung des Golmer Mühlbaches.

Verbreitet kam es in der Friedländer Großen Wiese als Meliorationsfolge zu einer übermäßig starken Austrocknung des Oberbodens, zu dessen beschleunigter Mineralisierung und z. T. sogar Vermulmung. Die Anlage von Kolonistendörfern (Ferdinandshof, Wilhelmsburg, Heinrichswalde, Mariawerth, Rimpau) im 18. und 19. Jahrhundert am Rande und im Inneren der Friedländer Großen Wiese war ein relativ geringer Eingriff in den Moorkörper im Vergleich zu der ab 1958 erfolgten tiefgreifenden Trockenlegung („Komplexmeliorierung"), um die Moorstandorte für eine mit moderner Technik ausgestattete Großflächenbewirtschaftung nutzbar zu machen. In der Gegenwart wird ein möglichst gleichmäßig hoher Wasserstand nicht tiefer als 0,6 m unter Flur angestrebt, z. T. durch zusätzlichen Wassereinstau über den nördlich Friedland einmündenden 26 km langen Peene-Südkanal. An den Südrand dieser Agrarintensivlandschaft grenzen, ebenfalls auf extrem tief melioriertem Niedermoor, das Eschholz und Fleethholz, Birken-Kreuzdorn-Moorwälder des NSG Galenbecker See. Vergleichbar starke meliorative Veränderungen, beginnend im 18. Jahrhundert durch ein Edikt Friedrichs des Großen, erfolgten insbesondere im Randowbruch zwischen Rothenklempenow und Marienthal sowie im Ahlbecker Seegrund mit Abfluss über den in den Neuwarper See eingeleiteten Teufelsgraben. Von der Friedländer Wiese aus wird ein Abstecher zum größten Findlingsgarten in Mecklenburg-Vorpommern Schwichtenberg (0,5 ha) empfohlen, der unter seinen 147 großen Geschieben 56 Leitgeschiebe zeigt. Letztere geben speziell Auskunft zu den skandinavischen Ursprungsgebieten dieser „Eiszeit-Zeugen".

Lohnend ist eine Exkursion in das 14,6 km^2 große Anklamer Stadtbruch (NSG) mit einer ursprünglich 5 km^2 großen und uhrglasförmig gewölbten Regenmoorkalotte in seinem küstenferneren Zentralbereich (Jeschke et al. 2003). Diese wird von Niedermoortorf (basale Erlenbruchwald-Versumpfungs- und Durchströmungsmoore) unterlagert. Durch Torfabbau vor allem zwischen 1750 (Edikt Friedrichs des Großen) und 1945 wurde das NSG stark entwässert und ist heute fast durchgehend baumbestanden. Dieses floristisch wie faunistisch gleichermaßen wertvolle Schutzgebiet geht mit ausgeprägter ökologischer Differenzierung seewärts in ein Küstenniedermoor über, das bei Hochwasser bis zur Anlage eines Deiches 1932/33 vom Haff her überflutungsgefährdet war. Ein großer Teil des NSG liegt heute als Folge der Entwässerungsmaßnahmen unter NHN. Die Schließung der Entwässerungsgräben führte nach nur wenigen Jahren schon zu einer leichten Zunahme der von *Sphagnum* bewachsenen Flächen. Durch Deichrückbau wird der Wasseraustausch mit dem Kleinen Haff wiederhergestellt. Das NSG ist auf zwei Rundwegen von Grünberg sowie bei niedrigerem Wasserstand auch von Kamp aus erreichbar. Auch bei Ritut (= Riet ut) zwischen Stadtbruch und Kamp lässt sich der nach dem Boddendeichbruch im November 1995 einsetzende Verlandungs- und Moorbildungsprozess in einem einstigen, teilweise bis unterhalb NHN auf ehemaligem Moor-Grünland abgesackten Polder verfolgen.

Mill. Jahre				
0 – 2,6	KÄNOZOIKUM	QUARTÄR	Neogen (Jungtertiär)	Pliozän
				Miozän
		TERTIÄR	Paläogen (Alttertiär)	Oligozän
50 – 65				Eozän
				Paläozän
100	MESOZOIKUM	KREIDE	Oberkreide	
			Unterkreide	
150 – 142		JURA	Oberjura	Malm
			Mitteljura	Dogger
200 – 200			Unterjura	Lias
		TRIAS	Obertrias	Keuper
250 – 251			Mitteltrias	Muschelkalk
			Untertrias	Buntsandstein
		PERM	Oberperm	Zechstein
			Mittelperm	Rot- liegend / Saxon
300 – 296			Unterperm	Autun
	PALÄOZOIKUM	KARBON	Oberkarbon	Siles / Stefan, Westfal, Namur
350 – 358			Unterkarbon	Dinant / Visé, Tournai
		DEVON	Oberdevon	
400			Mitteldevon	
			Unterdevon	
418		SILUR	Obersilur	
450 – 443			Untersilur	
		ORDOVIZIUM	Oberordovizium	
			Mittelordovizium	
500 – 495			Unterordovizium	
		KAMBRIUM	Oberkambrium	
			Mittelkambrium	
			Unterkambrium	
550 – 545		PRÄKAMBRIUM		

Stratigraphische Gliederung der Erdgeschichte seit dem Präkambrium (nach Henningsen & Katzung 2006, leicht verändert; s. a. Tabellen 3.1 und 3.2 auf S. 38–40 sowie 4.1 auf S. 58–59 für das jüngere Quartär).

Karten/Erläuterungen

BÜK 200 (2006a): Bodenübersichtskarte 1 : 200.000 der Bundesrepublik Deutschland, Blatt CC 2334 Rostock. – Bundesanst. f. Geowiss. u. Rohstoffe/Staatl. Geol. Dienste Deutschlands, Hannover.

BÜK 200 (2006b): Bodenübersichtskarte 1 : 200.000 der Bundesrepublik Deutschland, Blatt CC 2342 Stralsund. – Bundesanst. f. Geowiss. u. Rohstoffe/Staatl. Geol. Dienste Deutschlands, Hannover.

Duphorn, K., Grahle, H.-O. & Schneider, H. (1970, wiss. Red.): Internationale Quartärkarte von Europa 1 : 250 000, Blatt 6 (København), BfB bzw. BGR Hannover.

GEOSCH OB (1991): Geowissenschaftlich schützenswerte Objekte in Schleswig-Holstein. – Geologisches Landesamt Schleswig-Holstein, Kiel.

GK 25 (div. Jahre): Geologische Karten von Schleswig-Holstein 1 : 25.000. – Landesamt für Natur und Umwelt/ LANU Schleswig-Holstein, Flintbek.

GK 25 (2003): Geologische Karte von Mecklenburg-Vorpommern 1 : 25.000: Blätter 1934/Kaltenhof, 2034/Insel Poel. – Landesamt f. Umwelt, Naturschutz und Geologie Mecklenburg-Vorpommern/Geologischer Dienst, Güstrow.

GK 25 (2004): Geologische Karte von Mecklenburg-Vorpommern 1 : 25.000: Blatt 2134/Wismar. – Landesamt f. Umwelt, Naturschutz und Geologie Mecklenburg-Vorpommern/Geologischer Dienst, Güstrow.

GÜK 200 (1987, 1993): Geologische Übersichtskarte der Bundesrepublik Deutschland 1 : 200.000, Blätter CC 2326/Lübeck und CC 1518/Flensburg. – Bundesanstalt für Geowissenschaften und Rohstoffe, Hannover.

GÜK 500 (1998): Geologische Karte von Schleswig-Holstein 1 : 500.000. – LANU Schleswig-Holstein, Flintbek.

GÜK 500 (2000a): Geologische Karte von Mecklenburg-Vorpommern 1 : 500.000: Oberfläche. – Landesamt f. Umwelt, Naturschutz u. Geologie Mecklenburg-Vorpommern/Geologischer Dienst, Güstrow.

GÜK 500 (2000b): Geologische Karte von Mecklenburg-Vorpommern 1 : 500.000: Geothermie. – Landesamt f. Umwelt, Naturschutz u. Geologie Mecklenburg-Vorpommern/Geologischer Dienst, Güstrow.

GÜK 500 (2002): Geologische Karte von Mecklenburg-Vorpommern 1 : 500.000: Präquartär und Quartärbasis. – Landesamt f. Umwelt, Naturschutz u. Geologie Mecklenburg-Vorpommern/Geologischer Dienst, Güstrow.

GÜK 500 (2009): Geologische Karte von Mecklenburg-Vorpommern 1 : 500.000: Nutzhorizonte des Rhät/Lias-Aquiferkomplexes. – Landesamt f. Umwelt, Naturschutz u. Geologie Mecklenburg-Vorpommern/Geologischer Dienst, Güstrow.

GTK 200 (2004): Geotourismuskarte der Region „Pomerania"/Mapa Geoturistyczna 1:200.000. – Landesamt f. Umwelt, Naturschutz und Geologie Mecklenburg-Vorpommern, Güstrow.

GTK 200 (2007): Geotouristische Karte „Geopark Mecklenburgische Eiszeitlandschaft" 1:200.000. – Landesamt f. Umwelt, Naturschutz und Geologie Mecklenburg-Vorpommern, Güstrow.

Neuendorff, H. (1823): Umgegend von Warnemünde. Nach mehreren Karten gezeichnet im Maßstab ca. 1:12800. – Stadtarchiv, Rostock.

Reinhold, K., Krull, P. & Kockel, F. (2008): Geologische Karte 1:500.000: Salzstrukturen Norddeutschlands. – Bundesanstalt f. Geowiss.u. Rohstoffe, Hannover/Berlin.

Stephan, H.-J. (1973): Erläuterungen zur Ingenieurgeologischen Planungskarte Maßstab 1:5.000 Lübeck-Süd. – 56 S., GLA Kiel.

Strehl, E., Hinsch, W. & Ross, P.-H. (1985): Geologische Karte Schleswig-Holstein 1:25.000, Erläuterungen Bl. Owschlag, Nr. 1623 u. Bl. Rendsburg, Nr. 1624. – 72 S., GLA, Kiel.

Strehl, E. (1989): Geologische Karte von Schleswig-Holstein 1:25.000, Blatt Eckernförde, Nr. 1525, GLA, Kiel.

ÜKQ 200 (1995): Geologische Karte von Mecklenburg-Vorpommern: Karte der quartären Bildungen 1 : 200.000: Blatt 14 (Stralsund). – Geologisches Landesamt Mecklenburg-Vorpommern, Schwerin.

ÜKQ 200 (1996): Geologische Karte von Mecklenburg-Vorpommern: Karte der quartären Bildungen 1 : 200.000: Blatt 12/13 (Bad Doberan/Rostock). – Geologisches Landesamt Mecklenburg-Vorpommern, Schwerin.

ÜKQ 200 (2001a): Geologische Karte von Mecklenburg-Vorpommern: Karte der quartären Bildungen 1 : 200.000: Blatt 21/22 (Boizenburg/Schwerin). – Landesamt f. Umwelt, Naturschutz und Geologie Mecklenburg-Vorpommern/Geologischer Dienst, Güstrow.

ÜKQ 200 (2001b): Geologische Karte von Mecklenburg-Vorpommern: Karte der quartären Bildungen 1 : 200.000: Blatt 24/25 (Neubrandenburg/Torgelow). – Landesamt f. Umwelt, Naturschutz und Geologie Mecklenburg-Vorpommern/Geologischer Dienst, Güstrow.

Literatur

Aagaard, T. (1988): A study on nearshore bar dynamics in a low-energy environment: Northern Zealand, Denmark. – J. Coastal Res. **4**: 115–128.
Abegg, F. (1994): Methoden zur Untersuchung methanhaltiger mariner Weichsedimente. – Meyniana **46**: 1–9.
Achenbach, H. (1988): Historische Wirtschaftskarte des östlichen Schleswig-Holstein um 1850. – Kieler geograph. Schr. **67**: 277 S.
Aey, W. (1990): Historisch-ökologische Untersuchungen an Stadtökotopen Lübecks. – Mitt. AG Geobotanik in Schl.-Holst. u. Hamburg **41**: 229 S.
Agster, G., Weinhold, H. & Pieper, M. (2005): Regionale Hydrogeologie (Wasserversorgung und hydrogeologische Situation im Raum Lübeck) und Geotope in Ostholstein. – 72. Tagung AG Norddeutscher Geologen 2005 in Lübeck, Tagungsband u. Exk.-Führer, Exk. **A 2**: 85–95.
Albrecht, C. & Kühn, P. (2003): Eigenschaften und Verbreitung schwarzerdeähnlicher Böden auf der Insel Poel (Nordwest Mecklenburg-Vorpommern). – Greifswalder Geograph. Arb. **29**: 215–247.
Allen, J.R.L. (1982): Sedimentary structures, their character and physical basis. – Develop. Sediment. **30 A**: 593 S.
ALW (1997): Vorstranddynamik einer tidefreien Küste. – KFKI-Forschungsvorhaben, FKZ: MTK 0494, Abschlussbericht: 232 S. (Amt f. Wasserwirtschaft Kiel, LANU S-H, Inst. f. Geol. u. Paläont. Univ. Kiel).
Amelang, N. (1986): Untersuchungen zu Problemen der Winderosion auf Ackerflächen im küstennahen Jungmoränengebiet der DDR. – Diss. Math.-Nat. Fak. Univ. Greifswald: 119 S.
Amelang, N. (1992): Einsatz eines geographischen Informationssystems im Monitoring am Beispiel der Lubminer Küste. – Naturschutzarb.i. Mecklenburg-Vorpommern, **35** (1/2): 35–40.
Amelang, K., Janke, W. & Kliewe, H. (1983): Formenveränderungen und Substratumlagerungen an Grenzsäumen zwischen Naturraumeinheiten des Küstengebietes. – Wiss. Z. Univ. Greifswald, Math.-Nat. R. **32** (1/2): 81–92.
Andersen, K.K., Svensson, A., Johnsen, S.J., Rasmussen, S.O., Bigler, M., Röthlisberger, R., Ruth, U., Siggard-Andersen, M.-L., Steffensen, J.P., Dahl-Jensen, D., Vinther, B.M. & Clausen, H.B. (2006): The Greenland Ice Core Chronology 2005, 15–42 ka. Part 1: constructing the timescale. – Quatern. Sci. Rev. **25**: 3246–3257.
Ansorge, J. (1990): Fischreste (Selachii, Actinopterygii) aus der Wealdentonscholle von Lobber Ort (Mönchgut/Rügen). – Paläont. Z. **64** (1/2): 133–144.
Arntz, W.E. (1971): Biomasse und Produktion des Makrobenthos in den tieferen Teilen der Kieler Bucht im Jahr 1968. – Kieler Meeresforsch. **27**: 193–209.
Arntz, W E., Brunswig, D. & Sarnthein, M. (1976): Zonierung von Mollusken und Schill im Rinnensystem der Kieler Bucht. – Senckenberg. marit. **8**: 189–269.

Atzler, R. (1995): Der pleistozäne Untergrund der Kieler Bucht und angrenzender Gebiete nach reflexionsseismischen Messungen. – Ber.-Repts., Geol.-Paläont. Inst. Univ. Kiel **70**: 116 S.
Atzler, R. (1997): Die pleistozänen Entwässerungsrinnen der Kieler Bucht. – Meyniana, **49**: 13–30.
Atzler, R. & Werner, F. (1996): Neue Ergebnisse zur glazialen Entwicklung der Kieler Bucht aufgrund hochauflösender Reflexionsseismik. – Meyniana **48**: 69–99.
BACC-Author Team (2008): Assessment of Climate Change for the Baltic Sea Basin. – 474 pp.
Bachor, A. (2005): Nährstoff- und Schwermetallbilanzen der Küstengewässer Mecklenburg-Vorpommerns unter besonderer Berücksichtigung ihrer Sedimente. – Schriftenr. Landesamt f. Umwelt, Naturschutz u. Geologie Mecklenburg-Vorpommern, Jg. **2005** (2): 219 S.
Baerens, C. (1998): Extremwasserstände an der deutschen Ostseeküste. – Dissertation, FU Berlin, FB Geowissenschaften: 163 S.
Bąk, M., Witkowski, A. & Kierzek, A. (2006): Diatomeen in der Ostsee. – Meyniana **58**: 129–156.
Bahls, R. & Kliewe, H. (1990): Mönchgut – eine Landschaftsstudie. – Natur- und kulturgeschichtliche Überblicke und Wanderungen, 3 Teile: 104 S.
Baldschuhn, R., Binot, F., Fleig, S., Frisch, V. & Kockel, F. (2001): Geotektonischer Atlas von Nordwest-Deutschland und dem deutschen Nordsee-Sektor – Strukturen, Strukturentwicklung, Paläogeographie. – Geol. Jb. **A 153**: 1–44 (3 CD-ROMs).
Balzer, W., Erlenkeuser, H., Hartmann, M., Müller, P.J. & Pollehne, F. (1987): Diagenesis and exchange processes at the benthic boundary. – In: Rumohr, J., Walger, E. & Zeitzschel, B. (Eds.): Seawater-sediment interactions in coastal waters. – Lect. Notes Estuar. Coast. Stud. **13**: 162–262.
Bard, E., Hamelin, B. & Fairbanks, R.G. (1990): U-Th ages obtained by mass spectrometry in corals from Barbados: sea level during the past 130.000 years. – Nature **346**: 456–458.
Bartholomäus, W.A. (1993): Spurenfossilien unterkambrischer Sandsteine aus dem Sylter Kaolinsand sowie von Eiszeit-Geschieben. – Arch. Geschiebekde. **1** (6): 307–328.
Bartholomäus, W.A. & Granitzki, K. (2004): Die Quarzsand-Lagerstätte Neubrandenburg-Fritscheshof – ein Fenster in die Ablagerungsverhältnisse zur Tertiärzeit. – Neubrandenburger Geol. Beitr. **4**: 49–66.
Bauerhorst, H. & Niedermeyer, R.-O. (2004): Seismostratigraphisch basierte Modellierung der jungquartären Sedimentationsgeschichte eines ästuarinen Küstenbeckens (Greifswalder Bodden, südliche Ostsee, NE-Deutschland). – Z. geol. Wiss. **32** (2–4): 113–130.
Bayerl, K.-A., Schwarzer, K. & Lübker-Bammann, U. (1992): Das Küstenholozän an der inneren Lübecker Bucht. – Meyniana **44**: 97–110.
Behre, K.-E. (1978): Die Klimaschwankungen im europäischen Präboreal. – Peterm. Geogr. Mitt. **122** (2): 97–102.
Behre, K.-E. & Lade, U. (1986): Eine Folge von Eem und 4 Weichsel-Interstadialen in Oerel/Niedersachsen und ihr Vegetationsablauf. – Eiszeitalter und Gegenwart **36**: 11–36.
Behrends, B., Goodfriend, G.A. & Liebezeit, G. (2003): Amino acid dating of recent intertidal sediments in the Wadden Sea, Germany. – Senckenbergiana maritima **32** (1/2): 155–164.
Beier, H. (2001): Die strukturelle Entwicklung der Rügen-Kaledoniden und ihres nördlichen Vorlandes (Nordost-Deutschland und südliche Ostsee) – Untersuchungen an

einem verdeckten altpaläozoischen Orogen. – Diss. Math.-Nat. Fak. Univ. Greifswald: 128 S.
Beitz, U. (1977): „Wie wenn die Hölle losgelassen". Die Ostseesturmflut am 13. November 1872 in Eckernförde. – Begleitbroschüre zur Ausstellung im Heimatmuseum Eckernförde.
Benek, R., Kramer, W., Mc Cann, T., Scheck, M., Negendank, J.F.W., Korich, D., Huebscher, H.-D. & Bayer, U. (1996): Permo-Carboniferous magmatism of the Northeast German Basin. – Tectonophysics **266**: 379–404.
Benner, M. & Kaiser, K. (1987): Entwicklungen von Küstengestaltstypen an der schleswig-holsteinischen Fördenküste zwischen Schlei und Eckernförder Bucht. – Berl. geograph. Studien **25**: 193–218.
Benner, M., Kaiser, K., Vorwerk, P., Walther, M. & Wünnemann, B. (1990): Das Wesebyer „Head"-Kliff. Schnitt eines polygenetisch aufgebauten Kegelsanders und die Entwicklung der Ausgleichsküste auf der Ostseite der Großen Breite/Innenschlei zwischen Kielfot und Osterbek-Ausmündung bis zum aktuellen Formungsgeschehen. – Geographica-Oekologica **1**: 84 S.
Bennike, O., Jensen, J.B., Lemke, W., Kuipers, A. & Lomholt, S.J. (2004): Late- and postglacial history of the Great Belt, Denmark. – Boreas **33**: 18–33.
Berg, C., Dengler, J., Abdank, A., Isermann, M. & 18 Koautoren (2004): Die Pflanzengesellschaften Mecklenburg-Vorpommerns und ihre Gefährdung. – Textband: 606 S.
Bergström, S. & Carlsson, B. (1994): River runoff to the Baltic Sea: 1950–1990. – Ambio **23**: 280–287.
Berner, U. & Streif, H. (Hrsg., 2004): Klimafakten. Der Rückblick – ein Schlüssel für die Zukunft. – 4. Aufl., 295 S.
Beutler, G. & Schüler, F. (1978): Über altkimmerische Bewegungen im Norden der DDR und ihre regionale Bedeutung – Fortschrittsbericht. – Z. geol. Wiss. **6**: 403–420.
Beutler, G. (2004): Trias. – In: Katzung, G. (Hrsg.): Geologie von Mecklenburg-Vorpommern: 140–151.
Billwitz, K. (1995): Oberflächennahe pleistozäne Sedimente und rezente Böden in der Küstenregion Vorpommerns. – Zbl. Geol. Paläont. Teil I **1994** (1/2): 9–24.
Billwitz, K. (1997): Überdünte Strandwälle und Dünen und ihr geoökologisches Inventar an der vorpommerschen Ostseeküste. – Z. Geomorphologie, N.F., Suppl. **111**: 161–173.
Billwitz, K. & Porada, H.T. (2009): Die Halbinsel Fischland-Darss-Zingst und das Barther Umland. Eine landeskundliche Bestandsaufnahme im Raum Wustrow, Prerow, Zingst und Barth. – Landschaften in Deutschland/Werte der deutschen Heimat **71**: 447 S.
Bismarck, R. v. (1985): Bernstein - Schatz aus der Vergangenheit. – In: Newig, J. & Theede, H.: Die Ostsee. Natur und Kulturraum. – 66–69.
Björck, S. (1995): A review of the history of the Baltic Sea, 13.0–8.0 ka BP. – Quatern. Int. **27**: 19–40.
Björck, S., Walker, M.J.C., Cwynar, L., Johnsen, S.J., Knudsen, K.-L., Lowe, J.J., Wohlfahrt, B. & INTIMATE Members (1998): An event stratigraphy for the Last Termination in the North Atlantic region based on the Greenland Ice Core record: a proposal by the INTIMATE group. – J. Quatern. Sci. **13**: 283–292.
Björck, J., Possnert, G. & Schoning, K. (2001): Early Holocene deglaciation chronology in Vastergotland and Narke, southern Sweden – biostratigraphy, clay varve, 14C and calendar year chronology. – Quatern. Sci. Rev. **20** (12): 1309–1326.

Blume, H.-P., Aey, W., Fortmann, J. & Fränzle, O. (1993): Böden des Lübecker Beckens und der Hansestadt Lübeck. – Mitt. dt. bodenkundl. Ges. **70**: 181–206.
Bock, G.M. (2003): Quantifizierung und Lokalisation der entnommenen Hartsubstrate vor der Ostseeküste Schleswig-Holsteins. Eine historische Aufarbeitung der Steinfischerei. – 52 S.
Böse, M. (1992): Late Pleistocene sandwedge formation in the hinterland of the Brandenburg stade. – Sveriges geol. Undersökning Ser. Ca **81**: 59–63.
Bohling, B., May, H., Mosch, T. & Schwarzer, K. (2008): Regeneration of submarine hard-bottom substrate by natural abrasion in the Western Baltic Sea. – In: Vött, A. & Brückner, H. (Hrsg.): Ergebnisse aktueller Küstenforschung. – Marburger Geograph. Schriften **145**: 66–79.
Bohncke, S.J.P., Bos, J.A.A., Engels, S., Heiri, O. & Kasse, C. (2008): Rapid climatic events as recorded in Middle Weichselian thermokarst lake sediments. – Quatern. Sci. Rev. **27**: 162–174.
Bokemüller, A. (2003): Königshörn – ein Kreidekliff vor Glowe. – Rugia **2004**: 81–85.
Borówka, R.K., Gonera, P., Kostrzewski, A., Nowaczyk, B. & Zwolinski, Z. (1986): Stratigraphy of eolian deposits in Wolin Island and the surrounding area, North-West Poland. – Boreas **15** (4): 301–309.
Borówka, R.K., Latałowa, M., Osadczuk, A., Święta, J. & Witkowski, A. (2002): Palaeogeography and palaeoecology of the Szczecin Lagoon. – Greifswalder Geogr. Arb. **27**: 107–113.
Bramer, H. (1964): Das Haffstausee-Gebiet: Untersuchungen zur Entwicklungsgeschichte im Spät-und Postglazial. – Habilschr. Univ. Greifswald: 166 S.
Bramer, H. (1975): Über ein Vorkommen von Alleröd-Torf in Sedimenten der Ueckermünder Heide. – Wiss. Z. Univ. Greifswald, Math.-Nat. R. **24** (3/4): 11–15.
Bramer, H. (1978): Über Transgressionsvorgänge am Südrand des Kleinen Haffs. – Wiss. Z. Univ. Greifswald, Math.-Nat. R. **27** (1/2): 11–15.
Bramer, H. (1979): Beiträge zur Physischen Geographie des Kreises Ueckermünde, Bezirk Neubrandenburg. – 89 S.
Bremer, F. (2004): Glaziale Morphologie. – In: Katzung, G. (Hrsg.): Geologie von Mecklenburg-Vorpommern: 284–291.
Bressau, S. & Schmidt, R. (1979): Geologische Untersuchungen zum Sedimenthaushalt an der Küste der Probstei und erste Erkundungen zur Sandgewinnung in der westlichen Ostsee. – Mitt. Leichtweiß-Inst. f. Wasserbau TU Braunschweig **65**: 191–210.
Brink, H.-J. (2005): Liegt ein wesentlicher Ursprung vieler großer Sedimentbecken in der thermischen Metamorphose ihrer Unterkruste? Das Norddeutsche Permbecken in einer globalen Betrachtung. – Z. dt. Ges. Geowiss. **156** (2): 275–355.
Brinkmann, R. (1958): Zur Entstehung der Nordöstlichen Heide Mecklenburgs. – Geologie **7** (3–6): 751–756.
Brosin, H.-J. (1965): Hydrographie und Wasserhaushalt der Boddenkette südlich des Darß und Zingst. – Veröff. Geophys. Inst. Univ. Leipzig, 2. Serie **18** (3): 277–381.
Brückner-Röhling, S., Fleig, S., Forsbach, H., Kockel, F., Krull, P. & Wirth, H. (2004): Die Bewegungsphasen tektonischer Störungen im Tertiär Norddeutschlands – Ergebnisse strukturgeologischer Untersuchungen. – Z. geol. Wiss. **32** (5/6): 295–321.
Brückner-Röhling, S., Forsbach, H. & Kockel, F. (2005): The structural development of the German North Sea sector during the Tertiary and the Early Quaternary. – Z. dt. Ges. Geowiss. **156** (2): 341–355.
Brügmann, L. & Lange, D. (1983): Geochemische und sedimentologische Untersuchungen an einem Sedimentkern aus dem Schlickgebiet der Lübecker Bucht. – Gerlands Beitr. Geophys. **92**: 241–268.

Buckler, W.R. & Winters, H.A. (1983): Lake Michigan Bluff recession. – Ann. Ass. Amer. Geographers **73**: 89–110.
Buddenbohm, A., Granitzki, K., Stange, H., Strübing, H. & Daedlow, W. (2003): Auf den Spuren der Eiszeit. Geopark Mecklenburgische Eiszeitlandschaft. – 76 S.
Bülow, K. v. (1960): Abrasion. – Geologie **9**: 471–481.
Bülow, W. v. (1991): Präpleistozäne und Holstein-zeitliche Flußschotter im südwestlichen Mecklenburg. – Z. geol. Wiss. **19** (3): 252–260.
Bülow, W. v. (Hrsg., 2000): Geologische Entwicklung Südwest-Mecklenburgs seit dem Ober-Oligozän. – Schriftenr. Geowiss. **11**: 413 S.
Bülow, W. v. (2005): Geologischer Wanderpfad zu den wichtigsten Aufschlüssen der Griesen Gegend. – cw Verlagsgruppe: 68 S.
Bülow, W. v. (2011): Quartäre Glazioisostasie und Genese der altpleistozänen Rinnen im nördlichen Mitteleuropa – Diskussionsbemerkungen und Modellierung. – Z. geol. Wiss. **39** (1): 19–38.
Bülow, W. v. & Müller, S. (2004a): Tertiär. – In: Katzung, G. (Hrsg.): Geologie von Mecklenburg-Vorpommern: 197–209.
Bülow, W. v. & Müller, S. (2004b): Neogen. – In: Katzung, G. (Hrsg.): Geologie von Mecklenburg-Vorpommern: 209–216.
Bromley, R.G. (1999): Spurenfossilien. Biologie, Taphonomie und Anwendungen. – 347 S.
Carnap-Bornheim, C. v. & Radtke, C. (2007): Es war einmal ein Schiff. Archäologische Expeditionen zum Meer. – 395 S.
Carter, C.H. & Guy, D.E. jr. (1988): Coastal Erosion: Processes, Timing and Magnitudes at the Bluff Toe. – Mar. Geol. **84**: 1–17.
Cepek, A.G. (1965a): Geologische Ergebnisse der ersten Radiokarbondatierungen von Interstadialen im Lausitzer Urstromtal. – Geologie **14**: 625–657.
Cepek, A.G. (1965b): Die Stratigraphie der pleistozänen Ablagerungen im Norddeutschen Tiefland. – In: Gellert, J.F. (Hrsg.): Die Weichsel-Eiszeit im Gebiet der DDR: 45–65.
Cepek, A.G. (1968): Quartär. – Grundriß der Geologie der DDR **1**: 385–420.
Cepek, A.G. (1973): Zur stratigraphischen Interpretation des Quartärs der Stoltera bei Warnemünde. – Z. geol. Wiss. **1** (9): 1155–1171.
Christensen, P.-F, Christensen, S., Friborg, R., Kirsch, R.; Rabbel, W., Röttger, B., Scheer, W., Thomsen, S. & Voss, W. (2002): A geological model of the Danish-German Border Region. – Meyniana **54**: 73–88.
Christiansen, C., Edelvang, K., Emeis, K.-C., Graf, G., Jähmlich, S., Kozuch, J., Laima, M., Leipe,T., Löffler, A., Lund-Hansen, L.C., Miltner, A., Pazdro, K., Pempkowiak, J., Shimmield, G., Shimmield, T., Smith, J., Voss, M., & Witt, G. (2002): Material Transport from the Nearshore to the Basinal Environment in the Southern Baltic Sea I. Processes and Mass Estimates. – J. Mar. Sys. **35**: 133–150.
Church, J.A. & White, N.J. (2006): A 20th century acceleration in global sea-level rise. – Geophys. Res. Lett. **33** (1): L01602, doi:10.1029/2005/GL024826.
Claussen, M. (2007): Klima – wie funktioniert es eigentlich? – In: Wefer; G. (Hrsg.): Geowissenschaften – Erforschung des Systems Erde: 16–19.
Collinson, J.D. (1996): Alluvial sediments. – In: Reading, H.G. (Ed.): Sedimentary Environments: Processes, Facies and Stratigraphy. – **3**. Ed: 37–82.
Cooper, A.K. Barrett, P., Stagg, H., Storey, B. Stump, E. & Wise, W. (2008): Antarctica: A Keystone in a Changing World. – Proc. 10th Int. Sympos. Antarctic Earth Sci., Santa Barbara, California, August 26 to September 1, 2007: 150 S.
Cordshagen, H. (1964): Der Küstenschutz in Mecklenburg. – Veröff. Mecklenbg. Landeshauptarchiv, III: 258 S.

Correns, M. (1973): Beitrag zum Wasserhaushalt des Oderhaffs. – Wiss. Z.. Univ. Berlin, Math.-Nat. R. **22** (6): 693–703.
Courtillot, V. (1999): Das Sterben der Saurier. Erdgeschichtliche Katastrophen. – 136 S.
Dahlke, S. & Hübel, H. (1996): Der Kleine Jasmunder Bodden: Entwicklung eines hypertrophen Gewässers in Vergangenheit, Gegenwart und Zukunft. – Bodden **3**: 83–98.
Dann, T. & Ratzke, U. (2004): Böden. – In: Katzung, G. (Hrsg.): Geologie von Mecklenburg-Vorpommern: 489–508.
Dansgaard, W., White, J.W.C. & Johnsen, S.J. (1989): The abrupt termination of the Younger Dryas climatic event. – Nature **339**: 532–534.
Darsow, A., Schafmeister, M.-T., Lampe, R. & Meyer, T. (2005): Risk Assessment of the Sea-Level Rise on the Southern Baltic Sea. A Local Vulnerability Assessment of Holocene Peat Lowland on the Northeast German Baltic Sea Coast. – In: Cheng, Q. & Bonham-Carter, G. (Eds.): GIS and Spatial Analysis. – Proc. Int. Ass. Math. Geol./IAMG, Ann. Conf. 2005: 335–340.
Daschkeit, A. & Sterr, H. (2003): Aktuelle Berichte der Küstenforschung. – 20. AKM-Tagung Kiel, 30.5.–1.6.2002. – Berichte, Forschungs- und Technologiezentrum Westküste d. Univ. Kiel **28**: 229 S.
Dehning, G. & Petersen, B. (2007): Abenteuer Steine. – 112 S.
DHI (1967): Ostsee-Handbuch Teil 4. Von Flensburg bis Utklippan und zur polnisch-sowjetischen Grenze.
Diener, I., Petzka, M., Reich, M., Rusbült, J. & Zagora, I. (2004): Oberkreide. – In: Katzung, G. (Hrsg.): Geologie von Mecklenburg-Vorpommern: 173–197.
Diesing, M. (2003): Die Regeneration von Materialentnahmestellen in der südwestlichen Ostsee unter besonderer Berücksichtigung der rezenten Sedimentdynamik. – Diss. Univ. Kiel: 158 S.
Diesing, M. & Schwarzer, K. (2006): Identification of submarine hard bottom substrates in the German North Sea and Baltic Sea Exclusive Economic Zones by high-resolution acoustic seafloor imaging. – In: v.Nordheim, H., Boedeker, D. & Krause, J.C. (Eds.): Advancing towards effective marine conservation in Europe. – NATURA 2000 sites in German offshore waters.
Diethelm, R. & Pitzka, H. (1987): Zur geologischen Entwicklung der Salzwiesenniederung an der Probstei-Küste (Schleswig-Holstein). – Meyniana **39**: 119–126.
Dietrich, H. & Hoffmann, G. (2004): Steinreiche Ostseeküste – Entstehung und Herkunft der Findlinge. – 78 S.
Dobracka, E. (1983): Development of the lower Odra valley and the Wkra Forest (Ueckermünder Heide) lowland in the Late-glacial and the Holocene. – Peterm. Geogr. Mitt. Erg.-H. **282**: 108–117.
Dörfler, W., Jakobsen, O. & Klooß, S. (2009): Indikatoren des nacheiszeitlichen Meeresspiegelanstiegs der Ostsee. Eine methodische Diskussion am Beispiel der Ostseeförde Schlei, Schleswig-Holstein. – Universitätsforsch. z. prähistor. Archäol. **165**: 177–186.
Dold, R. (1980): Zur Ökologie, Substratspezifität und Bioturbation von Makrobenthos auf Weichböden der Kieler Bucht. – Diss. Univ. Kiel: 449 S.
Duphorn, K. (1979): The Federal Republic of Germany. – In: Gudelis, V. & Königsson, L.-K. (Ed.): The Quarternary history of the Baltic, Uppsala. – Acta Univ. Uppsal. Annum Quingentesimum Celebrantis **1**: 195–206, Uppsala.
Duphorn, K. (1981): Physiographical and glaciogeological observations in North Victoria Land, Antarctica. – Geol. Jb. **B 41**: 89–109.

Duphorn, K. (1983): Geologie. – Führer zu archäol. Denkm. in Deutschland, l, Kreis Herzogtum Lauenburg **I**: 13–22.
Duphorn, K. (1996): Aspekte der Angewandten Quartärgeologie. – Geowiss. Mitt. v. Thüringen, Beiheft **5**: 145–172.
Duphorn, K. (2008): Salzstock Gorleben. – Schriftenreihe Heimatkundl. Arbeitskreis Lüchow-Dannenberg 13, Wendland Lexikon **2**: 325–333.
Duphorn, K. & Schneider, U. (1983): Zur Geologie und Morphologie des Höhbeck und der Elbe-Jeetzel-Niederung im Naturpark Elbe-Drawehn. – Abh. Naturwiss. Ver. Hamburg N.F. **25**: 9–40.
Duphorn, K., Kliewe, H., Niedermeyer, R.-O., Janke, W. & Werner, F. (1995): Die deutsche Ostseeküste. – Slg. Geol. F. **88**: 281 S.
Dwars, F.W. (1960): Beiträge zur Glazial- und Postglazialgeschichte Südostrügens. – Schr. Geogr. Inst. Univ. Kiel **18** (3): 1–106.
Dynesen, C. & Zilling, L. (2006): Eine feste Fehmarnbeltquerung und die Umwelt. – 116 S.
Ebbinghaus, K. (1969): Bericht über die Vermessungsarbeiten Gellenkirche und „Luchte" auf der Insel Hiddensee. – Wiss. Z. Univ. Greifswald, Gesellsch. u. Sprachwiss. R. **18** (3/4 Teil II): 389–404.
Edgerton, H., Seibold, E., Vollbrecht, K. & Werner, F. (1966): Morphologische Untersuchungen am Mittelgrund (westliche Ostsee). – Meyniana **16**: 37–50.
Edwards, R.L. & 7 Mitarbeiter (1993): A Large Drop in Atmospheric $^{14}C/^{12}C$ and Reduced Melting in the Younger Dryas, Documented with ^{230}Th Ages of Corals. – Science **260**: 962–968.
Ehlers, J. (1990): Untersuchungen zur Morphodynamik der Vereisungen Norddeutschlands unter Berücksichtigung benachbarter Gebiete. – Bremer Beitr. z. Geographie u. Raumplanung **19**: 166 S.
Ehlers, J. (1994): Allgemeine und Historische Quartärgeologie. – 358 S.
Ehlin, U. (1981): Hydrology of the Baltic Sea.- In: Voipio, A. (Ed.): The Baltic Sea. – Elsevier Oceanogr. **30**: 123–134.
Ehrmann, W.U. (1994): Die känozoische Vereisungsgeschichte der Antarktis. – Ber. z. Polarforschung **137**: 152 S.
Eiben, H. (1992): Schutz der Ostseeküste von Schleswig-Holstein. – In: Kramer, J. & Rohde, H.: Historischer Küstenschutz: 517–534.
Eichbaum, K.W., Meier, H. & Zachau, A. (ohne Jahrgang): Geschiebefundorte im Raum Hamburg, Schleswig-Holstein, Niedersachsen. – Der Geschiebesammler, Sonderh. **1**: 62 S.
Eiermann, J. (1984): Ein zeitliches, räumliches und genetisches Modell zur Erklärung der Sedimente und Reliefformen im Pleistozän gletscherbedeckter Tieflandsgebiete – ein Beitrag zur Methodik der mittelmaßstäbigen naturräumlichen Gliederung. – In: Richter, H. & Aurada, K. (Hrsg.): Umweltforschung. Zur Analyse und Diagnose der Landschaft: 169–183.
Ekman, M. (1996): A consistent map of the postglacial uplift of Fennoscandia. – Terra Nova **8** (2): 158–165.
Elken, J. & Matthäus, W. (2008): A.1.1 Baltic Sea Oceanography. – In: The BACC Author Team: Assessment of Climate Change for the Baltic Sea Basin: 379– 386.
Emeis, K.-C., Neumann, T., Endler, R. Struck, U., Kunzendorf, H. & Christiansen, C. (1998): Geochemical records of sediments in the eastern Gotland Basin – products of sediment dynamics in a not-so-stagnant anoxic basin? – Appl. Geochem. **13**: 349–358.
Emeis, K.-C., Christiansen, C., Edelvang, K., Jähmlich, S., Kozuch, J., Laima, M., Leipe, T., Lund-Hansen, L.-C., Löffler, A., Miltner, A., Pazdro, K., Pempkowiak, J.,

Pollehne, F., Shimmield, T., Voss, M. & Witt, G. (2002): Material transport from the nearshore to the basinal environment in the southern Baltic Sea, II: Synthesis of data on origin and properties of material. – J. Mar. Sci. **35**: 151–168.

Endtmann, E. (2002): Das „Herthamoor" – ein palynostratigraphisches Leitprofil für das Holozän der Insel Rügen. – Greifswalder Geogr. Arb. **26**: 143–147.

Endtmann, E. (2005): Erste Ergebnisse der neuen paläobotanischen Untersuchungen am mesolithischen Fundplatz von Lietzow-Buddelin auf Rügen. – Bodendenkmalpflege in Mecklenburg-Vorpommern, Jb. 2004, **52**: 197–209.

Erlenkeuser, H., Suess, E. & Willkomm, H. (1974): Industrialization affects heavy metal and carbon isotope concentrations in recent Baltic Sea Sediments. – Geochim. Cosmochim. Acta **38** (6): 823–842.

Ernst, T. (1974): Die Hohwachter Bucht. Morphologische Entwicklung einer Küstenlandschaft Ostholsteins. – Schr. naturw. Verein Schl.-Holst. **44**: 47–96.

Ernst, W. (1991): Der Lias im Ton-Tagebau bei Grimmen (Vorpommern). – Fundgrube **27** (4): 171–183.

Exon, N. (1972): Sedimentation in the outer Flensburg Fjord Area (Baltic Sea) since the last Glaciation. – Meyniana **22**: 6–62.

Faupl, P. (2000): Historische Geologie: eine Einführung. – Uni-Taschenbücher **2149**: 270 S.

Feistel, R., Nausch, G. & Wasmund, N. (2008): State and evolution of the Baltic Sea, 1952–2005. A detailed 50-year survey of meteorology and climate, physics, chemistry, biology, and marine environment. – Wiley-Interscience, 703 pp., Hoboken, NJ.

Feldens, P., Diesing, M., Hübscher, C. & Schwarzer, K. (2009):Genesis and sediment dynamics of a subaqueous dune field in Fehmarn Belt, South Western Baltic Sea. – In: Vött, A. & Brückner, H.: Ergebnisse aktueller Küstenforschung. – Marburger Geograph. Schriften **145**: 80–97.

Felix-Henningsen, P. & Stephan, H.-J. (1982): Stratigraphie und Genese fossiler Böden im Jungmoränengebiet südlich von Kiel. – Eiszeitalter u. Gegenwart **32**: 163–175.

Fennel, W. & Seifert, T. (2008): Oceanographic Processes in the Baltic Sea. – Die Küste **74**: 77–91.

Fonselius, S.H. (1981): Oxygen and hydrogen sulphide conditions in the Baltic Sea. – Marine Poll. Bull. **12**: 187–194.

Fonselius, S.H. (1986): Hydrography of the Baltic deep basin. III. – Fishery board of Sweden, Rept. **23**: 97 S.

Franck, H., Matthäus, W. & Sammler, R. (1987): Major inflows of saline water into the Baltic Sea during the present Century. – Gerlands Beitr. Geophysik **96** (6): 517–531.

Franke, D., Gründel, J., Lindert, W., Meissner, B., Schulz, E., Zagora, I. & Zagora, K. (1994): Die Ostseebohrung G 14 – eine Profilübersicht. – Z. geol. Wiss. **22** (1/2): 235–240.

Fredericia, J. & Knudsen, K.L. (1990): Geological framework in the Skagen area. – DGU reprint **57**: 647–659.

Frenzel, B. (1991): Klimageschichtliche Probleme der letzten 130.000 Jahre. – Paläoklimaforschung **1**: 451 S.

Frenzel, P. (1996): Rezente Faunenverteilung in den Oberflächensedimenten des Greifswalder Boddens (südliche Ostsee/NE-Deutschland) unter besonderer Berücksichtigung der Ostrakoden. – Senckenb. marit. **27** (1/2): 11–31.

Frenzel, P. (2006): Ökologische und aktuopaläontologische Besonderheiten im Brackwasser der Ostsee. – Meyniana **58**: 7–32.

Friedrich, M., Kromer. B., Spurk, M., Hofmann, J. & Kaiser, K.F. (1999): Palaeoenvironment and radiocarbon calibration as derived from late Glacial/Early Holocene tree-ring chronologies. – Quatern. Int. **61**: 27–39.
Fröhle, P. (2000): Messung und statistische Analyse von Seegang als Eingangsgröße für den Entwurf und die Bemessung von Bauwerken des Küstenwasserbaus. – Rostocker Ber. FB Bauingenieurwesen **2**: 164 S.
Fukarek, F. (1961): Die Vegetation des Darß und ihre Geschichte. – Pflanzensoziologie **12**: 321 S.
Garetzky, R.G., Ludwig, A.O.,Schwab, G. & Stackebrandt, W. (2001): Neogeodynamics of the Baltic Sea depression and adjacent areas. Results of IGCP-Project 346. – Brandenburgische Geowiss. Beitr. **1**: 47 S.
Gebhardt, U., Schneider, J. & Hoffmann, N. (1991): Modelle zur Stratigraphie und Beckenentwicklung im Rotliegenden der Norddeutschen Senke. – Geol. Jb. **A 127**: 405–427.
Gee, K, Kannen, A. & Sterr, H. (2000): Integrated Coastal Zone Management: What Lessons for Germany and Europe? Empfehlungen und Ergebnisse der Ersten Deutschen Konferenz zum Integrierten Küstenzonenmanagement. – Berichte, Forschungs- und Technologiezentrum Westküste d. Univ. Kiel **21**: 125 S.
Gellert, J.F. (1961): Die morphologischen Prozesse der Steiluferbildung und die genetischen Typen der Steiluferformen an der mecklenburgischen Ostseeküste. – Geograph. Berichte **6** (2): 99–106.
Gellert, J.F. (1985): Strukturen und Prozesse am Meeresstrand als geomorphologischem und landschaftlichem Grenzsaum zwischen Land und Meer – Geologisch-geographische Analyse und Synthese. – Peterm. Geogr. Mitt. **129** (4): 239–252.
Gellert, J.F. (1992): Das Binnenufer (Boddenufer) der Schaabe-Nehrung. – In: Billwitz, K., Jäger, K.-D. & Janke, W. (Hrsg.): Jungquartäre Landschaftsräume. Aktuelle Forschungen zwischen Atlantik und Tienschan: 194–199.
Genz, V. (1990): Hochwasser- und Küstenschutz. – In: Bahls, R. & Kliewe, H. (Hrsg.): Mönchgut – eine Landschaftsstudie. – 90–94.
GEO (2007): Unser Klima. – **12/2007**: 154–198; www.GEO.de.
Gerlach, S. (1990): Eutrophication of Kieler Bucht. – Kieler Meeresforsch., Sonderheft **6**: 4–63.
Gocke, K., Rheinheimer, G. & Schramm, W. (2003): Hydrographische, chemische und mikrobiologische Untersuchungen im Längsprofil der Schlei. – Schr. Naturwiss. Ver. Schleswig.-Holst. **68**: 31–62.
Gomolka, A. (1990): Mönchgut auf historischen Karten.- In: Bahls, R. & Kliewe, H. (Hrsg.): Mönchgut - eine Landschaftsstudie.- 14–17, Göhren/Greifswald.
Graf, G. (1989): Die Reaktion des Benthals auf den saisonalen Partikelfluß und die laterale Advektion sowie deren Bedeutung für Sauerstoff und Kohlenstoffbilanzen. – Habilschr. Univ. Kiel: 77 S.
Grafenstein, U. v. (1984): Zur Aussagekraft von Oszillationsrippeln: Ereignisbezogene sedimentologische Untersuchungen in Gebieten mit unterschiedlichen Seegangsspektren in der Nord- und Ostsee. – Ber./Repts. Geol.-Paläont. Inst. Univ. Kiel, **7**: 1–127.
Grasshoff, K. (1974): Chemische Verhältnisse und ihre Veränderlichkeit. – In: Magaard, L. & Rheinheimer, G. (Hrsg.): Meereskunde der Ostsee: 85–102.
Gramsch, B. (1978): Die Lietzow-Kultur Rügens und ihre Beziehungen zur Ostseegeschichte. – Peterm. Geogr. Mitt. **123** (3): 155–164.
Gramsch, B. (2002): Late Mesolithic settlement and sea level development at the Littorina coastal sites of Ralswiek-Augenhof and Lietzow-Buddelin. – Greifswalder Geogr. Arb. **27**: 37–45.

Gramsch, B. & Kliewe, H. (2006): Steinzeitjäger auf Rügen und ihre Natur und Umwelt. – Rugia **2006:** 62–73.
Granitzki, K. & Katzung, G. (2004): 6.1. Steine und Erden. – In: Katzung, G. (Hrsg.): Geologie von Mecklenburg-Vorpommern. – 409–420.
Gripp, K. (1952): Die Entstehung der Landschaft Ostholsteins. – Meyniana **1:** 119–129.
Gripp, K. (1964): Erdgeschichte von Schleswig-Holstein. – 411 S.
Grobe, H. & Fütterer, D. (1981): Zur Fragmentierung benthischer Foraminiferen in der Kieler Bucht, Westliche Ostsee. – Meyniana **33:** 85–96.
Gromoll, L. (1987): Die Sediment-Assoziationen der südwestlichen Ostsee. Ein Beitrag zur Kenntnis der Verteilungsgesetzmäßigkeiten von Ablagerungen im flachmarinen Raum. – Z. geol. Wiss. **15** (3): 355–371.
Gromoll, L. & Störr, M. (1989): Zur Geologie und Genese der Kiessand-Lagerstätten der südwestlichen Ostsee. – Z. angew. Geol. **35** (11/12): 314–322.
Grosse, S. & Tiepolt, L. (2006): Terrestrisches 3D-Laserscanning an der Steilküste Rügens. – Z. geol. Wiss. **34** (1/2): 55–62.
Groth, K. (1967): Zur Frage der Beziehungen des glazialtektonischen Oberflächenbaus von Rügen zur endogenen Tektonik. – Ber. dt. Ges. geol. Wiss. **A 12** (6): 641–650.
Groth, K. (1969): Der glazitektonische Aufbau der Halbinsel Jasmund/Rügen unter besonderer Berücksichtigung der glazidynamischen Entwicklung der Stauchendmoräne. – Diss. Math.-Nat. Fak. Univ. Greifswald: 207 S.
Groth, K. (2003): Zur glazitektonischen Entwicklung der Stauchmoräne Jasmund/Rügen. – Schriftenr. Landesamt f. Umwelt, Natursch.u. Geol. Mecklenbg.-Vorp. **3:** 39–49.
Grube, F. & Ross, P.-H. (1982): Schutz geologischer Naturdenkmale. – Die Heimat **89** (2/3): 38–48.
Grube, F., Matthess, G. & Fränzle, O. (1992): DEUQUA'92 Exkursionsführer. – 256 S.
Grünthal, G., Stromeyer, D., Wylegalla, K., Kind, R., Wahlström, R, Xiaohui Yuan & Bock, G. (2007): Die Erdbeben mit Momentmagnituden von 3,1–4,7 in Mecklenburg-Vorpommern und im Kaliningrader Gebiet in den Jahren 2000, 2001 und 2004. – Z. geol. Wiss. **35** (1/2): 63–86.
Gurwell, B. (1990): Steilküstenabrasion und Sedimentbilanz – ein quantitativer Küstenvergleich. – Wiss. Z. Ernst-Moritz-Arndt-Univ. Greifswald, Math.-Nat.- Wiss. Reihe **39** (3): 49–52.
Gurwell, B. R. (1991): Bestimmung der langfristigen Abrasion und der Sedimentschüttung von Abtragsküsten. – In: Ruchholz, K. (Hrsg.): Fortschritte der Geologie, Aktuogeologie, Regionale Geologie, Lithologie, Stratigraphie. – Wiss. Beitr. Ernst-Moritz-Arndt-Univ. Greifswald: 4–8.
Gurwell, B. & Jäger, B. (1983): Küstenveränderungen und Küstenschutz, dargestellt am Beispiel des Abschnittes Dranske/Rügen. – Peterm. Geogr. Mitt. **127:** 15–24.
Gurwell, B.R. & Weiss, D. (1989): Probleme des Litoralbereiches und des Küstenschutzes des Fischlandes. – Mitt. Forschungsanst. Schiffahrt, Wasser- und Grundbau **54:** 214–221.
Gurwell, B.R., Weiss, D. & Zielisch, E. (1982): Beitrag zur Charakterisierung von physiographischen Einheiten und Bilanzsystemen an Ostsee-Küstenstrecken der DDR. – Z. geol. Wiss. **10** (10): 1347–1355.
Guenther, E.W. (1951): Ein eiszeitlicher Elch aus Preetz und die Frage eines Weichsel-Interstadials in Ost-Holstein. – Schr. naturwiss. Ver. Schlesw.-Holst. **25:** 115–124.
Guenther, E.W. (1960): Funde des Riesenhirsches in Schleswig-Holstein und ihre zeitliche Einordnung. – In: Freund, G. (Hrsg.): Festschr. Lothar Zotz: Steinzeitfragen der Alten und Neuen Welt: 201–206.

Guenther, E.W. (1969): Der Fund eines Elefantenzahn-Auswurfstückes am Kliff bei Lindhöft. – Schr. naturwiss. Ver. Schlesw.-Holst. **39**: 59–62.
Gusen, R. (1983): Der lithologische Bau der Schorre von Neu-Reddevitz (Greifswalder Bodden). – Z. geol. Wiss. **11** (2): 193–208.
Gusen, R. (1988): Sedimentverteilung und geologischer Bau der Schorre vor Lubmin (Südküste des Greifswalder Boddens). – Z. angew. Geol. **34** (3): 86–90.
Haack, E. (1960): Das Achterwasser – eine geomorphologische und hydrographische Untersuchung: 106 S.
Hagen, E. (1996): Kap. 4.1: Klima und Witterung.- In: Rheinheimer, G. (Hrsg.): Meereskunde der Ostsee. – 2. Aufl.: 43–46.
Hallik, R. & Ludwig, A.O. (1959): Ein spätglaziales Torfprofil auf der Insel Usedom. – Archiv. Freunde Naturgesch. Mecklenbg. **5**: 20–35.
Harck, O. (1980): Stadtkernforschung in Eckernförde. – Offa **37**: 232–252.
Harders, R., Dehde, B., Diesing, M., Gelhart, M. & Schwarzer, K. (2005): Postglacial development of Neustadt Bay in the western Baltic Sea. – Meyniana **57**: 37–60.
Hartz, S. (2004): Aktuelle Forschungen zur Chronologie und Siedlungsweise der Ertebølle- und frühesten Trichterbecherkultur in Schleswig-Holstein. – Jb. Bodendenkmalpfl. Meckl-Vorp. **52**: 61–81.
Hartz, S. & Hoffmann-Wiek, G. (2000): Küstenbesiedlung und Landschaftsentwicklung im 5. Jahrtausend v. Chr. am Beispiel des Oldenburger Grabens in Ostholstein. – In: Kelm, R. (Hrsg.): Vom Pfostenloch zum Steinzeithaus. Archäologische Forschung und Rekonstruktion jungsteinzeitlicher Haus- und Siedlungsbefunde im nordwestlichen Mitteleuropa. – Albersdorfer Forsch. Arch. Umweltgesch. **1**: 70–87.
Hartz, S. & Hoffmann-Wiek, G. (2003): Submarine Forschung auf dem Festland – Geoarchäologie im Oldenburger Graben. – Schr. Naturwiss. Ver. Schlesw.-Holst. **68**: 63–82.
Hartz, S. & Kraus, H. (2006): Submarine Archäologie und Naturwissenschaften. Interdisziplinäre Zusammenarbeit bei der Auswertung der Steinzeitsiedlung Neustadt in Ostholstein. – Meyniana **58**: 179–190.
Hartz, S. & Glykou, A. (2008):Neues aus Neustadt: Ausgrabungen zur Ertebølle- und frühen Trichterbecher-Kultur in Schleswig-Holstein. – Archäol. Nachr. **14**: 17–19.
Hartz, S., Jakobsen, O. & Hoffmann-Wiek, G. (2004): Geoarchäologie im Oldenburger Graben – Genese und steinzeitliche Besiedlung einer ehemaligen Fjordlandschaft der westlichen Ostsee. – In: Haffner, A. & Müller-Wille, M. (Hrsg.): Starigard/Oldenburg. Hauptburg der Slawen in Wagrien V. – Offa-Bücher **82**: 15–29.
Healy, T. & Werner, F. (1987): Sediment budget for a semi-enclosed sea in a near homogenous lithology; example of Kieler Bucht, Western Baltic. – Senckenbergiana marit. **19**: 195–222.
Heerdt, S. (1965): Zur Stratigraphie des Jungpleistozäns im mittleren Nord-Mecklenburg. – Geologie **14** (5/6): 589–609.
Heerdt, S. (1966): Struktur und Entstehung der Stauchendmoräne Kühlung. – Geologie **15** (10): 1169–1213.
Helbig, H. (1999): Die spätglaziale und holozäne Überprägung der Grundmoränenplatten in Vorpommern. – Greifswalder Geogr. Arb. **17**: 82 S.
HELCOM (2004): The Fourth Baltic Sea Pollution Load Compilation (PLC-4) (2004). – Baltic Sea Environm. Proc./BSEP, **93**: 189 pp.
HELCOM (2007): Climate Change in the Baltic Sea area. HELCOM thematic assessment in 2007. – Baltic Sea Environm. Proc./BSEP **111**: 49 pp.
Hennicke, F. (2000): Rückbau degradierter Polder im Peenetal. – Z. geol. Wiss. **28** (6): 661–675.

Henningsen, D. & Katzung, G. (2006): Einführung in die Geologie Deutschlands. – 7. Aufl.: 234 S.
Herfert, P. (1973): Ralswiek – ein frühgeschichtlicher Seehandelsplatz auf der Insel Rügen. – Greifswald-Stralsunder Jb. **10**: 7–33.
Herrig, E. (1992): Die erste Radiolarie aus der Schreibkreide (Unter-Maastrichtium) der Insel Rügen (Ostsee). – Geschiebekunde aktuell **8** (1): 21–24.
Herrig, E. (1995): Die Kreide und das Pleistozän von Jasmund, Insel Rügen (Ostsee). – Terra Nostra **6**: 91–113.
Herrig, E. (2004): Kreide auf Rügen. – In: Katzung, G. (Hrsg.): Geologie von Mecklenburg-Vorpommern: 186–197.
Herrig, E. & Schnick, H. (1994): Stratigraphie und Sedimentologie der Kreide und des Pleistozäns auf Rügen. – Greifswalder Geowiss. Beitr. Reihe A, **1**: 6–55.
Herrmann, J. (1978): Ralswiek auf Rügen – ein Handelsplatz des 9. Jahrhunderts und die Fernhandelsbeziehungen im Ostseegebiet. – Z. f. Archäol. **12**: 163–180.
Herrmann, J. (1997): Ralswiek auf Rügen. Die slawisch-wikingischen Siedlungen und deren Hinterland I. Die Hauptsiedlung. – Beitr. z. Ur- und Frühgeschichte Mecklenburg-Vorpommerns **32**: 224 S.
Hetzer, H. (2006): Ein vergessener Bergbau an der Ostseeküste der DDR. – Nachr.-bl. z. Geschichte d. Geowiss. **16**: 50–57.
Hildebrandt, D. (2005): Organische Schadstoffbelastung in den Sedimenten der Küstengewässer Mecklenburg-Vorpommerns: Untersuchungen zur ökologischen Risikobewertung. – Diss. Univ. Greifswald: 169 S.
Hillmer, A. (2006): Hochwasserabwehr und Küstenschutz. Hamburg bereitet sich auf die Zukunft vor. – Magazin der H.-Böll-Stiftung (böll) **3**: 13.
Hingst, K., Muuss, U. & Jorzick, H.-P. (1978): Landschaftswandel in Schleswig-Holstein. – 142 S.
Hintz, R.A. (1958): Sedimentpetrographische und diluvialgeologische Untersuchungen im Küstenbereich des Landes Angeln (Schleswig-Holstein). – Meyniana **6**: 117–126.
Hirschmann, G., Hoth, K. & Kleber, F. (1975): Die lithostratigraphische Gliederung des Oberkarbons im Bereich der Inseln Rügen und Hiddensee. – Z. geol. Wiss. **3** (7): 985–996.
Hlawatsch, S., Neumann, T., van den Berg, A.M.G., Kersten, M., Harff, J. & Suess, E. (2002): Fast growing, shallow-water ferro-manganese nodules from the western Baltic Sea: origin and models of trace element incorporation. – Marine Geol. **182**: 373–389.
Höfle, H.-C., Delisle, G., Herpers, U., Bremer, K., Hofmann, H.J. & Wölfli, W. (1992): Further evidence for a glacial maximum in Antarctica during the Late Neogene. – Z. Geomorph. N.F., Suppl. Bd. **86**: 125–137.
Hoffeins, C. (1991): Ein neuer Fund von Federn im Baltischen Bernstein. – Geschiebekunde aktuell **7** (4): 165–168.
Hoffmann, G. (2004): Rekonstruktion und Modellierung der Küstenevolution im Bereich der Pommerschen Bucht in Abhängigkeit von holozänen Meeresspiegelschwankungen. – Diss. Math.-Nat. Fak. Univ. Greifswald: 148 S.
Hoffmann, G. & Barnasch, J. (2005): Late Glacial to Holocene coastal changes of SE Rügen Island (Baltic Sea, NE Germany). – Aquatic Sciences **67**: 132–141.
Hoffmann, G. & Lampe, R. (2002): Sedimentationsmodell eines holozänen Seegatts an der südlichen Ostseeküste (Bannemin, Insel Usedom) auf der Grundlage neuer Wasserstandsmarken. – Rostocker Meeresbiol. Beitr. **11**: 11–21.
Hoffmann, G. & Lampe, R. (2007): Sediment budget calculation to estimate Holocene coastal changes on the southwest Baltic Sea. – Marine Geol. **243**: 143–156.

Hoffmann, N. & Franke, D. (1997): The Avalonia-Baltica Suture in NE Germany – New Constraints and Alternative Interpretations. – Z. geol. Wiss. **25** (1/2): 3–14.

Hoffmann, N., Jödicke, H. & Horejschi, L. (2005): Regional distribution of the Lower Carboniferous Culm and Carboniferous limestone facies in the North German Basin – derived from magnetotelluric soundings. – Z. dt. Ges. Geowiss. **156** (2): 323–339.

Hoffmann, N., Hengesbach, L., Friedrichs, B. & Brink, H.-J. (2008): The contribution of magnetotellurics to an improved understanding of the geological evolution of the North German Basin – review and new results. – Z. dt. Ges. Geowiss. **159** (4): 591–606.

Hofstede, J. (2008): Climate change and coastal adaption strategies: the Schleswig-Holstein perspective. – Baltica **21** (1/2): 71–78.

Hofstede, J. (2009): Entwicklung des Meeresspiegels und der Sturmflutwasserstände an den deutschen Küsten: Rückblick und Ausblick. – Mitt. Inst. f. Wasserbau und Wasserwirtschaft TH Aachen **157 C**: 1–17.

Hoika, J. (1986): Die Bedeutung des Oldenburger Grabens für Besiedlung und Verkehr im Neolithikum. – Offa **43**: 185–208.

Holz, R. & Eichstädt, W. (1993): Die Ausdeichung der Karrendorfer Wiesen – ein Beispielprojekt zur Renaturierung von Küstenüberflutungsräumen. – Naturschutzarb. i. Mecklenburg-Vorpommern **36** (2): 57–59.

Holz, R., Herrmann, C. & Müller-Motzfeld, G. (1996): Vom Polder zum Ausdeichungsgebiet: Das Projekt Karrendorfer Wiesen und die Zukunft der Küstenüberflutungsgebiete in Mecklenburg-Vorpmmern. – Natur u. Naturschutz in Mecklenburg-Vorpommern **32**: 3–27.

Holtz, U., Kramer, W. & Stoss, M. (1990): Ein Pfahlfeld in der Schlei bei Kappeln (Kappeln LA 11). – Archäol. Nachr. Schlesw.-Holst. **1**: 99–105.

Hoth, K. (1990): Natur- und kulturgeschichtliche Wanderungen durch Mönchgut. – In: Bahls, R. & Kliewe, H. (Hrsg.): Mönchgut – eine Landschaftsstudie, Teil 3.

Hoth, K., Rusbült, J., Zagora, K., Beer, H. & Hartmann, O. (1993): Die tiefen Bohrungen im Zentralabschnitt der Mitteleuropäischen Senke – Dokumentation für den Zeitabschnitt 1962–1990. – Schriftenr. Geowiss. **2**: 145 S.

Houmark-Nielsen, M. (1994): Late Pleistocene stratigraphy, glaciation chronology and middle Weichselian enviromental history from Klintholm, Møn, Denmark. – Geol. Soc. Denmark Bull. **41**: 181–202.

Houmark-Nielsen, M. (2007): Extent and age of Middle and Late Pleistocene glaciations and periglacial episodes in southern Jylland, Denmark. – Geol. Soc. Denmark Bull. **55**: 9–35.

Hupfer, P. (2010): Die Ostsee – kleines Meer mit großen Problemen. – 5. Aufl., 262 S.

Hupfer, P., Harff, J., Sterr, H. & Stigge, H.-J. (2003): Die Wasserstände an der Ostseeküste. Entwicklung – Sturmfluten – Klimawandel. – Die Küste, Sonderheft **66**: 331 S.

Hurtig, T. (1954): Die mecklenburgische Boddenlandschaft und ihre entwicklungsgeschichtlichen Probleme. Ein Beitrag zur Küstengeschichte der Ostsee. – Neuere Arb. Mecklenburg. Küstenforsch. **1**: 148 S.

Hurtig, T. (1958): Zum „Rätsel des Ancylussees". – Peterm. Geogr. Mitt. **102** (4): 244–250.

Huuse, M. (2002): Late Cenozoic palaeogeography of the eastern North Sea Basin: climatic vs tectonic forcing of basin margin uplift and deltaic progradation. – Bull. Geol. Soc. Denmark **49** (2): 145–170.

Jacob, H.-E. (1987): Die Fährinsel bei Hiddensee – Geomorphologie und Genese. – Peterm. Geogr. Mitt. **131**(2): 85–92.

Jacobshagen, V., Arndt, J., Götze, H.-J., Mertmann, D. & Wallfass, C.M. (2000): Einführung in die geologischen Wissenschaften. – Uni-Taschenbücher **2106**: 432 S.

Jakobsen, F. & Trebuchet, C. (2000): Observations of the transport trough the Belt Sea and an investigation of momentum balance. – Cont. Shelf Res. **20**: 293–311.

Jakobsen, O. (2004): Die Grube-Wesseker Niederung (Oldenburger Graben, Ostholstein): Quartärgeologische und geoarchäologische Untersuchungen zur Landschaftsgeschichte vor dem Hintergrund des anhaltenden postglazialen Meeresspiegelanstiegs. – Dissertation Univ. Kiel: 123 S.

Janke, W. (1971): Beitrag zu Entstehung und Alter der Dünen der Lubminer Heide sowie der Peenemünde-Zinnowitzer Seesandebene. – Wiss. Z. Univ. Greifswald Math.-Nat. R. **20** (1/2): 39–54.

Janke, W. (1978): Untersuchungen zu Aufbau, Genese und Stratigraphie küstennaher Talungen und Niederungen Nordost-Mecklenburgs als Beitrag zu ihrer geoökologischen und landeskulturellen Charakteristik. – Habil. Schrift Math.-Nat. Fak. Univ. Greifswald: 198 S.

Janke, W. (1996a): Ausgewählte Aspekte der jungweichselzeitlichen Entwicklung in Vorpommern. – In: Billwitz, K.; Jäger, K.-D. & Janke, W. (Hrsg.): Jungquartäre Landschaftsräume: 3–15.

Janke, W. (1996b): Landschaftsentwicklung und Formenschatz Mecklenburg-Vorpommerns seit dem Weichsel-Eiszeit. – Z. Erdkundeunterr. **48**: 495–505.

Janke, W. (2002a): Zur Genese der Flusstäler zwischen Ücker und Warnow. – Greifswalder Geogr. Arb. **26**: 39–43.

Janke, W. (2002b): Pollen and diatom analyses from sediment cores of the Szczecin Lagoon. – In: Lampe, R. (Ed.): Holocene Evolution of the South-Western Baltic Coast – Geological, Archaeological and Palaeoenvironmental Aspects. – Greifswalder Geogr. Arb. **27**: 115–117.

Janke, W. (2005): Die Landschaften des Barther Raumes und ihre Entwicklung. – In: Scheffelke, J. & Garber, G. (Hrsg.): Stadt Barth 1255–2005 – Beitr. Stadtgesch: 31–38.

Janke, W. & Lampe, R. (1982): Zur Holozänentwicklung von Ausgleichsküsten, dargestellt am Beispiel einer Nehrung und ihres Strandsees bei Binz/Rügen. – Peterm. Geogr. Mitt. **126** (2): 75–83.

Janke, W. & Lampe, R. (1996): Relief, Morphogenese und Stratigraphie der Karrendorfer Wiesen. – Natur u. Naturschutz in Mecklenburg-Vorpommern **32**: 28–42.

Janke, W. & Lampe, R. (1998): Die Entwicklung der Nehrung Fischland – Darß – Zingst und ihres Umlandes seit der Litorina-Transgression und die Rekonstruktion ihrer subrezenten Dynamik mittels historischer Karten. – Z. Geomorph. N.F. Suppl. **112**: 177–194.

Janke, W. & Lampe, R. (2000): Zu Veränderungen des Meeresspiegels an der vorpommerschen Küste in den letzten 8000 Jahren. – Z. geol. Wiss. **28** (6): 585–600.

Janke, W. & Lampe, R. (2006): Das Werden der heutigen Halbinsel Zingst. – In: Scheffelke, J. (Hrsg.): 125 Jahre Ostseebad Zingst: 9–14.

Janke, W. & Reinhard, H. (1968): Zur spätglazialen Gletscherdynamik und Entwicklungsgeschichte der großen Talungen im Nordosten Mecklenburgs. – Wiss. Z. Univ. Greifswald Math.-Nat. R. **17**: 1–20.

Jankuhn, H., Schietzel, K. & Reichstein, H. (1984): Archäologische und naturwissenschaftliche Untersuchungen an ländlichen und frühstädtischen Siedlungen im deutschen Küstengebiet vom 5. Jahrhundert v.Chr. bis zum 11. Jahrhundert n.Chr. – Bd. **2**: Handelsplätze des frühen und hohen Mittelalters: 453 S.

Jansen, D.L., Lundquist, D.P., Christiansen, C., Lund-Hansen, L.C., Balstrøm, T. & Leipe, T. (2003): Deposition of organic matter and particulate nitrogen and phos-

phorus at the North Sea – Baltic Sea transition – a GIS study. – Oceanologia **45** (2): 283–303.
Jaritz, W. (1973): Zur Entstehung der Salzstrukturen Nordwestdeutschlands. – Geol. Jb. **A 10:** 77 S.
Jensen, J.B. (1995): A Baltic Ice Lake transgression in the southwestern Baltic: evidence from Fakse Bugt, Denmark. – Quatern. Int. **27:** 59–68.
Jensen, J. & Wulf, P (1991, Hrsg.): Geschichte der Stadt Kiel. – 566 S.
Jeschke, L. (1983): Landeskulturelle Probleme des Salzgraslandes an der Küste. – Naturschutzarbeit in Mecklenburg **26:** 5–12.
Jeschke, L. & Lange, E. (1992): Zur Genese der Küstenüberflutungsmoore im Bereich der vorpommerschen Boddenküste. – In: Billwitz, K., Jäger, K.-D. & Janke, W. (Hrsg.): Jungquartäre Landschaftsräume – aktuelle Forschungen zwischen Atlantik und Tienschan: 208–215.
Jeschke, L. & Succow, M. (2001): Nationalpark Vorpommersche Boddenlandschaft. – Meer und Museum **16:** 126–134.
Jeschke, L., Lenschow, U. & Zimmermann, H. (2003): Die Naturschutzgebiete in Mecklenburg-Vorpommern: 612 S.
Johannsen, A. (1960): Ur-Anlagen pleistozäner Förden und Rinnen in Schleswig-Holstein. – Geol. Jb. **77:** 271–308.
Johannsen, A. (1970): Tektonischer Einfluß auf die tertiäre und quartäre Sedimentverteilung im Flensburger Raum. – Meyniana **20:** 23–36.
Johannsen, A. (1980): Hydrogeologie von Schleswig-Holstein. – Geol. Jb. **C 28:** 586 S.
Johnson, H.D. & Baldwin, C.T (1996): Shallow clastic seas. – In: Reading, H.G. (Ed.): Sedimentary Environments: Processes, Facies and Stratigraphy. – 3. ed.: 232–280.
Johnsen, S.J. & Dansgaard, W. (1992): On flow model dating of stable isotope records from Greenland ice cores. – In: Bard, E. & Broecker, W.S. (eds.): In the Last Deglaciation: Absolute and Radiocarbon Chronologies: 13–23.
Johnsen, S.J., Dahl-Jensen, D., Gundestrup, N., Steffensen, J.P., Clausen, H.B., Miller, H., Masson-Delmotte, V., Sveinbjörnsdottir, A.E. & White, J. (2001): Oxygen isotope and palaeotemperature records from six Greenland ice-core stations: Camp Century, Dye-3, GRIP, GISP2, Renland and NorthGRIP. – J. Quatern. Sci. **16:** 299–307.
Jöns, H. (1998): Der frühgeschichtliche Seehandelsplatz von Groß Strömkendorf. – In: Lübke, C. (Hrsg.): Struktur und Wandel im Früh- und Hochmittelalter. Eine Bestandsaufnahme der Forschungen zur Germania Slavica: 127–143.
Jöns, H., Lüth, F. & Terberger, T. (2005): Die Autobahn A 20 – Norddeutschlands längste Ausgrabung. Archäologische Forschungen auf der Trasse zwischen Lübeck und Stettin. – Archäologie in Mecklenburg-Vorpommern **4:** 231 S.
Kabel, C. (1982): Geschiebestratigraphische Untersuchungen im Pleistozän Schleswig-Holsteins und angrenzender Gebiete. – Diss. Univ. Kiel: 231 S.
Kabel-Windloff, C. (1986): Zur Geologie des Brodtener Ufers. – Der Geschiebesammler **29** (3): 71–88.
Kachholz, K.-D. (1984): Vergleich einiger sandiger Brandungsküsten Schleswig-Holsteins. – Meyniana **36:** 93–119.
Kahlke, R.-D. (1983): Zu Aufbau und Genese der I_2-Sedimente im Naturschutzgebiet Jasmund (Rügen). – Naturschutzarb. in Mecklenburg **26** (2): 86–92.
Kahlke, R.-D. (2001): Ein Meer voller Knochen? Pleistozäne Wirbeltierreste aus der Scheldemündung und vom Nordseeboden. – Natur u. Museum **131** (12): 417–432.
Kaiser, A. (2005): Neotectonic modeling of the North German Basin and adjacent areas – a tool to understand postglacial landscape evolution ? – Z. dt. Ges. Geowiss. **156** (2): 357–366.

Kaiser, K. (2001): Die spätpleistozäne bis frühholozäne Beckenentwicklung in Mecklenburg-Vorpommern. – Greifswalder Geogr. Arb. **24**: 208 S.
Kaiser, K. & Kühn, P. (1999): Eine spätglaziale Braunerde aus der Ueckermünder Heide. Geoarchäologische Untersuchungen in einem Dünengebiet bei Hintersee, Kreis Uecker-Randow, Mecklenburg-Vorpommern. – Mitt. Dt. Bodenkundl. Ges. **91**: 1037–1040.
Kaiser, K., Jankowski, M. & Hilgers, A. (2008): Spätglaziale Paläoböden im nördlichen Mitteleuropa: Eigenschaften und Potenziale zur Umweltrekonstruktion. – Abh. Geol. Bundesanst. **62**: 99–104.
Kannenberg, E.G. (1950): Die Steilufer der Schleswig-Holsteinischen Ostseeküste. Probleme der marinen und klimatischen Abtragung. – Inaugural Diss. Univ. Kiel: 101 S.
Karez, R. & Schories, D. (2005): Die Steinfischerei und ihre Bedeutung für die Wiederansiedlung von *Fucus vesiculosus* in der Tiefe. – Rostocker Meeresbiol. Beitr. **14**: 95–107.
Kastner, M., Asaro, F., Michel, H.V., Alvarez, W. & Alvarez, L.W. (1984): The Precursor of the Cretaceous-Tertiary Boundary Clays at Stevns Klint, Denmark, and DSDP Hole 465A. – Science **226** (4671): 137–143.
Katzung, G. (2004a): Geologie von Mecklenburg-Vorpommern. – 580 S.
Katzung, G. (2004b): Regionalgeologische Stellung und Entwicklung. – In: Katzung, G. (Hrsg.): Geologie von Mecklenburg-Vorpommern: 8–37.
Katzung, G. (2004c): Präquartärer Untergrund. – In: Katzung, G. (Hrsg.): Geologie von Mecklenburg-Vorpommern: 38–40.
Katzung, G. (2004d): Struktur des Untergrundes. – In Katzung, G. (Hrsg.): Geologie von Mecklenburg-Vorpommern: 363–397.
Katzung, G. (2004e): Kliff der Greifswalder Oie. – In: Katzung, G. (Hrsg.): Geologie von Mecklenburg-Vorpommern: 325–327.
Katzung, G. & Feldrappe, H. (2004): Kaledonisches Stockwerk. – In Katzung, G. (Hrsg.): Geologie von Mecklenburg-Vorpommern: 371–383.
Katzung, G. & Müller, U. (2004): Quartär. – In: Katzung, G. (Hrsg.): Geologie von Mecklenburg-Vorpommern: 221–225.
Katzung, G. & Obst, K. (2004): Rotliegendes. – In: Katzung, G. (Hrsg.): Geologie von Mecklenburg-Vorpommern: 98–132.
Katzung, G., Feldrappe, H. & Obst, K. (2004a): Vorpaläozoikum. – In Katzung, G. (Hrsg.): Geologie von Mecklenburg-Vorpommern: 40–51.
Katzung, G., Krienke, K. & Strahl, U. (2004b): Rügen. – In: Katzung, G. (Hrsg.): Geologie von Mecklenburg-Vorpommern: 315–325.
Katzung, G., Maletz, J. & Feldrappe, H. (2004c): Altpaläozoikum. – In: Katzung, G. (Hrsg.): Geologie von Mecklenburg-Vorpommern: 51–69.
Katzung, G., Müller, U., Krienke, H.-D., Krull, P. & Strahl, U. (2004d): Auflagerung des Quartärs und Glazialtektonik. – In: Katzung, G. (Hrsg.): Geologie von Mecklenburg-Vorpommern: 397–408.
Khandriche, A., Werner, F. & Erlenkeuser, H. (1986): Auswirkungen der Oststürme vom Winter 1978/1979 auf die Sedimentation im Schlickbereich der Eckernförder Bucht (Westliche Ostsee). – Meyniana **38**: 125–146.
Kliewe, H. (1951): Die Klimaregionen Mecklenburgs. – Unveröff. Diss. Math.-Nat. Fak. Univ. Greifswald: 197 S.
Kliewe, H. (1954/55): Beitrag zur Deutung von Beckenrandstufen in der Jungmoränenlandschaft. – Wiss. Z. Univ. Greifswald, Math.-Nat. R. **6/7** (4): 677–683.
Kliewe, H. (1957/58): Die Steingründe zwischen Streckelsberg und Greifswalder Oie. – Wiss. Z. Univ. Greifswald, Math.-Nat. R. **7** (3/4): 245–255.

Kliewe, H. (1960): Die Insel Usedom in ihrer spät- und nacheiszeitlichen Formenentwicklung. – Neuere Arb. z. mecklenburg. Küstenforsch. **5**: 277 S.
Kliewe, H. (1961): Vergleichende Betrachtungen zur glaziären Genese der Odermündungsinseln. – Geogr. Ber. **6** (3/4): 232–240.
Kliewe, H. (1965): Zum Litorinamaximum aus südbaltischer Sicht. – Wiss. Z. Univ. Jena, Math.-Nat. R. **14** (4): 85–94.
Kliewe, H. (1968): Periglazialphänomene im Spätglazialgebiet der Weichselvereisung. – Przeglád Geograficzny **40** (2): 351–362.
Kliewe, H. (1973): Zur Genese der Dünen im Küstenraum der DDR. – Peterm. Geogr. Mitt. **117** (3): 161–168.
Kliewe, H. (1975): Spätglaziale Marginalzonen auf der Insel Rügen – Untersuchungsergebnisse und Anwendungsbereiche. – Peterm. Geogr. Mitt. **119** (4): 261–269.
Kliewe, H. (1979): Zur Wechselwirkung von Natur und Mensch in küstennahen Dünensystemen. – Potsdamer Forsch., Reihe B **15**: 107–119.
Kliewe, H. (1987): Genetische und stratigraphische Merkmale von Küstenniederungen im Bereich der südbaltischen Boddenausgleichsküste. – Peterm. Geogr. Mitt. **131** (2): 73–81.
Kliewe, H. (2000): Kliffranddünen der Steilküsten auf Rügen und Hiddensee. – Rugia **2000**: 100–105.
Kliewe, H. (2004a): Weichsel-Spätglazial. – In: Katzung, G. (Hrsg.): Geologie von Mecklenburg-Vorpommern: 242–251.
Kliewe, H. (2004b): Boddengewässer auf und um Rügen und ihre Küsten. – Rugia **2004**: 68–76.
Kliewe, H. (2007): Klima- und Landschaftsentwicklung im vorpommerschen Küstenraum seit dem Weichsel-Spätglazial. – In: Hupfer, P. (Hrsg.): Klimaforschung in der DDR. Geschichte der Meteorologie **8**: 78–82.
Kliewe, H. (2009): Lagebesondcrheiten Rügens und deren Auswirkungen auf die Landschaftsentwicklung der Insel. – Rugia **2009**: 77–83.
Kliewe, H. & Janke, W. (1978): Zur Stratigraphie und Entwicklung des nordöstlichen Küstenraumes der DDR. – Peterm. Geogr. Mitt. **122** (2): 81–91.
Kliewe, H. & Janke, W. (1982): Der holozäne Wasserspiegelanstieg der Ostsee im nordöstlichen Küstengebiet der DDR. – Peterm. Geogr. Mitt. **126** (2): 65–74.
Kliewe, H. & Janke, W. (1991): Holozäner Küstenausgleich im südlichen Ostseegebiet bei besonderer Berücksichtigung der Boddenausgleichsküste Vorpommerns. – Peterm. Geogr. Mitt. **135** (1): 1–15.
Kliewe, H. & Kliewe, H. (1999): Dünenbildung an Rügens Flachküsten als Wechselwirkung von Natur und Mensch. – Rugia **1999**: 75–81.
Kliewe, H. & Lange, E. (1971): Korrelationen zwischen pollenanalytischen und morphogenetisch-stratigraphischen Untersuchungen, dargestellt an Holozänablagerungen auf Rügen. – Peterm. Geogr. Mitt. **115** (1): 4–8.
Kliewe, H. & Rast, H. (1979): Geomorphologische und mikromagnetische Untersuchungen zu Habitus, Struktur und Genese des Zinnowitz-Trassenheider Strandwallsystems und seiner Dünen. – Peterm. Geogr. Mitt. **123** (4): 225–242.
Kliewe, H. & Reinhard, H. (1960): Zur Entwicklung des Ancylus-Sees. – Peterm. Geogr. Mitt. **104** (2/3): 163–172.
Kliewe, H., & Schultz, H.-J. (1970): Die periglaziäre Fazies im Jungmoränengebiet nördlich der Pommerschen Eisrandlage. – Peterm. Geogr. Mitt. Erg.-H. **274**: 255–263.
Kliewe, H. & Schwarzer, K. (2002): Die deutsche Ostseeküste. – In: Liedtke, H. & Marcinek, J. (Hrsg.): Physische Geographie Deutschlands, 3. Aufl.: 343–383.

Kliewe, H. & Sterr, H. (1994): Die deutsche Ostseeküste. – In: Liedtke, H. & Marcinek, J. (Hrsg.): Physische Geographie von Deutschland: 238–262.

Kliewe, H., Galon, R., Jäger, K.-D. & Niewiarowski, W. (1983): Das Jungquartär und seine Nutzung im Küsten- und Binnentiefland der DDR und der VR Polen. – Peterm. Geogr. Mitt., Erg.-H. **282**: 327 S.

Klinge, H., Boehme, J., Grissemann, Ch., Houben, G., Ludwig, R.-R., Rübel, A., Schelkes, K., Schildknecht, F. & Suckow, A. (2007): Standortbeschreibung Gorleben. Teil 1: Die Hydrogeologie des Deckgebirges des Salzstocks Gorleben. – Geol. Jb. **C 71**: 147 S.

Klostermann, J. (2009): Das Klima im Eiszeitalter, 2. Aufl.: 260 S.

Klug, H. (1969): Küstenlandschaften zwischen Kieler Förde und Fehmarn-Sund. – In: Schlenger, H., Paffen, K. & Stewig, R. (Hrsg.): Das östliche Holstein. Ein geographisch-landeskundlicher Exkursionsführer: 147 S.

Klug, H. (1980): Der Anstieg des Ostseespiegels im deutschen Küstenraum seit dem Mittelatlantikum. – Eiszeitalter und Gegenwart **30**: 237–252.

Klug, H. (1986): Flutwellen und Risiken der Küste: 122 S.

Klug, H., Erlenkeuser, H., Ernst, T. & Willkomm, H. (1974): Sedimentationsabfolge und Transgressionsverlauf im Küstenraum der östlichen Kieler Außenförde während der letzten 5000 Jahre. – Offa **31**: 5–18.

Klug, H., Sterr, H. & Boedeker, D. (1988): Die Ostseeküste zwischen Kiel und Flensburg. Morphologischer Charakter und rezente Entwicklung. – Geogr. Rundschau **40** (5): 6–15.

Klug, H., Köster, R., Schwarzer, K. & Sterr, H. (1989): Coastal environments of the German North and Baltic Sea. – Geoöko-Forum **1**: 223–238.

Knaust, D. (1995a): Stratigraphie und Sedimentologie pleistozäner Ablagerungen auf der Insel Greifswalder Oie. – Zbl. Geol. Paläont. I **1994**: 25–40.

Knaust, D. (1995b): Die geologische Entwicklung der Ostseeinsel Greifswalder Oie. – Terra Nostra **95** (6): 47–69.

Knight, J., Kennedy, J.J., Folland, C., Harris, G., Jones, G.S., Palmer, M., Parker, D., Scaife, A. & Stott, P. (2009): Do global temperature trends over the last decade falsify climate predictions? – In: Peterson, T.C. & Baringer, M.O. (Eds.): State of the climate 2008. Bull. Amer. Meteor. Soc., **90** (8): S1–S196.

Kockel, F. (1989): Die Strukturen des post-saxonen Oberbaus in Nordwestdeutschland. – Nachr. dt. geol. Ges. **41**: 53.

Kocurek, G.A. (1996): Desert aeolian systems. – In: Reading, H.G. (Ed.): Sedimentary Environments: Processes, Facies and Stratigraphy, 3. ed.: 125–153.

Kögler, F.C. & Larsen, B. (1979): The West Bornholm Basin in the Baltic Sea: Geological structure and Quaternary Sediments. – Boreas **8**: 1–22.

Köster, E. (1952): Die Veränderungen im Steilufer und in der Strandterrasse des Naturschutzgebiets Stoltera bei Warnemünde. – Die Küste **1** (2): 153–158.

Köster, R. (1955): Die Morphologie der Strandwall-Landschaften und die erdgeschichtliche Entwicklung der Küsten Fehmarns und Ostwagriens. – Meyniana **4**: 52–65.

Köster, R. (1958): Die Küsten der Flensburger Förde. Ein Beispiel für Morphologie und Entwicklung einer Bucht. – Schr. Naturwiss. Ver. Schl.-Holst. **29** (1): 5–18.

Köster, R. (1959): Zum Aufbau glazialer Kerb- und Stauchungszonen. – N. Jb. Geol. Pal. Abh. **108**: 307–356.

Köster, R. (1961): Junge eustatische und tektonische Vorgänge im Küstenraum der südwestlichen Ostsee. – Meyniana **11**: 23–81.

Köster, R. (1967): Geologie des Kreises Eckernförde. – Heimatbund Krs. Eckernförde **1**: 35–55.

Köster, R. (1979): Die Sedimente im Küstengebiet der Probstei. – Ein Beitrag zu Sedimenthaushalt und Dynamik von Strand, Sandriffen und Abrasionsfläche. – Mitt. Leichtweiß-Inst. f. Wasserbau TU Braunschweig **65**: 165–189.

Köster, R. & Bonsen, U. (1969): Die Schlei und ihre Anrainerlandschaften. – In: Schlenger, H., Paffen, K.H. & Stewig, R. (Hrsg.): Schleswig-Holstein – Ein geographisch-landeskundlicher Exkursionsführer. Das Schleswigsche Hügelland: 230–240.

Köthe, A., Hoffmann, N., Krull, P., Zirngast, M. & Zwirner, R. (2007): Standortbeschreibung Gorleben. Teil 2: Die Geologie des Deck- und Nebengebirges des Salzstocks Gorleben. – Geol. Jb. **C 72**: 201 S.

Kohonen, T. & Winterhalter, B. (1999): Sediment erosion and deposition in the western part of the Gulf of Finland. – Baltica, Spec. Publ. **12**: 53–56.

Kolp, O. (1957a): Beobachtungen über den Rückgang der Flachküsten zwischen Warnemünde und Hiddensee. – Peterm. Geogr. Mitt. **101** (2): 100–103.

Kolp, O. (1957b): Die Nordöstliche Heide Mecklenburgs. – Abh. Geogr. Ges. **1**: 284 S.

Kolp, O. (1964): Der eustatische Meeresanstieg im älteren und mittleren Holozän, dargestellt auf Grund der Spiegelschwankungen im Bereich der Beltsee. – Peterm. Geogr. Mitt. **108** (1): 54–62.

Kolp, O. (1966a): Die Sedimente der westlichen und südlichen Ostsee und ihre Darstellung. – Beitr. z. Meereskunde **17/18**: 9–60.

Kolp, O. (1966b): Rezente Fazies der westlichen und südlichen Ostsee. – Peterm. Geogr. Mitt. **110** (1): 1–18.

Kolp, O. (1975): Submarine Uferterrassen der südlichen Ost- und Nordsee als Marken des holozänen Meeresanstiegs und der Überflutungsphasen der Ostsee. – Peterm. Geogr. Mitt. **120** (1): 1–23.

Kolp, O. (1982a): Eustatische und isostatische Veränderungen des südlichen Ostseeraumes im Holozän. – Peterm. Geogr. Mitt. **123** (3): 177–187.

Kolp, O. (1982b): Entwicklung und Chronologie des Vor- und Neudarßes. – Peterm. Geogr. Mitt. **126** (2): 85–94.

Kolp, O. (1986): Entwicklungsphasen des Ancylus-Sees. – Peterm. Geogr. Mitt. **130** (2): 79–94.

Kortum, G. (2003): Die Kieler Förde in meereskundlicher Sicht. – Schr. Naturwiss. Ver. Schlesw.-Holst. **68**: 83–100.

Kowatsch, A., Fock, T., Köhler, M., Vetter, L. & Walther, J. (1998): Potentielles Überschwemmungsgrünland an der Ostseeküste – Status quo und Nutzungsoptionen. – Schriftenr. FH Neubrandenburg A **9**: 90 S.

Kozarski, S. (1987): Sedimentological and lithostratigraphical basis for a palaeogeographic analysis of the Last Glaciation in West Central Poland. – Wiss. Z. Univ. Greifswald, Math.- Nat. R. **36** (2–3): 7–12.

Kramer, W. (1989): Ein ausgewähltes archäologisches Denkmal: Die slawische Burg Hochborre und die mittelalterlichen Burgen Kleiner und Großer Schlichtenberg im Gutsbezirk Futterkamp. – Archäol. Ges. Schl.-Holst. aktuell **1-2**: 7–13.

Kramer, W. (1990): Bericht über die archäologischen Untersuchungen in der Schlei im Winter 1989/90. – Archäol. Nachr. Schlesw.-Holst. **1**: 77–98.

Kramer, W. (1992): Ein hölzernes Sperrwerk in der Großen Breite der Schlei als Teil des Danewerk-Baues von 737 n.Chr. Geb. – Archäol. Nachr. Schl.-Holst./Mitt. Archäol. Ges. Schl.-Holst. **3**: 67–81.

Krause, J.C. (2002): The effects of marine sand extraction on sensitive macrozoobenthic species in the southern Baltic Sea. – Diss. Univ. Rostock: 127 S.

Krauss, M. (1994): The Tectonic Structure below the Southern Baltic Sea and its Evolution. – Z. geol. Wiss. **22** (1/2): 19–32.

Krauss, M., Bankwitz, P. & Harff, J. (1994): Rügen – Bornholm – International Conference, 5th – 10th October 1993 under auspices of and sponsored by Geoforschungszentrum Potsdam. – Z. geol. Wiss. **22** (1/2): 306 S.

Krauss, M. & Mayer, P. (2004): Das Vorpommern-Störungssystem und seine regionale Einordnung zur Transeuropäischen Störung. – Z. geol. Wiss. **32** (2–4): 227–246.

Krauss, M. & Möbus, G. (1981): Korrelation zwischen der Tektonik des Untergrundes und den geomorphologischen Verhältnissen im Bereich der Ostsee. – Z. geol. Wiss. **9** (3): 255–267.

Kriebel, U. (1964): Über weichselinterstadiale Beckenschluffe und Bändertone nordöstlich von Schwerin. – Z. angew. Geologie **10**: 26–32.

Krienke, H.-D. (2003): Neue Ergebnisse zu den Lagerungsverhältnissen des Quartärs im Stauchmoränenkomplex der Rosenthaler Staffel bei Jatznick. – Neubrandenburger Geol. Beitr. **3**: 29–34.

Krienke, H.-D. (2004): Usedom. – In: Katzung, G. (Hrsg.): Geologie von Mecklenburg-Vorpommern: 327–332.

Krienke, H.-D. & Schulz, W. (2004): Geotopschutz. – In Katzung, G. (Hrsg.): Geologie von Mecklenburg-Vorpommern: 482–488.

Krienke, H.-D. & Schnick, H. (2006): Aufgebaut aus Kalkschalen – Die Kreideküste von Jasmund auf Rügen. – In: Look, E.-R. & Feldmann, L. (Eds.): Faszination Geologie – Die bedeutendsten Geotope Deutschlands: 26–27.

Krienke, K. (2003): Südostrügen im Weichsel-Hochglazial. Lithostratigraphische, lithofazielle, strukturgeologische und landschaftsgenetische Studien zur jüngsten Vergletscherung im Küstenraum Vorpommerns (NE-Deutschland). – Greifswalder Geowiss. Beitr. **12**: 3–148.

Krienke, K. & Koepke, C. (2006): Die Abbrüche an den Rügener Steilküsten (Nordostdeutschland) im Winter des Jahres 2004/05 – Geologie und Bodenmechanik. – Z. geol. Wiss. **34** (1/2): 105–113.

Krull, P. (2004): Epivariszisches Tafeldeckgebirge. – In: Katzung, G. (Hrsg.): Geologie von Mecklenburg-Vorpommern: 388–397.

Kubisch, M. & Schönfeld, J. (1985): Eine neue „Cyprinen-Ton"-Scholle bei Stohl (Schleswig-Holstein): Mikrofauna und Grobfraktionsanalyse von Sedimenten der Eem-zeitlichen Ostsee. – Meyniana **37**: 89–95.

Kühlmorgen-Hille, G. (1963): Quantitative Untersuchungen der Bodenfauna in der Kieler Bucht und ihre jahreszeitlichen Veränderungen. – Kieler Meeresforsch. **19**: 42–66.

Kuijpers, A. (1985): Current induced bedforms in the Danish Straits between Kattegat and Baltic Sea. – Meyniana **37**: 97–127.

Kutscher, M. (1998): Insel Rügen – Die Kreide: 56 S.

Kutscher, M. (2001): Flora und Fauna an der Ostseeküste von Mecklenburg-Vorpommern, 2. unveränd. Aufl.: 216 S.

Labes, S. (2002): Der Meeresspiegelanstieg an der südwestlichen Ostseeküste. – Nachr.-Bd., AK Unterwasserarchäol. **9**: 70–74.

Lamoe, J.P. & Winters, H.A. (1989): Wave energy estimates and bluff recession along Lake Michigan's southeast shore. – Professional Geographer **41**: 349–358.

Lampe, R. (1992): Morphologie und Dynamik der Boddenküsten Vorpommerns. – Geogr. Rdsch. **44** (11): 632–638.

Lampe, R. (1994): Die vorpommerschen Boddengewässer – Hydrographie, Bodenablagerungen und Küstendynamik. – Die Küste **56**: 25–49.

Lampe, R. (1998): Greifswalder Bodden und Oder-Ästuar-Austauschprozesse (GOAP): Synthesebericht des Verbundprojektes. – Greifswalder Geogr. Arb. **16**: 1–490.

Lampe, R. (2000a): Zur Morphodynamik der Strandaufspülung Lubmin/Greifswalder Bodden. – Z. geol. Wiss. **28** (6): 625–634.
Lampe, R. (2000b): Das Oderhaff - Filter oder Bypass fluvialer Einträge? Ein Beitrag zur Land-Meer-Wechselwirkung in gezeitenlosen Ästuaren der südlichen Ostseeküste. – In: Blotevogel, H.H., Ossenbrügge, J. & Wood, G. (Hrsg.): 52. Deutscher Geographentag Hamburg. Tagungsbericht und Wissenschaftliche Abhandlungen: 121–129.
Lampe, R. (2002): Holocene evolution and coastal dynamics of the Fischland-Darss-Zingst peninsula. – Greifswalder Geogr. Arb. **27**: 155–163.
Lampe, R. (2005a): Lateglacial and Holocene water-level variations along the NE German Baltic Sea coast: review and new results. – Quatern. Int. **133–134**: 121–136.
Lampe, R. (2005b): Reliefgenese und Faziesdifferenzierung am mesolithischen Fundplatz von Lietzow-Buddelin auf Rügen. – Bodendenkmalpflege in Mecklenburg-Vorpommern, Jb. 2004, **52**: 185–195.
Lampe, R. & Janke, W. (2002): The High Cliff of the Fischland. – Greifswalder Geogr. Arb. **27**: 169–174.
Lampe, R., Endtmann, E., Janke, W., Meyer, H., Lübke, H., Harff, J. & Lemke, W. (2005): A new relative sea-level curve for the Wismar Bay, NE-German Baltic coast. – Meyniana **57**: 5–35.
Lampe, R., Gomolka, A., Leipe, Th., Slobodda, S. & Voigtland, R. (1987): Ergebnisse der Untersuchung von Struktur und Dynamik von Boddenküsten. – Wiss. Z. Univ. Greifswald, Math.-Nat. R. **36** (2/3): 99–111.
Lampe, R., Janke, W., Ziekur, R., Schuricht, R., Meyer, H. & Hoffmann, G. (2002): The Late glacial/Holocene evolution of a barrier spit and related lagoonary waters - Schmale Heide, Kleiner Jasmunder Bodden and Schmachter See. – Greifswalder Geogr. Arb. **27**: 75–88.
Lampe, R., Meyer, H., Janke, W., Ziekur, R., Endtmann, E. & Schmedemann, N. (2006): Holocene evolution of an irregularly sinking coast: the interplay of eustasy, crustal movement and sediment supply. – SINCOS project 1.1., final report: 27 pp.
Lange, E., Jeschke, L. & Knapp, H.D. (1986): Ralswiek und Rügen. Landschaftsentwicklung und Siedlungsgeschichte der Ostseeinsel. Teil 1. Die Landschaftsgeschichte der Insel Rügen seit dem Spätglazial. Text und Beilagen. – Schr. z. Ur- und Frühgeschichte **38**: 174 S.
Landesstudie MV (2008): Das Klima bewegt uns. Klimaänderung in Mecklenburg-Vorpommern – Erste Analysen und Handlungsempfehlungen. – 63 S.
LANU (2001): Geothermie, eine Perspektive für Schleswig-Holstein. – 157 S.
LANU (2006): Die Böden Schleswig-Holsteins. – 108 S.
Latif, M. (2007): Bringen wir das Klima aus dem Takt? Hintergründe und Prognosen. – 255 S.
LAUN (1997): Landschaftsökologische Grundlagen und Ziele zum Moorschutz in Mecklenburg-Vorpommern. – Materialien zur Umwelt in Mecklenburg-Vorpommern: 72 S.
LBEG (2010): Erdöl und Erdgas in der Bundesrepublik Deutschland 2009. – 59 S.
Leeder, M. (1999): Sedimentology and Sedimentary Basins. From Turbulence to Tectonics. – 592 S.
Lehmann, U. (1966): Dimorphismus bei Ammoniten der Ahrensburger Lias-Geschiebe. – Paläont. Z. **40** (1/2): 26–55.
Lehmann, U (1990): Ammonoideen. – Haeckel-Bücherei **2**: 257 S.
Lehmkuhl, U. & Sigeneger, E. (2003): Ein bedeutendes Doggergeschiebe in Neubrandenburg. – Neubrandenburger Geol. Beitr. **3**: 93–98.

Lehné, R. & Sirocko, F. (2007): Rezente Bodenbewegungspotenziale in Schleswig-Holstein (Deutschland) - Ursachen und ihr Einfluss auf die Entwicklung der rezenten Topographie. – Z. dt. Ges. Geowiss. **158** (2): 329–347.

Leipe, T. (1986): Beiträge zur Geochemie und Geoökologie rezenter Sedimente der Boddengewässer im Nordosten der DDR. – Diss. Univ. Greifswald, Math.-Nat. Fak.: 85 S.

Leipe, T. & Gingele, F. (2003): The kaolinite/chlorite clay mineral ratio in surface sediments of the southern Baltic Sea as an indicator for long distance transport of fine-grained material. – Baltica **16**: 31–37.

Leipe, T., Brügmann, L. & Bittner, U. (1989): Zur Verteilung von Schwermetallen in rezenten Brackwassersedimenten der Boddengewässer der DDR. – Chem. Erde **49** (1): 21–38.

Leipe, T., Eidam, J. & Lampe, R. (1998): Das Oderhaff. Beiträge zur Rekonstruktion der holozänen geologischen Entwicklung und anthropogenen Beeinflussung des Oder-Ästuars. – Meereswiss. Beitr. **28**: 61 S.

Lemke, W. (1998): Sedimentation und paläogeographische Entwicklung im westlichen Ostseeraum (Mecklenburger Bucht bis Arkonabecken) vom Ende der Weichselvereisung bis zur Litorinatransgression. – Meereswiss. Ber. Inst. Ostseeforsch. **31**: 156 S.

Lemke, W. & Niedermeyer, R.-O. (2004): Sedimente der Ostsee und der Bodden. – In: Katzung, G. (Hrsg.): Geologie von Mecklenburg-Vorpommern: 347–362.

Lemke, W., Endler, R., Tauber, F., Jensen, J.B. & Bennike, O. (1998): Late- and postglacial sedimentation in the Tromper Wiek northeast of Rügen (western Baltic). – Meyniana **50**: 155–173.

Lewy, Z. (1975): Early diagenesis of calcareous skeletons in the Baltic Sea, Northern Germany. – Meyniana **27**: 29–33.

Liedtke, H. (1981): Die nordischen Vereisungen in Mitteleuropa. – 2. Aufl., Forsch. dt. Landeskde. **204**: 307 S.

Liedtke, H. & Marcinek, J. (2002): Physische Geographie Deutschlands, 3. Aufl.: 788 S.

Lienau, H.-W. (1990): Geschiebe-Boten aus dem Norden. – Geschiebekunde aktuell Sonderh. **2**: 115 S.

Lindert, W., Warncke, D. & Stumm, M. (1990): Probleme der lithostratigraphischen Korrelation des Oberrotliegenden (Saxon) im Norden der DDR. – Z. angew. Geol. **36** (10): 368–375.

Lindert, W., Wegner, H.-U., Zagora, I. & Zagora, K. (1993): Ein neuer Perm-Aufschluß im Seegebiet östlich von Rügen. – Geol. Jb. **A 131**: 351–360.

Lindert, W. & Hoffmann, N. (2004): Karbon. – In: Katzung, G. (Hrsg.): Geologie von Mecklenburg-Vorpommern: 79–95.

Litt, T. (1990): Pollenanalytische Untersuchungen zur Vegetations- und Klimaentwicklung während des Jungpleistozäns in den Becken von Gröbern und Grabschütz. – In: Eissmann, L. (Hrsg.): Die Eem-Warmzeit und die frühe Weichseleiszeit im Saale-Elbe-Gebiet: Geologie, Paläontologie, Palökologie. – Altenb. naturwiss. Forsch. **5**: 92–105.

Litt, T. (2007, Hrsg.): Stratigraphie von Deutschland – Quartär. – Eiszeitalter und Gegenwart **56** (1/2): 138 S.

Litt, T., Behre, K.-E., Meyer, K.-D., Stephan, H.-J. & Wansa, S. (2007): Stratigraphische Begriffe für das Quartär des norddeutschen Vereisungsgebietes. – Eiszeitalter und Gegenwart **56** (1/2): 7–65.

LMUV (2009): Regelwerk Küstenschutz Mecklenburg-Vorpommern. – Übersichtsheft: Grundlagen, Grundsätze, Standortbestimmung und Ausblick: 102 S.

Look, E.-R., Quade, H. & Müller, R. (2007): Faszination Geologie – Die bedeutendsten Geotope Deutschlands, 2. Aufl.: 175 S.
Lowe, J.J., Rasmussen, S.O., Björck, S., Hoek, W.Z., Steffensen, J.P., Walker, M.J.C., Yu, Z.C. & INTIMATE group (2008): Synchronisation of palaeoenvironmental events in the North Atlantic region during the Last Termination: a revised protocol recommended by the INTIMATE group. – Quatern. Sci. Rev. **27**: 6–17.
Ludwig, A.O. (1954/55): Eistektonik und echte Tektonik in Ost-Rügen (Jasmund). – Wiss. Z. Univ. Greifswald, Math.-Nat. R. **4** (3–4): 251–288.
Ludwig, A.O. (1960): Ein wichtiger Faunenfund in Würm-interstadialen Staubeckenabsätzen. – Geologie **9** (5): 575–576.
Ludwig, A.O. (1963): Ein belebtes spätglaziales Becken im Fischland. – Arch. Freunde Naturgesch. Mecklenb. **9**: 81–87.
Ludwig, A.O. (1964a): Stratigraphische Untersuchung des Pleistozäns der Ostseeküste von der Lübecker Bucht bis Rügen. – Geologie **13**, Beih. 42: 143 S.
Ludwig, A.O. (1964b): Neue Fossilfunde im Spätglazial (Alleröd) der Rostocker Heide. – Arch. Freunde Naturgesch. Mecklenb. **10**: 59–66.
Ludwig, A.O. (1992): Zur Vererbung von Formenelementen der Landschaft im Quartär. – In: Billwitz, K., Jäger, K.-D. & Janke, W. (Hrsg.): Jungquartäre Landschaftsräume: 23–29.
Ludwig, A.O. (2001): Die neotektonische Ausgestaltung des südlichen Ostseeraumes. – Z. geol. Wiss. **29** (1/2): 149–167.
Ludwig, A.O. (2004a): Zur Bildung der Stauchmoräne Dornbusch/Insel Hiddensee. – Z. geol. Wiss. **32** (2–4): 255–269.
Ludwig, A.O. (2004b): Kliff des Fischlandes. – In: Katzung, G. (Hrsg.): Geologie von Mecklenburg-Vorpommern: 306–311.
Ludwig, A.O. (2005a): Zur Interpretation des Kliffanschnitts östlich Glowe/Insel Rügen (Ostsee). – Z. geol. Wiss. **33** (4/5): 263–272.
Ludwig, A.O. (2005b): Zur Korrelation der Pleistozänfolgen von Hiddensee und Nordost-Rügen, südliche Ostsee. – Z. geol. Wiss. **33** (6): 375–399.
Ludwig, A.O. (2006): Cyprinenton und I1-Folge im Pleistozän von Nordost-Rügen und der Insel Hiddensee (südwestliche Ostsee). – Z. geol. Wiss. **34** (6):349–377.
LUNG (2003): Stoffausträge aus wiedervernässten Niedermooren. – Materialien zur Umwelt **2003** (1): 107 S.
LUNG (2006): Rohstoffsicherung in Mecklenburg-Vorpommern. Bestandsaufnahme und Perspektiven. – Schriftenreihe d. Landesamtes f. Umwelt, Naturschutz und Geologie Mecklenburg-Vorpommern, **2006** (1): 40 S.
LUNG (2008): Gewässergütebericht 2003/2004/2005/2006. Ergebnisse der Güteüberwachung der Fließ-, Stand- und Küstengewässer und des Grundwassers in Mecklenburg-Vorpommen: 204 S.
Lübke, H. (2005): Spät- und endmesolithische Küstensiedlungsplätze in der Wismarbucht – Neue Grabungsergebnisse zur Chronologie und Siedlungsweise. – Bodendenkmalpflege in Mecklenburg-Vorpommern, Jahrb. 2004, **52**: 83–110.
Lüth, F. (Hrsg., 2004): Tauchgang in die Vergangenheit. Unterwasserarchäologie in Nord- und Ostsee:112 S.
Lüttig, G. (2005): Geschiebezählungen im westlichen Mecklenburg. – Arch. für Geschiebekde. **4** (9): 569–608.
Lüttig, G. (2006): Die Ahrensburger Geschiebesippe – eine Fiktion? (Quartär, Schleswig-Holstein). – Verh. naturwiss. Ver. Hamburg (NF) **42**: 151–180.
Lutze, G.F. (1965): Zur Foraminiferen-Fauna der Ostsee. – Meyniana **15**: 75–142.
Lutze, G.F. (1974): Foraminiferen der Kieler Bucht (Westliche Ostsee). I. „Hausgartengebiet" des Sonderforschungsbereiches 95. – Meyniana **26**: 9–22.

Malmberg Persson, K. (1999): Lithostratigraphy and paleoenvironmental development recorded in the coastal cliffs of SE Usedom, Germany. – Eiszeitalter und Gegenwart **49:** 71–83.

Manheim, F.T. (1961): A geochemical profile in the Baltic Sea. – Geochim. et Cosmochim. – Acta 25: 52–70.

MARILIM (2003): Kartierung mariner Pflanzenbestände im Flachwasser der schleswig-holsteinischen Ostseeküste. – In: Führhaupter, K., Wilken, H. & Meyer, T. (Bearbeiter): Technical Report im Auftrag für LANU Schleswig-Holstein: 249 S.

Marks, L. (2004): Recent archievements towards a common Central European Quaternary Geology (some modern examples). – Meyniana **56:** 69–79.

Marks, L., Piotrowski, J. A. & Stephan, H.-J. (1992): Thermoluminescence datings of glacial deposits in the vicinity of Kiel: a preliminary report. – DEUQUA 1992: 80, Kiel (GLA).

Marks, L., Piotrowski, J. A., Stephan, H.-J., Fedorowicz, S. & Butrym, J. (1995): Thermoluminescence indications of the Middle Weichselian (Vistulian) Glaciation in northwest Germany. – Meyniana **47:** 69–82.

Martini, E. (1991): Biostratigraphie des Eozäns am „Hohen Ufer" bei Heiligenhafen/ Holstein (Nannoplankton). – Senckenbergiana lethaea **71** (3/4): 319–337.

Matthäus, W. (1992): Der Wasseraustausch zwischen Nord- und Ostsee. – Geogr. Rdsch. **44** (11): 626–631.

Matthäus, W. (1996): Ozeanographische Besonderheiten. – In: Lozan, J.L., Lampe, R., Matthäus, W., Rachor, E., Rumohr, H. & v. Westernhagen, H. (Hrsg.): Warnsignale aus der Ostsee: 17–24.

Matthäus, W. & Schinke, H. (1994): Mean atmospheric circulation patterns associated with major Baltic inflows. – Deutsche Hydrograph. Z. **46** (4): 321–339.

Mayer, P., Seifert, M. & Scheibe, R. (1994): Geologisch-geophysikalische Ergebnisse im Schelfbereich der Insel Rügen. – Z. geol. Wiss. **22** (1/2): 55–66.

Mayer, P., Krauss, M. & Vormbaum, M. (2000): Der Strukturbau des Vorpommern-Störungssystems im Bereich der NE-Fortsetzung des DEKORP-Profils BASIN 9601 (DFG-Projekt VPSS I). – Z. geol. Wiss. **28** (3/4): 397–404.

Maystrenko, Y., Bayer, U. & Scheck-Wenderoth, M. (2005): The Glückstadt Graben, a sedimentary record between the North and Baltic Sea in north Central Europe. – Tectonophyics **397:** 113–126.

MBLU (1994): Generalplan Küsten- und Hochwasserschutz Mecklenburg-Vorpommern. – 108 S.

MBLU (1996): Dokumentation der Sturmflut vom 3. und 4. November 1995 an der Küste Mecklenburgs und Vorpommerns. – 86 S.

Mc Greal, W.S. (1979): Marine erosion of glacial sediments from a low-energy cliffline environment near Kilkeel, Northern Ireland. – Mar. Geol. **32:** 89–103.

Mc Lean, S.R. (1981): The role of non-uniform roughness in the formation of sand ribbons. – Mar. Geol. **42** (1/4): 49–74.

Megerle, H. (2006): Geotourismus – Innovative Ansätze zur touristischen Inwertsetzung und nachhaltigen Regionalentwicklung. – 240 S.

MELF (1992): Küstensicherung in Schleswig-Holstein: 50 S.

Meyer, K.-D. (1985): Zur Methodik und über den Wert von Geschiebezählungen. – Der Geschiebesammler **19** (2/3): 75–83.

Meyer, K.-D. (1991): Zur Entstehung der westlichen Ostsee. – Geol. Jb. **A 127:** 429–446.

Meyer, K.-D. (2005): Findlingsquader-Kirchen in Nordwestdeutschland. – 72. Tagung AG Norddeutscher Geologen 2005 in Lübeck, Tagungsband u. Exk.-Führer: S. 43.

Meyer-Reil, L., Faubel, A., Graf, G. & Thiel, H. (1987): Aspects of benthic community structure and metabolism. – In: Rumohr, J., Walger, E. & Zeitzschel, B. (Eds.): Seawater-sediment interactions in coastal waters. – Lect. Notes Estuar. Coast. Stud. **13**: 67–110.
Mickel, R., Mitschard, A., Pillukat, A., Schiefelbein, U., Winter, D. & Wroblewski, H. (2007): Naturraumsanierung Galenbecker See. – 75 S., Ueckermünde (Staatl. Amt für Umwelt und Natur).
Milkert, D. (1984): Auswirkungen von Stürmen auf die Schlicksedimente der westlichen Ostsee. – Ber. Repts., Geol.-Paläont. Inst. Univ. Kiel **66**: 163 S.
MLR (2001): Generalplan Küstenschutz. Integriertes Küstenschutzmanagement in Schleswig-Holstein. – 76 S.
MLUV (2009): Regelwerk Küstenschutz Mecklenburg-Vorpommern – Grundlagen, Grundsätze, Standortbestimmung und Ausblick. – 102 S.
Möbus, G. (1981): Zur Dynamik der Steilküste der Insel Hiddensee. – Z. geol. Wiss., **9**, 1: 99–110.
Möbus, G. (1989): Beziehungen zwischen geologischem Strukturbau und Küstenverlauf der Ostsee im Gebiet der DDR. – Mitt. Forschungsanst. f. Schiffahrt, Wasser- und Grundbau **54**: 78–89.
Möbus, G. (1996): Tektonische Erbanlagen im Quartär des südlichen Ostseeraumes – eine Richtungsanalyse. – Z. geol. Wiss. **24** (3/4): 325–334.
Möbus, G. (2000): Geologie der Insel Hiddensee (südliche Ostsee) in Vergangenheit und Gegenwart – eine Monographie. – Greifswalder Geowiss. Beitr. **8**: 150 S.
Möbus, G. (2004): Kliff der Insel Hiddensee. – In: Katzung, G. (Hrsg.): Geologie von Mecklenburg-Vorpommern: 311–315.
Möbus, G. (2006a): Zur Steilküstendynamik der Insel Hiddensee. – Z. geol. Wiss. **34** (1/2): 63–72.
Möbus, G. (2006b): Einschätzung von Gefahrenpotentialen an Steilküsten-Abschnitten am Beispiel von Lohme (Insel Rügen). – Z. geol. Wiss. **34** (1/2): 99–103.
Moenke-Blankenburg, L., Jahn, K. & Brügmann, L. (1989): Laser-Micro-Analytical Studies on Distribution Patterns of Manganese, Iron and Barium in Fe/Mn-Accumulates of the Western Baltic Sea. – Chem. Erde **49** (1): 39–46.
Mojski, J.E. (1991): The main glacial events in Northern Poland. – In: Frenzel, B. (Hrsg.): Klimageschichtliche Probleme der letzten 130.000 Jahre: 353–361.
Müller, A. & Heininger, P. (1998): Zur rezenten Sedimentbelastung in ausgewählten Küstengewässern der deutschen Ostseeküste. – Mitt. Bundesanst. f. Gewässerkunde **15**: 80–95.
Müller, A., Janke, W. & Lampe, R. (1996): Zur Sedimentationsgeschichte des Oderhaffs. – Bodden **3**: 167–172.
Müller, E.P. & Porth, H. (Hrsg., 1993): Perm im Ostteil der Norddeutschen Senke. – Geol. Jb. **A 131**: 406 S.
Müller, U. (2004a): Weichsel-Frühglazial in Nordwest-Mecklenburg. – Meyniana **56**: 81–115.
Müller, U. (2004b): Jung-Pleistozän – Eem-Warmzeit bis Weichsel-Hochglazial. – In: Katzung, G. (Hrsg.): Geologie von Mecklenburg-Vorpommern: 234–242.
Müller, U. (2004c): Das Relief der Quartärbasis in Mecklenburg-Vorpommern. – Neubrandenburger Geol. Beitr. **4**: 67–76.
Müller, U. (2007): Die Kühlung – ein Eiszeit-Phänomen. – Neubrandenburger Geol. Beitr.**7**: 42–47.
Müller, U. & Obst, K. (2006): Lithostratigraphie und Lagerungsverhältnisse der pleistozänen Schichten im Gebiet von Lohme. – Z. geol. Wiss. **34** (1–2): 39–54.

Müller, U., Rühberg, N. & Krienke, H.-D. (1993): Stand und Probleme der Pleistozänforschung in Mecklenburg-Vorpommern. – 60. Tagung AG NW-Deutscher Geologen 1993 in Klein Labenz, Kurzfass. u. Exk.-Führer: 5–20.
Müller, U., Rühberg, N. & Schulz, W. (1997): Die Wismar-Bucht und das Salzhaff – geologische Entwicklung und Küstendynamik. – Meer und Museum **13:** 17–24.
Müller-Beck, H. (2006): Urgeschichte als Geowissenschaft. – Gmit **26:** 6–14.
Müller-Wille, M. & Hoffmann, D. (1992): Der Vergangenheit auf der Spur. Archäologische Siedlungsforschung in Schleswig-Holstein: 174 S.
Münzberger, E., Beer, H. & Sommer, S. (1992): Exkursion A: Geologie, Geomorphologie und Erdöllagerstätten Usedoms. – Exkursionsführer z. Tagung „Strukturgeologie u. Erdöl-Erdgas-Lagerstätten im Perm und Präperm d. Mitteleuropäischen Senke": 4–62.
Nestler, H. (2002): Die Fossilien der Rügener Schreibkreide. – 4., überarb. u. erw. Aufl., Neue Brehm-Bücherei **486:** 129 S.
Neumann, T., Christiansen, C., Clasen, S., Emeis, K.-C. & Kunzendorf, H. (1997): Geochemical records of salt-water inflows into the deep basins of the Baltic Sea. – Cont. Shelf Res. **17:** 95–115.
Niedermeier-Lange, R. & Werner, F. (1988): Flachseismische und sonographische Aufnahmen im Küstenvorfeld der Hohwachter Bucht (westliche Ostsee) und ihre glazialgeologische Interpretation. – Senckenbergiana marit. **20** (1/2): 59–79.
Niedermeyer, R.-O. (1977): Über bioturbate Sedimentgefüge in rezenten Vorstrandablagerungen bei Lobber Ort (Halbinsel Mönchgut, Südostrügen). – Wiss. Z. Univ. Greifswald, Math.-Nat. R. **26** (1/2): 37–41.
Niedermeyer, R.-O. (1980): Untersuchungen zur Struktur und Textur rezenter Strandsedimente im Gebiet Südostrügen (Halbinsel Mönchgut). – Z. geol. Wiss. **8** (6): 669–696.
Niedermeyer, R.-O. (1981): Bemerkungen zur Geologie des Flächennaturdenkmals „Lobber Ort" (Südostrügen). – Naturschutzarb. i. Mecklenbg. **24** (1): 26–30.
Niedermeyer, R.-O. (1987): Ein Rätsel in der Kreide: Paramoudras. – Fossilien **4** (1): 40–41.
Niedermeyer, R.-O. (1988): Beiträge zur komplexen Untersuchung von rezenten Sedimentationsprozessen in Schlickgebieten der westlichen und mittleren Ostsee. – Habilitationsschr. Univ. Greifswald: 135 S.
Niedermeyer, R.-O. (1990): Modern mud deposition in the Western Baltic Sea – a productivity-type-sedimentary model. – 13th International Sedimentological Congress, Abstracts: 390–391.
Niedermeyer, R.-O. (1991): Zur Bedeutung der thermohalinen Wassermassenstratifizierung für die rezente Schlicksedimentation in der Ostsee. – Zentralbl. Geol. Paläont. I **1991:** 1715–1726.
Niedermeyer, R.-O. (1995): Küstenmorphologie und Küstengeologie Südost-Rügens. – Terra Nostra **6:** 71–90.
Niedermeyer, R.-O. & Lange, D. (1989a): Modern Mud Deposits of the Western Baltic Sea (Mecklenburg Bight) – Sedimentary Environment and Diagenesis. – Beitr. z. Meereskunde **60:** 5–20.
Niedermeyer, R.-O. & Lange, D. (1989b): Die rezente Schlicksedimentation in der Westlichen Ostsee – eine Synthese. – Wiss. Z. Univ. Greifswald Math.-Nat. R. **38** (1/2): 90–97.
Niedermeyer, R.-O. & Ruchholz, K. (1992): Sedimentgefüge in Klastika – Ihre Bedeutung für die physisch-geographische Prozeßforschung im Küstengebiet der südlichen Ostsee. – In: Billwitz, K.; Jäger, K.-D. & Janke, W. (Hrsg.): Jungquartäre Landschaftsräume: 173–181.

Niedermeyer, R.-O. & Schumacher, W. (2004): Gliederung, Vorgänge und Sedimente an der Küste. – In: Katzung, G. (Hrsg.): Geologie von Mecklenburg-Vorpommern: 333–346.
Niedermeyer, R.-O., Kliewe, H. & Janke, W. (1987): Die Ostseeküste zwischen Boltenhagen und Ahlbeck. Ein geologischer und geomorphologischer Überblick mit Exkursionshinweisen. – Geographische Bausteine, N.F. **30:** 164 S.
Niedermeyer, R.-O., Katzung, G. & Peschel, G. (1999): Klassifizierung eines glaziofluviatilen Schüttungskörpers auf der Insel Rügen mit geoelektrischen und geologischen Methoden. – Z. angew. Geol. **45** (3): 153–163.
Niedermeyer, R.-O., Flemming, B.W., Hertweck, G.B. & Knapp, H.D. (1994): Der Greifswalder Bodden und die Insel Vilm: Litho- und Biofazies im Bereich einer gezeitenfreien Lagune; Naturschutz im Ostseeraum. – Greifswalder Geowiss. Beitr. A **1:** 141–169.
Niemistö, L. & Voipio, A. (1974): Studies on the recent Sediments of the Gotland Deep. – Merentutkimuslait. Julk./Havsforskningsinst. Skr. **238:** 17–32.
Nilius, I. (1968): Das Herzogsgrab im Mönchguter Forst: 8 S., Putbus (Mönchguter Heimatmuseum)
Nocquet, J.M., Calais, E. & Parsons, B. (2005): Geodetic constraints on glacial isostatic adjustment in Europe. – Geophys. Res. Lett. **32** (6): 1–5.
Novak, B. & Björk, S. (2004): A Late Pleistocene lacustrine transgression in the Fehmarn Belt, southwestern Baltic Sea. – Int. J. Earth Sci. **93:** 634–644.
Obst, K. (2004): Der tiefere geologische Untergrund der Region Neubrandenburg und sein Nutzungspotenzial. – Neubrandenburger Geol. Beitr. **4:** 1–14.
Obst, K. (2005): Der „Buskam" von Göhren/Rügen – ein Riesenfindling aus Hammer-Granit. – Geschiebekd. akt. **21:** 33–44.
Obst, K. (2010): Geologie der Greifswalder Oie. – Seevögel **31** (1): 3–16.
Obst, K. & Schütze, K. (2006): Ursachenanalyse der Abbrüche an der Steilküste von Jasmund/Rügen 2005. – Z. geol. Wiss. **34** (1–2): 11–37.
Obst, K., Reinicke, G.-B., Richter, S. & Seemann, R. (2009): Schatzkammern der Natur – Naturkundliche Sammlungen in Mecklenburg-Vorpommern: 98 S.
Omstedt, A. & Nohr, C. (2004): Calculating the water and heat balances of the Baltic Sea using ocean modelling and available meteorological, hydrological and ocean data. – Tellus **56A:** 400–414.
Panzig. W.-A. (1991): Zu den Tills auf Nordostrügen. – Z. geol. Wiss. **19** (3): 331–346.
Panzig, W.-A. (1997): Pleistocene cliff exposures on NE-Rügen (Jasmund, Wittow), Pomerania. – Field symposium on glacial geology at the Baltic Sea coast in Northern Germany 7–12. September 1997, The Peribaltic Group INQUA Commission on Glaciation, Excursion Guide: 40–59.
Paulsen, H. (1990): Untersuchung und Restaurierung des Langbettes von Karlsminde, Gemeinde Waabs, Kreis Rendsburg–Eckernförde. – Archäol. Nachr. Schlesw.-Holst. **1:** 18–60.
Pedersen, S.A.S. (2000): Superimposed deformation in glaciotectonics. – Bull. Geol. Soc. Denmark **46** (2): 177–200.
Pedersen, G.K. & Surlyk, F. (1999): Mesozoic deposits, Bornholm, Denmark. – In: Pedersen, G.K. & Clemmensen, L.B. (Eds.): 19th Regional European Meeting of Sedimentology August 24–26, Field Trip Guidebook: 69–92.
Petersen, K.S., Rasmussen, K.L., Heinemeier, J. & Rud, N. (1992): Clams before Columbus. – Nature **359:** 679.
Petersen, M. & Rohde, H. (1991): Die großen Fluten an den Küsten Schleswig-Holsteins und in der Elbe, 3. Aufl.: 182 S.

Petzka, M. & Rusbült, J. & Reich, M. (2004): Jura. – In: Katzung, G. (Hrsg.): Geologie von Mecklenburg-Vorpommern: 151–163.
Piotrowski, J.A. (1991): Quartär- und hydrogeologische Untersuchungen im Bereich der Bornhöveder Seenkette, Schleswig-Holstein. – Berichte/Reports, Geol.-Paläont. Inst. Univ. Kiel **43**: 194 S.
Piotrowski, J.A. (1992): Till facies and depositional environments of the upper sedimentary complex from the Stohler Cliff, Schleswig-Holstein, North Germany. – Z. Geomorph. N.F. Suppl.-Bd. **84**: 37–54.
Piotrowski, J.A. (1993): Salt Diapirs, Pore-Water Traps and Permafrost as Key Controls for Glaciotectonism in the Kiel Area, Northwestern Germany. – In: Aber, J.S. (Ed.): Glaciotectonics and Mapping Glacial Deposits: 86–98.
Piotrowski, J.A. (1994): Tunnel-valley formation in northwest Germany – geology, mechanisms of formation and subglacial bed conditions for the Bornhöved tunnel valley. – Sed. Geology **89**: 107–141.
Piske, J., Rasch, H.-J., Neumann, E. & Zagora, K. (1994): Geologischer Bau und Entwicklung des Präperms der Insel Rügen und des angrenzenden Seegebietes. – Z. geol. Wiss. **22** (1/2): 211–226.
Polkowsky, S. (1994): Das Sternberger Gestein und seine Artenzahl – Stand 1994. – Arch. Geschiebekunde **1** (10): 605–614.
Prange, W. (1979): Geologie der Steilufer von Schwansen, Schleswig-Holstein. – Schr. Naturwiss. Ver. Schlesw.-Holst. **49**: 1–24.
Prange, W. (1985): Holozäne Überschiebungen an dem tiefliegenden Salzstock Osterby, Schleswig-Holstein. – Meyniana **37**: 65–75.
Prange, W. (1989): Geologische Untersuchungen zur Entstehung des Schnaaper Binnensanders, Schleswig-Holstein. – Meyniana **41**: 67–83.
Prange, W. (1990): Glazialgeologische Aufschlußuntersuchungen im weichselzeitlichen Vereisungsgebiet zwischen Schleswig und Kiel. – Meyniana **42**: 65–92.
Prange, W. (1991): Geologie der Steilufer zwischen Kieler Förde und Hohwachter Bucht. – Schr. Naturwiss. Ver. Schlesw.-Holst. **61**: 1–18.
Prange, W. (1992): Glazialgeologie in den Aufschlüssen Ostholsteins und die Entstehung des Reliefs. – Meyniana **44**: 15–43.
Prange, W. (1993): Geologie des Steilufers Stein, Kieler Außenförde. – Die Heimat **100** (2): 73–79.
Precker, A. (1999): Die Regenmoore Mecklenburg-Vorpommerns – Vorläufig abschliessende Auswertung der Untersuchungen zum Regenmoor-Schutzprogramm des Landes Mecklenburg-Vorpommern. – Telma **29**: 131–145.
Precker, A. (2001): Hydrogeologische Aspekte der Entstehung und der Möglichkeit der Restitution norddeutscher Moore. – Telma **31**: 53–63.
Quade, H. (2003): Geoforum 2003. Geotope – Geoparks – Geotourismus. – Akad. Geowiss. Hannover **22**: 120 S.
Rahmstorf, S. (2007): A Semi-Empirical Approach to Projecting Future Sea-Level Rise. – Science **315**: 368–370.
Rahmstorf, S., Cazenave, A., Church, J.A., Hansen, J.E., Keeling, R.F., Parker, D.E. & Somerville, R.C.J. (2007): Recent climate observations compared to projections. – Science **316**: 709.
Rasmussen, S.O., Seierstad, I.K., Andersen, K.K., Bigler, M., Dahl-Jensen, D. & Johnsen, D. (2008): Synchronization of the NGRIP, GRIP, and GISP2 ice cores across MIS 2 and palaeoclimatic implications. – Quatern. Sci. Rev. **27**: 18–28.
Ratzke, U. & Mohr, H.-J. (2004): Böden in Mecklenburg-Vorpommern. Abriss ihrer Entstehung, Verbreitung und Nutzung. – Beitr. Bodenschutz in Mecklenburg-Vorpommern: 84 S.

Redieck, M. & Schade, A. (1996): Dokumentation der Sturmflut vom 3. und 4. November 1995 an den Küsten Mecklenburgs und Vorpommerns: 86 S.

Regnell, G. (1993): Litorina v. Littorina. – Geologiska Förfeningens i Stockholm Förhandlingar **115**: 262.

Reich, M. & Frenzel, P. (2002): Die Fauna und Flora der Rügener Schreibkreide. – Arch. Geschiebekde. **3** (2/4): 73–284.

Reinhard, H. (1953): Der Bock: Entwicklung einer Sandbank zur neuen Ostseeinsel. – Peterm. Geogr. Mitt. Erg.-H. **251**: 128 S.

Reinhard, H. (1956): Küstenveränderungen und Küstenschutz der Insel Hiddensee. – Neuere Arb. z. Mecklenb. Küstenforsch. **2**: 215 S.

Reinhard, H. (1962): Glazialmorphologie. – Atlas der Bezirke Rostock, Schwerin und Neubrandenburg, Bd. **1**: 28–39.

Reinicke, R. (2003): Bernstein – Gold des Meeres, 7. Aufl.: 78 S.

Reinicke, R. (2005): Rügen – Strand und Steine, 5. Aufl.: 79 S.

Reinicke, R. (2007a): Steine am Ostseestrand, 2. Aufl.: 80 S.

Reinicke, R. (2007b): Ein Bauwerk des Meeres. Der Neudarß in der Vorpommerschen Boddenlandschaft. – In: Look, E.-R., Quade, H. & Müller, R. (2007): Faszination Geologie – Die bedeutendsten Geotope Deutschlands, 2. Aufl: 30–31.

Reisch, F. & Schmoll, D. (1997): Morphologische und sedimentologische Untersuchungen von Strand und Seegrund im Bereich der Geltinger Birk (Flensburger Außenförde). – Schr. Naturwiss. Ver. Schlesw.-Holst. **67**: 1–16.

Rempel, H. (1992): Erdölgeologische Bewertung der Arbeiten der gemeinsamen Organisation „Petrobaltic" im deutschen Schelfbereich. – Geol. Jb. **D 99**: 3–32.

Rexhäuser, H. (1966): Das Eozän vom „Hohen Ufer" bei Heiligenhafen.- Ber. naturhist. Ges. Hannover **110**: 23–42.

Richter, W. & Rumohr, H. (1976): Untersuchungen an *Barnea candida* (L): Ihr Beitrag zur submarinen Geschiebemergelabrasion in der Kieler Bucht. – Kieler Meeresforsch. **3**: 82–86.

Richter, A., Dietrich, R. & Liebsch, G. (2006): Sea-level changes and crustal deformations at the southern Baltic Sea during the last 200 years. – SINCOS project 1.3, final report: 34 pp.

Ripl, W. (1986): Entwicklung von Verfahren zur Steuerung von Trophieverhältnissen und Nahrungsketten in einem Gewässer unter besonderer Berücksichtigung der Einträge aus dem Einzugsgebiet (Restaurierung der Schlei). – Bericht über ein Forschungsvorhaben: 78 S.

Rössler, D. (2006): Reconstruction of the Littorina Transgression in the Western Baltic Sea. – Diss. Univ. Greifswald: 135 S.

Rogge, H.J. (1956/57): Die Stoltera bei Warnemünde. – Wiss. Z. Univ. Rostock, Math.-Nat. R. **6** (3): 359–378.

Rogge, H.J. (1959a): Der anthropogene Einfluß auf die Umgestaltung des Raumes Warnemünde seit der Jahrhundertwende. – Arch. Freunde Naturgesch. Mecklenb. **5**: 56–64.

Rogge, H.J. (1959b): Beitrag über die geologischen Verhältnisse im Raum Warnemünde unter Berücksichtigung des Hafenneubaues. – Ber. Geol. Ges. DDR **A 4**: 237–242.

Rosentau, A., Meyer, M., Harff, J., Dietrich, R. & Richter, A. (2007): Relative sea level change in the Baltic Sea since the Littorina transgression. – Z. geol. Wiss. **35** (1/2): 3–16.

Ruchhöft, F. (2004): Fragen an den Seehandelsplatz Ralswiek auf Rügen. – Z. Archäol. Mittelalter **32**: 77–95.

Ruchholz, K. (1979): Lithologie und Sedimentgefüge – ihre Bedeutung für die Methodologie sedimentgenetisch-tektonischer Untersuchungen in Vereisungsgebieten. (Ein neues Konzept für Schicht- und Sedimentkörper-Deformationen). – Z. geol. Wiss. **7** (2): 225–234.

Ruck, W. (1971): Baugeologie der Lockergesteine im Nord- und Ostseeraum. – In: Schröder, H. (Hrsg.): Grundbau Taschenbuch, I. Erg.-Bd.:161–217.

Rudolph, F. (2008): Noch mehr Strandsteine. Sammeln und Bestimmen an Nord- und Ostsee. – 224 S., Neumünster (Wachholtz).

Rühberg, N. (1976): Probleme der Zechsteinsalzbewegung. – Z. angew. Geol. **22:** 413–420.

Rühberg, N. (1987): Die Grundmoräne des jüngsten Weichselvorstoßes im Gebiet der DDR. – Z. geol. Wiss. **15** (6): 759–767.

Rühberg, N. (1995): Landschaftsformung beim Inlandeisabbau auf Insel Usedom und Mönchgut/Rügen. – Nachr. Dt. geol. Ges. **54:** 156.

Rühberg, N. (2004): Küste zwischen Rerik und Nienhagen. – In: Katzung, G. (Hrsg.): Geologie von Mecklenburg-Vorpommern: 301.

Rühberg, N., Schulz, W. & Strahl, U. (1992): Exkursion B 1 (Ostküste): Ostholstein/NW-Mecklenburg. – In: Grube, F.M. & Fränzle, O. (Hrsg.): DEUQUA ,92 Exkursionsführer: 217–226.

Rumohr, H. (1986): Historische Indizien für Eutrophierungserscheinungen (1875–1939) in der Kieler Bucht (westliche Ostsee). – Kieler Meeresforsch. **31:** 115–123.

Samtleben, K. & Niedermeyer, R.-O. (1999): Stabile Isotope ($\delta 18O/\delta 13C$) von karbonatischen Mikrofossilien eines Sedimentkerns aus dem Greifswalder Bodden (südliche Ostsee) und zur Paläosalinität des Litorina-Meeres. – Greifswalder Geowiss. Beitr. **6:** 429–436.

Schellnhuber, H.-J. & Sterr, H. (1993): Klimaänderung und Küste. Einblick ins Treibhaus: 400 S.

Schenck, P.-F. & Strehl, E. (1981): Tektonik und Sedimentation in der Hemmelsdorfer Mulde (Ostholstein-Lübeck). – Z. dt. geol. Ges. **132:** 139–148.

Scherneck, H.-G., Johansson, J.M., Koivula, H., Van Dam, T. & Davis, J.L. (2003): Vertical crustal motion observed in the BIFROST project. – J. Geodynam. **35:** 425–441.

Schernewski, G. & Wielgat, M. (2001): Eutrophication of the shallow Szczecin Lagoon (Baltic Sea): modelling, management and the impact of weather. – In: Brebbia, C.A. (Ed.): Coastal Engineering V – Computer modelling of seas and coastal regions: 87–98.

Schietzel, K. (1981): Stand der siedlungsarchäologischen Forschung in Haithabu – Ergebnisse und Probleme. – Ber. Ausgrabungen in Haithabu **16:** 123 S.

Schimming, C.-G. & Blume, H.-P. (1993): Landschaften und Böden Ostholsteins. – Mitt. dt. bodenkundl. Ges. **70:** 47–78.

Schirrmeister, L. (1999): Die Positionen weichselzeitlicher Eisrandlagen in Norddeutschland und ihr Bezug zu unterlagernden Salzstrukturen. – Z. geol. Wiss. **27** (1/2): 111–120.

Schmager, G., Fröhle, P., Schrader, D., Weisse, R. & Müller-Navarra, S. (2008): Sea state, tides. – In: Feistel, R., Nausch, G. & Wasmund, N. (Eds.): State and evolution of the Baltic Sea, 1952–2005. A detailed 50-year survey of meteorology and climate, physics, chemistry, biology, and marine Environment: 143–198.

Schmidt, H. (1957/58): Zur Geomorphologie des Naturschutzgebietes „Steinfelder auf der Schmalen Heide". Hurtig 60 Jahre. – Wiss. Z. Univ. Greifswald, Math.-Nat. R. **7** (3/4): 267–276.

Schmidt, R. (1996). Beitrag zum Aufbau des Untergrundes der Kieler Förde. – Meyniana **48**: 101–131.
Schnick, H.H. (2006): Zur Morphogenese der Steilufer Ost-Jasmunds (Insel Rügen) – eine landschaftsgeschichtliche Betrachtung. – Z. geol. Wiss. **34** (1/2): 73–97.
Schnick, H.H. & Schüler, U. (1996): Initiale Karstphänomene in der Schreibkreide der Insel Rügen (NE-Deutschland). Vorläufige Mitteilung. – Greifwalder Geowiss. Beitr. **3**: 29–41.
Schretzenmayr, S. (2004): Erdöl und Erdgas. – In: Katzung, G. (Hrsg.): Geologie von Mecklenburg-Vorpommern: 451–458.
Schrottke, K. (1999): Neue Erkenntnisse zum Aufbau und zur Entwicklung des Nehrungssystems Graswarder bei Heiligenhafen (westliche Ostsee). – Meyniana **51**: 95–111.
Schrottke, K. (2001): Rückgangsdynamik schleswig-holsteinischer Steilküsten unter besonderer Betrachtung submariner Abrasion und Restsedimentmobilität. – Ber. Rep. Inst. für Geowiss. Univ. Kiel **16**: 168 S.
Schüler, F. & Seidel, G. (1991): Zur Ausbildung der Zechstein/Buntsandstein-Grenze in Ostdeutschland. – Z. geol. Wiss. **19** (5): 539–547.
Schütrumpf, R. (1976): Stratigraphisch-pollenanalytische Datierung und Bestimmung des Ostseemeeresspiegels zur Zeit der Besiedlung. – Eiszeitalter u. Gegenwart **27**: 195.
Schütze, K. & Niedermeyer, R.-O. (2005): Geotopschutz – Chancen zur nachhaltigen Entwicklung von Regionen in Europa. – Schriftenr. dt. Ges. Geowiss. **36**: 156 S.
Schuldt, E. (1972): Die mecklenburgischen Megalithgräber. Untersuchungen zu ihrer Architektur und Funktion (Mit e. Beitr. von O. Gehl). – 263 S.
Schulz, H. (1959): Einige geologische Beobachtungen am Ostufer des Unteren Warnowlaufes. – Arch. Freunde Naturgesch. Mecklenb. **5**: 67–74.
Schulz, H. (1961): Entstehung und Werdegang der Nordöstlichen Heide Mecklenburgs. – Diss. Univ. Rostock: 136 S.
Schulz, S. (1969): Das Makrobenthos der südlichen Beltsee (Mecklenburger Bucht und angrenzende Gebiete). – Beitr. z. Meereskunde **26**: 21–46.
Schulz, W. (1959): Die Schuppenstruktur des Jungpleistozäns im Bereich der aktiven Steilufer Mittelusedoms. – Ber. Geol. Ges. DDR **4** (2/3): 215–232.
Schulz, W. (1960): Die natürliche Verbreitung des Ostseebernsteins und das Bernsteinvorkommen von Stubbenfelde (Usedom). – Z. angew. Geol. **6** (12): 610–614.
Schulz, W. (1965): Die Stauchendmoräne der Rosenthaler Staffel zwischen Jatznick und Brohm in Mecklenburg und ihre Beziehung zum Helpter Berg. – Geologie **14** (5/6): 564–588.
Schulz, W. (1972): Ausbildung und Verbreitung des oberoligozänen „Sternberger Kuchen" als Lokalgeschiebe. – Ber. dt. Ges. geol. Wiss. **A 17** (1): 119–137.
Schulz, W. (1994): Das paläozäne Turritellengestein als Geschiebe im südlichen Ostseeraum. – Arch. Geschiebek. **1**(10): 589–604.
Schulz, W. (1997): Erläuterungen zur Karte der geologischen Sehenswürdigkeiten im Land Mecklenburg-Vorpommern. – 60 S.
Schulz, W. (2003): Geologischer Führer für den norddeutschen Geschiebesammler: 508 S.
Schulz, W. (2006): Streifzüge durch die Geologie des Landes Mecklenburg-Vorpommern, 3. Aufl.: 192 S.
Schulz, W. & Peterss, K. (1989): Geologische Verhältnisse im Steiluferbereich des Fischlandes sowie zwischen Stoltera und Kühlungsborn. – Mitt. Forschungsanst. Schiffahrt, Wasser- und Grundbau **54**: 132–147.

Schulz, H., Emeis, K.-C., Winn, K. & Erlenkeuser, H. (2001): Oberflächentemperaturen des Eem-Meeres in Schleswig-Holstein – die U K. 37-Indizien. – Meyniana **53**: 163–181.
Schumacher, W. (1986): Untersuchungen zur Sedimentation im Litoral der südwestlichen Ostseeküste – dargestellt am Beispiel des Untersuchungsgebietes Rustwerder (Poel). – Diss. Math.-Nat. Fak. Univ. Greifswald: 98 S.
Schumacher, W. (1990): Hinweise auf eine Klimarhythmik im Holozän Mittel- und Nordeuropas. – Schr. Naturwiss. Ver. Schlesw.-Holst. **60**: 1–10.
Schumacher, W. (1991): Das Strandwallsystem des Rustwerder (Insel Poel) und seine Aussagen für die Isostasie und Eustasie im südlichen Ostseeraum. – Meyniana **43**: 137–150.
Schumacher, W. (2008): Flutkatastrophen an der deutschen Ostseeküste. – 2. Aufl., 176 S.
Schumacher, W. & Bayerl, K.-A. (1999): The shoreline displacement curve of Rügen Island (Southern Baltic Sea). – Quatern. Int. **56**: 107–113.
Schwabedissen, H. (1962): Die Anfänge der Haustierhaltung in Schleswig-Holstein im Lichte der Archäologie. – Z. Tierzucht u. Züchtungsbiol. **77**: 255–262.
Schwabedissen, H. (1976): Die Ausgrabungen in Rosenheim/Ostsee und die Frage der Meeresspiegelveränderungen in der Postglazialzeit. – Eiszeitalter u. Gegenwart **27**: 194–195.
Schwarz, C. (1993): Neue Erkenntnisse zur Entwicklungsgeschichte der südlichen Nordsee. – Mitteilungsblatt BDG/Bund dt. Geol. **50** (3): 28–30.
Schwarzer, K. (1989): Sedimentdynamik in Sandriffsystemen einer tidefreien Küste unter Berücksichtigung von Rippströmen. – Ber.-Repts. Geol.-Paläont. Inst. Univ. Kiel **33**: 270 S.
Schwarzer, K. (1991): Sedimentverteilung im Strand- und Vorstrandbereich nach einer Sandvorspülung (Probstei/Schleswig-Holstein). – Meyniana **43**: 59–71.
Schwarzer, K. (1994): Auswirkungen der Deichverstärkung vor der Probsteiküste/Ostsee auf den Strand und Vorstrand. – Meyniana **46**: 127–147.
Schwarzer, K. & Brunswig, D. (1992): Akkumulation von Schadstoffen in Ästuaren: Die Sedimentbeschaffenheit des Neustädter Binnenwassers als Ergebnis seiner Stoffaustauschfunktion zwischen Wassereinzugsgebiet und Ostsee. – Meyniana **44**: 111–127.
Schwarzer, K. & Themann, S. (2003): Sediment distribution and geological buildup of Kiel Fjord (Western Baltic Sea). – Meyniana **55**: 91–115.
Schwarzer, K., Reimers, H.-C., Störtenbecker, M. & v. Waldow, K.-R. (1993): Das Küstenholozän in der westlichen Hohwachter Bucht. – Meyniana **45**: 131–144.
Schwarzer, K., Diesing, M. & Trieschmann, B. (2000): Nearshore facies of the southern shore of the Baltic Ice Lake – example from Tromper Wiek (Rügen Island). – Baltica **13**: 69–76.
Schwarzer, K., Sterr, H.& Hofstede, J. (2003a): Auswirkungen von Wasserstandsänderungen an der Küste. – In: Hupfer, P., Harff, J., Sterr, H. & Stigge, H.J.: Die Wasserstände an der Ostseeküste. Entwicklungen – Sturmfluten – Klimawandel. – Die Küste **66**: 217–297.
Schwarzer, K., Diesing, M., Larson, M., Niedermeyer, R.-O., Schumacher, W. & Furmanczyk, K. (2003b): Coastline evolution at different time scales – examples from the Pomeranian Bight, southern Baltic Sea. – Mar. Geol. **194** (1–2): 79–101.
Schwarzer, K., Schrottke, K., Stoffers, P., Kohlhase, S., Fröhle, P., Fittschen, T., Mohr, K., Riemer, J. & Weinhold, H. (2000): Einfluß von Steiluferabbrüchen an der Ostsee auf die Prozessdynamik angrenzender Flachwasserbereiche. – BMBF-Projekt, Abschlussbericht, 182 S.

Schwietzer, G. & Niedermeyer, R.-O. (2005): Fluviatiles Ablagerungsmilieu der untermiozänen Quarzsande von Fritscheshof (Neubrandenburg, Mecklenburg-Vorpommern). – Neubrandenburger Geol. Beitr. **5**: 47–60.
Seibold, E. (1964): Das Meer. – In: Brinkmann, R.: Lehrbuch der Allgemeinen Geologie: 280–500.
Seibold, E. (1991): Das Gedächtnis des Meeres: 447 S.
Seidenkrantz, M.-S., Knudsen, K.L. & Kristensen, P. (2000): Marine late Saalian to Eemian environments and climatic variability in the Danish shelf area. – Geol. Mijnbouw/Netherlands J. Geosci. **79** (2/3): 335–343.
Seifert, G. (1954): Das mikroskopische Korngefüge des Geschiebemergels als Abbild der Eisbewegung, zugleich Geschichte des Eisabbaues in Fehmarn, Ost-Wagrien und dem Dänischen Wohld. – Meyniana **2**: 124–184.
Seifert, G. (1963): Erdgeschichte der Grube-Wesseker Niederung. – Jb. Heimatkde. Kreis Oldenburg/Holst. **1963**: 33–44.
Seifert, G. (1972): Erd- und Landschaftsgeschichte von Grömitz und Umgebung. – In: Ehlers, W.K. (Hrsg.): Grömitz, Vergangenheit und Gegenwart: 9–23.
Seifert, T., Fennel, W. & Kuhrts, C. (2009): High resolution model studies of transport of sedimentary material in the south-western Baltic. – J. Mar. Sys. **75**: 382–396.
Shackleton, N.J. (1987): Oxygen isotopes, ice volume and sea level. – Quatern. Sci. Rev. **6**: 183–190.
Short, A.D. (1993): Beach and Surf Zone Morphodynamics. – J. Coast. Res. Spec. Iss. **15**: 321 pp.
Short, A.D. (1999): Handbook of Beach and Shoreface Morphodynamics: 379 pp.
Siefke, A. (2002): Mufflons auf Rügen und Hiddensee. – Rugia **2003**: 79–85.
Silvester, R. (1985): Natural headland control of beaches. – Cont. Shelf Res. **4** (5): 581–596.
Sirocko, F. (1998): Die Entwicklung der nordostdeutschen Ströme unter dem Einfluß jüngster tektonischer Bewegungen. – Brandenburger Geowiss. Beitr. **5** (1): 75–80.
Slobodda, S. (1989): Landschaftsökologische Kennzeichnung und Typisierung von Bodden-Verlandungssaumufern an den inneren Seegewässern der DDR unter Einbezug vegetationsökologischer Untersuchungen. – Diss. B Univ. Greifswald: 156 S.
Slobodda, S. (1992): Grundzüge der Kennzeichnung und landschaftsökologischen Typisierung von Boddenufern und Verlandungssäumen. – In: Billwitz, K., Jäger, K.-D. & Janke, W. (Hrsg.): Jungquartäre Landschaftsräume: 200–207.
Smed, P. & Ehlers, J. (2002): Steine aus dem Norden: Geschiebe als Zeugen der Eiszeit in Norddeutschland, 2. Aufl.: 194 S.
Sommer, R.S., Pasold, J. & Schmölcke, U. (2008): Postglacial immigration of harbor porpoise (Phocoena phocoena) into the Baltic Sea. – Boreas **37**: 458–464.
Standke, G. (2008): Bitterfelder Bernstein gleich Baltischer Bernstein? – Eine geologische Raum-Zeit-Betrachtung und genetische Schlussfolgerungen. – Exkurs. Veröff. DGG **236**: 11–33.
Steinich, G. (1972): Endogene Tektonik in den Unter-Maastricht-Vorkommen auf Jasmund (Rügen). – Geologie 20, Beih. **71/72**: 207 S.
Steinich, G. (1992a): Quartärgeologie der Ostseeküste Mecklenburg-Vorpommerns (Rügen, Fischland, Stoltera, Klein-Klütz-Höved). – In: Grube, F., Matthess, G. & Fränzle, O. (Hrsg): DEUQUA'92, Exkursionsführer: 5–46.
Steinich, G. (1992b): Die stratigraphische Einordnung der Rügen-Warmzeit. – Z. geol. Wiss. **20** (1/2): 125–154.
Steffen, H. (2006): Determination of a consistent viscosity distribution in the Earth's mantle beneath northern and central Europe. – PhD, FH Berlin, 137 S.

Stephan, H.-J. (1981): Eemzeitliche Verwitterungshorizonte im Jungmoränengebiet Schleswig-Holsteins. – Verh. naturwiss. Ver. Hamburg N.F. **24** (2): 161–175.
Stephan, H.-J. (1985): Exkursionsführer Heiligenhafener „Hohes Ufer". – Der Geschiebesammler **18** (3): 83–99.
Stephan, H.-J. (1986): Geologische Untersuchungen zu einer Fundstelle nördlich der Eichholzniederung bei Heiligenhafen, Kreis Ostholstein. – Offa **43**: 219–224.
Stephan, H.-J. (1994): Der Jungbaltische Gletschervorstoß in Norddeutschland. – Schr. Naturwiss. Ver. Schlesw.-Holst. **64**: 1–15.
Stephan, H.-J. (1995a): Schleswig-Holstein. – In: Benda, L. (Hrsg.): Das Quartär Deutschlands: 1–13.
Stephan, H.-J. (1995b): The Heiligenhafen cliff. – In: Schirmer, W. (Ed.): Quaternary field trips in Central Europe. – Int. Union Quatern. Res., XIV Congress, Berlin, **1**, Regional Field trips: 46–47.
Stephan, H.-J. (1998): Geschiebemergel als stratigraphische Leithorizonte in Schleswig-Holstein; ein Überblick. – Meyniana **50**: 113–135.
Stephan, H.-J. (2001): The Young Baltic advance in the western Baltic depression. – Geol. Quart. **45** (4): 359–363.
Stephan, H.-J. (2002): Comment on „Structural geology and sedimentology of the Heiligenhafen till section, Northern Germany" by Frederik M. Van der Wateren. – Quatern. Sci. Rev. **21**: 1111–1116.
Stephan, H.-J. (2003): Zur Entstehung der eiszeitlichen Landschaft Schleswig-Holsteins. – Schr. Naturwiss. Ver. Schlesw.-Holst. **69**: 101–117.
Stephan, H.-J. (2004): Karte der Stauchgebiete und Haupt-Gletscherrandlagen in Schleswig-Holstein 1 : 500.000. – Meyniana **56**: 149–154.
Stephan, H.-J. (2005): Die zeitliche Stellung weichselzeitlicher glazifluviatiler Ablagerungen in Schleswig-Holstein nach TL/OSL-Datierungen. – 72. Tagung AG Norddeutscher Geologen Lübeck, 17.–20. Mai 2005 Tagungsband u. Exk.-Führer: 56–57.
Stephan, H.-J. & Menke, B. (1977): Untersuchungen über den Verlauf der Weichsel-Kaltzeit in Schleswig-Holstein. – Z. Geomorph. N.F. Suppl. **27**: 12–28.
Stephan, H.-J. & Menke, B. (1993): Das Pleistozän in Schleswig-Holstein. – GLA-SH **3**: 19–62.
Stephan, H.-J., Hartz, S. & Jakobsen, O. (2005): Quartärgeologie/Glazialtektonik Ostholsteins (Oldenburger Graben, Wagrische Halbinsel, Heiligenhafener Kliff). – 72. Tagung Norddeutscher Geologen Lübeck, 17.–20.Mai 2005, Tagungsband u. Exkursionsf. (Exkursion B1): 115–140.
Sterr, H. (1988): Seegangsverhältnisse, Sedimenttransport und Materialbilanz in der Kieler Bucht, Ostsee. – Hamb. geogr. Studien **44**: 99–119.
Sterr, H. (1989). Der Abbruch der Steilufer in der südwestlichen Kieler Bucht – unter besonderer Berücksichtigung des Januarsturms 1987. – Die Küste **50**: 45–63.
Sterr, H. & Klug, H. (1987): Die Ostseeküste zwischen Kieler Förde und Lübecker Bucht – Überformung der Küstenlandschaft durch den Fremdenverkehr. – In: Bahr, J. & Kortum, H. (Hrsg.): Schleswig-Holstein. – Slg. Geogr. F. **15**: 221–242.
Sterr, H. & Mierwald, U. (1991): Naturräumliche Ausstattung und ökologische Probleme der Schlei und ihrer Uferlandschaft. – In: Achenbach, H. (Hrsg.): Beiträge zur regionalen Geographie von Schleswig-Holstein. – Kieler Geogr. Schr. **80**: 343–367.
Stigge, H.-J. (2003): Beobachtete Wasserstandsvariationen an der deutschen Ostseeküste im 19. und 20. Jahrhundert. – Die Küste **66**: 79–102.

Störr, M. (1967): Die nichtkarbonatischen mineralischen Bestandteile der weißen Schreibkreide von Jasmund auf Rügen. – Ber. dt. Ges. Geol. Wiss. **A 12** (5): 549–555.
Stow, D.A.V. & Lovell, J.P.B. (1979): Contourites, their recognition in modern and ancient Sediments. – Earth-Sci. Rev. **14:** 251–291.
Stow, D.A.V., Reading, H.G. & Collinson, J.D. (1996): Deep Seas. – In: Reading, H.G. (Ed.): Sedimentary Environments: Processes, Facies and Stratigraphy, 3. Ed.: 395–453.
Strahl, J. (1991): Pollenanalytische Untersuchungen im Jungquartär der mecklenburgisch-vorpommerschen Küste. – Diss. Univ. Greifswald Math.-Nat. Fak.: 163 S.
Strahl, J., Keding, E., Steinich, G., Frenzel, P. & Strahl, U. (1994): Eine Neubearbeitung der eem- und frühweichselzeitlichen Abfolge am Klein Klütz Höved, Mecklenburger Bucht. – Eiszeitalter u. Gegenwart **44:** 62–78.
Strahl, U. (2004a): Kliffs an den Klützer Höveds. In: Katzung, G. (Hrsg.): Geologie von Mecklenburg-Vorpommern: 294–297.
Strahl, U. (2004b): Kliff der Stoltera westlich Warnemünde. In: Katzung, G. (Hrsg.): Geologie von Mecklenburg-Vorpommern: 302–306.
Strehl, E. (1976): Eisrandlagen und eiszeitliche Entwässerung im Gebiet Süsel-Luschendorf (Ostholstein). – Schr. Naturwiss. Ver. Schlesw.-Holst. **46:** 5–12.
Strehl, E. (1997): Zum Verlauf der äußeren Grenze der Weichsel-Vereisung zwischen Schuby und Ellund (Schleswig-Holstein). – Schr. Naturwiss. Ver. Schlesw.-Holst. **67:** 29–35.
Strehl, E. (2005): Die Endmoräne am Barsbeker See bei Kiel – ehemals Küste und Insel. – Meyniana **57:** 93–100.
Streif, H.-J. (2002): Nordsee und Küstenlandschaft – Beispiel einer dynamischen Landschaftsentwicklung. – Akad. Geowiss. Hannover Veröffentl. **20:** 134–149.
Stremme, H.E. & Wenk, H.-G. (1969): Die Insel Fehmarn. – In: Schlenger, H., Paffen, K. & Stewig, R. (Hrsg.): Das östliche Holstein. Ein geographisch-landeskundlicher Exkursionsführer:138–146.
Subotowicz, W. (1981): Geologie und Dynamik an der polnischen Steilküste. – Z. geol. Wiss. **9** (1): 63–72.
Succow, M. (1983): Moorbildungstypen des südbaltischen Raumes. – Peterm. Geogr. Mitt. **282:** 86–107.
Succow, M. & Jeschke, L. (1986): Moore in der Landschaft: 268 S.
Succow, M. & Joosten, H. (2001): Landschaftsökologische Moorkunde, 2. Aufl.: 622 S.
Suess, E. & Djafari, D. (1977): Trace metal distribution in Baltic Sea ferromanganese concretions: Inferences on accretion rates.- Earth Planet. Sci. Lett. **35:** 49–54.
Sunamura, T. (1983): Processes of Sea Cliff and Platform Erosion. – CERC Handb. Coast. Proc. and Eros.: 233–265.
Sunamura, T. (1992): Geomorphology of rocky coasts: 302 pp.
Svenson, C. (2004): Geschützte Findlinge der Insel Rügen: 28 S.
Swift, D.J.P., Stanford, R.B., Dill, C.E. Jr. & Avignone, N.F. (1971): Textural differentiation during erosional retreat of an unconsolidated coast, Cape Henry to Cape Hatteras, Western North Atlantic shelf. – Sedimentology **16:** 221–250.
Talbot, M.R. & Allen, P.A. (1996): Lakes. – In: Reading, H.G. (Ed.): Sedimentary Environments: Processes, Facies and Stratigraphy. 3. Ed.: 83–124.
Terberger, T. & Seiler, M. (2005): Flintschläger und Fischer – Neue interdisziplinäre Forschungen zu steinzeitlichen Siedlungsplätzen auf Rügen und dem angrenzenden Festland. – Bodendenkmalpflege in Mecklenburg-Vorpommern, Jb. 2004, **52:** 155–183.

Thomsen, C. & Liebsch-Dörschner,T. (2007): Möglichkeiten der energetischen Nutzung des tieferen Untergrundes von Schleswig-Holstein. – Schriftenreihe LANU SH, Jahresberichte, **11** (2006/07): 171–181.
Thybo, H., Abramovitz, T., Lassen, A. & Schjøth, F. (1994): Deep structure of the Sorgenfrei-Tornquist zone interpreted from BABEL seismic data. – Z. geol. Wiss. **22** (1/2): 3–17.
Tiepolt, L. & Schumacher, W. (1999): Historische bis rezente Küstenveränderungen im Raum Fischland-Darss-Zingst-Hiddensee anhand von Karten-, Luft- und Satellitenbildern. – Die Küste **61**: 21–46.
Tiesel, R. (1996): Kap. 4.1.1: Das Wetter. – In: Rheinheimer, G. (Hrsg.): Meereskunde der Ostsee, 2. Aufl.: 46–55.
Timm, W. (1968): Entstehung und Entwicklung des Hakens Alt-Bessin (Hiddensee). – Diss. Univ. Rostock: 171 S.
Uscinowicz, S. (2003): Relative sea level changes, glacio-isostatic rebound and shoreline displacement in the southern Baltic. – Polish Geol. Inst. Spec. Pap. **10**: 1–80.
Van der Wateren, F.M. (1999): Structural geology and sedimentology of the Heiligenhafen till section, Northern Germany. – Quatern. Sci. Rev. **18**: 1625–1639.
Vegelin, K. & Heinz, M. (2008): Abenteuer Natur im Peenetal. Entdeckungspfade im unteren Peenetal. – Wanderführer: 128 S.
Verse, G. (2003): Sedimentation und paläogeographische Entwicklung des Greifswalder Boddens und des Seegebietes der Greifswalder Oie (südliche Ostsee) seit dem Weichsel-Spätglazial. – Schriftenr. Geowiss. **12**: 159 S.
Verse, G., Niedermeyer, R.-O., Flemming, B.W. & Strahl, J. (1998): Seismostratigraphie, Fazies und Sedimentationsgeschichte des Greifswalder Boddens (südliche Ostsee) seit dem Weichsel-Spätglazial. – Meyniana **50**: 213–236.
Verse, G., Niedermeyer, R.-O. & Strahl, J. (1999): Kleinskalige holozäne Meeresspiegelschwankungen an Überflutungsmooren des NE-deutschen Küstengebietes (Greifswalder Bodden, südliche Ostsee). – Meyniana **51**: 153–180.
Viehberg, F.A., Frenzel, P., & Hoffmann, G. (2008): Succession of late Pleistocene and Holocene ostracode assemblages in a transgressive environment: A study at a coastal locality of the southern Baltic Sea (Germany). – Palaeogeogr.-Palaeoclim.-Palaeoecol. **264** (3–4): 318–329.
Vinken, R. (1988): The Northwest European Tertiary Basin – Results of the IGCP-Project No. 124. – Geol. Jb. **A 100**: 7–508.
Vogel, V. (1989): Schleswig im Mittelalter. Archäologie einer Stadt: 82 S.
Voigt, E. & Häntzschel, W. (1956): Die grauen Bänder der Schreibkreide Nordwestdeutschlands und ihre Bedeutung als Lebensspuren. – Mitt. Geol. Staatsinst. Hamburg **25**: 104–122.
Voigtland, R. (1983): Biologische und hydrochemische Stoffhaushaltsuntersuchungen in Schilfverlandungszonen. – Diss. Math.-Nat. Fak. Univ. Greifswald: 120 S.
Voipio, A. (1981): The Baltic Sea. – Elsevier Oceanogr. Ser. **30**: 418 pp.
Voss, F. (1967): Die morphologische Entwicklung der Schleimündung. – Hamb. Geogr. Stud. **20**: 178 S.
Voss, F. (1968): Junge Erdkrustenbewegungen im Raume der Eckernförder Bucht. – Mitt. Geogr. Ges. Hamburg **57**: 97–190.
Voss, F. (1972): Neue Ergebnisse zur relativen Verschiebung zwischen Land und Meer im Raum der westlichen Ostsee– Z. Geomorph. N.F. Suppl. **14**: 150–168.
Voss, F. (1986): Die postglaziale Talentwicklung im Küstenbereich der Langballigau an der Flensburger Förde. – Offa **43**: 173–184.
Walger, E. (1961): Die Korngrößenverteilung von Einzellagen sandiger Sedimente und ihre genetische Bedeutung. – Geol. Rdsch. **51** (2): 494–507.

Walger, E. (1966): Untersuchungen zum Vorgang der Transportsonderung von Mineralen am Beispiel von Strandsanden der westlichen Ostsee. – Meyniana **16**: 55–106.
Walter, R. (2007): Geologie von Mitteleuropa, 7. Aufl.: 511 S.
Walther, M. (1990): Untersuchungsergebnisse zur jungpleistozänen Landschaftsentwicklung Schwansens (Schleswig-Holstein). – Berliner geogr. Abh. **52**: 143 S.
Warnke, D. (1975): Das frühgeschichtliche Hügelgräberfeld in den „Schwarzen Bergen" bei Ralswiek, Kreis Rügen. – Z. Archäol. **9**: 89–127.
Weber, H. (1977): Salzstrukturen, Erdöl und Kreidebasis in Schleswig-Holstein, 2. Aufl.: 106 S.
Wefer, G., Flemming, B.W. & Tauchgruppe Kiel (1976): Submarine Abrasion des Geschiebemergels vor Bokniseck. – Meyniana **28**: 87–94.
Wefer, G. & Lutze, G.F. (1978): Carbonate production by benthic Foraminifera and accumulation in the Western Baltic. – Limnol. Oceanogr. **23**: 992–996.
Wehner, K. (1988): Möglichkeiten der Nutzung von Fernerkundungsaufnahmen zur geologischen Untersuchung von Flachwasserbereichen. – Z. angew. Geol. **34** (8): 247–250.
Wehner, K. (1989): Ein Beitrag zur Sedimentdynamik im Bereich der Sandriffe auf der Schorre der südwestlichen Ostsee. – Mitt. Forschungsanst. Schiffahrt, Wasser- u. Grundbau **54**: 52–61.
Weiss, D. (1981): Probleme der Belastung und bautechnischen Sicherung der Küstenabschnitte Kühlungsborn und Dranske. – Z. geol. Wiss. **9** (1): 73–83.
Weiss, D. (1989): Sicherungsmaßnahmen an Flach- und Steilküsten der DDR-Ostseeküste und ihre Wirkungen. – Mitt. Forschungsanst. Schiffahrt, Wasser- und Grundbau **54**: 196–213.
Weiss, D. (2006): Vorschlag zum Bau eines Wellenbrechers an der Niehägener Küste. – Die Küste **71**: 241–247.
Weitschat, W. (2008): Bitterfelder und Baltischer Bernstein aus paläoklimatischer und paläontologischer Sicht. – Exkurs. Veröff. DGG **236**: 88–97.
Werner, F. (1979): Die Sedimentverteilung außerhalb der Riffzone vor der Probstei aufgrund von Sidescan-Sonar-Aufnahmen. – Mitt. Leichtweiß-Inst. Wasserbau TU Braunschweig **65**: 139–163.
Werner, F., Arntz, W.E. & Tauchgruppe Kiel (1974): Sedimentologie und Ökologie eines ruhenden Riesenrippelfeldes. – Meyniana **26**: 39–62.
Werner, F. & Newton, R.S. (1975): The pattern of large scale bedforms in the Langeland Belt (Baltic Sea). – Mar. Geol. **19** (1): 29–59.
Werner, F., Erlenkeuser, H., v. Grafenstein, U., Mc Lean, S., Sarnthein, M., Schauer, U., Unsöld, G., Walger, E. & Wittstock, R. (1987): Sedimentary records of benthic processes. – In: Rumohr, J., Walger, E. & Zeitzschel, B. (Ed.): Seawater – Sediment Interactions in Coastal Waters. An interdisciplinary approach. – Lect. Notes Coast. and Estuarine Stud. **13**: 162–262.
Westphalen, P. (1989): Die Eisenschlacken von Haithabu. Ein Beitrag zur Geschichte des Schmiedehandwerks in Nordeuropa. – Ber. Ausgrabungen Haithabu **26**: 112 S.
Whiticar, M.J. (1978): Relationships of interstitial gases and fluids during early diagenesis in some marine sediments. – Rep. Sonderforsch.-Bereich 95 Univ. Kiel **35**: 152 S.
Wiedecke, W., Eiben, H. & Dethlefsen, G. (1979): Zur Geschichte der Sicherung der Probstei-Niederung vor Hochwasser der Ostsee. – Mitt. Leichtweiß. Inst. Wasserbau TU Braunschweig **65**: 47–71.
Willmann, R. (1989): Die Muscheln und Schnecken der Nord- und Ostsee: 310 S.

Winn, K., Averdieck, F.-R., Erlenkeuser, H. & Werner, F. (1986): Holocene sea level rise in the Western Baltic and the question of isostatic subsidence. – Meyniana **38**: 61–80.
Winn, K., Werner, F. & Erlenkeuser, H. (1988): Hydrography of the Kiel Bay, Western Baltic, during the Litorina-Trangression. – Meyniana **40**: 31–46.
Winterhalter, B. (1981): Ferromanganese concretions. – In: Voipio, A. (Ed.): The Baltic Sea. – Elsevier Oceanogr. Ser. **30**: 123–134.
Wittstock, R. (1982): Zu den Ursachen bodennaher Strömungen in der Vejsnaes-Rinne 1977/78. – Rep. Sonderforsch. Bereich 95 Univ. Kiel **54**: 1–177.
Woldstedt, P. & Duphorn, K. (1974): Norddeutschland und angrenzende Gebiete im Eiszeitalter, 3. Aufl.: 500 S.
Wolfgramm, M., Rauppach, K. & Seibt, P. (2008): Reservoir geological characterization of Mesozoic Sandstones in the North German Basin by petrophysical, mineralogical and geochemical data. – Z. geol. Wiss. **36** (4–5): 249–265.
Wünnemann, B. (1993): Ergebnisse zur jungpleistozänen Entwicklung der Langseerinne Angelns in Schleswig-Holstein. – Berl. geograph. Abh. **55**: 167 S.
Wurlitzer, B. (1992): Mecklenburg-Vorpommern (Kunstreiseführer): 388 S.
Wyrtki, K. (1954): Die Dynamik der Wasserbewegungen im Fehmarnbelt (2). – Kieler Meeresforsch. **10** (2): 162–182.
Wysota, W., Lankauf, K.R., Szmańda, J., Chruścińska, A., Oczkowski, H.L. & Przegiętka, K.R. (2002): Chronology of the Vistulian (Weichselian) glacial events in the Lower Vistula region, Middle-north Poland. – Geochronometria **21**: 137–2002.
Yasso, W.E. (1965): Plan geometry of headland-bay beaches. – J. Geol. **73**: 702–714.
Zagora, K. (1993): Sedimentationsablauf und Speicherentwicklung im Oberdevon der Insel Rügen. – Geol. Jb. **A 131**: 389–399.
Zagora, I. & Zagora, K. (2004): Zechstein. – In: Katzung, G. (Hrsg.): Geologie von Mecklenburg-Vorpommern: 132–139.
Zagora, K. & Zagora, I. (2004): Devon. – In: Katzung, G. (Hrsg.): Geologie von Mecklenburg-Vorpommern: 70–79.
Zeiler, M., Figge, K., Griewatsch, K., Diesing, M. & Schwarzer, K. (2004): Regenerierung von Materialentnahmestellen in Nord- und Ostsee. – Die Küste **68**: 67–98.
Ziegler, B. & Heyen, A. (2005): Rückgang der Steilufer an der schleswig-holsteinischen westlichen Ostseeküste. - Meyniana **57**: 61–92.
Ziervogel, K. & Bohling, B. (2003): Sedimentological parameters and erosion behaviour of submarine coastal sediments in the south-western Baltic Sea. – Geo-Mar. Lett. **23** (1): 43–52.

Ortsregister

Aas-See 148
Achterwasser 286, 294, 298, 303f.
Ahlbeck 11, 287, 297, 299ff.
Ahlbecker Seegrund 306, 308
Ahlbek (b. Binz) 257
Ahrenshoop 219 ff.
Alandsee 70
Altdarß 98, 216, 220f., 226
Altenhofer Kliff 148
Alter Strom (b. Warnemünde) 164, 208
Altes Lager (Peenetal b. Menzlin) 281
Althäger Lehmufer (- Sandmulde) 118, 223ff.
Althagen 77
Alt Reddevitz 272f.
Altwarp (-er Halbinsel) 304, 306
An der Bleiche 278
Angeln 32, 93, 132, 136, 143ff.
Anklam (-er Stadtbruch) 60, 95, 124, 280, 284ff., 302, 304, 308
Arkona (-becken, Kap -, -see) 6, 17f., 22, 37, 51, 54, 56, 69f., 73, 81f., 85f., 93, 95, 110, 124, 242f., 245, 249, 251
Arnis 137f.
Augustenhof (-er Niederung) 253, 256ff., 263

Baabe (-r Heide, -r Bek) 57, 97, 263, 265ff., 271f.
Bad Doberan 96, 205f., 208, 218
Bakenberg (b. Groß Zicker) 274
Bandelin 280
Bansin 12, 287, 289ff., 297, 299
Banzelvitzer Berge 262f.
Barhöft 77, 118, 223
Barsbeker Moor (- See) 157, 159
Barth (-er Heide) 48, 220, 223f., 228
Beek 283
Behrenhoff 281
Behrensdorf 162f.
Beltsee 51f., 68ff., 74, 77ff., 81
Benz 298

Bergen (a. Rügen) 110, 231f., 258, 261f., 271
Bessin (Alt-, Neu-, -er Schaar) 119, 177, 234f., 238, 240f.
Beverö (-er Noor) 135f.
Binz 54f., 252f., 256, 262ff., 268, 271
Birka 144
Birk Nack 135
Bisdorf 177, 180
Blankensee (b. Lübeck) 192
Bliesenrade 223, 227, 229
Bock (Insel) 118, 219, 221, 242
Bockhomwik 125, 128
Börgerende 212
Bojendorf 179f.
Bokniseck 102, 148
Boltenhagen (-er Bucht) 196f., 199
Borgwedel
Borrnholm (Insel) 14, 17ff., 21, 29, 32, 49f., 161, 263
Bornholmbecken (-see) 70ff., 82
Bottsand 157ff.
Bramhakensee (Norder u. Süder -) 228
Brasilien (b. Kiel) 157f.
Breege-Juliusruh 262
Breetzer Bodden 257
Breitgrund 132
Breitling 96, 200, 206, 212, 214ff.
Broagerland 131
Brodtener Ufer 186
Brohmer Berge 35, 47, 307
Brodtener Maase 227
Buchhorster Maase 227
Buddelin (b. Lietzow) 253, 256, 259f., 263
Buddenhagen 48, 279f.
Buggenhagen 279
Buhlitz (Halbinsel b. Binz) 253f.
Bukspitze 96, 204
Bungsberg 162, 168, 184
Burgdorf 33
Burgtiefe 177f.
Burger Binnensee 178

Burg Hochborre 163, 165
Burgsee 139, 145
Buskam (b. Göhren) 273

Cismar 167, 183
Conventer See (- Niederung) 96, 206, 212, 214, 216

Dabitz 223f.
Dändorf 219
Dänischer Wohld 93, 95, 124
Dänische Wiek 276, 283
Dänschendorf 177, 180
Dahme 167, 169, 182
Dahmeshöved 168, 182f.
Dahmser Ort 223
Damerow (b. Koserow) 294
Damp 143, 151
Dargelin 278, 281
Dargibell (südl. Anklam) 278
Darß (-er Ort) 95, 98, 104, 124, 219ff., 289
Darßer Schwelle) 48, 52, 54, 69, 77f., 86, 89
Darß-Zingster Boddenkette 77, 95, 219, 223
„Der Haken" (Nehrung b. Klein Zicker) 269, 275
Dersekow 279f.
Deutsche Bucht 35
Diedrichshäger Berge 204, 206
Diedrichshagener Moor (Feldmark) 214f.
Dierhagen, Dierhäger Moor 217ff., 221
Dollahner Uferberge 254
Dollerupholz 128, 134
Dornbusch (Insel Hiddensee) 22, 43, 49, 97, 231, 233, 235ff., 243ff.
Dranske 251
Ducherow 48, 306
Duvenstedter Berge 140, 146

Eckernförde (-r Bucht) 35, 89, 93ff., 127, 138, 140, 144, 146ff., 151, 154, 166
Egernsund 126, 132
Eichholzniederung 171, 174, 176
Eider (-tal) 143, 145, 154
Eldena (Greifswald-, NSG -) 263, 282, 285
Elmenhorst 196, 214
Esper Ort 227
Eutin 168, 184
Everstorfer Forst 196

Fährinsel (Hiddensee) 119, 235f., 241
Fahrenkamp (Halbinsel -) 48, 223
Falkenstein 155
Falshöft 109, 135f.
Falster (-Rügen-Platte) 48, 52, 79, 95, 124, 289
Fehmarn (-belt, -sund) 5, 12, 63, 73, 77, 79f., 94f., 108, 110f., 116, 124, 156, 162, 167ff., 177f., 180
Ferdinandshof 306, 308
Feuersteinfelder (NSG -, b. Mukran) 56, 120, 253, 255f., 259, 262f.
Fischland (Halbinsel -, -kliff) 26, 48, 64, 67, 77, 98, 207, 216, 219ff.
Fleckeby 138
Flensburg (-er Förde) 11, 16, 44, 46, 76, 93ff., 107, 109f., 124, 125ff., 139
Flügge (-sand) 178ff.
Freest 275, 282
Friderikenhofer Kliff 166
Friedland (Friedländer Große Wiese) 304, 308
Fuhlensee (-Niederung) 155, 163
Fulgenbach 209

Gager 265f., 269, 274f.
Gahlkower Haken 278
Galenbeck (-er See) 304, 307f.
Garz (a. Rügen) 232f., 261
Garz (a. Usedom) 286
Geinitzort 207, 209
Gellen (-Rinne, -Schaar) 118, 234ff., 239ff., 277
Geltinger Birk (- Bucht, - Noor) 107, 109, 125, 127, 134ff.,
Gladrow 281
Glaubensberg (b. Pudagla) 298
Glienberg (b. Zinnowitz) 294
Glowe 243, 247ff., 252ff., 256f., 262
Gnitz (Halbinsel -) 286, 288, 292f.
Gobbin (-er Haken) 269, 272
Göhl 169
Göhren 265f., 271, 273
Görke (westl. Anklam) 60, 280, 283f.
Golm 286, 300
Goos-See 146ff.
Gothensee 286f., 290, 297ff.
Gotland (-Becken) 13, 22f., 31, 50, 70f., 73, 82f., 88

Ortsregister

Graal-Müritz 207, 216ff.
Grambin 302, 305
Granitz (-er Ort) 46, 49, 231, 262ff., 271f.
Graswarder 96, 99, 115f., 174ff.
Graue Wiese 224
Greifswald 6, 8, 12f., 25, 27, 29, 32, 48, 75f., 95, 109, 117, 124, 262f., 276, 278ff., 283, 285
Greifswalder Bodden 55, 61, 76, 86, 88, 95, 98, 262, 269, 272, 276ff., 285, 304
Greifswalder Oie 32, 234, 244, 264, 270, 275
Grenztal 48, 217, 280, 304
Grimmen 29
Gristow (-er Wiek) 279f., 276f.
Grömitz (-er Kliff) 168, 183
Groß Kiesow 281
Großklützhöved 196f.
Groß Stresow 263, 271, 276
Groß-Strömkendorf 199f.
Groß Stubber 276
Groß Weeden 192
Groß Zicker 121, 265f., 269f., 274f.
Große Breite 140
Großer Belt 70, 77, 89
Großer Binnensee 156, 163
Großer Strand (Nehrung) 266f.
Großer Werder 118
Großes Moor 217f.
Gruber See 167, 182
Gustebin 278, 282

Habernis 126, 131, 134
Haddebyer Noor 139, 143
Haffkrug 184f.
Hagensche Wiek 264, 275f.
Haithabu 9, 139, 143ff.
Hamburg 7, 20, 36, 44f., 95, 124, 139, 192
Hanshagen (Hanshäger Bach) 279ff.
Having 264f., 272, 275f.
Heidkate 114, 157ff.
Heiligendamm 209, 211f., 214
Heiligenhafen 6, 95, 104, 115f., 124, 156, 168, 170f., 173f., 176f., 182f. 188, 190
Heiligensee und Hütelmoor (NSG) 217f.
Heinrichswalde 308
Hemmelmarker Kliff (- See) 143, 147f., 151
Hemmelsdorfer See 96, 116, 168, 185f., 188
Heringsdorf 26, 29, 286f., 290, 293, 297, 301
Hermannshöhe 187, 190

Hertha-See (-Moor) 248
Hessenstein 162
Hiddensee (Insel) 22ff., 37, 39, 42f., 49, 56, 61, 64, 67, 95, 97, 104, 124, 231ff., 235ff., 255, 285
Hoch Hilgor (b. Neuenkirchen) 262
Hohe Düne (b. Rostock, Prerow, Pramort) 208, 214ff., 227f., 230
Hohendorf 279
Hohensee 279
Hoher Schönberg (b. Klütz) 196
Hohes Ufer (b. Ahrenshoop) 223f.
Hohes Ufer (b. Heiligenhafen) 104, 171
Hohwacht (-er Bucht, - Kliff) 94ff., 115f., 124, 156ff., 162ff., 165ff., 183
Hollingstedt 139, 144
Holnis (- Halbinsel, -hof) 125ff., 132f., 141
Hornheimer Riegel 152
Hornholz 129
Horst (b. Greifswald) 279f.
Hüttener Berge 138
Hütter Wohld (NSG – Klosterteiche) 218
Hundsbeck 221, 227

Ina (Ihna) 304
Iserberg (b. Klütz) 196
Ivendorf (-er Höhen) 191f., 206

Jager (Forsthaus) 279
Jaromarsburg (Kap Arkona) 251
Jarplund 129
Jasmund (Halbinsel -, Nationalpark -) 6, 9, 12, 18, 32, 37, 43, 49, 95, 97, 104, 110f., 119, 124, 231ff., 237, 242ff., 252, 255f., 270, 289
Jasmunder Bodden (Großer -, Kleiner -) 56, 231f., 252ff.
Jatznick 47, 304ff.
Jeeser 279, 283
Jemnitz-Schleuse 209, 212, 214
Johannisthal 170
Jütland 14, 63

Kachliner See 299
Kadetrinne 73, 77f., 86, 91
Kalifornien (b. Kiel) 114, 157ff., 160
Kamminke 57, 286, 299ff.
Kanbeck 219
Kappeln 137ff.

Karby 143
Karlsburger Holz 279
Karlsminde (Megalithgrab -) 147, 166
Karrendorfer Wiesen 121, 283f.
Katharinensee 224
Kattegat 14, 38f., 43, 51, 68ff., 131
Katzow 279f.
Kavelhaken 221, 229
Kegelinsberg 254
Kemnitz (b. Greifswald) 280, 282
Kiel (-er Bucht) 8, 46f., 52, 74ff., 82ff., 87f., 93ff., 102, 107, 109, 113, 124f., 143f., 146, 148, 152, 154ff., 158, 161, 166, 176, 179, 189, 195
Kieler Ort (Nehrungshaken) 96, 204
Kieshofer Hochmoor (b. Greifswald) 279
Kinnbackenhagen 224
Kirchdorf (Insel Poel) 200f.
Kirchdorf (b. Greifswald) 280
Kirchenberg (b. Morgenitz) 286
Kleine Breite 137ff.
Kleiner Binnensee 156, 163
Kleines Haff (s. a. Oderhaff) 57
Kleines Moor (s. a. Dierhäger Moor) 218
Kleinklützhöved 196ff., 201
Klein Zastrow 278
Klein Zicker 265ff., 275
Kloster (a. Hiddensee) 235ff.
Klostersee (b. Cismar) 183
Klüsser (Kleiner -, -Nische) 37, 243ff.
Kölpinsee 32, 287, 296
Königshörn (b. Glowe) 253, 262
Königsstuhl (Nationalparkzentrum -, b. Sassnitz) 8
Körkwitz 217, 219
Kolberger Heide 157
Koos (Insel -, -er See) 121, 276ff., 280, 283f.
Kopendorfer See 180
Koserow (-Bank) 76, 109, 286ff., 294, 296
Kossau (-tal) 162ff.
Kowall 283
Krebssee (Großer -, Kleiner -, b. Zirchow) 289, 299, 301
Kremper Au 183, 193
Kröpelin 206
Kröslin 280, 282
Kronsort 148f.
Krummin (-er Wiek) 293, 298, 304
Krummsteert 179

Krusau (-tal) 129ff.
Krusendorf 149
Kühlung 32, 35, 46f., 204ff., 208
Kühlungsborn 96, 204ff.
Kükelsberg (b. Benz) 298

Laakbucht 215
Laboe 113, 151, 158, 160
Lanckener Bek 272
Lancken-Granitz 271f.
Landkirchen 177, 180
Landsorttief 71
Langballigau 104, 125, 128, 133f.
Langeland 95, 151
Langer Berg (b. Bansin) 104, 288
Langholzer See 148
Langsee-Rinne 137
Lanken 283f.
Lassan 279ff.
Lebbin (Lubin) 303
Lentschow 48, 281
Lenzer, Kieler, Wissower, Brisnitz-, Kollicker, Stein-Bach (a. Jasmund) 243, 248
Lieper Winkel (a. Usedom) 286
Lietzow 59, 98, 234, 253, 256ff., 262f.
Lindaunis 137f., 140
Lippe (-r Kliff) 163 ff.
Liubice (Alt-Lübeck) 195
Lobber Ort 97, 265, 267, 269, 274
Löcknitz 304
Loissin (b. Greifswald) 12, 25, 277f., 280
Lolland 63, 86, 95, 124, 181
Loopstedt 139
Lotseninsel 141f.
Lubmin (-er Heide) 27, 98, 277f., 280, 282, 304
Lübeck 6, 35, 46, 74, 76, 95, 124, 145, 168, 183, 188, 190ff.
Lübecker Bucht 85, 93ff., 124, 167f., 182f., 234
Lühmannsdorf 280f.
Lüneburg (-er Heide) 35, 193
Lüßmitzer Niederung 253, 263
Lütjenburg 158, 165
Lütow 26, 292f.

Mälarsee 144
Malmö 16
Mariawerth 308

Ortsregister

Marienfelde 36, 150f.
Markelsdorfer Huk 180f
Markgrafenheide (Rostock-M-) 107, 109, 206f., 214ff.
Mecklenburger Bucht 39, 48, 52, 54f., 81f., 85f., 93ff., 110, 124, 167, 169, 182, 193, 196, 221
Mecklenburger Weg (a. d. Darß) 227
Mellenthin 298
Menzlin 280f., 284f.
Meschendorf 117, 204, 206, 208ff.
Mesekenhagen 278, 283
Middelhagen 273f.
Miltzow 280
Minnaesby 141
Misdroy (Międzyzdroje) 300
Missunde 137ff.
Möckow (-berg) 27, 278, 281
Mölln 44, 192
Møen (Insel -) 246
Mönchgut (Halbinsel -) 49, 97, 263f., 271ff.
Mönkebude 302
Moritzdorf 272
Mühlenberg (a. Rügen) 262
Mühlenberg (Krokauer -) 158
Mühlensee 130
Mümmelkensee (Hochmoor) 299
Mukran (Alt- u. Neu-) 50, 252ff., 262f.
Munkbrarup 133
Murchin 280f.

Nadelhaken 223, 229
Neubukow (Alt-) 205f.
Neudarß 9, 56, 220ff.,
Neuendorf (b. Barth) 224
Neuendorf (a. Hiddensee) 236, 239ff.
Neuendorf (b. Ueckermünde) 302
Neuendorf (a. Usedom) 57, 293
Neues Land (b. Barth) 224
Neues Land (b. Warnemünde) 215
Neuhaus (b. Rostock) 206, 216
Neu-Pudagla (Forsthaus) 10
Neupugumer See 133
Neustadt i. Holst. 95, 124, 168, 182f., 191
Neustädter Binnensee 184
Neu Ungnade 279
Neuwarper See 302, 308
Newa 68, 81
Niehäger Sandberg 223f.

Niehuus-See 130
Niendorf (Ostsee) 116, 185f., 188
Nistelitz-Seelvitz 262
Noer 144, 148
Nördlicher Binnensee 177, 181
Nordmann-Rinne 146
Nordperd (b. Göhren) 97, 265, 267, 273
Nord-Ostsee-Kanal 95, 124, 146, 154
Nordrügener Boddenkette 95, 257
Nordsee 1, 5, 14f, 22f, 25, 27, 29, 31, 33ff, 68ff, 81, 126, 129, 143ff, 154, 161, 212

Oder (-bank, -bucht) 36, 48, 52, 68, 79, 81, 252, 254, 287, 289, 292, 298, 300ff.
Oderhaff (Kleines Haff) 10, 15, 63, 95, 124, 300
Oehe (Halbinsel -) 141f.
Öland 13, 22
Öresund 52, 69, 77, 89, 135
Oldenbüttel 146
Oldenburg (i. Holst.) 116, 168ff., 177
Orther Reede 179
Osterby (Salzstock) 63, 146

Padborg 129f.
Pagelunsberge 288, 297
Palmnicken (Jantarny) 31
Pampau (i. Lauenburg) 195
Pampow (b. Löcknitz) 304
Pantow-Serams 262
Pasewalk 47, 304
Peene (-strom, -tal, -Südkanal) 48, 60, 95, 98, 124,276, 279ff., 284, 292, 298, 303f., 308
Peenemünde (-Zinnowitzer Meeressandebene)275, 286, 289ff., 295, 301
Pelzerhaken 183f., 188
Permin 221
Petersdorf (a. Fehmarn) 180
Pilsberg (i. Holst.) 162
Pinnow (-er Peenetalmoor) 279, 281, 283
Plöwen 304
Poel (Insel -) 42, 46, 64, 95f., 111, 124, 176f., 183, 200ff.
Pönitzer See 168, 185
Pommersche Bucht 29, 52, 58, 93
Pramort 219, 221, 223, 229f.
Preetz 48, 155, 184
Prerow (-strom) 220, 223f. 227ff.
Priwall 96, 185, 190, 192, 195f.

Probstei 95f., 107, 114, 124, 151, 156ff.
Prora 120, 258
Prorer Wiek 56, 252, 254, 257
Pudagla (-Nehrung) 12, 25, 54, 57, 286, 289, 297f., 301, 303
Pulow 279
Pustow 278
Putbus 231, 262f., 271
Puttgarden 177, 181

Quellental, NSG Hütter Klosterteiche 218

Rabelsund 140
Ralswiek (-er Niederung) 49, 231, 253, 258, 260ff.
Randow (-bruch) 304, 306, 308
Rappenhagen 280
Rappin (-er Niederung) 253, 259, 262f.
Rassower Strom 257
Recknitz 52, 60, 95, 98, 124, 221
Rehberge (Darß) 223, 227f.
Rehbergort (Arkona) 251
Reinkenhagen (Erdöl-Museum -) 278
Relzow 279ff.
Rendsburg 35, 146
Reppiner Haken 302
Rerik 96, 203ff.
Rethkuhl 160
Rettin 184
Ribnitz (-Damgarten, -er Stadtwiesen) 32, 63, 95, 124, 221, 224
Ribnitzer Großes Moor 222f.
Rieden 36, 206f., 211
Riems (Insel -) 283
Riether Werder 302
Riga 14, 20, 25
Rimpau 308
Rødbyhavn 181
Rømø 126
Rønne 14, 17f.
Rövershagen 216, 218
Rohrbäk (b. Glowe) 256
Rosenhagen 306
Rosenhof (b. Grube) 169, 182
Rosenort 207, 215ff.
Rostock (-er Heide) 16, 35f., 48, 52, 63, 75, 95ff., 103, 124, 200, 205ff., 209, 211, 213, 215ff., 226
Rothebek 192

Rügen (Insel -) 6, 8, 10ff., 22ff., 28, 30, 32, 27, 39f., 45ff., 51ff., 64, 67, 79, 95, 97f., 110f., 118, 124, 231ff., 237, 242ff., 252ff., 259ff., 270ff., 275f., 285, 289, 301
Rugard (b. Bergen) 49, 262
Rurup-Mühle (b. Süderbrarup) 32
Ruserberg 166
Rustwerder (- Haken) 176f., 183, 200ff.
Ryck (-tal, -Ziese-Niederung) 280, 282f.

Saal (-er Bodden) 220f., 223, 227
Salzhaff 95, 203ff.
Sandförde 304
Sassnitz (Stadt-) 6, 22, 37, 39, 76, 109, 234, 242f., 245ff.
Schaabe (-Nehrung) 56, 234, 252ff., 256f., 259, 262
Schafberg (b. Middelhagen) 273f.
Schifferberg (a. d. Darß) 221
Schilksee (b. Kiel) 113, 144, 154f.
Schlei (-münde) 5, 93ff., 102, 136ff., 139ff., 143ff.
Schleswig (Stadt-) 95, 124, 137ff., 142, 144f., 148
Schlichtenberg (Großer -, Kleiner -) 166
Schloonsee 299
Schloss Gottorf 9, 139, 135
Schlüse 183
Schlutup (b. Lübeck) 192
Schmachter See 253, 257, 262, 271
Schmale Heide (Nehrung -) 56, 120, 234, 252ff., 259, 263
Schmollensee 287, 290, 298f.
Schönhagen (-er Kliff) 141, 143f., 147, 189
Schonen 14, 47, 131
Schwaan 208
Schwansen (-er See) 93, 95, 124, 132, 136ff., 143, 166
Schwartau 168, 185, 195
Schwerin 10, 45, 95, 124
Schwichtenberg (Geschiebegarten) 307f.
Schwinge (-tal) 278, 280f., 284
Sehlendorf (-er See) 163, 166
Selenter See 162
Selker Noor 139, 145
Sellin (-er See) 266, 271f.
Sibbeskjär 135
Simondys 129
Skagerrak 68, 70

Ortsregister

Sörmanndamm 190
Sörup 133
Spandowerhagen (-er Wiek) 276, 278, 282
Spitzer Ort (Haken b. Lietzow) 263
Staberhuk 178
Stagnieß 286
Stakendorf 161f.
Starigard 169
Stecknitz-Kanal 193
Stedar 262
Stekendamsau 155
Stein (b. Kiel) 144, 154, 157ff., 160f.
Steinbergkirche 133
Steinwarder 115, 170, 174ff.
Stensigmose (-Kliff) 131
Stettin (Szczecin) 36, 47, 304
Stettiner Haff (s. a. Oderhaff) 75, 298
Stohl (-er Kliff) 36, 43, 144, 149f.
Stoltera 32, 42f., 46, 201, 207ff. 213
Stralsund 8, 27, 48, 95, 124, 219, 238f., 242, 265
Straminke 56, 223, 229
Strande (b. Kiel) 113, 155
Streckelsberg (b. Koserow) 103, 141, 288, 290, 294, 296
Strelasund 48, 95, 110, 232, 276, 282, 304
Streng (b. Greifswald) 283
Struck (b. Greifswald) 276f., 280, 283f.
Stubbenfelde 32, 296
Südperd (b. Thiessow) 265, 267, 269, 275
Süseler See (- Schanze) 168, 185
Swine (Świna, -Nehrung, -Niederung, -Pforte) 56, 268, 286, 289, 297, 299ff., 303

Tannenberg 262, 271
Taterhörn 214, 216
Tempelberg (b. Bobbin) 262
Tempelberg (b. Binz) 263
Teufelsstein (Findling b. Lubmin) 278
Theerbrennersee 228
Thiessow (Seebad) 57, 110, 266, 268ff.
Thießow (Halbinsel b. Binz) 253
Thurbruch 298f., 301
Tiefer Stücksee 228
Timmendorf (Insel Poel) 200f., 260
Timmendorfer Strand 168, 185, 188
Torgelow 303, 307
Trassenheide 292ff.
Trave 52, 60, 95, 124, 168, 188, 193ff.

Travemünde 109, 186ff.,190f., 195, 234
Trebbin 224
Treene 143, 145
Tromper Wiek 49, 252, 256
Truper Tannen 256, 263

Uecker (-mündung) 98, 302ff., 306
Ueckermünde (-r Heide) 50, 52, 95, 124, 216, 282, 300, 302f., 304ff.
Ückeritz 10, 32, 287, 289, 294, 296f.
Ulanenberg (Kames) 279
Usedom (Insel -) 10, 12, 23ff., 29, 32, 41f., 46, 48, 54, 61, 95, 97ff., 103, 105, 110, 124, 141, 150, 231, 233, 279, 285ff., 289, 291, 294ff., 298ff., 304
Usedomer („Schweiz", Stadtforst, Winkel, See) 48, 286f., 297ff.

Vejsnaes-Rinne 77, 83
Velgast 48, 220
Verwellengrund 157
Vierendehl-Rinne 221f.
Vineta (-Bank) 224, 228
Vitte (-r Bodden) 235f., 239ff., 257
Vordarß 221
Vorder Bollhagen 208

Waabs 151
Wackerow (b. Greifswald) 282
Wagrien 94f., 124, 167ff.
Wahlendow 281
Wakenitz 193f.
Wallnau 179f.
Wampen (-er Riff) 121, 283
Wandelwitz 170
Warder (-Nehrung, -system) 115, 170, 174, 176f., 183, 188
Warnemünde 76, 95, 105, 107, 109, 124, 207f., 214f., 226, 234
Warnemünder Nehrung 60, 96, 216
Warnkenhagener Kliff 190
Warnow (-mündung) 52, 60, 95, 124, 205f., 214ff.
Wassersleben 129f.
Weichsel 81
Weißenhaus 167, 169
Weitenhagen (b. Greifswald) 279
Wendisch Langendorf 224
Wendorf 279

Wendtorf 158ff.
Werder-Inseln 219, 223
Weseby 103, 140f.
Wesseker See 116, 167f.
Westerholz 133
Westermarkelsdorf 180
Westrügener Boddenkette (-küste) 95, 239
Westusedomer Boddenkette 95, 98, 298
Wiedort 217
Wilhelmsburg 308
Wilhelmshöhe 209f.
Wils 221
Windebyer Noor 140, 146ff.
Wismar (-Bucht) 8, 46f., 67, 76, 94ff., 109f., 124, 195ff., 199, 201, 204f., 260
Wissower (- Klinken/b. Sassnitz) 6, 242, 248
Wittensee 144, 146
Wittow (a. Rügen) 32, 37, 42f., 49, 231, 234, 237, 242ff., 249, 251f.
Wohlenberger Wiek 197, 199
Wolgast (-er Ort) 27, 48, 96, 124, 280, 285, 286f.
Wolgastsee (b. Korswandt) 299, 301

Wollin (Wolin) 297, 299f.
Wollkuhl 215
Wormshöfter Noor 141f.
Wulfener Berg (- Kliff) 178
Wunstorf 33
Wustrow 96, 110, 204, 219ff., 223ff.

Zarow 303, 307
Zarrentin (b. Greifswald) 278
Zemitz (b. Wolgast) 279
Zempin 290, 294
Zerninsee 301
Zickerniss (b. Gager) 264, 268f., 275
Zickersches Höft 275
Zicker See 265, 275
Ziese (-bach, -tal) 98, 280, 282f., 304
Zingst 54, 56, 95, 98, 110, 118, 124, 177, 219ff., 226ff., 230ff., 289
Zinnowitz 29, 286ff., 292ff., 301
Zirchow 299, 301
Zirowberg (b. Ahlbeck) 299
Zudar (Halbinsel -) 256

Sachregister

Abbruchschollen 103
Abflussbahnen (Schmelzwasser-, des Haffstausees u. a.) 60, 98, 233, 252, 282
Ablationsmoräne 246
Abra alba 87
Abrasionsplatte (-fläche) 79, 90, 99ff., 133, 141, 148, 162, 178ff., 183, 186
Abtragsküste 221, 223
Ahrensburger Geschiebesippe 29
Akustische Trübung (-sschicht) 85
Aland-Granit 20
Alaunschiefer 22
Allerød (- Interstadial, -torfe) 33, 38, 40, 49, 50f., 54, 58, 123, 191, 217, 224f., 248, 258, 261, 289f., 300ff.
Ammoniten 24, 28f.
Ammophila arenaria 112
Ancylus fluviatilis 268
Ancylus-See (-Zeit) 53ff., 97, 252
Anodonta 244
A. cygnea 305
Anthozoa (Korallen) 250, (23f., 30, 172)
Arctica (Cyprina) islandica 35, 87, 131, 244
Arenicola marina 89
Artefakte (Steinwerkzeuge) 183f., 256, 259ff.
Astarte borealis 87
Aster tripolium 112
Asteroidea 250
Atlantikum 51ff., 82, 211, 225, 249, 258ff., 268, 285, 290ff., 303
Ausgleichsküste 11, 93, 95f., 98, 125, 185, 207
Außenküste 11, 61, 98f., 105, 120, 215, 230, 235ff., 243, 257, 261, 265ff., 275, 286, 290ff., 300ff.
Ausstrom 68ff., 77ff., 300
Avalonia 13, 22f.

Backsteinkalk 22
Bänderkreide 250
Bänderton 45, 48, 84f., 139, 146, 199, 247, 261
Baltica (- Kontinent) 13, 17, 21, 23
Baltischer Eissee 38, 50ff., 60, 84, 92, 252, 268
Baltischer Hauptstrom 18, 31, 34f.
Baltischer Schild 17ff.
Basistorf. 55, 214, 216
Beckeneffekt 86
Beckensand (Älterer -, Jüngerer -, -areale, -gebiete) 42, 46, 49, 52, 111, 117, 132, 178, 190, 192, 201, 206, 216ff., 264ff., 282ff., 286ff.
Belemniten 249f.
Benthos (Phyto-, Zoo-) 87ff.
Bernstein 10, 31f., 224, 296f.
Betula nana 38f., 50
Beyrichienkalk 172
Bifurkation 282
Binnendünen (Parabel-, Haufen-, Walldünen) 38, 51, 98, 206, 281f., 298, 302, 306, (228, 294, 306)
Binnenküste 11, 61, 77, 106, 222, 228, 234, 267
Bioturbation 84, 87ff., 250
Bithynia tentaculata 303
Bivalvia (Muscheln) 250
Blankenberg (-Interstadial) 39, 45
Blaue Erde 32
Bodden (-gewässer, -kette, Binnen-) 6, 8, 11, 28, 48, 54ff., 68, 75ff., 83, 86ff., 95ff., 106, 108, 112, 220ff., 231ff., 254ff., 267, 298, 302
Boddenausgleichsküste (vorpommersche) 56, 60, 93, 97f., 125, 219, 231, 257, 267
Boddenrandschwelle 264, 276
Bölling (-Interstadial) 50f.
Bohrprofil(e) 55, 203, 261
Boreal 51, 55, 58, 211, 258, 268, 291f.
Bornholmer Randlage 49

Bornholm-Granit 18f.
Brachiopoda (-en) 22ff., 249f.
Brandenburger Phase (- Vorstoß) 36, 39ff., 198, 213, 237, 245, 267, 270, 273, 305, 307
Braundünen 59f., 65f., 111, 228, 255f., 265, 268f., 272, 294f., 301f.
Braunerde 50, 111, 281
Braunkohlensand (-brocken) 31, 127, 296
Brecherzone 105
Brockenmergel 190
Brörup (- Interstadial) 39f., 43
Bronzezeit 59, 68
Bryozoa 250
Buchtenküste (holsteinisch-westmecklenburgische Großbuchtenküste) 11, 33, 93ff., 156f.
Buhnen 107f., 129, 161, 164, 175f., 207f., 215, 223, 236, 239, 290, 294, 296
Burgsee-Thyraburg-Rinne 139
Busdorfer Rinne 139

Campanium 27, 286, 304
Cardiaster granulosus 198
Cardien [Cerastoderma] (-reiche Sande bzw. Schlicke) 303
Cardium [Cerastoderma] 87, 147, 303
Cephalopoda (en) 22, 250
Chondrites 250
Cirripedia 250
Coccolithophoriden (Coccolithen) 173, 249
Crinoidea 250
Cyprinenton 35, 37, 44, 126, 131f., 150, 237f., 240, 244f., 270

Dalarna-Porphyre 19
Dalasandstein 148
Danewerk 139
Dargibell-Möckow-Kemnitzer Grabenstruktur 278
Deich (See-, Bodden-, Riegel-, Ring- u.a.) 107ff., 115, 135f., 157ff., 167, 177, 180ff., 189, 216ff., 223, 229ff., 239f., 256, 275, 283f., 294, 298, 303, 309
Denekamp (- Interstadial) 37, 39f., 43f., 237, 245
Devon 12, 17ff.
Diagenese (-prozesse) 250
Diapir (-artige Strukturen) 46, 48, 127, 149, 224, 247, 288

Diskordanz (Erosions-, glazialtektonische -) 143, 152, 172, 246, 270, 273
Dogger 28f., 151
„Donnerkeile" 251
Dreissena polymorpha 303
Drenthe (- Kaltzeit, - Phase) 35f., 213, 244, 305
Drumlin (s) 131, 167, 170, 172, 178, 199
Dryas (Tundrenzeit) 37f., 50ff., 98, 123, 191, 211, 217, 224, 258, 285, 306

Echinoidea (Seeigel) 198, 250
Eem-Meer 35f., 146, 154
Eem-Warmzeit (- Interglazial) 35ff., 42, 126, 131ff., 139, 154, 192, 198, 205, 209, 213, 244f.
Egernsund-Eisstausee 132
Einstrom 68ff., 184, 211, 300
Einzugsgebiet 68, 138, 206, 217, 281
Eisaufpressungen 275, 278, 300
Eisenhumuspodsol 60, 224
Eisenzeit 59, 133
Eisscheide 94, 170
Eisstausee 39, 45f., 48, 50, 93, 98, 132, 139ff., 149, 155, 185, 191ff., 201, 267
„Eiszeit, Kleine" 7, 61
Elbe-Urstromtal 129, 154
Ellerbek-Gruppe 156
Ellund-Vorstoß 129
Elster-Eiszeit (- Kaltzeit) 33ff., 192, 205, 247
Emausaurus ernstii Haubold 29
Empetrum nigrum 112, 218
Endmoränen (-züge, -gabel) 36f., 46f., 152ff., 191ff., 205f., 208, 264, 287, 298, 300, 304f.
Eozän (-schuppen, -ton) 32, 173, 198, 205f., 305, 307
Erica tetralix 112, 218
Ertebölle-Gruppe 59, 234, 259
Eutrophierung 61, 90ff., 106, 214, 219
Extremhochwasser 207

Fayence (Keramik) 234
Fazies (-zonen) 20ff., 30ff., 82, 85, 148f., 178, 188, 203, 235, 245, 247, 254, 267f., 274, 277
Fehmarn-Vorstoß 237
Feuerstein (Flint) 30, 34, 172, 213, 225, 243, 246, 250, 255f., 288f.

FFH (-Gebiet, -Richtlinie) 129, 178
Findling (-sgärten) 9f., 106, 129, 134, 147,
  155, 181, 190, 193, 214, 249, 263, 269,
  273, 278, 307f.
Finowboden 306
Flachküste 41, 99f., 104, 224, 230, 233, 269,
  302
Flachschelf 21ff.
Fließerde 44, 199, 209f., 244, 246
Flugsand (-decken, -felder) 25, 38, 51, 96,
  117, 123, 209, 211ff., 224, 244, 269
Flussterrassen 306
Fluttor (-tore) 256
Flusswasserzufuhr 69, 71, 73, 77
Fördenküste (schleswig-holsteinische u. a.)
  11, 93, 95, 110, 125, 156
Foraminifera (-en) 24, 33, 37, 44, 87f., 146,
  173, 199, 213, 238, 249f.
Frankfurter Phase (- Vorstoß) 36, 39f., 45,
  139, 151, 154, 184, 186, 192, 266f.
Fucus vesiculosus 89
Fünenstein (Fyen-) 134
Futterkamper Becken 162, 164
Futterkamper Gruppe 166

Gardno-Phase 48
Gastropoda (-en, Schnecken) 250, (22, 182)
Gelbdünen 59, 66, 255, 265, 294, 301f.
Geogenes Gefahrenpotenzial 204
Geröllstrandwall 212, 214, 256
Gezeiten (-frei, -küste) 5, 21, 29, 72
Glashäger Mineralquellen 206
Glazialisostasie (Isostasie) 60
Gletscher (-strom, -tor, -zungen) 18, 22, 46,
  49, 94, 129, 134, 139ff., 168, 199, 252,
  264
Gley (-böden, -podsol, Podsol-) 111, 182, 200,
  211, 218, 224, 249, 295, 307
Glückstadt-Graben 12, 15f., 27, 125f.f.
Gondwana (-Kontinent) 13, 30f.
Graptolithenschiefer 22
Graudünen 59, 97, 228, 255, 265, 272, 294,
  302
Grimmener Wall 12, 14ff., 26, 278, 293
Grobschlick 81, 86
Grünalgen 89f.
Grundmoräne (-nlandschaft) 35, 37ff., 93ff.,
  172, 197ff., 218, 236ff., 262ff., 278f..,
  286ff.

Haddeby/Selker Noor-Rinne 139, 143
Hällef.linta 19
Haff.stausee (-gebiet, -terrassen) 48, 282, 285,
  300ff.
Haken (-bildung, Nehrungs-, Sand-) 11, 59ff.,
  66, 94, 96ff., 119, 125, 128, 132ff., 159f.,
  164, 166, 171, 173, 175, 178ff., 183ff.,
  200ff., 219fff., 234ff., 259ff., 269ff.,
  276ff., 293f., 302
Halokinetische Bewegungen (Halokinese) 15,
  63
Halophyten 61, 112
Hamburger Stufe (- Kultur) 143, 147, 183
Hammer-Granit 263, 273
Eleganticeras elegantulum 29

Haselgebirge 15
Hauptterrasse 306
Heidesande (Heidesandgebiete) 98, 206, 219,
  223ff., 300
Heiligenhafener Gestein 171, 173
HELCOM 68, 90
Hengelo-Interstadial 37, 39ff., 237, 245
Hippophaë-Phase 38, 50
Hochmoor 111, 218f., 299
Höftland 104, 128, 133f., 148f., 174, 225f.,
  259, 263, 283, 293
Holozän 33ff., 49f., 51ff., 82, 88, 133, 154,
  248, 258
Holsteiner Gestein 32
Holstein-Interglazial 35, 211
Honckenya peploides 112
Hydrobia ventrosa 303

Ilex aquifolium 112, 262
Inlandeis (skandinavisches) 31, 35, 92

Jungbaltischer Vorstoß 47, 156, 170
Jungsubatlantische Phase (-Transgression) 58,
  66, 107, 200, 292
Jura 13, 20, 27f., 151

Kalklösung 88
Kalksinter 248
Kambrium 20ff., 33
Kames 46, 162, 167, 184, 190, 233, 264ff.,
  274, 278ff., 287f., 297
Kaolinsand (-Fazies) 31
Karbon 17, 18, 20, 24

Kelloway-Geschiebe 29
Kliffküste 32, 174, 189, 209, 266, 269, 271, 273, 277, 302
Kliffranddüne (-n) 60, 96, 98, 104, 112, 204, 209, 212, 224, 238f., 273f., 282, 289, 293, 296, 300
Klimaoptimum (-pessimum) 36, 133 (34)
Konkretion 29, 250
Konturit 81
Kreide (Schreib-, -felsen, -komplexe, -oberfläche, Ober-, -zeit, -schollen, -küste) Titelbild, 6, 9, 12, 15, 18, 30f., 111, 190, 225, 234ff. 243f. 246ff., 266, 273f., 286, 304f., 317, 322, 337, 340ff., 346f.
Krokauer Endmoräne 157
Kryoturbation 51, 141, 198
Kuden-Vorstoß 178
Kücknitzer Sander 191
Küstenausgleich (Ausgleichsküste) 59ff., 65, 93, 96, 98, 156, 188, 203, 222, 234, 241, 254, 300, (11, 93, 95f., 98, 125, 185, 207)
Küstendünen 60, 100, 104, 107, 166, 297, 302
Küstendynamik (-formen, -typen) 9, 59, 76, 98, 161, 196, 225, 240, 269, 274, 293
Küstenlängstransport (-strom) 99, 106, 155, 174f., 179, 188f., 230
Küstenmoore (-hochmoore, -überflutungsmoore) 24, 61f., 66f., 99, 107, 111f., 218, 234
Küstenniederung 109, 211, 269, 278, 280, 283f.
Küstenröhricht 106, 302
Küstenschutz (-maßnahmen) 7, 102, 107ff., 129, 161, 185, 210ff., 215f., 223, 228, 230, 234, 236, 239, 269, 273, 275, 283, 290, 294f.
Küstenversatz 105, 141
Küstenzonenmanagement (integriertes/IKZM) 7f.
Küstenzuwachs 207
Kupste 212, 224, 294

Laacher-See-Tephra 38, 59
Laminaria 89
Landrücken (südlicher baltischer) 35
Ledum palustre 218
Leitfossil 13, 22f., 33
Leitgeschiebe 20, 25, 30, 197f., 308

Lesedecke 78f., 103
Leuchtturmverwerfung 239
Lias 28f., 151
Lietzow-Kultur 98, 234, 253, 256, 259, 263
Limnocythere [Leucocythere] baltica 39, 44ff., 201, 237, 244
Limonium vulgare 112
Littorina-Transgression (-Meer,-Phasen, -Zeit) 51, 55ff., 131, 156, 162, 203, 221, 239, 241, 252, 285, 290, 292f., 299, 301ff.
Littorinaklei 212, 215f., 277
Littorina-Kliff. 223, 258, 262f., 272
Littorina littorea 1, 61, 212, 259
Lockarp (-Interstadial) 154f., 192
Low-Mg (-Magnesium)-Kalzit 250
Lübecker Bucht-Gletscher 186, 192
Lübecker Becken 191ff.
Lymnaea-Meer 58
Lymnaea balthica 61
Lymnaea stagnalis 303

Maastrichtium (Unter-, Ober-) 30, 32, 234, 243, 247, 249, 286
Macoma baltica 87
Macoma calcarea 87f.
Mammutsteppe 129
Eisen-Mangan-Akkumulate 80
Marginalzone 45
Mastogloia-Meer (-Phase) 57f.
Matrikelkarte (schwedische) 226, 236, 283
Mecklenburger Phase (- Vorstoß) 36, 38, 40f., 46ff., 52, 92ff., 96ff., 131f., 139ff., 146f., 151ff., 157, 162, 167, 170, 172, 178, 183f., 186, 191f., 195f., 199, 206, 208f., 213, 225, 233, 237, 243, 246, 264, 266, 270, 273f., 278, 280, 282, 286, 289, 298, 304f., 307
Meeressandebene 61, 107, 111, 122, 219, 221, 228f., 234, 256, 259, 269, 276, 280, 290ff.
Meeresspiegel (-anstieg, hochstand, eustatischer -) 1, 6f.f., 15, 17, 37, 43, 49, 52, 55ff., 62ff., 78, 81, 92ff., 101, 106, 133, 135, 139, 145, 157, 159, 164, 167, 174, 177, 184, 189, 193, 195, 201, 222, 226, 229f., 234, 239, 242, 259ff., 290, 292, 299
Megalithgrab (Hünen-) 147, 166, 196, 272
Meiendorf (-Interstadial) 38, 40, 50f., 56, 211, 224, 258, 285

Sachregister

Methan 85f., 152
Mischsediment 79f., 225
Mittelschlick 81, 86
Mittelschwedische Senke 54
Moershoof.d-Interstadial 39f., 43
Monitoring 90
Mya arenaria 61, 87, 89
Mya-Meer 58
Mylonitisierung 170
Myrica gale 112, 218
Mytilus edulis 87, 147

Nährstoffgehalt 137
NATURA 2000 130
Nehrung (-sbildung, -haken) 11, 54ff., 94, 96ff., 105, 111f., 115, 125ff., 132ff., 137, 141ff., 148, 156, 162, 164ff., 170ff., 177ff., 183, 185, 188, 195, 206, 212, 214ff., 219, 221, 224. 230f., 234f., 241, 252, 254ff., 262, 267ff., 272, 275, 286, 290, 294f., 297f., 302f.
Neolithikum 31, 59, 169
Nereis diversicolor 89
Nexö-Sandstein 21, 143
Niederländisch-baltische Rinne 249
Nunatak 184
Nydamboot 145

Odderade-Interstadial 39f., 43
Oerel-Interstadial 39f., 43
Old-Red-Sandstein 23f.
Ordovizium 13, 18, 20, 22ff.
Orthoceren-Kalk 22
Ortstein 218, 228, 289
Os (-er, -züge) 152, 233, 274, 278, 284, 289,, 298
Oslo-Graben 24f.
Osmunda regalis 218
Ostracoda (-en) 250
Ostrea edulis 147
Ostsee-Quarzporphyre 19

Palimpsest-Sedimente 78
Parabraunerde 111, 154, 182, 200, 249
Påskallavik-Porphyr 19
Pectinaria koreni 88
Periglazial 52, 288f., 293, 295, 298
Perm 12, 17f., 20f., 25ff.
Permafrost 38, 41, 47, 49ff.

Pflugsohlen 88
Phakoide 288
Phragmites communis 300
Phragmites-Typ 257f.
Pinus succinifera 31, 297
Pisidium 45, 54, 97, 252, 268
Plankton (Phyto-), planktonisch 21, 23, 71, 84, 90
Planolites 250
Pleistozän 22, 32ff., 92, 207, 243, 247f., 251, 266, 286, 289, 298, 301
Pleistozänkern 97f., 219, 221, 255, 272, 274, 286, 290, 293, 297
Pleistozän-Streifen 246f.
Pliozän 18, 31, 34
Podsol (Eisenhumus-, -gley) 60, 111, 211, 216, 218, 224f., 228, 268, 289, 295, 306f.
Polychaeten 21, 88f.
Pommersche (r) Phase (-Vorstoß) 36, 38ff., 129, 139f., 146, 151ff., 164, 170, 184, 191f., 196, 201, 206, 209, 211, 213, 237, 246, 266f., 270, 274, 282, 306f.
Hauptendmoräne (Haupteisrandlage) 41, 46, 129, 192, 196, 208, 218, (36, 191)
Pommersch-Kujawischer Wall 14
Porifera 250
Porphyrdecke 12
Postlittorina-Phase (-Zeit) 51, 58, 61, 66, 294
Präboreal 51, 55, 58, 211, 258, 285, 291f.
Präglazial-Zeit (des Quartärs) 34
Präkambrium (präkambrisch) 12, 17ff., 148
Präperm (präpermisch) 12
Präquartär (präquartäre) 12f., 15, 30, 92, 204, 231, 234, 243, 286, 304
Priel 66, 104, 200, 215, 223, 229, 267, 274
Pseudogley 111, 200, 249
Pyrit, pyritisiert 85, 182, 250

Quartär (quartäre Eiszeitalter/Kaltzeiten) 8f., 12, 15f., 18, 31ff., 195, 242, 304
Quartärbasis 146, 150, 278

Radiokarbon- (Radiokohlenstoff)- Daten (^{14}C) 1, 301f., 33f., 44, 96, 148, 156, 162, 164, 166, 184, 186, 225, 244, 259f., 284, 289
Randterrassen (Haffstausee) 282, 306
Ranker 295
Rapakiwi-Granit 19
Raseneisenerz 144, 307

Reff 100, 221, 223, 227f., 283, 295
Regression (-szyklus, -sphase, -storf.) 31, 53, 66, 106, 159, 164, 254, 302
Reliktsediment 78f., 84, 90
Renaturierung (-sprojekt) 168, 217, 230, 278f., 283f.
Rendzina (-böden) 111, 249
Restsediment 79, 100, 131, 148
Rhombenporphyr 20, 25, 198
Riege 100, 221, 223, 228, 283, 295
Riffsandsockel 176, 183
Ringkøbing-Fünen/Fyn-Møn-Rügen-Schwelle 14, 18
Rippeln (Strömungs-, Riesen-, Groß-) 77ff., 86, 132
Rippstrom 106
Rønne-Graben 17
Rosenhof-Gruppe 174
Rosenthaler (Rosenthal-Sehberger) Randlage (- Vorstoß) 38, 47f., 52, 92, 94, 141. 147, 151, 162, 172, 184, 191f., 281, 304f., 307
Rotalgen 89
Rügen-Schwelle 28
Rügen-Warmzeit 237

Saale-Eiszeit (- Glazial/- Kaltzeit) 139, 170, (32, 35, 36, 232, 304, 198, 237, 243, 270)
Salsola kali 112
Salzgehalt (Salinität, -sschwankungen, -soptimum) 1, 56, 61, 68f., 137, 184, 257, 277, 303, 305 (1, 56, 59, 65ff., 74, 87f., 137, 212, 268, 277, 303, 305)
Salzgrasland (-wiesen, -grünland) 59, 223, 229, (61, 96, 112, 157, 159, 162, 168, 184, 200, 203, 274, 276, 283, 201, 283)
Salzkissen 15f., 27, 167
Salzmauer (n) 15, 28f.
Salzstellen (Salinen) 278, (279)
Salzstock (-tektonik) 15f., 27, 63, 127, 146, 151, 193, 278, (27)
Salzwassereinbruch 71ff., 90, 92, 137
Sandband 78, 80
Sander (Binnen-, Kegel-, -schüttung, -gürtel 37, 45ff., 111, 139ff., 144, 146, 184f., 191, 196, 278ff., 286, 297f., 300f.
Sandlagerstätten (Kies-) 79, 252, (256)
Sandmulde (Althäger -) 118, 223ff.

Sandriff (-system, -zone) 99f., 105f., 114, 151, 157ff., 162, 175f., 178, 182ff., 227
Sapropel 85
„Sassnitzer Blumentöpfe" 250
Schaar (-fläche, Sand-) 65, 99f., 221, 227, 236, 241, 255, 292, 294
Schadstoff (-e, -gehalte, -belastung etc.) 91f., 219, 298, 303
Schichtung (thermohaline) 69, 72, 87, 91
Schilftorf 122, 152f.
Schlick (-sediment) 22, 56f., 61, 78, 81ff., 100, 122, 131, 144, 149, 152, 154, 184, 203, 212, 221, 234, 236, 252, 258, 268, 277, 280, 291, 302f.
Schmelzwasser (-bahnen, -rinne, -sande, spätglaziale) 45ff., 60, 126, 129, 132, 140ff., 146ff., 164, 167ff., 184, 186f., 191f., 196, 201, 206, 233, 244ff., 252ff., 279ff., 294, 297f.
Schnaaper Sander 144, 146
„Schwarze Schicht" 122, 283
Schwarzerde 182, 200
Schweriner Becken 25
Schwermetall (-e, -gehalte) 90f., 131, 184, 219
Schwermineral (-e) 105
Scolithos 21 *ff.*
Scoloplos armiger 88
Sedimentationsmodell (-sprozesse) 84, 86f., (76)
Sedimentechogramm 82, 85
Seebär 76
Seegang (-senergie, -sbelastung) 72ff., 101, 105, 108, 162, 204, 239, 257, 277f., 296
Seegatt 118, 219, 227, 230, 257, 275
Seekreide (Seekalk) 49, 55f., 191, 211, 268, 285, 302, 307
Seiches 75
Seitenmoräne 134, 152, 170
Serpulidae 250
Silur (Unter-, Ober-) 14, 20ff.
Skärumhede-Meer 37, 39, 43
Slawenzeit (-boote, gräberfeld, -siedlung) 59, 139, 166, 169, 251, 260f.
Småland-Granit 19f., 273
Solifluktion 38, 49ff., 248, 258, 289
Sorgenfrei-Tornquist-Zone 14
Spätmesolithikum (Mesolithikum) 59
Spalten (Gletscher-, -füllung) 41, 46f., 206, 204ff., 279, 289

Stagnation (-sphase) 71f., 90ff., 137, 149, 170, 204
Staubecken (glaziale -, -absätze/-sedimente, -terrassen) 97, 111, 140, 192f., 221, 247, 282, 286, 307
Stauch(end)moränen (-gebiete, -wälle, -komplexe) 46, 140, 146f., 162, 264ff., 279, 286, 304f., (46ff., 110, 143, 162, 170, 178, 191, 204ff., 232, 235, 243, 264, 305)
Steilküstentypen (-abbruch) 103, 247
Sternberger Gestein („- Kuchen") 32
Stinkkalk 22, 198
Stirnstauchmoräne 206
Strelasund-Hoch 17
Strandaufspülungen 108, 240, 277f.
Strandmoor 168, 181, 217
Strandsee 96, 155, 162, 164, 166, 173, 206f., 211, 214, 227ff., 258f., 290, 298
Strandseif.en (Schwermineral-) 105
Strandwall (-ebene, -fächer, -system) 50, 97, 100, 105, 115, 118, 128, 133ff., 141, 148, 157, 159, 163f., 168, 176ff., 183, 186ff., 203, 211, 226, 229ff., 236, 241, 251, 253, 258ff., 268, 292ff., 297
Strukturstockwerke (tektonische) 18
Sturmablagerung (Tempestit) 32, 147, 256, 277
Sturmflutrinne 122, 229, 292, 294
Sturmhochwasser (bzw. Sturmflut) 5f., 74f., 99, 105, 108, 115, 127, 132, 134, 142, 149, 155, 157, 161, 163, 175f., 180, 188ff., 212, 216, 221, 226, 242, 269, 275, 283, 294, (5, 7, 75, 107ff., 149, 157, 160, 167, 182, 211f., 228, 230, 242)
Subatlantikum 58, 211, 260, 290
Subboreal 58, 211, 295
Süseler Schanze 185
Sund (-e, -artig) 33, 106, 170, 200, 276

Tapes [Venerupis] senescens 131
Tapessand [Senescens-] 39, 131, 150
Tarraston 171, 173, 181f.
Tektonik (Glazial-, Neo-, Platten-, Salz-) 15, 27, 60, 143, 246, 321, 327, 331, 334, 341, 344f.
Terebellides stroemi 88
Tertiär (Alt-, Jung-, -meer) 15ff., 26ff., 126, 150, 167, 171ff., 191, 206, 210, 270, 273
Tertiärschollen 206, 278, 307

Theodoxus fluviatilis 303
Tiefbohrungen (Tiefengeophysik, tiefe Geothermie) 12, 17f., 23, 28f.
Till 57, 149, 203, 209, 236f., 254, 265f., 273, 291, 296
Tønder-Graben 126
Tombolo 225, 296
Tornquist (-Ozean, -Teysseire-Zone) 13f., 21f.
Toteis (- Austauen, -löcher, - Zerf.allslandschaft) 38, 41ff., 140, 155, 164, 168, 184, 206, 208, 225, 252, 264, 268, 279, 282, 288f., 299, 306
Transeuropäische Störungszone 13f.
Transgression (-skurven) 21, 29ff., 51ff., 80, 84, 93, 106f., 131, 152ff., 203, 221, 268, 273, 278, 303
Transgressionsmoor 58
Treibhaus (-gas, -klima) 6, 30
Trichterbecher-Kultur 59, 239
Trockentäler 274, 293
Tropfenböden 141, 288
Tundra 34, 37ff., 59, 155, 246
Tunneltal 94f., 126f., 129f., 132, 138f., 145, 154f., 164, 192
Turritellen-Gestein 32, 198
Typha latifolia (- Typ) 258

Übergangsklima 109

Unio (crassus) 45, 303
Uppsala-Granit 19f.
Urkalk 19
Urstromtal 38, 129, 154, 192,

Vaccinium uliginosum 218
Velgaster Randlage (Staffel) 36, 38, 41, 47f., 52, 97, 278ff., 285f., 297, 300f.
Verlandungsküste 100

Wanderdünen 97, 255, 272
Warleberg-Vorstoß 131f., 159, 170
Warnow (-Formation, -Glazial, -Grundmoräne, -Phase) 39f., 43, 129, 213, 245
Warthe (- Geschiebemergel, - Phase, - Vorstoß) 35f., 139, 178, 202, 209, 213, 244, 305
Warven 192
Wasseraustausch (-prozesse) 69, 71, 77, 83, 98, 125, 137 184, 214230255, 258, 309

Wasserhaushalt 68, 307
Wasserstandsschwankungen 72, 76
Wealden 30, 273
Weichsel (- Glazial, - Eiszeit/- Kaltzeit) 1, 32f., 37ff., 78, 146, 172, 198, 210, 232, 235, 243f., 282, 309
Weißdünen 59, 66, 112, 228, 265, 268, 294, 301
Wellenbasis (Sturm-) 77f.
Wellenbrecher 107f., 129, 155, 160f., 225, 235, 290, 296
Wiederkehrintervall 74, 76
Wieker Tiefenbruch 16, 18
Wikinger 61, 145, 260, 281, 285
Windkanter 298
Windwatt 99, 118, 222, 230

Windwirklänge (fetch) 61, 76, 164, 176, 188, 259, 277
Wismar-Ton 199, 201

Xenolith 288
Xerophyten 112

Yoldia-Meer 53f., 58

Zechstein 12, 16, 25ff., 193, 278, 292
Zeta-Bucht 257
Zoophycos 250
Zostera marina 89
Zungenbecken (Gletscher-) 57, 94, 127, 138, 140ff., 146, 152, 154, 162, 164, 184, 186, 192, 195, 286, 297ff.

Sammlung geologischer Führer, lieferbare Bände

Format der Bände 42 bis 47: 11,2 x 16 cm, in Leinen gebunden, ab Band 48 im Format 19,5 x 13,5 cm, in flexiblem Kunststoff:

Band 42: Flügel, H.:
Das Steirische Randgebirge
1963. XVI, 160 Seiten, 15 Abbildungen,
4 Photos, 1 geol. Karte
ISBN 978-3-443-39044-0

Band 48: Richter, Dieter:
Aachen und Umgebung; [Nordeifel und Nordardennen mit Vorland.];
3., vollk. überarb. Aufl.
1985. 3. Auflage. XVI, 302 Seiten,
46 Abbildungen, 7 Tabellen,
7 Faltbeilagen, 10 Karten
ISBN 978-3-443-15044-0

Band 49: Richter, Max:
Vorarlberger Alpen; 2. veränd. Aufl.
1978. X, 171 S., 58 Abb., 2 Faltbeil.,
1 Karte
ISBN 978-3-443-15023-5

Band 50: Schröder, Bernt:
Fränkische Schweiz und Vorland;
3. Aufl. 1977, Nachdr. 1992
1992. VIII, 86 Seiten, 20 Abb.,
4 Faltbeilagen
ISBN 978-3-443-15004-4

Band 53: Purtscheller, F.:
Ötztaler und Stubaier Alpen;
2. veränd. Aufl.
1978. VIII, 129 Seiten, 21 Abbildungen,
1 Karte
ISBN 978-3-443-15022-8

Band 55: Richter, Dieter:
Ruhrgebiet und Bergisches Land;
[Zwischen Ruhr und Wupper.]
3. vollk. überarb. Aufl.
1996. VIII, 222 Seiten, 68 Abbildungen,
5 Tabellen, 5 Faltbeilagen, 11 Karten
ISBN 978-3-443-15063-1

Band 57: Streif, Hansjörg:
Das ostfriesische Küstengebiet; [Nordsee, Inseln, Watten und Marschen.];
2. völlig neubearb. Aufl.
1990. 2. Auflage. VII, 376 Seiten,
48 Abbildungen, 10 Tabellen,
1 Faltbeilage
ISBN 978-3-443-15051-8

Band 58: Mohr, Kurt:
Harz. Westlicher Teil; 5. erg. Aufl.
1998. XII, 216 Seiten, 33 Abbildungen,
17 Tab., 1 Karte, 18 Routenkarten,
1 Routenübersicht
ISBN 978-3-443-15071-6

Band 59: Plöchinger, B.; Prey, S.:
Der Wienerwald; 2. völlig neu bearb.
Aufl.; Red.: Schnabel, W.
1993. XIV, 168 Seiten, 28 Abbildungen,
3 Tabellen, 2 Faltbeilage
ISBN 978-3-443-15059-4

Band 62: Schreiner, Albert:
Hegau und westlicher Bodensee;
3. ber. Aufl. 2008
X, 90 Seiten, 22 Abb., 1 Tab.
ISBN 978-3-443-15040-2

Band 63: Labhart, Toni P.:
Aarmassiv und Gotthardmassiv
1977. XI, 173 Seiten, 22 Abb., 1 Tab.
1 Karte, 1 Faltbeilage
ISBN 978-3-443-15019-8

Band 64: Waldeck, Hans:
Die Insel Elba und die kleineren Inseln des Toskanischen Archipels; [Mineralogie, Geologie, Geographie, Kulturgeschichte.]; 2., verbesserte u. erweiterte Aufl.
1986. VIII, 216 Seiten, 82 Abbildungen, 8 Tabellen
ISBN 978-3-443-15046-4

Band 66: Sindowski, Karl-Heinz:
Zwischen Jadebusen und Unterelbe
1979. X, 145 Seiten, 15 Abbildungen, 13 Tabellen, 1 Faltbeilage
ISBN 978-3-443-15025-9

Band 67: Geyer, Otto F.; Gwinner, Manfred P.:
Die Schwäbische Alb und ihr Vorland;
3. verb. Aufl. 1984, unveränd. Nachdr.
1997. VI, 275 Seiten, 36 Abbildungen, 14 Tafeln, 1 Faltbeilage
ISBN 978-3-443-15041-9

Band 68: Grabert, Hellmut:
Oberbergisches Land;
[Zwischen Wupper und Sieg]
1980. VIII, 178 Seiten, 65 Abbildungen, 2 Tabellen, 2 Faltbeilagen
ISBN 978-3-443-15027-3

Band 69: Pichler, Hans:
Italienische Vulkan-Gebiete III; [Lipari, Vulcano, Stromboli, Tyrrhenisches Meer]
1990. XIX, 272 Seiten, 53 Abb., 11 Tab., 4 Tafeln, 3 Faltbeil., 1 Karte
ISBN 978-3-443-15052-5

Band 70: Mohr, Kurt:
Harzvorland – westlicher Teil
1982. VIII, 155 Seiten, 30 Abbildungen, 12 Tabellen
ISBN 978-3-443-15029-7

Band 73: Plöchinger, Benno:
Salzburger Kalkalpen
1983. X, 144 Seiten, 34 Abbildungen, 3 Fossiltafeln, 1 geol. Karte, 2 Tabellen
ISBN 978-3-443-15034-1

Band 74: Rutte, Erwin; Wilczewski, Norbert:
Mainfranken und Rhön;
3. überarb. Aufl.
1995. VI, 232 Seiten, 65 Abbildungen, 3 Tabellen, 4 Tafeln, 1 Karte
ISBN 978-3-443-15067-9

Band 81: Rothe, Peter:
Kanarische Inseln; [Lanzarote, Fuerteventura, Gran Canaria, Tenerife, Gomera, La Palma, Hierro.]. 3. Auflage 2008. XVI, 338 Seiten, 100 Abbildungen, 13 Tabellen, 1 Beilage
ISBN 978-3-443-15081-5

Band 82: Schmidt-Thomé, Paul:
Helgoland; [Seine Dünen-Inseln, die umgebenden Klippen und Meeresgründe]
1987. X, 111 Seiten, 53 Abbildungen, 3 Faltbeilagen
ISBN 978-3-443-15049-5

Band 83: Pichler, Hans:
Italienische Vulkangebiete V; [Mte. Vúlture, Äolische Inseln II (Salina, Filicudi, Alicudi, Panarea), Mti. Iblei, Capo Pássero, Ustica, Pantelleria und Linosa]
1989. X, 271 Seiten, 56 Abbildungen, 7 Tabellen, 11 Tafeln, 6 Faltbeilagen
ISBN 978-3-443-15050-1

Band 84: Schneider, Horst:
Saarland; mit Beiträgen von Dieter Jung.
1992. X, 271 Seiten, 61 Abbildungen, 12 Tabellen, 1 Faltbeilage, 1 Karte
ISBN 978-3-443-15053-2

Band 85: Seidel, Gerd:
Thüringer Becken
1992. VII, 204 Seiten, 70 Abbildungen, 17 Tabellen, 2 Faltbeilagen
ISBN 978-3-443-15058-7

Band 86: Geyer, Otto F.:
Die Südalpen zwischen Gardasee und Friaul; [Trentino, Veronese, Vicentino, Bellunese]
1993. XIII, 576 Seiten, 175 Abb., 4 Tab.
ISBN 978-3-443-15060-0

Band 87: Beeger, Dieter; Quellmalz, Werner:
Dresden und Umgebung, 1994. VIII, 205 Seiten, 61 Abbildungen
ISBN 978-3-443-15062-4

Band 88: **Die deutsche Ostseeküste**; Hrsg.: Duphorn, Klaus; Kliewe, Heinz; Niedermeyer, Ralf-Otto; Janke, Wolfgang; Werner, Friedrich.
1995. VIII, 281 Seiten, 87 Abbildungen, 6 Tabellen, 1 Faltbeilage
ISBN 978-3-443-15065-5

Band 89: Meyer, Wilhelm; Stets, Johannes:
Das Rheintal zwischen Bingen und Bonn
1996. XII, 386 Seiten, 44 Abbildungen, 2 Faltbeilage
ISBN 978-3-443-15069-3

Band 90: Bachmann, Gerhard H.; Brunner, Horst:
Nordwürttemberg; [Stuttgart, Heibronn und weitere Umgebung]. 1998. XIV, 403 Seiten, 61 Abbildungen, 3 Tabellen
ISBN 978-3-443-15072-3

Band 91:
Ungarn; [Bergland um Budapest, Balaton-Oberland, Südbakony. Unter Mitarbeit von Pál Müller u. a.]; Hrsg.: Trunkó, László
2000. IX, 158 Seiten, 26 Abbildungen, 11 Photos, 1 Karte
ISBN 978-3-443-15073-0

Band 92: Groiss, Josef Th.; Haunschild, Hellmut; Zeiss, Arnold:
Das Ries und sein Vorland
2000. XII, 271 Seiten, 58 Abbildungen, 6 Tabellen, 4 Beilagen
ISBN 978-3-443-15074-7

Band 93: Prinz-Grimm, Peter; Grimm, Ingeborg:
Wetterau und Mainebene
2002. IX, 167 Seiten, 50 Abbildungen, 2 Tabellen, 1 Karte mit den Exkursionsrouten
ISBN 978-3-443-15076-1

Band 94: Geyer, Otto F.; Schober, Thomas; Geyer, Matthias:
Die Hochrhein-Regionen zwischen Bodensee und Basel, 2003. XI 526 Seiten, 110 Abbildungen
ISBN 978-3-443-15077-8

Band 95: Martens, Thomas:
Thüringer Wald
2003. X , 252 Seiten, 68 Abb., 17 Tab., 12 Photos, viele Routenkärtchen im Text
ISBN 978-3-443-15078-5

Band 96: Patzelt, Gerald:
Nördliches Harzvorland
2003. 182 S., 50 Abb., 1. Tab., 11 Exkursionsrouten
ISBN 978-3-443-15079-2

Band 97: Schneider, Gabi:
The Roadside Geology of Namibia
2. Aufl. 2008. X, 294 pages, 112 fig., 1 tab., 29 route descriptions
ISBN 978-3-443-15084-6

Band 98: Frisch, Wolfgang; Meschede, Martin; Kuhlemann, Joachim:
Elba
2008. VIII, 216 S., 24 Abb., 3 Tab., 104 Farbabbildungen
ISBN 978-3-443-15082-2

Band 99: Kuhlemann, Joachim; Frisch, Wolfgang; Meschede, Martin:
Korsika,
2009. XII , 236 S., 37 Abb., 4 Karten, 103 Farbabb.
ISBN 978-3-443-15085-3

Band 100: Walter, Roland:
Aachen und südliche Umgebung 2010.
VII, 360 S., 122 Abb.,
102 Farbabb., 12 Exkursionsrouten
ISBN 978-3-443-15086-0

Band 101: Walter, Roland
Aachen und nördliche Umgebung
2010. VIII, 214 S., 76 Abb., 77 Farbabb.,
7 Exkursionsrouten
ISBN 978-3-443-15087-7

Band 102: Günther, Dieter
Der Schwarzwald und seine Umgebung
2010. VI, 302 S., 85 Abb., 78 Farbabb.,
10 Tab.
ISBN 978-3-443-15088-4

Band 103: Eisbacher, G.H., Fielitz, W.
Karlsruhe und seine Region
2010. VI, 346 S., 34 Abb., 33 Farbabb.,
1 Tab.
ISBN 978-3-443-15089-1

Band 104: Franzke, H.J., Schwab, M.
Harz, östlicher Teil
2011. 326 S., 141 Abb., 5 Farbabb.,
11 Exkursionen
ISBN 978-3-443-15090-7